T0223002

Mathematik für Ingenieure und
Naturwissenschaftler

Wilhelm Merz · Peter Knabner

Mathematik für Ingenieure und Naturwissenschaftler

Band 2: Analysis in $\mathbb{R}^n$ und
gewöhnliche Differentialgleichungen

Springer Spektrum

Wilhelm Merz
Universität Erlangen
Erlangen, Deutschland

Peter Knabner
Universität Erlangen
Erlangen, Deutschland

ISBN 978-3-662-54780-9   ISBN 978-3-662-54781-6   (eBook)
DOI 10.1007/978-3-662-54781-6

Die Deutsche Nationalbibliothek verzeichnet diese Publikation in der Deutschen Nationalbibliografie;
detaillierte bibliografische Daten sind im Internet über http://dnb.d-nb.de abrufbar.

Springer Spektrum

Planung: Dr. Annika Denkert

Gedruckt auf säurefreiem und chlorfrei gebleichtem Papier

Springer Spektrum ist Teil von Springer Nature
Die eingetragene Gesellschaft ist Springer-Verlag GmbH Deutschland
Die Anschrift der Gesellschaft ist: Heidelberger Platz 3, 14197 Berlin, Germany

Vorwort

Wir gratulieren Ihnen zum Erwerb dieses Buches! Sie haben eine sehr gute und kluge Wahl getroffen und dürfen sich mit diesem Werk auf ein erfolgreiches Arbeiten und Lernen freuen.

Das vorliegende Buch umfasst das Stoffgebiet, wie es hierzulande im dritten Semester in einer Ausbildung für Ingenieurstudierende gelehrt wird. Zu den wesentlichen Inhalten gehören die mehrdimensionale Analysis und umfangreiche Gebiete zu gewöhnlichen Differentialgleichungen. Gerade anhand dieser Themenbereiche erkennen die Studierenden die Tragweite der Mathematik in zahlreichen Anwendungen.

Jeder Abschnitt wird mit passgenauen Aufgaben unterschiedlichen Niveaus abgerundet, welche im Aufgaben-, Arbeits- und Lösungsbuch *Endlich gelöst! Aufgaben zur Mathematik für Ingenieure und Naturwissenschaftler – Analysis in $\mathbb{R}^n$ und gewöhnliche Differentialgleichungen* der gleichen Autoren eingehend besprochen werden.

Die Lehre der Mathematik für Studierende der Ingenieurwissenschaften hat eine lange Tradition an der Friedrich-Alexander-Universität Erlangen-Nürnberg, der „Technischen Universität Nordbayerns". Mit der Gründung der Technischen Fakultät in den späten 1960er-Jahren entstanden Lehrstühle in Angewandter Mathematik, deren Hauptlehraufgabe in diesem Unterricht bestand.

Die damals eher ungewöhnlichen Lehrkonzepte wurden in Form von erst handschriftlichen, dann mit LaTeX geschriebenen Skripten dokumentiert und fanden so ihre Verbreitung bei Studierenden und Dozenten auch weit über Erlangen hinaus. Sehr viel Vorarbeit dazu leisteten die Professoren Hans Grabmüller und Hans Strauß sowie auch der Akademische Direktor Peter Mirsch und der Oberrat Horst Letz. Die Autoren dieses Buches möchten sich an dieser Stelle bei den Genannten nochmals recht herzlich bedanken.

Wir danken auch ganz besonders Frau Birgit Roensch M. Sc. für die Überprüfung und Verbesserung zahlreicher Inhalte in diesem Buch. Weiter möchten wir uns bei Frau Cornelia Weber und Herrn Balthasar Reuter M. Sc. für die Bearbeitung zahlreicher Grafiken bedanken. Ebenso gebührt unser Dank Frau Dr. Annika Denkert vom Springer-Verlag, die die Entstehung dieses Buches mit großem Einsatz unterstützt hat, und Frau Tatjana Strasser für das sorgfältige Korrekturlesen des Manuskriptes zu diesem Buch.

Erlangen, März 2017 W. Merz, P. Knabner

Inhaltsverzeichnis

Kapitel 1

Reellwertige Funktionen von mehreren reellen Veränderlichen

Durch den Urknall vor rund 14 Milliarden Jahren wurden Raum, Zeit, Materie und damit verbunden auch die mehrdimensionale Analysis erschaffen. Zugegeben, es hat danach noch einige Jahre gedauert, bis diese auch tatsächlich zum Einsatz kam. Umso mehr ist die moderne Analysis heutzutage ein unverzichtbares Mittel zur präzisen Beschreibung der Zusammenhänge aus Natur und Technik, was letztlich auch dazu beiträgt, die Gesetze des Universums, welche durch den „Big Bang" in Gang gesetzt wurden, besser zu verstehen.

Ein erster Schritt dazu ist die Erweiterung des bereits bekannten Funktionsbegriffs von Abbildungen **einer** reellen Veränderlichen (Merz und Knabner 2013, S. 14 ff.) auf Funktionen mit **mehreren** Variablen.

Eine *Funktion* oder eine *Abbildung* ist eine mit gewissen Eigenschaften versehene *Korrespondenz* $f : X \to Y$ zweier beliebiger Mengen X und Y. Die Menge aller Funktionen bezeichnen wir mit

$$\text{Abb}(X, Y) := \{f : X \to Y : f \text{ ist eine Funktion}\}.$$

Mit der Wahl $X \subseteq \mathbb{R}^n$, $n > 1$, und $Y \subseteq \mathbb{R}$ erhalten wir die so gewünschte Klasse von Funktionen.

1.1 Vorbetrachtungen

Wir beschäftigen uns nun mit Funktionen gemäß nachstehender

Definition 1.1 *Eine Funktion $u = f(\mathbf{x})$ mit $\mathbf{x} \in D_f \subseteq \mathbb{R}^n$ und $u \in \mathbb{R}$ heißt* **reelle** *oder* **reellwertige** *Funktion von n Veränderlichen mit dem Vektor $\mathbf{x} = (x_1, x_2, \ldots, x_n)^T$ aus dem Definitionsbereich D_f.*

Wir schreiben für $f : D_f \to \mathbb{R}$ bzw. $f \in \mathrm{Abb}\,(D_f, \mathbb{R})$ auch

$$u = f(x_1, x_2, \ldots, x_n), \quad \mathbf{x} \in D_f \subseteq \mathbb{R}^n$$

oder verwenden die Buchstaben $u = f(x, y)$ sowie $u = f(x, y, z)$, wenn nur wenige unabhängige Veränderliche auftreten.

Bemerkung 1.2 *Ein Vektor ist* **stets** *ein* **Spaltenvektor** *der Form*

$$\mathbf{x} = \begin{pmatrix} x_1 \\ x_2 \\ \vdots \\ x_n \end{pmatrix} = (x_1, x_2, \ldots, x_n)^T,$$

im Gegensatz zu einem **geordneten** *n-***Tupel**

$$\mathbf{x} = (x_1, x_2, \ldots, x_n),$$

also zu einem **Zeilenvektor***. Manchmal unterscheiden wir zwischen einem Spalten- und einem Zeilenvektor. Meistens kommt es jedoch auf diesen Unterschied nicht an, lediglich auf die Reihenfolge der Komponenten, weswegen wir in unseren weiteren Formulierungen der Einfachheit halber* **überwiegend geordnete** *n-***Tupel** *einsetzen.*

In den Abbildungen verwenden wir bei Vektoren oder Tupeln die **Pfeilchennotation** $\vec{\mathbf{x}}$*, um eventuelle Verwechslungen mit Skalaren auszuschließen.*

Beispiel 1.3 *Physikalische Gesetze, bei denen mehrere physikalische Größen miteinander verknüpft werden, sind typische Vertreter von Funktionen mehrerer Veränderlicher.*

a) *Das Boyle-Mariotte-Gesetz für ideale Gase beschreibt den Zusammenhang zwischen dem Druck p eines idealen Gases, der Stoffmenge n, der idealen Gaskonstanten R, der Temperatur T und dem Volumen V gemäß der Relation*

$$p := \frac{nRT}{V}.$$

Da sich die Stoffmenge n in der Regel nicht ändert, resultiert eine Funktion $p = p(V, T)$, bei der aus physikalischen Gründen $T > 0$ und $V > 0$ gelten muss.

b) *Das Ohmsche Gesetz beschreibt in einem elektrischen Leiter den Zusammenhang zwischen der* Stromstärke *I, dem* Widerstand *R und der* Spannung *U durch die Relation*

$$U = U(R, I) := RI.$$

c) *Eine Parallelschaltung von n Widerständen $R_1, R_2, \ldots, R_n$, deren Gesamtwiderstand R sich nach den Kirchhoff-Gesetzen darstellt als*

$$R = R(R_1, R_2, \ldots, R_n) := \Big(\sum_{j=1}^{n} \frac{1}{R_j} \Big)^{-1}$$

wird durch eine solche Funktion beschrieben. Auch hier gilt aus physikalischen Gründen stets $R_j > 0$.

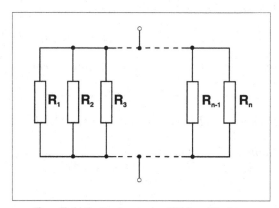

Parallelschaltung von n Widerständen

Beispiel 1.4 *Die Beschreibung von orts- und zeitabhängigen physikalischen Größen führt auf Funktionen mehrerer Veränderlicher. Die* **Temperatur** *T eines wärmeleitenden Mediums ist bei Abkühlungs- bzw. Aufheizungsprozessen eine Funktion von Ort (x, y, z) und Zeit t gemäß*

$$T = T(x, y, z, t).$$

Gilt nun $D_f \subset \mathbb{R}^2$, so kann die funktionale Beziehung

$$u = f(x, y), \quad (x, y) \in D_f, \tag{1.1}$$

auch *geometrisch* gedeutet werden. Der Graph von f ist eine Teilmenge des dreidimensionalen Raumes $\mathbb{R}^3$ und somit unserer Anschauung zugänglich.

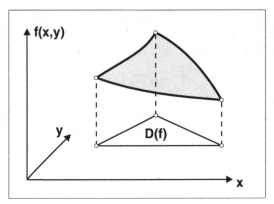

Graph der Funktion $u = f(x,y)$ **ist
eine (gekrümmte) Fläche in** $\mathbb{R}^3$

Definition 1.5 *Der Graph*

$$G(f) := \left\{ (x,y,u) \in \mathbb{R}^3 \ : \ u = f(x,y), \ (x,y) \in D_f \right\}$$

einer Funktion f von zwei unabhängigen Veränderlichen heißt **Fläche**
in $\mathbb{R}^3$.

Beispiel 1.6 *Bekannte und immer wiederkehrende Gebilde sind:*

a) *die* **Kegelfläche** *in* $\mathbb{R}^3$ *mit der Gleichung* $u = f(x,y) := \sqrt{x^2 + y^2}$, *wobei*
$(x,y) \in D_f := \{ (x,y) \in \mathbb{R}^2 \ : \ 0 \leq x^2 + y^2 \leq R^2 \}$,

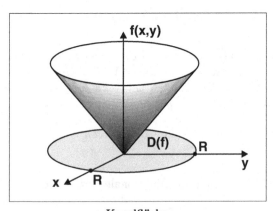

Kegelfläche

b) *die* **Halbsphäre** *in* $\mathbb{R}^3$ *mit der Gleichung* $u = f(x,y) := \sqrt{R^2 - (x^2 + y^2)}$,
wobei $(x,y) \in D_f := \{ (x,y) \in \mathbb{R}^2 \ : \ 0 \leq x^2 + y^2 \leq R^2 \}$.

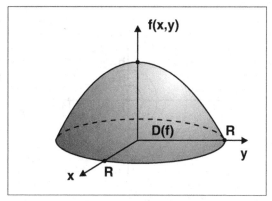

Halbsphäre

Eine weitere Darstellungsmöglichkeit der funktionalen Beziehung (1.1) eröffnet sich für $D_f \subset \mathbb{R}^2$, wenn der Graph $G(f)$ mit Ebenen $u = $ const geschnitten wird. Die entstehenden Schnittlinien werden orthogonal auf die (x, y)-Ebene projiziert. Damit ergibt sich ein Höhenlinien-Porträt der Funktion f.

Definition 1.7 *Für $u = f(x, y)$ mit $(x, y) \in D_f \subset \mathbb{R}^2$ heißen die implizit definierten Kurven*

$$\Gamma_h := \{(x, y) \in D_f : f(x, y) = h\}, \quad h \in \mathbb{R},$$

Höhenlinien, *oder* **Niveaulinien** *oder* **Äquipotentiallinien** *von f.*

Das grafische Gebilde, das durch Darstellung einer Funktion mittels ihrer Höhenlinien entsteht, heißt **Karte** *von f.*

Beispiel 1.8 *Die Höhenlinien der* **Kegelfläche** *$u = f(x, y) := \sqrt{x^2 + y^2}$ sind die Linien*

$$\sqrt{x^2 + y^2} = h = const, \quad h \geq 0.$$

Diese bilden eine Schar konzentrischer Kreise vom Radius h um den Mittelpunkt $(x, y)^T = \mathbf{0}$.

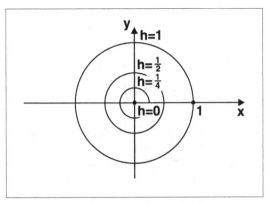

Höhenlinien der Kegelfläche

Funktionen $f : \mathbb{R}^n \to \mathbb{R}$ mit $n > 2$ sind einer Veranschaulichung nicht mehr unmittelbar zugänglich. Ihr Graph ist eine Teilmenge des $\mathbb{R}^{n+1}$. Im Fall $n = 3$ sind zumindest die Höhenlinien darstellbar. Entsprechend gilt auch hier

---

Definition 1.9 *Für* $u = f(x, y, z)$ *mit* $(x, y, z) \in D_f \subset \mathbb{R}^3$ *heißen die implizit definierten Flächen*

$$F_h := \{(x, y, z) \in D_f : f(x, y, z) = h\}, \ h \in \mathbb{R},$$

Niveauflächen oder **Äquipotentialflächen** *von* f.

Beispiel 1.10 *Die Niveauflächen der Funktion* $f(x, y, z) := x^2 + y^2 - 2z$ *sind die* **Rotationsparaboloide**

$$2z + h = x^2 + y^2, \ h = const.$$

Deren Rotationsachse ist die z-Achse.

Das kartesische Koordinatensystem in $\mathbb{R}^3$ haben wir bereits zur geometrischen Veranschaulichung von Funktionszusammenhängen benutzt. Für spezielle Aufgabenstellungen ist es oft vorteilhaft, andere Koordinatensysteme zu verwenden. In der Ebene $\mathbb{R}^2$ konnten wir z. B. **Polarkoordinaten** sinnvoll einsetzen. **Räumliche Polarkoordinaten** sind in den folgenden zwei Varianten bekannt:

(I) Zylinderkoordinaten

Es sei $(0; x, y, z)$ ein kartesisches Koordinatensystem in $\mathbb{R}^3$. Dann kann die Lage eines Punktes $0 \neq P \in \mathbb{R}^3$ auch durch die drei Größen r, φ, z eindeutig gemäß folgender Skizze beschrieben werden:

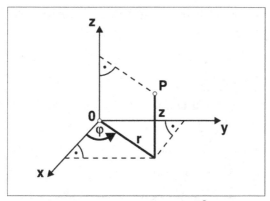

Zylinderkoordinaten in $\mathbb{R}^3$

Beide Koordinatensysteme stehen in folgender Relation zueinander:

$$x = r\cos\varphi, \ \ y = r\sin\varphi, \ \ z = z, \ \ 0 < r, \ \ 0 \leq \varphi < 2\pi,$$

also auch

$$r = \sqrt{x^2 + y^2}, \ \ \cos\varphi = \frac{x}{r}, \ \ z = z, \ \ 0 < r, \ \ 0 \leq \varphi < 2\pi.$$

Darin bleibt also die Koordinate $z \in \mathbb{R}$ als solche erhalten. Für $r = 0$ ist φ nicht erklärt; alle Tripel $(0, \varphi, z)$ werden als $(0, 0, z)$ identifiziert. Für $r > 0$ gilt für φ aus dem oben genannten Bereich die Darstellung

$$\varphi = \begin{cases} \arccos\dfrac{x}{r} & : \ y \geq 0, \\[2mm] 2\pi - \arccos\dfrac{x}{r} & : \ y < 0. \end{cases} \tag{1.2}$$

Anmerkung. Um (1.2) zu verifizieren, setzen wir zunächst $y = 0$ und erhalten die beiden Winkel

$$\varphi = \arccos\frac{x}{|x|} = \begin{cases} 0 & : \ x > 0, \\[1mm] \pi & : \ x < 0. \end{cases}$$

Für $y > 0$ gilt stets $-1 < x/r < 1$, also ist

$$\varphi = \arccos\frac{x}{r} \in (0, \pi).$$

Der erste Zweig in (1.2) liefert also $\varphi \in [0, \pi]$, und der zweite Zweig für $y < 0$ ergibt $\varphi \in (\pi, 2\pi)$, womit insgesamt $\varphi \in [0, \pi] \cup (\pi, 2\pi) = [0, 2\pi)$ gegeben ist.

Dazu präsentieren wir zur Erinnerung die nachfolgende Abbildung:

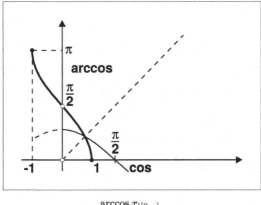

$$\arccos x_{|[0,\pi]}$$

Die Koordinatenflächen $r = \text{const}$, $\varphi = \text{const}$, $z = \text{const}$ sind gemäß nachfolgender Skizze paarweise orthogonal zueinander:

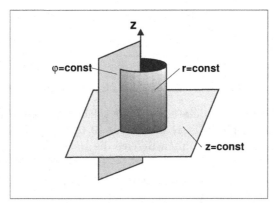

Koordinatenflächen $r = \text{const}$,
$\varphi = \text{const}$, $z = \text{const}$

Beispiel 1.11 *Durch die Gleichung*

$$f(x,y,z) := x^2 + y^2 - 2z = 0, \; z \geq 0$$

wird ein nach oben geöffnetes **Rotationsparaboloid** *beschrieben. In Zylinderkoordinaten gelangen wir zur expliziten Darstellung*

$$z(r) = \frac{r^2}{2}, \; r \geq 0.$$

Das Fehlen der Veränderlichen φ bedeutet **Rotationssymmetrie**.

(II) Kugelkoordinaten

Es sei $(0; x, y, z)$ wieder ein kartesisches Koordinatensystem in $\mathbb{R}^3$. Die Lage eines Punktes $0 \neq P \in \mathbb{R}^3$ lässt sich nun auch durch die drei Größen r, ϑ, φ eindeutig gemäß folgender Skizze beschreiben:

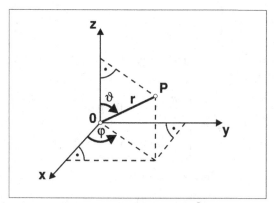

Kugelkoordinaten in $\mathbb{R}^3$

Beide Koordinatensysteme stehen in folgender Relation zueinander:

$$x = r \cos\varphi \sin\vartheta, \quad y = r \sin\varphi \sin\vartheta, \quad z = r \cos\vartheta,$$
$$0 < r, \ 0 \leq \varphi < 2\pi, \ 0 < \vartheta < \pi$$

sowie

$$r = \sqrt{x^2 + y^2 + z^2}, \quad \tan\varphi = \frac{y}{x}, \quad \cos\vartheta = \frac{z}{\sqrt{x^2 + y^2 + z^2}}.$$

Für $r = 0$ sind ϑ und φ nicht erklärt; alle Tripel $(0, \vartheta, \varphi)$ werden als $(0, 0, 0)$ identifiziert. Anderen Punkten der z-Achse wird ein Winkel $\vartheta = 0$ oder $\vartheta = \pi$ zugeordnet, während φ unbestimmt bleibt.

Der sog. Ausfallwinkel $\vartheta \in (0, \pi)$ ergibt sich für $r > 0$ aus

$$\vartheta = \arccos \frac{z}{r}, \tag{1.3}$$

und der Winkel in der x-y-Ebene $\varphi \in [0, 2\pi)$ resultiert für $x \neq 0$ aus den Darstellungen

$$\varphi = \begin{cases} \arctan \dfrac{y}{x} & : \; x > 0, \; y \geq 0, \\[2mm] \arctan \dfrac{y}{x} + \pi & : \; x < 0, \; y \geq 0, \\[2mm] \arctan \dfrac{y}{x} + \pi & : \; x < 0, \; y < 0, \\[2mm] \arctan \dfrac{y}{x} + 2\pi & : \; x > 0, \; y < 0 \end{cases} \tag{1.4}$$

der Reihe nach in den vier Quadranten. Entlang der y-Achse fehlen in (1.4) noch die beiden Winkel

$$\varphi = \begin{cases} \dfrac{\pi}{2} & : \; x = 0, \; y > 0, \\[2mm] \dfrac{3\pi}{2} & : \; x = 0, \; y < 0, \end{cases} \tag{1.5}$$

welche hiermit nun auch festgelegt sind.

Anmerkung. Um die Darstellung (1.4) zu verifizieren, setzen Sie der Reihe nach beispielsweise die Werte $(1,1)$, $(-1,1)$, $(-1,-1)$, $(1,-1)$ ein, und mit $\arctan(1) = \pi/4$ bzw. $\arctan(-1) = -\pi/4$ erhalten Sie die Bestätigung obiger Ausführungen.

Die Koordinatenflächen $r = \text{const}$, $\vartheta = \text{const}$, $\varphi = \text{const}$ sind gemäß nachfolgender Skizze paarweise orthogonal zueinander.

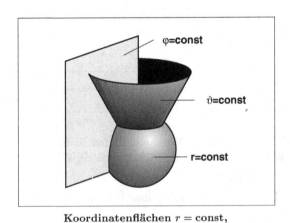

Koordinatenflächen $r = \text{const}$,
$\vartheta = \text{const}$, $\varphi = \text{const}$

Beispiel 1.12 *Das durch die Gleichung*

$$f(x,y,z) := x^2 + y^2 - 2z = 0, \; z \geq 0$$

beschriebene **Rotationsparaboloid** *gestattet in Kugelkoordinaten die explizite Darstellung*

$$r(\vartheta) = \frac{2\cos\vartheta}{\sin^2\vartheta}, \quad 0 < \vartheta \leq \frac{\pi}{2}.$$

Das Fehlen der Veränderlichen φ bedeutet auch hier **Rotationssymmetrie.**

Bemerkung 1.13 *Mitunter werden die Kugelkoordinaten auch in der nachfolgenden Form geschrieben:*

$$x = r\cos\varphi\cos\theta, \ y = r\sin\varphi\cos\theta, \ z = r\sin\theta,$$
$$0 < r, \ 0 \leq \varphi < 2\pi, \ -\pi/2 \leq \theta \leq \pi/2.$$

Aufgaben

Aufgabe 1.1. Bestimmen Sie für die nachfolgenden Funktionen $f : \mathbb{R}^2 \to \mathbb{R}$ jeweils den maximalen Definitionsbereich $D_f \subseteq \mathbb{R}^2$, den Wertebereich $W_f \subseteq \mathbb{R}$ und die Nullstellen:

$$a) \ f(x,y) = \sin(xy), \quad b) \ f(x,y) = \cos(xy),$$

$$c) \ f(x,y) = \tan(xy), \quad d) \ f(x,y) = \cot(xy).$$

Aufgabe 1.2. Bestimmen Sie für die nachfolgenden Funktionen $f : \mathbb{R}^2 \to \mathbb{R}$ jeweils den maximalen Definitionsbereich $D_f \subseteq \mathbb{R}^2$ und den Wertebereich $W_f \subseteq \mathbb{R}$:

$$a) \ f(x,y) = x + y + \cos(xy), \quad b) \ f(x,y) = \sqrt{1-y} + e^{-x^2},$$

$$c) \ f(x,y) = \sqrt{x^2 - y} + \sqrt{y - x^2}, \quad d) \ f(x,y) = \sqrt{x^2 - y^2}.$$

Aufgabe 1.3. Gegeben sei $f : \mathbb{R}^2 \to \mathbb{R}$ durch $f(x,y) = (\ln x + \ln y)^{\sin(xy)}$. Bestimmen Sie den maximalen Definitionsbereich $D_f \subseteq \mathbb{R}^2$.

Aufgabe 1.4. Bestimmen Sie die maximalen Definitionsbereiche $D_f \subseteq \mathbb{R}^2$, die Wertebereiche $W_f \subseteq \mathbb{R}$ und die Niveaulinien der Funktionen

$$a) \ f(x,y) = x + y + |x| + |y|, \quad b) \ f(x,y) = x^2 + 4xy + 4y^2.$$

Aufgabe 1.5. Bestimmen Sie den maximalen Definitionsbereich $D_f \subseteq \mathbb{R}^2$, den Wertebereich $W_f \subseteq \mathbb{R}$ und die Niveaulinien der Funktionen

$$a) \ f(x,y) = \frac{x^2 + y^2}{2y}, \quad b) \ f(x,y) = e^{-xy^2}.$$

Aufgabe 1.6. Bestimmen Sie von $f(x,y) = \dfrac{(x-1)^2 + y^2}{(x+1)^2 + y^2}$ die Äquipotentiallinien für $(x,y) \neq (-1,0)$.

Aufgabe 1.7. Bestimmen Sie von $f(x,y) = \dfrac{x}{\sqrt{x^2 + y^2}}$, $(x,y) \neq \mathbf{0}$, die Äquipotentiallinien.

1.2 Metrische und normierte Räume

Im nächsten Abschnitt machen wir Sie mit der Stetigkeit und Differenzierbarkeit von reellwertigen Funktionen in mehreren Variablen vertraut. Wie in
der eindimensionalen Analysis werden diese Begriffe über das Konvergenzverhalten von Folgen motiviert. Dazu benötigen wir eine geeignete „Abstandsmessung" zwischen zwei Elementen und fordern für diese zunächst einige
Eigenschaften gemäß

Definition 1.14 *Sei M eine nichtleere Menge. Eine Abbildung*

$$d : M \times M \to \mathbb{R}^+$$

*heißt **Metrik** oder **Abstandsfunktion**, wenn folgende Eigenschaften erfüllt sind:*

(M1) $d(x,y) = 0 \iff x = y$,   *(Definitheit)*

(M2) $d(x,y) = d(y,x) \ \forall \, x,y \in M$,   *(Symmetrie)*

(M3) $d(x,z) \leq d(x,y) + d(y,z) \ \forall \, x,y,z \in M$.   *(Dreiecksungleichung)*

Damit formulieren wir

Definition 1.15 *Eine nichtleere Menge M versehen mit einer Metrik d
heißt **metrischer Raum** und wird mit (M,d) bezeichnet.*

Die gängigsten Metriken entstehen aus normierten Vektorräumen.

Definition 1.16 *Sei V ein reeller Vektorraum. Eine Abbildung*

$$\|\cdot\| : V \times M \to \mathbb{R}^+$$

heißt **Norm**, *wenn folgende Eigenschaften erfüllt sind:*

(N1) $\|x\| = 0 \iff x = 0,$ *(Definitheit)*

(N2) $\|\lambda x\| = |\lambda| \|x\| \ \forall \lambda \in \mathbb{R}, \ x \in V,$ *(Homogenität)*

(N3) $\|x + z\| \leq \|x + y\| + \|y + z\| \ \forall x, y, z \in V.$ *(Dreiecksungleichung)*

Damit formulieren wir

Definition 1.17 *Ein Vektorraum V versehen mit einer Norm* $\|\cdot\|$ *heißt* **normierter Raum** *und wird mit* $(V, \|\cdot\|)$ *bezeichnet.*

Satz 1.18 *Sei* $(V, \|\cdot\|)$ *ein normierter Raum, dann wird durch*

$$d(x, y) := \|x - y\| \ \forall x, y \in V$$

eine Metrik d auf V definiert

Beispiel 1.19 *Gängige normierte Räume sind:*

a) der Körper $\mathbb{R}$ *der reellen Zahlen mit dem Betrag*

$$\|x\| := |x| \tag{1.6}$$

für alle $x \in \mathbb{R}$,

b) der Körper $\mathbb{C}$ *der komplexen Zahlen mit der Norm*

$$\|z\| := \sqrt{x^2 + y^2} \tag{1.7}$$

für alle $z := x + iy \in \mathbb{C}$,

c) der Vektorraum $\mathbb{R}^n$ *mit einer der drei Normen*

$$\|\mathbf{x}\| := \left(\sum_{k=1}^{n} |x_k|^2 \right)^{1/2}, \tag{1.8}$$

$$\|\mathbf{x}\|_\infty := \max_{1 \leq k \leq n} |x_k|, \tag{1.9}$$

$$\|\mathbf{x}\|_1 := \sum_{k=1}^{n} |x_k|, \tag{1.10}$$

jeweils für alle $\mathbf{x} = (x_1, \dots, x_n)^T \in \mathbb{R}^n$.

Bemerkung 1.20 *Zwischen der euklidischen Vektornorm (1.8) und dem Skalarprodukt besteht der Zusammenhang*

$$\|\mathbf{x}\| = \sqrt{\langle x, x \rangle} = \sqrt{x_1^2 + \dots + x_n^2}.$$

Mit den Normen (1.6) $\cdots$ (1.10) lässt sich nun eine Reihe von metrischen Räumen erschaffen.

Beispiel 1.21 *Die resultierenden metrischen Räume sind:*

a) der Körper $\mathbb{R}$ *der reellen Zahlen mit der Metrik*

$$d(x, y) := |x - y| \tag{1.11}$$

für alle $x, y \in \mathbb{R}$,

b) der Körper $\mathbb{C}$ *der komplexen Zahlen mit der Metrik*

$$d(z_1, z_2) := \sqrt{(x_1 - x_2)^2 + (y_1 - y_2)^2} \tag{1.12}$$

für alle $z_k := x_k + iy_k \in \mathbb{C}$, $k = 1, 2$,

c) der Vektorraum $\mathbb{R}^n$ *mit einer der drei Metriken*

$$d(\mathbf{x}, \mathbf{y}) := \|\mathbf{x} - \mathbf{y}\| = \left(\sum_{k=1}^{n} |x_k - y_k|^2 \right)^{1/2}, \tag{1.13}$$

$$d_\infty(\mathbf{x}, \mathbf{y}) := \|\mathbf{x} - \mathbf{y}\|_\infty = \max_{1 \leq k \leq n} |x_k - y_k|, \tag{1.14}$$

$$d_1(\mathbf{x}, \mathbf{y}) := \|\mathbf{x} - \mathbf{y}\|_1 = \sum_{k=1}^{n} |x_k - y_k|, \tag{1.15}$$

jeweils für alle $\mathbf{x}, \mathbf{y} \in \mathbb{R}^n$.

Bemerkung 1.22 *Häufig wird in der Literatur die euklidische Norm (1.8) mit* $\| \cdot \|_2$ *und entsprechend die resultierende Metrik mit* $d_2(\cdot, \cdot)$ *bezeichnet.*

Beispiel 1.23 *Sei M eine nichtleere Menge, dann wird durch*

$$\hat{d}(x,y) := \begin{cases} 0 & : \ x = y, \\ 1 & : \ x \neq y \end{cases} \tag{1.16}$$

die sog. triviale oder diskrete Metrik definiert.

Bemerkung 1.24 *Keine Norm induziert die triviale Metrik!*

Angenommen, es gibt doch eine Norm, aus welcher o. g. Metrik resultiert, dann beschert uns die Homogenitätseigenschaft einer Norm für alle $\lambda \in \mathbb{R}$ folgenden Unsinn:

$$\hat{d}(\lambda x, \lambda y) = \left\{ \begin{matrix} 0 & : \ \lambda x = \lambda y, \\ 1 & : \ \lambda x \neq \lambda y \end{matrix} \right\} := \|\lambda x - \lambda y\|$$

$$= |\lambda| \|x - y\| = |\lambda| \hat{d}(x,y) = \begin{cases} 0 & : \ x = y, \\ |\lambda| & : \ x \neq y. \end{cases}$$

Das vorletzte Beispiel (1.21) belegt, dass eine Menge M durchaus verschiedene Metriken tragen kann. Diese sind nicht „wesentlich" verschieden, wenn gilt:

Definition 1.25 *Zwei Metriken d_a und d_b auf derselben Menge M heißen **äquivalent**, wenn es Zahlen $\alpha, \beta > 0$ gibt mit*

$$\alpha \, d_a(x,y) \leq d_b(x,y) \leq \beta \, d_a(x,y) \ \forall \, x, y \in M. \tag{1.17}$$

In diesem Sinne sind die obigen Metriken (1.13), (1.14) und (1.15) auf dem Vektorraum $M := \mathbb{R}^n$ paarweise äquivalent, wie sich aus den nachstehenden Ungleichungen ergibt:

$$d_\infty(\mathbf{x},\mathbf{y}) \leq d_1(\mathbf{x},\mathbf{y}) \overset{(*)}{\leq} \sqrt{n}\, d(\mathbf{x},\mathbf{y}) \ \forall\, \mathbf{x}, \mathbf{y} \in \mathbb{R}^n \tag{1.18}$$

bzw.

$$d(\mathbf{x},\mathbf{y}) \overset{(*)}{\leq} d_1(\mathbf{x},\mathbf{y}) \leq n\, d_\infty(\mathbf{x},\mathbf{y}) \ \forall\, \mathbf{x}, \mathbf{y} \in \mathbb{R}^n. \tag{1.19}$$

Die mit $(*)$ markierten Ungleichungen resultieren aus der Ungleichung von Cauchy-Schwarz (Merz und Knabner 2013, S. 251).

Bemerkung 1.26 *Ein entsprechender Zusammenhang besteht auch zwischen den zugrunde liegenden* **Normen**, *welche damit natürlich auch in gleicher Weise* **äquivalent** *zueinander sind.*

Beispiel 1.27 *Die* **Einheitssphären** *bzgl. der Normen* $\|\cdot\|_1$, $\|\cdot\|$ *und* $\|\cdot\|_\infty$ *im* $\mathbb{R}^2$ *sind der Reihe nach*

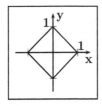 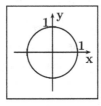 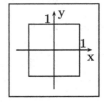

Äquivalenz von Normen bedeutet, dass die obigen Sphären ineinander geschachtelt werden können. Die Ungleichungen (1.18) und (1.19) gelten entsprechend für die Normen, und deren Schachtelungen stellen sich grafisch wie folgt dar:

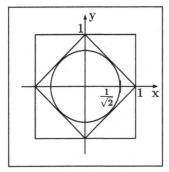 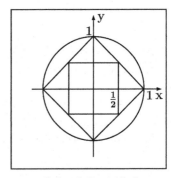

$$\|x\|_\infty \leq \|x\|_1 \leq \sqrt{2}\,\|x\| \qquad\qquad \|x\| \leq \|x\|_1 \leq 2\,\|x\|_\infty$$

Beispiel 1.28 *Auf dem Funktionenraum* $M := C([a,b])$ *der über dem abgeschlossenen Intervall* $[a,b] \subset \mathbb{R}$ *stetigen Funktionen* $x : [a,b] \to \mathbb{R}$ *sind in der folgenden Weise Normen erklärt:*

$$\|\mathbf{x}\|_\infty := \max_{t\in[a,b]} |x(t)| \quad \forall\, \mathbf{x} \in M, \tag{1.20}$$

$$\|\mathbf{x}\|_1 := \int_a^b |x(t)|\, dt \quad \forall\, x \in M. \tag{1.21}$$

Daraus resultieren die Metriken

$$d_\infty(x,y) := \max_{t\in[a,b]} |x(t) - y(t)| \quad \forall\, x, y \in M, \tag{1.22}$$

$$d_1(x,y) := \int_a^b |x(t) - y(t)|\, dt \quad \forall x, y \in M. \tag{1.23}$$

Es gilt stets $d_1(x,y) \leq (b-a)d_\infty(x,y)$, aber eine Ungleichung in der Form $d_\infty(x,y) \leq c\, d_1(x,y)$ mit einer von $x, y \in M$ unabhängigen Konstanten $c > 0$ gilt i. Allg. nicht. Deshalb sind die beiden Metriken d_∞ und d_1 **nicht** äquivalent.

Weitere Beispiele für Metriken finden Sie im Aufgabenteil zu diesem Abschnitt.

Definition 1.29 *Ist M ein metrischer Raum, so heißt eine Folge $\{a_n\}_{n\in\mathbb{N}} \subset M$ **konvergent** zum Grenzwert $a \in M$, wenn*

$$\forall \varepsilon > 0 \ \exists N(\varepsilon) \in \mathbb{N} : d(a_n, a) < \varepsilon \ \forall n > N. \tag{1.24}$$

Wir schreiben $\lim\limits_{n\to\infty} a_n = a$.

Bemerkung 1.30 *Sind auf der Menge M äquivalente Metriken vorgelegt, so hängt der Konvergenzbegriff **nicht** von der speziellen Wahl der Metrik ab. Dies ist jedoch i. Allg. falsch, wenn Metriken **nicht** äquivalent sind.*

Beispiel 1.31 *Sei $M := \mathbb{R}^2$, dann ist durch*

$$\mathbf{x}_n = (x_n, y_n)^T = \left(\frac{1}{n}, \frac{n}{n+1}\right)^T$$

eine gegen $\mathbf{x} = (0,1)^T$ konvergente Folge gegeben. Als Metrik wählen wir zunächst

$$d(\mathbf{x}_n, \mathbf{x}) = \sqrt{\left|\frac{1}{n} - 0\right|^2 + \left|\frac{n}{n+1} - 1\right|^2} = \sqrt{\frac{2n^2 + 2n + 1}{n^4 + 2n^3 + n^2}} \to 0, \ n \to \infty.$$

Alternativ wählen wir jetzt

$$d_\infty(\mathbf{x}_n, \mathbf{x}) = \max\left\{\left|\frac{1}{n} - 0\right|, \left|\frac{n}{n+1} - 1\right|\right\} = \frac{1}{n} \to 0, \ n \to \infty.$$

Zu guter Letzt ergibt sich

$$d_1(\mathbf{x}_n, \mathbf{x}) = \left|\frac{1}{n} - 0\right| + \left|\frac{n}{n+1} - 1\right| = \frac{2n+1}{n^2 + n} \to 0, \ n \to \infty.$$

Wie Sie sehen und nach Bemerkung 1.30 erwarten, bleibt die Konvergenz bei allen drei Metriken erhalten. Das in der obigen Definition erwähnte $N(\varepsilon) \in \mathbb{N}$ kann jedoch variieren.

Messen wir dagegen mit der trivialen Metrik (1.16), dann geht die Konvergenz verloren. Denn $d(\mathbf{x}_n, \mathbf{x}) = 1 \to 1$ für $n \to \infty$, da $\mathbf{x}_n \neq \mathbf{x}$ für alle $n \in \mathbb{N}$ gilt. Lediglich bei einer konstanten oder ab einem bestimmten Index konstanten Folge $x_n = const$ erhält diese Metrik die Konvergenz.

Beispiel 1.32 *Der Funktionenraum $M := C([0,1])$ sei mit den zwei Metriken (1.22) und (1.23) versehen. Wir betrachten in M die Funktion $x(t) := 0$ sowie die Folge*

$$x_n(t) := \begin{cases} 1 - nt & : \ 0 \leq t \leq \frac{1}{n}, \\ 0 & : \ t > \frac{1}{n} \end{cases}$$

für $n \in \mathbb{N}$. Sie erkennen sofort die Konvergenzeigenschaft

$$d_1(x_n, x) = \int_0^1 |x_n(t) - x(t)|\, dt = \int_0^{1/n} (1 - nt)\, dt = \frac{1}{2n} \to 0, \ \ n \to \infty.$$

Das heißt, es gilt $\lim\limits_{n \to \infty} x_n = x$ in der Metrik d_1.

Hingegen gilt $\lim\limits_{n \to \infty} x_n \neq x$ in der Metrik d_∞. Denn

$$d_\infty(x_n, x) = \max_{t \in [0,1]} |x_n(t) - 0| = 1 \to 1, \ \ n \to \infty.$$

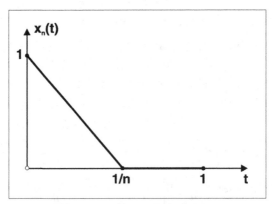

Funktion $x_n(t)$ aus Beispiel 1.32

Die Konvergenzbedingung (1.24) setzt die Kenntnis des Grenzwertes $a \in M$ voraus. Dieses Faktum ist immer dann von Nachteil, wenn man darauf angewiesen ist, Konvergenz ohne explizite Kenntnis des Grenzwertes nachprüfen zu müssen. Einen Ausweg aus diesem Dilemma bieten Cauchy-Folgen.

Definition 1.33 *Eine Folge* $\{a_n\}_{n\in\mathbb{N}} \subset M$ *heißt Cauchy-Folge, wenn*

$$\forall \varepsilon > 0 \; \exists \, N(\varepsilon) \in \mathbb{N} \;:\; d(a_n, a_m) < \varepsilon \;\; \forall n, m > N.$$

Jede **konvergente** Folge $\{a_n\}_{n\in\mathbb{N}} \subset M$ ist eine Cauchy-Folge, denn es gilt mit der Dreiecksungleichung

$$d(a_n, a_m) \overset{\text{(M3)}}{\leq} \underbrace{d(a_n, a)}_{\overset{!}{<}\frac{\varepsilon}{2}} + \underbrace{d(a, a_m)}_{\overset{!}{<}\frac{\varepsilon}{2}} \overset{\text{(1.24)}}{<} \varepsilon \;\; \forall n, m > N.$$

Die Umkehrung dieser Aussage gilt i. Allg. jedoch nicht. Dazu betrachten wir

Beispiel 1.34 *Der Funktionenraum* $M := C([-1,1])$ *sei mit der Metrik (1.23) versehen. Wir betrachten in* M *die Funktionenfolge*

$$x_n(t) := \begin{cases} 1 & : \; -1 \leq t \leq 0, \\ 1 - nt & : \; 0 < t \leq \frac{1}{n}, \\ 0 & : \; t > \frac{1}{n} \end{cases}$$

für $n \in \mathbb{N}$. *Dann folgt für* $\varepsilon > 0$ *und* $n > m \geq N(\varepsilon)$:

$$d_1(x_n, x_m) = \int_{-1}^{1} |x_n(t) - x_m(t)| \, dt = \int_{0}^{1/m} (1 - mt) \, dt - \int_{0}^{1/n} (1 - nt) \, dt$$

$$= \frac{1}{2}\left(\frac{1}{m} - \frac{1}{n}\right) < \varepsilon.$$

Also ist $\{x_n\}_{n\in\mathbb{N}} \subset M$ *eine Cauchy-Folge. Setzen wir*

$$x(t) := \begin{cases} 1 & : \; -1 \leq t < 0, \\ 0 & : \; 0 \leq t \leq 1, \end{cases}$$

so ist $\lim\limits_{n\to\infty} x_n = x$ *in der Metrik* d_1 *(vgl. Beispiel 1.32).*

Da x **unstetig** *ist, gilt* $x \notin M$. *Die Cauchy-Folge* $\{x_n\}_{n\in\mathbb{N}}$ *konvergiert* **nicht** *in* M.

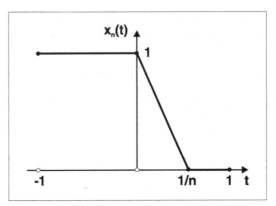

Funktion $x_n(t)$ aus Beispiel 1.34

Definition 1.35 *Ein metrischer Raum M heißt* **vollständig** *genau dann, wenn* **jede Cauchy**-*Folge $\{a_n\}_{n\in\mathbb{N}} \subset M$ einen Grenzwert a in M besitzt.*

Bemerkung 1.36 *Die Vollständigkeit von M bleibt bei Übergang zu äquivalenten Metriken stets erhalten.*

Beispiel 1.37 *Vollständige metrische Räume sind:*

a) *der Körper $\mathbb{R}$ der reellen Zahlen mit der Metrik (1.11),*

b) *der Körper $\mathbb{C}$ der komplexen Zahlen mit der Metrik (1.12),*

c) *der Vektorraum $\mathbb{R}^n$ mit jeder der Metriken (1.13), (1.14) oder (1.15),*

d) *der Funktionenraum $C([a,b])$ mit der Metrik (1.22), nicht aber mit der Metrik (1.23).*

Aufgaben

Aufgabe 1.8. Sei M ein metrischer Raum mit der Metrik $d : M \times M \to \mathbb{R}$. Zeigen Sie, dass für alle $w, x, y, z \in M$ die Vierecksungleichung

$$|d(x,y) - d(z,w)| \leq d(x,z) + d(y,w)$$

gilt.

Aufgabe 1.9. Zeigen Sie, dass durch $d(x,y) := |\arctan x - \arctan y|$ eine Metrik auf $\mathbb{R}$ definiert wird.

Aufgabe 1.10. Zeigen Sie, dass durch $d(x,y) := \arctan|x-y|$ eine Metrik auf $\mathbb{R}$ definiert wird.

Aufgabe 1.11. Sei $d : M \times M \to \mathbb{R}$ eine Metrik auf M. Zeigen Sie, dass $\delta : M \times M \to \mathbb{R}$, gegeben durch

$$\delta(x,y) = \frac{d(x,y)}{1 + d(x,y)},$$

ebenfalls eine Metrik auf M ist.

Aufgabe 1.12. Sei $M = \{A, B, C, D\}$ eine Menge bestehend aus den Anfangsbuchstaben von Ortschaften. Vervollständigen Sie die nachstehende Tabelle derart, dass $d : M \times M \to \mathbb{N}_0$ eine Metrik auf M wird:

	A	B	C	D
A		2		3
B			1	
C				
D		1		

Aufgabe 1.13. Sei $\mathbb{R}^n$, $n \in \mathbb{N}$, versehen mit den beiden Metriken

$$d_p(\mathbf{x},\mathbf{y}) := \left(\sum_{i=1}^{n} |x_i - y_i|^p \right)^{1/p} \quad \text{und} \quad d_\infty(\mathbf{x},\mathbf{y}) := \max_{1 \le i \le n} |x_i - y_i|,$$

wobei $1 \le p < \infty$. Zeigen Sie, dass diese beiden Metriken für alle $\mathbf{x}, \mathbf{y} \in \mathbb{R}^n$ äquivalent sind.

Aufgabe 1.14. Gegeben sei der normierte Raum $(C([0,2]), \|\cdot\|_p)$, wobei

$$\|x\|_p := \left(\int_0^2 |x(t)|^p \, dt \right)^{1/p}, \quad 1 \le p < \infty.$$

Zeigen Sie, dass

$$x_n(t) := \begin{cases} t^n & : \ 0 \le t < 1, \\ 1 & : \ 1 \le t \le 2 \end{cases}$$

eine Cauchy-Folge ist, und entscheiden Sie, ob der gegebene normierte Raum vollständig ist.

1.3 Stetigkeit bei Funktionen $f \in \mathrm{Abb}(\mathbb{R}^n, \mathbb{R})$

Für die Abbildungen $f \in \mathrm{Abb}(\mathbb{R}^n, \mathbb{R})$ verwenden wir nun die speziellen metrischen Räume $\mathbb{R}^n$ mit der Metrik (1.13), d.h.

$$d(\mathbf{x}, \mathbf{y}) := \|\mathbf{x} - \mathbf{y}\| = \Big(\sum_{k=1}^{n} |x_k - y_k|^2 \Big)^{1/2},$$

sowie den Körper $\mathbb{R}$ mit der Metrik (1.11), d.h.

$$d(x, y) := |x - y|.$$

Definition 1.38 *Eine Funktion $f \in \mathrm{Abb}\,(\mathbb{R}^n, \mathbb{R})$ heißt **stetig** im Punkte $\mathbf{x}_0 \in D_f \subseteq \mathbb{R}^n$, wenn für jede Folge $\{\mathbf{x}_n\}_{n \in \mathbb{N}} \subset D_f$ mit $\lim\limits_{n \to \infty} \mathbf{x}_n = \mathbf{x}_0$ gilt:*

$$\lim_{n \to \infty} f(\mathbf{x}_n) = f(\mathbf{x}_0). \tag{1.25}$$

*Ist f in **jedem** Punkt $\mathbf{x}_0 \in D_f$ stetig, so heißt f stetig auf D_f.*

Äquivalent dazu ist das folgende ε-δ-Kriterium der Stetigkeit:

Satz 1.39 (ε-δ-Kriterium) *Eine Funktion $f \in \mathrm{Abb}\,(\mathbb{R}^n, \mathbb{R})$ ist genau dann im Punkt $\mathbf{x}_0 \in D_f \subseteq \mathbb{R}^n$ stetig, wenn für alle $\varepsilon > 0$ ein $\delta = \delta(\varepsilon, x_0) > 0$ existiert, sodass*

$$|f(\mathbf{x}) - f(\mathbf{x}_0)| < \varepsilon \text{ für alle } \mathbf{x} \in D_f \text{ mit } \|\mathbf{x} - \mathbf{x}_0\| < \delta. \tag{1.26}$$

*Ist f in **jedem** Punkte $\mathbf{x}_0 \in D_f$ stetig, so heißt f stetig auf D_f.*

Beweis. Wir zeigen beide Richtungen:

a) Es gelte zunächst Relation (1.26). Wählen Sie zu $\varepsilon > 0$ ein $\delta = \delta(\varepsilon, \mathbf{x}_0)$ gemäß der Vorschrift (1.26). Zu jeder Folge $\{\mathbf{x}_n\}_{n \in \mathbb{N}} \subset D_f$ mit $\lim\limits_{n \to \infty} \mathbf{x}_n = \mathbf{x}_0$ existiert eine Zahl $N = N(\varepsilon) \in \mathbb{N}$ mit

$$\|\mathbf{x}_n - \mathbf{x}_0\| < \delta \text{ für alle } n > N.$$

Nach (1.26) muss dann $|f(\mathbf{x}_n) - f(\mathbf{x}_0)| < \varepsilon$ für alle $n > N$ gelten und somit auch $\lim\limits_{n \to \infty} f(\mathbf{x}_n) = f(\mathbf{x}_0)$.

b) Es gelte nun Relation (1.25). Wäre (1.26) nicht erfüllt, dann würde für $\delta := 1/k$ ein $\varepsilon_0 > 0$ existieren, sodass für jedes $k \in \mathbb{N}$ gilt

$$|f(\mathbf{x}_k) - f(\mathbf{x}_0)| \geq \varepsilon_0 \text{ für ein } \mathbf{x}_k \in D_f \text{ mit } \|\mathbf{x}_k - \mathbf{x}_0\| < \frac{1}{k}.$$

Somit wäre $\{\mathbf{x}_k\}_{k \in \mathbb{N}} \subset D_f$ eine konvergente Folge mit Grenzwert $\mathbf{x}_0$, aber mit $|f(\mathbf{x}) - f(\mathbf{x}_0)| \geq \varepsilon_0 > 0$, was im Widerspruch zur Konvergenzbedingung (1.25) steht.

qed

Beispiel 1.40 *Sei $\mathbb{R}^n$ ausgestattet mit der Metrik (1.13) und sei $\mathbf{x}_0 \in \mathbb{R}^n$. Die Abbildung $f : \mathbb{R} \to \mathbb{R}$ sei der Abstand eines Punktes zu $\mathbf{x}_0 \in \mathbb{R}^n$, gegeben durch*

$$f(\mathbf{x}) := \|\mathbf{x} - \mathbf{x}_0\|.$$

Diese Abbildung ist stetig, denn aus der umgekehrten Dreiecksungleichung resultiert

$$|f(\mathbf{x}) - f(\mathbf{y})| = |\|\mathbf{x} - \mathbf{x}_0\| - \|\mathbf{y} - \mathbf{x}_0\|| \leq \|\mathbf{x} - \mathbf{y}\|.$$

Demnach ist $|f(\mathbf{x}) - f(\mathbf{y})| < \varepsilon$, falls $\|\mathbf{x} - \mathbf{y}\| < \varepsilon =: \delta$.

Satz 1.41 *Die Funktionen $f, g \in \text{Abb}(\mathbb{R}^n, \mathbb{R})$ seien in $\mathbf{x}_0 \in D_f \cap D_g$ stetig. Dann sind auch die Funktionen*

1.) $f \cdot g, \quad \lambda f \pm \mu g \; \forall \lambda, \mu \in \mathbb{R}$,

2.) f/g, falls $g(\mathbf{x}_0) \neq 0$,

stetig in $\mathbf{x}_0 \in D_f \cap D_g$. Sei $h \in \text{Abb}(\mathbb{R}, \mathbb{R})$ stetig im Punkt $f(\mathbf{x}_0) \in D_h$. Dann ist auch die Komposition

3.) $h \circ f$ stetig in $x_0 \in D_f$.

Funktionen $f : \mathbb{R} \to \mathbb{R}$ mit einer **Unbestimmtheitsstelle** $\mathbf{x}_0 \in D_f$ der Form $f(\mathbf{x}_0) = 0/0$ bedürfen einer gesonderten Stetigkeitsbetrachtung. Wir erörtern in den folgenden Beispielen verschiedene Szenarien.

Beispiel 1.42 *Wir betrachten $f \in \text{Abb}(\mathbb{R}^2, \mathbb{R})$ gegeben durch*

$$f(x, y) := \begin{cases} \dfrac{xy^2}{x^2 + y^2} & : (x, y) \neq (0, 0), \\ 0 & : (x, y) = (0, 0). \end{cases}$$

Nach dem oben Gesagten über die Stetigkeit von Komposita ist f sicher in allen Punkten $(x, y) \neq (0, 0)$ stetig. Im Punkt $(x_0, y_0) := (0, 0)$ erhalten wir

$$|f(x,y) - f(0,0)| = \frac{y^2}{x^2 + y^2}\,|x| \le 1 \cdot |x| \le \sqrt{x^2 + y^2} = \|\mathbf{x}\| < \varepsilon$$

für alle $0 < \|\mathbf{x}\| < \delta := \varepsilon$. *Somit gilt (1.26), und* f *ist auch in* $(0,0)$ **stetig.**

Beispiel 1.43 *Wir betrachten* $f \in \mathrm{Abb}\,(\mathbb{R}^2, \mathbb{R})$ *gegeben durch*

$$f(x,y) := \begin{cases} \dfrac{xy}{x^2 + y^2} & : \ (x,y) \ne (0,0), \\[2mm] 0 & : \ (x,y) = (0,0). \end{cases}$$

Es seien $\boxed{a}$, $\boxed{b}$, $\boxed{c}$ *die unten skizzierten Wege, längs derer wir die Limites*

$$(x,y) \to (0,0)$$

vollziehen werden. Es gelten

$$\boxed{a} - \lim_{x \to 0} f(x,0) = 0 = \lim_{y \to 0} f(0,y) - \boxed{b}.$$

Dagegen ergeben sich für $\alpha \in [0, 2\pi)$ *mit* $\alpha \ne k \cdot \frac{\pi}{2}$, $k = 0, 1, 2, 3$, *also für Wege außerhalb der Achsen*

$$\boxed{c} - \lim_{t \to 0} f(t \cos \alpha, t \sin \alpha) = \frac{1}{2}\,\sin 2\alpha \ne 0 = f(0,0).$$

Das heißt, f *ist* **unstetig** *in* $(0,0)$, *denn die Relation (1.25) gilt nicht.*

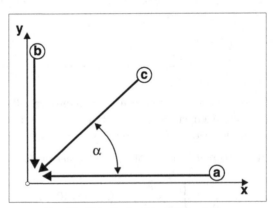

**Zur Stetigkeit der Funktion f aus
Beispiel 1.43 in $(0,0)$**

Im nächsten Beispiel machen wir Gebrauch von

Satz 1.44 (Unstetigkeitskriterium 1) *Ergeben sich für verschiedene Folgen $\{\mathbf{x}_n\}_{n\in\mathbb{N}} \subset D_f$ mit $\lim\limits_{n\to\infty} \mathbf{x}_n = \mathbf{x}_0$ verschiedene Grenzwerte $\lim\limits_{n\to\infty} f(\mathbf{x}_n)$, so ist f sicher unstetig in $\mathbf{x}_0 \in D_f$.*

Beispiel 1.45 *Wir betrachten $f \in \text{Abb}(\mathbb{R}^2, \mathbb{R})$ mit*

$$f(x,y) := \begin{cases} \dfrac{1}{y} & : x = \sqrt{y}, \ y > 0, \\[2mm] 0 & : 0 \neq x \neq \sqrt{y}. \end{cases}$$

Es seien $\boxed{a}$, $\boxed{b}$ die unten skizzierten Wege, längs derer wir die Limites

$$(x,y) \to (0,0)$$

vollziehen werden. Es gilt zunächst für jedes feste $\alpha \in [0, 2\pi)$

$$\boxed{a} - \lim_{t\to 0} f(t\cos\alpha, t\sin\alpha) = 0.$$

Dagegen ergibt sich entlang

$$\boxed{b} - \lim_{y\to 0+} f(\sqrt{y}, y) = \lim_{y\to 0+} \frac{1}{y} = +\infty.$$

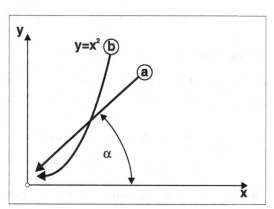

**Zur Stetigkeit der Funktion f aus
Beispiel 1.45 in $(0,0)$**

*Die Funktion f ist wiederum **unstetig** in $(0,0)$. Es genügt also **nicht**, Stetigkeit in $\mathbf{x}_0$ entlang strahlenförmiger Wege durch den Punkt $\mathbf{x}_0$ zu überprüfen. Insbesondere gilt*

> **Folgerung 1.46** *Stetigkeit in jeder Variablen einzeln impliziert keinesfalls bereits die Stetigkeit in allen Variablen zusammen.*

Außer dem Grenzwert (1.25) können auch **iterierte Grenzwerte** gebildet werden.

Beispiel 1.47 *Wir betrachten* $f \in \mathrm{Abb}\,(\mathbb{R}^2, \mathbb{R})$ *mit*

$$f(x,y) := \frac{x^2 - y^2 + x^3 + y^3}{x^2 + y^2}, \quad (x,y) \neq (0,0).$$

Wir berechnen

$$\lim_{x \to 0} \left(\lim_{y \to 0} f(x,y) \right) = 1 \quad und \quad \lim_{y \to 0} \left(\lim_{x \to 0} f(x,y) \right) = -1.$$

Diese Beobachtung führt auf ein weiteres **Unstetigkeitskriterium:**

> **Satz 1.48 (Unstetigkeitskriterium 2)** *Hat f in einem Punkt $\mathbf{x}_0 \in D_f$ verschiedene iterierte Grenzwerte, so ist f in $\mathbf{x}_0$ stets unstetig. Ist jedoch f stetig in $\mathbf{x}_0$, so sind alle iterierten Grenzwerte gleich, sofern diese existieren.*

Beispiel 1.49 *Hier finden Sie weitere Beispiele stetiger Funktionen $f \in \mathrm{Abb}\,(\mathbb{R}^n, \mathbb{R})$:*

a) *die **konstante Funktion** $f(\mathbf{x}) := c, \ c \in \mathbb{R}, \ \mathbf{x} \in \mathbb{R}^n$,*

b) *die **affin lineare Funktion** $f(\mathbf{x}) := \langle \mathbf{a}, \mathbf{x} \rangle + b, \ \mathbf{x} \in \mathbb{R}^n$, mit festem Vektor $\mathbf{0} \neq \mathbf{a} \in \mathbb{R}^n$ und fester Zahl $b \in \mathbb{R}$. Für $b = 0$ ist die Funktion linear.*

   Die Äquipotentialflächen $f(\mathbf{x}) = h$ dieser Funktion sind die Hyperebenen

   $$H : \ \langle \mathbf{a}, \mathbf{x} \rangle = \alpha := h - b.$$

   Diese haben die Normalenrichtung $\mathbf{a}$ und den Abstand $d(H, \mathbf{0}) = |\alpha| / \|\mathbf{a}\|$ vom Ursprung,

c) *die **quadratische Funktion** $f(\mathbf{x}) := \mathbf{x}^T A \mathbf{x} = \langle \mathbf{x}, A\mathbf{x} \rangle, \ \mathbf{x} \in \mathbb{R}^n$, mit symmetrischer Matrix $A = A^T \in \mathbb{R}^{(n,n)}$.*

   Für $n = 2$ resultiert die Abbildung

$$A := \begin{pmatrix} a_{11} & a_{12} \\ a_{12} & a_{22} \end{pmatrix}, \quad f(x,y) = a_{11}x^2 + 2a_{12}xy + a_{22}y^2, \quad (x,y)^T \in \mathbb{R}^2.$$

Hier sind die Äquipotentialflächen Kegelschnitte,

d) *die **homogenen Polynome** vom Grade k. Vergegenwärtigen Sie sich zunächst, dass ein n-dimensionaler **Multiindex** ρ ein geordnetes n-Tupel nichtnegativer ganzer Zahlen ist der Form*

$$\rho := (\rho_1, \rho_2, \ldots, \rho_n) \in \mathbb{N}_0^n.$$

*Die **Ordnung** $|\rho|$ von $\rho = (\rho_1, \rho_2, \ldots, \rho_n)$ ist definiert durch*

$$|\rho| := \sum_{j=1}^n \rho_j.$$

In diesem Sinne ist nun ein homogenes Polynom vom Grade k in den Variablen $\mathbf{x} = (x_1, x_2, \ldots, x_n)$ eine Funktion

$$f(\mathbf{x}) := \sum_{|\rho|=k} a_{\rho_1 \rho_2 \cdots \rho_n} x_1^{\rho_1} x_2^{\rho_2} \cdots x_n^{\rho_n} =: \sum_{|\rho|=k} a_\rho \mathbf{x}^\rho, \quad \mathbf{x} \in \mathbb{R}^n.$$

So ist $f(x,y,z) := 4x^2z^3 + 3xy^2z^2 - 2y^4z$ ein homogenes Polynom vom Grade 5 in den Variablen (x,y,z), denn in allen Summanden beträgt die Summe über die Potenzen 5. Für homogene Polynome f vom Grade k gilt daher die Relation

$$f(\lambda \mathbf{x}) = \lambda^k f(\mathbf{x}) \quad \forall \lambda \in \mathbb{R} \;\; \forall \mathbf{x} \in \mathbb{R}^n. \tag{1.27}$$

Anmerkung. Schauen Sie sich in diesem Zusammenhang nochmals die zuvor formulierten quadratischen Funktionen an!

e) *die **Polynome** vom Grade m. Diese lassen sich darstellen als*

$$f(\mathbf{x}) := \sum_{k=0}^m \sum_{|\rho|=k} a_{\rho_1 \rho_2 \cdots \rho_n} x_1^{\rho_1} x_2^{\rho_2} \cdots x_n^{\rho_n} =: \sum_{|\rho| \leq m} a_\rho \mathbf{x}^\rho,$$

für $\mathbf{x} = (x_1, x_2, \ldots, x_n) \in \mathbb{R}^n$. Das sind gerade die Summen von homogenen Polynomen k-ten Grades mit $0 \leq k \leq m$.

So ist $f(x,y,z) := 4x^2z^3 + 3xy^2z^2 + xyz + 2x + y - z - 7$ ein Polynom vom Grade 5, denn die höchste Summe über die Potenzen (hier bei zwei Summanden) beträgt 5,

f) *die **rationalen Funktionen** der Form*

$$R(\mathbf{x}) := \frac{f(\mathbf{x})}{g(\mathbf{x})}, \quad \mathbf{x} \in \mathbb{R}^n \ \ und \ \ g(\mathbf{x}) \neq 0,$$

worin f und g Polynome vom Grade $m_f \in \mathbb{N}$ bzw. $m_g \in \mathbb{N}$ sind.

Aufgaben

Aufgabe 1.15. Sei $f \in \mathrm{Abb}\,(\mathbb{R}^2, \mathbb{R})$ gegeben durch

$$f(x,y) := \begin{cases} \dfrac{x^4 + y^4}{x^2 + y^2} & : \ (x,y) \neq (0,0), \\[2mm] 0 & : \ (x,y) = (0,0). \end{cases}$$

Zeigen Sie, dass diese Funktion im Ursprung stetig ist.

Aufgabe 1.16. Wir betrachten $f \in \mathrm{Abb}\,(\mathbb{R}^2, \mathbb{R})$, gegeben durch

$$f(x,y) := \begin{cases} y \cdot \sqrt{\dfrac{y^2}{x^2 + y^2}} & : \ (x,y) \neq (0,0), \\[2mm] 0 & : \ (x,y) = (0,0). \end{cases}$$

Untersuchen Sie diese Funktion auf Stetigkeit.

Aufgabe 1.17. Sei $f \in \mathrm{Abb}\,(\mathbb{R}^2, \mathbb{R})$, gegeben durch

$$f(x,y) := \begin{cases} \dfrac{\sin(x \cdot y)}{x \cdot y} & : \ x \cdot y \neq 0, \\[2mm] 1 & : \ \text{sonst.} \end{cases}$$

Zeigen Sie, dass f im Punkt $(0,0)^T$ stetig ist.

Aufgabe 1.18. Sei $g \in \mathrm{Abb}\,(\mathbb{R}^2, \mathbb{R})$, gegeben durch

$$g(x,y) := \begin{cases} \dfrac{\sin(x \cdot y^2)}{x^2 \cdot y} & : \ x \cdot y \neq 0, \\[2mm] 1 & : \ \text{sonst.} \end{cases}$$

Zeigen Sie, dass g im Punkt $(0,0)$ nicht stetig ist.

Aufgabe 1.19. Wir betrachten $h \in \mathrm{Abb}\,(\mathbb{R}^2, \mathbb{R})$, gegeben durch

$$h(x,y) := \begin{cases} \dfrac{x^2 y}{x^6 + y^2} & : (x,y) \neq (0,0), \\[2mm] 0 & : (x,y) = (0,0). \end{cases}$$

Untersuchen Sie diese Funktion auf Stetigkeit.

Aufgabe 1.20. Die Funktion $f \in \text{Abb}\,(\mathbb{R}^2, \mathbb{R})$ sei definiert durch

$$f(x,y) := \begin{cases} \dfrac{x+y}{x-y} & : x \neq y, \\[2mm] 0 & : x = y. \end{cases}$$

a) Berechnen Sie $\lim\limits_{x \to 0} \left(\lim\limits_{y \to 0} f(x,y) \right)$.

b) Berechnen Sie $\lim\limits_{y \to 0} \left(\lim\limits_{x \to 0} f(x,y) \right)$.

c) Ist die Funktion f an der Stelle $(0,0)$ stetig?

Aufgabe 1.21. Die *lineare* Funktion $f \in \text{Abb}\,(\mathbb{R}^n, \mathbb{R})$ sei definiert durch

$$f(\mathbf{x}) := \langle \mathbf{a}, \mathbf{x} \rangle = a_1 x_1 + \cdots + a_n x_n, \quad \mathbf{a} \in \mathbb{R}^n.$$

Zeigen Sie:

a) Es existiert eine Konstante $C \in \mathbb{R}$, sodass für alle $\mathbf{x} \in \mathbb{R}^n$ die Abschätzung

$$|f(\mathbf{x})| \leq C \|\mathbf{x}\|$$

gilt, wobei $\| \cdot \| : \mathbb{R}^n \to \mathbb{R}$ eine beliebige, metrikinduzierende Norm ist.

b) Die soeben formulierte Beschränktheit von f ist äquivalent mit der Stetigkeit von f.

1.4 Eigenschaften stetiger Funktionen $f \in \text{Abb}(\mathbb{R}^n, \mathbb{R})$

Hängen Eigenschaften stetiger Funktionen $f \in \text{Abb}\,(\mathbb{R}, \mathbb{R})$ in **einer** reellen Veränderlichen nur von einer **Abstandsmessung** ab, so können solche Eigenschaften unmittelbar auf den allgemeinen Fall einer stetigen Funktion $f \in \text{Abb}\,(\mathbb{R}^n, \mathbb{R})$ übertragen werden.

Satz 1.50 *Es sei* $f \in \mathrm{Abb}\,(\mathbb{R}^n, \mathbb{R})$ *eine im Punkte* $\mathbf{x}_0 \in D_f$ *stetige Funktion, und es gelte* $f(\mathbf{x}_0) < g \in \mathbb{R}$. *Dann existiert ein* $\delta > 0$, *sodass*

$$f(\mathbf{x}) < g \ \textit{für alle} \ \mathbf{x} \in D_f \ \textit{mit} \ \|\mathbf{x} - \mathbf{x}_0\| < \delta. \qquad (1.28)$$

Eine analoge Aussage gilt natürlich auch in der Form $f(\mathbf{x}) > g$.

Die Aussage dieses Satzes kann auch so formuliert werden: „Wer stetig wächst und noch nicht an die Decke stößt, kann ohne anzustoßen noch ein bisschen weiterwachsen".

Wir sehen, dass auf der *skalarwertigen Bildmenge* von $f \in \mathrm{Abb}\,(\mathbb{R}^n, \mathbb{R})$ Ungleichungsrelationen uneingeschränkt verwendet werden dürfen, nicht aber auf dem Definitionsbereich $D_f \subset \mathbb{R}^n$. Der Vektorraum $\mathbb{R}^n$ ist für $n > 1$ ja nicht **geordnet**. Deshalb kann z. B. der Begriff der **Monotonie** auf Funktionen $f \in \mathrm{Abb}\,(\mathbb{R}^n, \mathbb{R})$ nicht so einfach übertragen werden, lediglich komponentenweise. So ist beispielsweise

$$f(x, y) := x - y$$

streng monoton steigend in $x \in \mathbb{R}$ für **jedes** fest gewählte $y \in \mathbb{R}$ und analog in y streng monoton fallend für **jedes** fest gewählte $x \in \mathbb{R}$. Dagegen weist

$$g(x, y) := xy$$

keine dieser Monotonieeigenschaften auf, denn für $y = 1$ ist f in x streng monoton steigend, für $y = -1$ dagegen streng monoton fallend in x und umgekehrt in y.

Betrachten wir jedoch g nur für $x, y \geq 0$, dann dürfen wir sagen, dass g insgesamt streng monoton steigend ist, da dies für beide Argumente gleichermaßen gilt. Entsprechend lässt sich diese Betrachtungsweise auf das Monotonieverhalten im $\mathbb{R}^n$, $n > 1$, erweitern.

Probleme mit dem Prinzip der Übertragung von Eigenschaften aus dem Eindimensionalen auf $f \in \mathrm{Abb}\,(\mathbb{R}^n, \mathbb{R})$ müssen auch dort auftreten, wo der Auswahlsatz von Bolzano-Weierstraß verwendet wird. Als Beispiel nennen wir den Satz über die Beschränktheit einer stetigen Funktion. Dort wird die Tatsache zugrunde gelegt, dass jede beschränkte Folge mindestens einen Häufungspunkt besitzt. Im Vektorraum $\mathbb{R}^n$ schaffen wir eine vergleichbare Situation durch Einführung eines neuen Begriffes durch

---

Definition 1.51 *Eine Teilmenge* $K \subset \mathbb{R}^n$ *heißt* **kompakt**, *wenn jede Folge* $\{\mathbf{x}_n\}_{n \in \mathbb{N}} \subset K$ *mindestens einen Häufungspunkt* $\mathbf{x}_0 \in K$ *besitzt.*

Daraus resultiert der

Satz 1.52 *Es sei* $f \in \mathrm{Abb}(\mathbb{R}^n, \mathbb{R})$ *eine auf der kompakten Teilmenge* $K \subset \mathbb{R}^n$ *stetige Funktion. Dann ist* f ***beschränkt***, *d. h., es existiert eine Konstante* $M > 0$ *mit*

$$|f(\mathbf{x})| \leq M \text{ für alle } \mathbf{x} \in K.$$

Bemerkung 1.53 *In* $\mathbb{R}$ *gilt für ein Intervall* $I \subset \mathbb{R}$ *die einfache Beziehung*

I ist kompakt $\iff$ *I ist abgeschlossen und beschränkt.*

In wenigen Augenblicken werden wir auch die Kompaktheit in $\mathbb{R}^n$ *so formulieren, nachdem wir Ihnen die entsprechenden Begriffe wie abgeschlossene und beschränkte Mengen in* $\mathbb{R}^n$ *nähergebracht haben.*

Da also das Bild $f(K) \subset \mathbb{R}$ einer kompakten Teilmenge $K \subset \mathbb{R}^n$ unter einer stetigen Funktion f beschränkt ist, gilt das **Supremumsprinzip** gemäß

Satz 1.54 (Extremalsatz) *Gegeben sei eine stetige Funktion* $f : K \to \mathbb{R}$ *über einer kompakten Teilmenge* $K \subset \mathbb{R}^n$. *Dann nimmt die Funktion* f *das Maximum und das Minimum ihrer Funktionswerte jeweils in einem Punkt der Menge* K *an, d. h., es existieren* $\mathbf{x}_*, \mathbf{x}^* \in K$ *mit*

$$f(\mathbf{x}_*) = \min_{\mathbf{x} \in K} f(\mathbf{x}) \text{ und } f(\mathbf{x}^*) = \max_{\mathbf{x} \in K} f(\mathbf{x}).$$

Demgemäß gilt $f(\mathbf{x}_*) \leq f(\mathbf{x}) \leq f(\mathbf{x}^*)$ *für alle* $\mathbf{x} \in K$.

Beispiel 1.55 *Wir betrachten bei festem* $0 < R_1 < R_2$ *den Kreisring*

$$K := \{(x, y) \in \mathbb{R}^2 : R_1 \leq \sqrt{x^2 + y^2} \leq R_2\}$$

und darauf die Funktion

$$f(x, y) := \frac{x}{x^2 + y^2}, \ (x, y) \in K.$$

In ebenen Polarkoordinaten $x = r \cos \varphi, \, y = r \sin \varphi$ *resultiert die Darstellung*

$$\tilde{f}(r, \varphi) := f(r \cos \varphi, r \sin \varphi) = \frac{1}{r} \cos \varphi, \ r \in [R_1, R_2], \ \varphi \in [0, 2\pi),$$

und somit

$$-\frac{1}{R_1} \le \tilde{f}(r, \varphi) \le \frac{1}{R_1},$$

wobei das Minimum $-1/R_1$ und das Maximum $1/R_1$ in den Punkten $(r_*, \varphi_*) :=$ (R_1, π) bzw. $(r^*, \varphi^*) := (R_1, 0)$ angenommen werden.

Beide Punkte liegen auf dem inneren Kreisrand $r = R_1$ des Kreisrings K. Entfernt man diesen Rand, d.h. betrachtet man dagegen

$$\tilde{K} := \{(x, y) \in \mathbb{R}^2 \, : \, R_1 < \sqrt{x^2 + y^2} \le R_2\},$$

so nimmt f weder Maximum noch Minimum auf $\tilde{K}$ an, d.h., Satz 1.54 trifft nicht mehr zu. Da aber f auf $\tilde{K}$ stetig ist, darf die Menge $\tilde{K}$ nicht mehr kompakt sein!

Das obige Beispiel wirft die Frage auf, welches genau die kompakten Teilmengen von $\mathbb{R}^n$ sind. Zur Klärung dieser Frage führen wir Begriffe ein, welche in $\mathbb{R}^n$ ausgestattet mit der euklidischen Metrik (1.13) die Begriffe „offenes Intervall", „abgeschlossenes Intervall" und „Randpunkt eines Intervalls" aus $\mathbb{R}$ ersetzen.

Definition 1.56 *Wir betrachten den metrischen Raum $(\mathbb{R}^n, d)$ mit einer Metrik d auf $\mathbb{R}^n$ und fest gewähltem $\mathbf{x} \in \mathbb{R}^n$.*

1.) Die Menge

$$B_\varepsilon(\mathbf{x}) := \{\mathbf{y} \in \mathbb{R}^n \, : \, d(\mathbf{x}, \mathbf{y}) < \varepsilon\}, \ \ \varepsilon > 0,$$

*heißt **offene** ε-Kugel um den Punkt $\mathbf{x}$, und entsprechend heißt*

$$\overline{B}_\varepsilon(\mathbf{x}) := \{\mathbf{y} \in M \, : \, d(\mathbf{x}, \mathbf{y}) \le \varepsilon\}, \ \ \varepsilon > 0,$$

***abgeschlossene** ε-Kugel um den Punkt $\mathbf{x}$.*

2.) Es heißt $\mathbf{x} \in \mathbb{R}^n$

  – ***innerer Punkt** einer Teilmenge $\Omega \subset \mathbb{R}^n$, wenn Ω eine offene ε-Kugel $B_\varepsilon(\mathbf{x}) \subset \Omega$ um den Punkt $\mathbf{x}$ enthält. In diesem Fall heißt Ω **Umgebung** von $\mathbf{x}$,*

  – ***äußerer Punkt** von $\Omega \subset \mathbb{R}^n$, wenn $\mathbf{x}$ innerer Punkt der Komplementärmenge $\mathbb{R}^n \setminus \Omega$ ist,*

  – ***Randpunkt** von $\Omega \subset \mathbb{R}^n$, wenn für jedes $\varepsilon > 0$ sowohl $B_\varepsilon(\mathbf{x}) \not\subset \Omega$ als auch $B_\varepsilon(\mathbf{x}) \not\subset \mathbb{R}^n \setminus \Omega$ gelten.*

Die Menge

$$\Omega^\circ := \{\mathbf{x} \in \mathbb{R}^n \, : \, \mathbf{x} \text{ ist innerer Punkt von } \Omega\}$$

heißt **offener Kern** oder **Inneres** von Ω. Die Menge

$$\partial\Omega := \{\mathbf{x} \in \mathbb{R}^n : \mathbf{x} \text{ ist Randpunkt von } \Omega\}$$

heißt **Rand** von Ω. Schließlich heißt die Menge

$$\overline{\Omega} := \partial\Omega \cup \Omega$$

abgeschlossene Hülle von Ω.

3.) Eine Teilmenge $\Omega \subset \mathbb{R}^n$ heißt **offen**, wenn $\Omega = \Omega^\circ$ gilt. Gilt $\Omega = \overline{\Omega}$, so heißt Ω **abgeschlossen**.

4.) Eine Teilmenge $\Omega \subset \mathbb{R}^n$ heißt **beschränkt**, wenn es Elemente $R > 0$ und $\mathbf{x}_0 \in \mathbb{R}^n$ gibt mit $\Omega \subset B_R(\mathbf{x}_0)$.

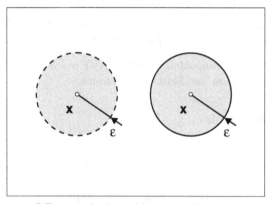

Offene und abgeschlossene ε–Kugeln

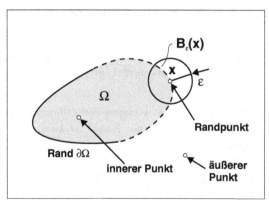

Randpunkt, äußerer Punkt, innerer Punkt

Bemerkung 1.57 *Wir fassen einige grundlegende Eigenschaften zusammen:*

1.) Randpunkte einer Teilmenge $\Omega \subset \mathbb{R}^n$ müssen nicht zu Ω gehören.

2.) Sämtliche Begriffe aus der obigen Definition sind invariant gegenüber einem Wechsel zu äquivalenten Metriken. Ist also eine Menge Ω offen in einer Metrik, so ist sie auch offen in jeder dazu äquivalenten Metrik.

Ohne Beweis formulieren wir nun den zuvor versprochenen Zusammenhang im

---

Satz 1.58 (Satz von Heine-Borel) *Eine Teilmenge $K \subset \mathbb{R}^n$ ist genau dann kompakt, wenn K abgeschlossen und beschränkt ist.*

Beispiel 1.59 *Die abgeschlossene ε-Kugel $\overline{B}_\varepsilon(\mathbf{y})$ um einen festen Punkt $\mathbf{y} \in \mathbb{R}^n$ ist für jedes $\varepsilon > 0$ kompakt.*

Bezeichnet d wieder die euklidische Metrik (1.13) in $\mathbb{R}^n$, so ist die Funktion $f(\mathbf{x}) := d(\mathbf{x}, \mathbf{x}_0)$, $\mathbf{x}_0 \in \mathbb{R}^n$ fest, auf ganz $\mathbb{R}^n$ stetig, vgl. Beispiel 1.40.

Folglich ist f auf der kompakten Menge $\overline{B}_\varepsilon(\mathbf{y})$ beschränkt und nimmt dort Maximum und Minimum der Funktionswerte an.

Für Feinschmecker nun das

Beispiel 1.60 *Der offene positive Kegel in $\mathbb{R}^n$ ist die Menge*

$$\Omega := \{\mathbf{x} \in \mathbb{R}^n \, : \, x_j > 0, \; j = 1, 2, \ldots, n\}.$$

Wir betrachten das homogene Polynom vom Grade $n - 1$

$$g(\mathbf{x}) := \sum_{j=1}^{n} x_1 x_2 \cdots x_{j-1} x_{j+1} \cdots x_n, \; \mathbf{x} = (x_1, x_2, \ldots, x_n) \in \mathbb{R}^n,$$

worin vereinbarungsgemäß $x_0 := x_{n+1} := 1$ gelte. Es folgt nun $g(\mathbf{x}) > 0$ für alle $\mathbf{x} \in \Omega$, und da g stetig ist, muss auch $1/g(\cdot)$ in jedem Punkt $\mathbf{x} \in \Omega$ stetig sein.

Fixiert man ein solches $\mathbf{x}$, so gibt es wegen der Offenheit von Ω eine abgeschlossene R-Kugel $\overline{B}_R(\mathbf{x}) \subset \Omega$. Diese Kugel ist kompakt. Wir betrachten auf $\overline{B}_R(\mathbf{x})$ die stetigen Funktionen

$$h(\mathbf{z}) := \Big(\sum_{j=1}^{n} z_1^2 z_2^2 \cdots z_{j-1}^2 z_{j+1}^2 \cdots z_n^2 \Big)^{1/2}, \; z_0 := z_{n+1} := 1,$$

wobei wir speziell $\mathbf{z} := (x_1 y_1, x_2 y_2, \ldots, x_n y_n) \in \mathbb{R}^n$ *bei festem* $\mathbf{x} \in \mathbb{R}^n$ *und beliebigem* $\mathbf{y} = (y_1, y_2, \ldots, y_n) \in \mathbb{R}^n$ *annehmen. Da die Funktion*

$$R(\mathbf{y}) := \frac{h(\mathbf{z})}{|g(\mathbf{x})|\,|g(\mathbf{y})|}, \quad \mathbf{y} \in \overline{B}_R(\mathbf{x}),$$

stetig ist, folgt aus der Kompaktheit von $\overline{B}_R(\mathbf{x})$ *die Existenz von*

$$C := \max_{\mathbf{y} \in \overline{B}_R(\mathbf{x})} R(\mathbf{y}).$$

Nach diesen Vorbetrachtungen untersuchen wir die Stetigkeit der Funktion

$$f(\mathbf{x}) := \left(\sum_{j=1}^{n} \frac{1}{x_j} \right)^{-1}$$

auf der Menge $\Omega \subset \mathbb{R}^n$, *vgl. dazu Beispiel 1.3. Dazu seien* $\mathbf{x} \in \Omega$ *und* $\overline{B}_R(\mathbf{x})$ *wie oben angegeben. Es folgt für* $\mathbf{y} \in \overline{B}_R(\mathbf{x})$:

$$|f(\mathbf{y}) - f(\mathbf{x})| = \left| \left(\sum_{j=1}^{n} \frac{1}{y_j} \right)^{-1} - \left(\sum_{j=1}^{n} \frac{1}{x_j} \right)^{-1} \right| = \frac{\left| \sum_{j=1}^{n} \frac{y_j - x_j}{x_j y_j} \right|}{\left| \sum_{j=1}^{n} \frac{1}{x_j} \right| \left| \sum_{j=1}^{n} \frac{1}{y_j} \right|}$$

$$\overset{(*)}{\leq} \frac{\left(\sum_{j=1}^{n} \left(\frac{1}{x_j y_j} \right)^2 \right)^{1/2}}{\left| \sum_{j=1}^{n} \frac{1}{x_j} \right| \left| \sum_{j=1}^{n} \frac{1}{y_j} \right|} \left(\sum_{j=1}^{n} |y_j - x_j|^2 \right)^{1/2} = R(\mathbf{y})\, d(\mathbf{y}, \mathbf{x})$$

$$\leq C\, d(\mathbf{y}, \mathbf{x}) < \varepsilon \quad \forall \mathbf{y} \in \overline{B}_R(\mathbf{x}) \text{ mit } d(\mathbf{y}, \mathbf{x}) < \delta := \frac{\varepsilon}{C},$$

wobei in $(*)$ *die Ungleichung von Cauchy-Schwarz Anwendung fand. Somit ist* $f : \Omega \to \mathbb{R}$ *stetig.*

Stetige Funktionen über abgeschlossenen Intervallen $f : [a, b] \to \mathbb{R}$ sind gleich-mäßig stetig. Der dort geführte Beweis (Merz und Knabner 2013, S. 443) bleibt für Funktionen $f \in \mathrm{Abb}\,(\mathbb{R}^n, \mathbb{R})$ richtig, wenn $D_f =: K$ eine kompakte Teilmenge ist.

Definition 1.61 (Gleichmäßige Stetigkeit) *Eine Funktion* $f \in \mathrm{Abb}\,(\mathbb{R}^n, \mathbb{R})$ *heißt auf* $D_f \subseteq \mathbb{R}^n$ *gleichmäßig stetig, wenn für alle* $\varepsilon > 0$

ein $\delta = \delta(\varepsilon) > 0$ existiert, sodass

$$|f(\mathbf{x}) - f(\mathbf{y})| < \varepsilon \text{ für alle } \mathbf{x}, \mathbf{y} \in D_f \text{ mit } \|\mathbf{x} - \mathbf{x}_0\| < \delta. \qquad (1.29)$$

Satz 1.62 *Eine stetige Funktion $f : K \to \mathbb{R}$ ist auf der* **kompakten** *Teilmenge $K \subset \mathbb{R}^n$ gleichmäßig stetig.*

Bemerkung 1.63 *Bei der gleichmäßigen Stetigkeit hängt die Wahl der Zahl $\delta > 0$ nur noch von $\varepsilon > 0$ ab, nicht mehr von einer Stelle $\mathbf{x}_0 \in D_f$. Anders formuliert, es existiert eine ε-δ-Kiste, die für alle $\mathbf{x} \in D_f$ gleichermaßen passt!*

Beispiel 1.64 *Gegeben sei die Funktion $f : \mathbb{R}^n \setminus \{\mathbf{0}\} \to \mathbb{R}$ durch*

$$f(\mathbf{x}) = \frac{1}{\|\mathbf{x}\|},$$

worin $\|\cdot\|$ die euklidische Vektornorm ist. Diese Funktion ist auf ihrem Definitionsbereich stetig, aber nicht gleichmäßig stetig. Sei dazu für die spezielle Wahl $\varepsilon := 1$ ein $\delta > 0$ beliebig und

$$\mathbf{x}_k = \left(\frac{1}{k}, \ldots, \frac{1}{k}\right)^T \text{ und } \mathbf{y}_k = \left(\frac{1}{k^2}, \ldots, \frac{1}{k^2}\right)^T$$

für $1 \ll k \in \mathbb{N}$ (d. h., k ist sehr groß), sodass

$$\|\mathbf{x} - \mathbf{y}\| = \sqrt{\left(\frac{1}{k} - \frac{1}{k^2}\right)^2 + \cdots + \left(\frac{1}{k} - \frac{1}{k^2}\right)^2}$$

$$= \sqrt{n\left(\frac{1}{k} - \frac{1}{k^2}\right)^2} = \sqrt{n}\left|\frac{1}{k} - \frac{1}{k^2}\right| = \sqrt{n}\frac{k-1}{k^2} < \delta,$$

sofern $k \in \mathbb{N}$ groß genug ist.

Andererseits ergibt sich

$$|f(\mathbf{x}_k) - f(\mathbf{y}_k)| = \left| \left(\frac{1}{k^2} + \cdots + \frac{1}{k^2} \right)^{-1/2} - \left(\frac{1}{k^4} + \cdots + \frac{1}{k^4} \right)^{-1/2} \right|$$

$$= \left| \left(\frac{n}{k^2} \right)^{-1/2} - \left(\frac{n}{k^4} \right)^{-1/2} \right| = \left| \sqrt{\frac{k^2}{n}} - \sqrt{\frac{k^4}{n}} \right|$$

$$= \frac{1}{\sqrt{n}} \left| k - k^2 \right| \geq 1 = \varepsilon,$$

sofern $k \in \mathbb{N}$ groß genug ist, im Widerspruch zur Bedingung (1.29) der gleich-mäßigen Stetigkeit.

Anmerkung. *Sie haben in den soeben durchgeführten Berechnungen sicherlich die Rechenregel $\sqrt{a^2} = |a|$, $a \in \mathbb{R}$, erkannt!*

Betrachten wir hingegen die Funktion f auf dem kompakten „Ring"

$$K_f := \{ \mathbf{x} \in \mathbb{R} : a \leq \|\mathbf{x}\| \leq b, \ a, b \in \mathbb{R}, \ 0 < a < b < \infty \},$$

dann ist $f : K_f \to \mathbb{R}$ gleichmäßig stetig mit der festen Wahl

$$\delta(\varepsilon) := a^2 \varepsilon \quad \text{für alle Paare } \mathbf{x}, \mathbf{y} \in K_f \text{ mit } 0 < \|\mathbf{x} - \mathbf{y}\| < \delta,$$

denn aus der umgekehrten Dreiecksungleichung resultiert

$$|f(\mathbf{x}) - f(\mathbf{y})| = \left| \frac{\|\mathbf{x}\| - \|\mathbf{y}\|}{\|\mathbf{x}\| \|\mathbf{y}\|} \right| \leq \frac{|\|\mathbf{x}\| - \|\mathbf{y}\||}{a^2} \leq \frac{\|\mathbf{x} - \mathbf{y}\|}{a^2} \leq \frac{\delta}{a^2} = \varepsilon.$$

Wir verallgemeinern schließlich den Zwischenwertsatz von Bolzano. Die Aus-sage dieses Satzes lautete kurzgefasst, dass eine stetige Funktion $f : [a, b] \to \mathbb{R}$ das Intervall $D_f := [a, b]$ wieder in ein Intervall abbildet. Ist D_f kein In-tervall, so wird diese Aussage falsch.

Wir betrachten beispielsweise auf $D_f := [-1, 1] \setminus \{0\}$ die stetige Funktion $f(x) := \frac{1}{x}$. Die Bildmenge zerfällt in zwei getrennte Intervalle

$$f(D_f) = (-\infty, -1] \cup [1, +\infty).$$

Das Spezifische am Intervallbegriff ist die Tatsache, dass alle Punkte zwischen Intervallanfang und Intervallende zum Intervall gehören. Diese Eigenschaft können wir auch in $\mathbb{R}^n$ modellieren.

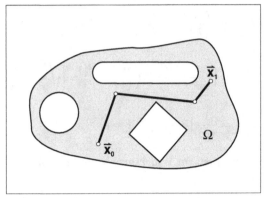

Zusammenhängende Teilmenge

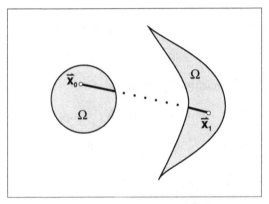

Nicht zusammenhängende Teilmenge

Definition 1.65 *Eine Teilmenge $\Omega \subset \mathbb{R}^n$ heißt* **zusammenhängend**, *wenn je zwei Punkte $\mathbf{x}_0, \mathbf{x}_1 \in \Omega$ durch einen stetigen Weg $\mathbf{x} : [0,1] \to \Omega$ verbunden werden können, der ganz in Ω verläuft, d. h., es gelten also $\mathbf{x}_0 = \mathbf{x}(0)$ und $\mathbf{x}_1 = \mathbf{x}(1)$ sowie $\mathbf{x}(t) \in \Omega$ für alle $t \in [0,1]$.*

Eine nichtleere, offene und zusammenhängende Menge $\Omega \subset \mathbb{R}^n$ heißt **Gebiet**.

Satz 1.66 (Zwischenwertsatz) *Sind $\mathbf{x}_0, \mathbf{x}_1 \in \Omega$ zwei Punkte einer* **zusammenhängenden** *Teilmenge $\Omega \subset \mathbb{R}^n$, und ist eine stetige Funktion $f : \Omega \to \mathbb{R}$ gegeben, so nimmt f jeden Wert des Intervalls zwischen $f(\mathbf{x}_0)$ und $f(\mathbf{x}_1)$ mindestens einmal an.*

Beweis. Ist $\mathbf{x}(\cdot)$ mit $\mathbf{x}(0) = \mathbf{x}_0$ und $\mathbf{x}(1) = \mathbf{x}_1$ sowie $\mathbf{x}(t) \in \Omega$ $\forall t \in [0,1]$ der stetige Weg, der die Punkte $\mathbf{x}_0, \mathbf{x}_1 \in \Omega$ verbindet, so ist die Funktion

$$h(t) := f\big(\mathbf{x}(t)\big), \ t \in [0,1],$$

eine stetige Funktion $h \in \text{Abb}(\mathbb{R}, \mathbb{R})$, die jeden Wert des Intervalls zwischen $h(0) = f(\mathbf{x}_0)$ und $h(1) = f(\mathbf{x}_1)$ mindestens einmal annimmt. qed

Beispiel 1.67 *Die Kugelfläche $S_1(\mathbf{0}) := \{\mathbf{x} \in \mathbb{R}^3 : \|\mathbf{x}\| = 1\} \subset \mathbb{R}^3$ ist kompakt und zusammenhängend. Hat man auf $S_1(\mathbf{0})$ eine stetige Temperaturverteilung $T : S_1(\mathbf{0}) \to \mathbb{R}$ vorgegeben, so muss es gemäß Satz 1.54 Punkte $\mathbf{x}_*, \mathbf{x}^* \in S_1(\mathbf{0})$ mit minimaler bzw. maximaler Temperatur geben. Wegen Satz 1.66 wird auch jede Zwischentemperatur im Intervall zwischen $T(\mathbf{x}_*)$ und $T(\mathbf{x}^*)$ angenommen.*

Aus den Sätzen 1.54 und 1.66 resultieren einige einfache Folgerungen:

Folgerung 1.68 *Es sei $f : \Omega \to \mathbb{R}$ auf der Teilmenge $\Omega \subset \mathbb{R}^n$ stetig.*

1.) Ist Ω zusammenhängend, so ist $f(\Omega)$ ein Intervall, also selbst wieder zusammenhängend.

2.) Ist Ω kompakt, so ist auch $f(\Omega)$ kompakt.

3.) Ist Ω kompakt und zusammenhängend, so ist $f(\Omega)$ ein abgeschlossenes Intervall der Form

$$f(\Omega) = [f(\mathbf{x}_*), f(\mathbf{x}^*)],$$

worin $f(\mathbf{x}_*) = \min_{\mathbf{x} \in \Omega} f(\mathbf{x})$ und $f(\mathbf{x}^*) = \max_{\mathbf{x} \in \Omega} f(\mathbf{x})$.

Aufgaben

Aufgabe 1.22. Ist die Menge

$$M := \{(x, y, z) \in \mathbb{R}^3 : x^2 + y^2 + z^2 \leq 1\} \setminus \{\mathbf{0}\}$$

kompakt? Begründen Sie Ihre Antwort.

Aufgabe 1.23. Zeigen Sie:

a) Die leere Menge $\emptyset$ und der ganze Raum $\mathbb{R}^n$ sind offen.

b) Seien U und V offene Mengen in $\mathbb{R}^n$, $n \in \mathbb{N}$, dann ist auch $U \cap V$ offen.

Aufgabe 1.24. Zeigen Sie, dass die Vereinigung zweier kompakter Mengen aus $\mathbb{R}^n$, $n \geq 1$, wieder kompakt ist.

Aufgabe 1.25. Untersuchen Sie die Mengen

a) $M_1 := \{(x,y) \in \mathbb{R}^2 : (0 \le \arctan x/y \le \pi/2) \vee (y = 0)\}$,

b) $M_2 := \{(2\cos t, \sin t) \in \mathbb{R}^2 : 0 \le t < 2\pi\}$,

c) $M_3 := \{(\ln t, t) \in \mathbb{R}^2 : t > 0\}$

auf Abgeschlossen-, Offen- und Kompaktheit.

Aufgabe 1.26. Begründen Sie, welche der nachfolgenden Mengen kompakt sind oder nicht:

a) $M_1 := \{(x,y) \in \mathbb{R}^2 : x^4 + y^4 \le 1\}$,

b) $M_2 := \{(x,y) \in \mathbb{R}^2 : x^5 + y^5 \le 1\}$,

c) $M_3 := \{(1/x, 1/x^2) \in \mathbb{R}^2 : x \text{ ist Primzahl}\}$.

Aufgabe 1.27. Gegeben sei die Funktion $f \in \text{Abb}(\mathbb{R}^3, \mathbb{R})$ durch

$$f(x,y,z) := \begin{cases} \dfrac{x^2 y z}{x^2 + y^2} & : \ (x,y) \ne (0,0), \\ 0 & : \quad \text{sonst.} \end{cases}$$

Nimmt f auf

$$M := \{(x,y,z) \in \mathbb{R}^3 : (x-1)^2 + (y+1)^2 + z^2 \le 2\}$$

ihr Minimum und Maximum an?

Aufgabe 1.28. Zeigen Sie, dass zu je zwei Punkten $\mathbf{x}, \mathbf{y} \in \mathbb{R}^n$ mit $\mathbf{x} \ne \mathbf{y}$, $n \ge 1$, Umgebungen U von x und V von y existieren mit der Eigenschaft $U \cap V = \emptyset$.

Aufgabe 1.29. Wie lautet der Rand von $\mathbb{Q}$ in $\mathbb{R}$?

Aufgabe 1.30. Seien $A, B \subset \mathbb{R}^n$ und $\|\cdot\|$ eine Norm auf $\mathbb{R}^n$, $n \in \mathbb{N}$. Wir definieren den Abstand des Punktes $\mathbf{x} \in A$ von der Menge B als

$$\text{dist}(\mathbf{x}, B) := \inf_{\mathbf{b} \in B} \|\mathbf{x} - \mathbf{b}\|.$$

Zeigen Sie:

a) Die Abbildung $\mathbf{x} \mapsto \text{dist}(\mathbf{x}, B)$ ist stetig auf $\mathbb{R}^n$.

b) Ist A kompakt, B abgeschlossen und $A \cap B = \emptyset$, dann haben die beiden Mengen einen strikt positiven Abstand voneinander, d. h., es existiert ein $\varepsilon > 0$ mit

$$d(A,B) := \inf_{\mathbf{x} \in A} \text{dist}(\mathbf{x}, B) \ge \varepsilon.$$

c) Sind beide Mengen A, B abgeschlossen mit $A \cap B = \emptyset$, so ist nicht notwendigerweise $d(A,B) > 0$ erfüllt. Finden Sie ein Gegenbeispiel (Hinweis: zwei Mengen, die sich asymptotisch annähern!).

1.5 Partielle Ableitungen

Da eine Division durch Vektoren nicht erklärt ist, kann der Ableitungsbegriff für Funktionen $f \in \text{Abb}(\mathbb{R}^n, \mathbb{R})$, $n > 1$, nicht wie im eindimensionalen Fall als Grenzwert der Folge der Differenzenquotienten definiert werden. Hingegen können $n - 1$ der n vorhandenen Variablen $\mathbf{x} = (x_1, x_2, \ldots, x_n)$ festgehalten werden, also $\mathbf{x} = (a_1, \ldots, a_{j-1}, x_j, a_{j+1}, \ldots, a_n)$, und es kann $g(x_j) := f(\mathbf{x})$ als Funktion der eindimensionalen Veränderlichen $x_j \in \mathbb{R}$ aufgefasst werden. Auf diesem Wege gelangen Sie zur folgenden

---

Definition 1.69 *Gegeben seien eine Funktion $f \in \text{Abb}(\mathbb{R}^n, \mathbb{R})$ und ein innerer Punkt $\mathbf{x} \in D_f$. Existiert der Grenzwert*

$$\frac{\partial f}{\partial x_j}(\mathbf{x}) := \lim_{h \to 0} \frac{1}{h}\left(f(\mathbf{x}+h\mathbf{e}_j)-f(\mathbf{x})\right), \quad \mathbf{e}_j := (0, \ldots, 0, \underbrace{1}_{j-\text{te Stelle}}, 0, \ldots, 0),$$

*so heißt dieser **partielle Ableitung** von f im Punkte $\mathbf{x} \in D_f$ nach der j-ten Komponenten. Die Funktion f heißt in $\mathbf{x} \in D_f$ **partiell differenzierbar**, wenn die partiellen Ableitungen $\frac{\partial f}{\partial x_j}(\mathbf{x})$ nach **allen** Komponenten $j = 1, 2, \ldots, n$ existieren. Die Funktion f heißt in D_f partiell differenzierbar, wenn f in allen inneren Punkten $\mathbf{x} \in D_f$ partiell differenzierbar ist.*

Bemerkung 1.70 *Wir halten fest:*

1.) Andere Bezeichnungen für partielle Ableitungen sind

$$f_{x_j} \equiv \frac{\partial}{\partial x_j} f \equiv \partial_j f \equiv D_j f \equiv \frac{\partial f}{\partial x_j}.$$

2.) Die partielle Ableitung $\frac{\partial f}{\partial x_j}$ der Funktion f ist genau die gewöhnliche Ableitung der Funktion $g(x_j) = f(\mathbf{x})$ bei $\mathbf{x} = (a_1, \ldots, a_{j-1}, x_j, a_{j+1}, \ldots, a_n)$.

3.) Im Falle $n = 2$ lassen sich die partiellen Ableitungen geometrisch deuten. Die Schnittkurve der Bildfläche von $z = f(x, y)$ mit der Ebene $y = y_0$ ist der Graph der Funktion $f_1(x) := f(x, y_0)$. Nun ist $f_1'(x_0) := f_x(x_0, y_0)$ die Steigung dieser Kurve im Punkte (x_0, y_0), also $\tan \tau_1 = f_1'(x_0) = f_x(x_0, y_0)$. Ganz entsprechend gilt $\tan \tau_2 = f_y(x_0, y_0)$, siehe nachfolgende Skizze:

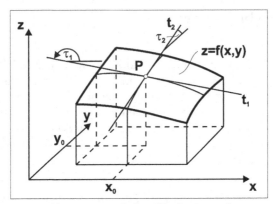

Zur geometrischen Bedeutung der partiellen Ableitungen

Beispiel 1.71 *Wir betrachten die Funktion* $f : D_f := \mathbb{R}^2 \setminus \{(0, y)\} \to \mathbb{R}$ *gegeben durch*

$$f(x, y) := \arctan \frac{y}{x}.$$

Da $D_f \subset \mathbb{R}^2$ *eine offene Teilmenge ist, ist jeder Punkt* $(x, y) \in D_f$ *ein innerer Punkt, und es existieren für* $x \neq 0$ *die partiellen Ableitungen*

$$f_x(x, y) = \frac{1}{1 + (y/x)^2} \left(-\frac{y}{x^2} \right) = -\frac{y}{x^2 + y^2},$$

$$f_y(x, y) = \frac{1}{1 + (y/x)^2} \frac{1}{x} = \frac{x}{x^2 + y^2}.$$

Die bekannten Rechenregeln für Ableitungen von Funktionen $f \in \mathrm{Abb}\,(\mathbb{R}, \mathbb{R})$ übertragen sich sinngemäß auf Funktionen $f \in \mathrm{Abb}\,(\mathbb{R}^n, \mathbb{R})$. Die wichtigsten für $f, g \in \mathrm{Abb}\,(\mathbb{R}^n, \mathbb{R})$ sind folgende:

1.) Die **Produktregel** lautet nach wie vor

$$\frac{\partial}{\partial x_j} (f \cdot g) = g \cdot \frac{\partial f}{\partial x_j} + f \cdot \frac{\partial g}{\partial x_j}.$$

2.) Die **Kettenregel** für eine differenzierbare Funktion $h \in \mathrm{Abb}\,(\mathbb{R}, \mathbb{R})$ lautet

$$\frac{\partial}{\partial x_j} h\big(f(\mathbf{x})\big) = h'\big(f(\mathbf{x})\big) \cdot \frac{\partial f}{\partial x_j}(\mathbf{x}).$$

Diese Regel wurde im vorangegangenen Beispiel mit $h(t) := \arctan t$ und $f(x, y) := y/x$ verwendet.

Beispiel 1.72 *Die Zustandsgleichungen für ein ideales Gas sind:*

$$p = n\frac{RT}{V} \implies \frac{\partial p}{\partial V} = -n\frac{RT}{V^2}, \quad \frac{\partial p}{\partial T} = n\frac{R}{V},$$

$$V = n\frac{RT}{p} \implies \frac{\partial V}{\partial T} = n\frac{R}{p}, \quad \frac{\partial V}{\partial p} = -n\frac{RT}{p^2},$$

$$T = \frac{pV}{nR} \implies \frac{\partial T}{\partial p} = \frac{V}{nR}, \quad \frac{\partial T}{\partial V} = \frac{p}{nR}.$$

Daraus folgt die Beziehung

$$\frac{\partial p}{\partial V} \cdot \frac{\partial V}{\partial T} \cdot \frac{\partial T}{\partial p} = -n\frac{RT}{pV} = -1.$$

Beachten Sie. Die formale Behandlung der partiellen Ableitungen wie gewöhnliche Quotienten ist **unzulässig!** *Auf der linken Seite darf nicht gekürzt werden, sonst ergäbe das obige Produkt den Wert 1.*

Beispiel 1.73 *Wir betrachten nochmals die Funktion f aus Beispiel 1.43 gegeben durch*

$$f(x,y) := \begin{cases} \dfrac{xy}{x^2+y^2} & : (x,y) \neq (0,0), \\ 0 & : (x,y) = (0,0). \end{cases}$$

Wie wir bereits gezeigt haben, ist f im Punkt (0,0) **unstetig.** *Hingegen existieren die partiellen Ableitungen in diesem Punkt:*

$$f_x(0,0) = \lim_{h \to 0} \frac{1}{h}\left(f(h,0) - f(0,0)\right) = \lim_{h \to 0} \frac{1}{h} \cdot 0 = 0,$$

$$f_y(0,0) = \lim_{h \to 0} \frac{1}{h}\left(f(0,h) - f(0,0)\right) = \lim_{h \to 0} \frac{1}{h} \cdot 0 = 0.$$

Beachten Sie. Anders als bei der gewöhnlichen Ableitung folgt aus der partiellen Differenzierbarkeit einer Funktion $f \in \text{Abb}(\mathbb{R}^n, \mathbb{R})$ in einem Punkt $\mathbf{x}_0 \in \mathbb{R}^n$ nicht schon die Stetigkeit von f in diesem Punkt:

> **Partielle Differenzierbarkeit impliziert keinesfalls Stetigkeit!**

Insofern ist der Begriff der partiellen Differenzierbarkeit unbefriedigend, und wir werden deshalb im nächsten Abschnitt 1.6 einen besseren Begriff einführen.

In diesem Zusammenhang werden wir auch den folgenden Satz beweisen:

> **Satz 1.74** *Gegeben seien* $f \in \text{Abb}(\mathbb{R}^n, \mathbb{R})$ *und ein innerer Punkt* $\mathbf{x}_0 \in D_f$. *Ist die Funktion* f *in einer Umgebung von* $\mathbf{x}_0$ *partiell differenzierbar und sind alle partiellen Ableitungen in* $\mathbf{x}_0$ *stetig, so ist auch* f *in* $\mathbf{x}_0$ *stetig.*

Beispiel 1.75 *Es sei* f *die Funktion aus dem vorangegangenen Beispiel. Dann lauten für* $(x, y) \neq (0, 0)$ *die partiellen Ableitungen*

$$f_x(x, y) = \frac{y(y^2 - x^2)}{(x^2 + y^2)^2} \text{ und } f_y(x, y) = \frac{x(x^2 - y^2)}{(x^2 + y^2)^2}.$$

Spazieren wir nun für $|\alpha| \neq 1$ *entlang der Geraden* $y = \alpha x$, *so ergeben sich die Grenzwerte*

$$\lim_{x \to 0\pm} f_x(x, \alpha x) = \lim_{x \to 0\pm} \frac{\alpha(\alpha^2 - 1)}{x(1 + \alpha^2)^2} = \pm\infty,$$

$$\lim_{x \to 0\pm} f_y(x, \alpha x) = \lim_{x \to 0\pm} \frac{1 - \alpha^2}{x(1 + \alpha^2)^2} = \pm\infty,$$

während $f_x(0, 0) = 0 = f_y(0, 0)$ *gelten. Die partiellen Ableitungen in* $(0, 0)$ *sind unstetig, womit auch keine Stetigkeit von* f *im Punkte* $(0, 0)$ *erwartet werden kann.*

Die partiellen Ableitungen $\frac{\partial f}{\partial x_j}$ einer Funktion $f \in \text{Abb}(\mathbb{R}^n, \mathbb{R})$ sind i. Allg. wieder Funktionen der Variablen $\mathbf{x} = (x_1, x_2, \ldots, x_n)$, und sie können somit ebenfalls partielle Ableitungen nach den Veränderlichen $x_k \in \mathbb{R}$ besitzen. Man wird zwangsläufig zum Begriff der zweiten und damit auch höheren partiellen Ableitung einer Funktion f geführt. Folgende Notationen sind üblich:

$$\frac{\partial^2 f}{\partial x_j \partial x_k}(\mathbf{x}_0) := \frac{\partial}{\partial x_j}\left(\frac{\partial f}{\partial x_k}(\mathbf{x})\right)\Big|_{\mathbf{x}=\mathbf{x}_0} := \frac{\partial}{\partial x_j} f_{x_k}(\mathbf{x}_0) := f_{x_k x_j}(\mathbf{x}_0),$$

$$\frac{\partial^3 f}{\partial x_i \partial x_j \partial x_k}(\mathbf{x}_0) := f_{x_k x_j x_i}(\mathbf{x}_0), \quad \cdots\cdots$$

für $i, j, k = 1, \ldots, n$.

Beispiel 1.76 *Wir hatten in Beispiel 1.71 bereits die partiellen Ableitungen* $f_x(x, y) = -\frac{y}{x^2 + y^2}$ *und* $f_y(x, y) = \frac{x}{x^2 + y^2}$ *der Funktion* $f(x, y) := \arctan\frac{y}{x}$, $x \neq 0$, *betrachtet. Die zweiten Ableitungen sind*

$$f_{xx}(x,y) = \frac{2xy}{(x^2+y^2)^2}, \quad f_{yy}(x,y) = \frac{-2xy}{(x^2+y^2)^2},$$

$$f_{xy}(x,y) = \frac{y^2-x^2}{(x^2+y^2)^2} = f_{yx}(x,y).$$

Die Gleichheit der gemischten partiellen Ableitungen $f_{xy} = f_{yx}$ ist keinesfalls zufällig. Es gilt ganz allgemein der

---

Satz 1.77 (Satz von Schwarz) *Gegeben seien eine Funktion $f \in$ Abb$(\mathbb{R}^n, \mathbb{R})$ und ein innerer Punkt $\mathbf{x}_0 \in D_f$, in welchem f stetig partiell differenzierbar ist. Existieren in $\mathbf{x}_0$ die zweiten partiellen Ableitungen $\frac{\partial^2 f}{\partial x_j \partial x_k}$ sowie $\frac{\partial^2 f}{\partial x_k \partial x_j}$ für alle $j, k = 1, \ldots, n$, und sind diese stetig in $\mathbf{x}_0$, so gilt stets*

$$\frac{\partial^2 f}{\partial x_j \partial x_k}(\mathbf{x}_0) = \frac{\partial^2 f}{\partial x_k \partial x_j}(\mathbf{x}_0). \tag{1.30}$$

Beweis. Da hier nur die beiden Variablen x_j, x_k auftreten, genügt es, sich auf den Sonderfall einer Funktion f von zwei Veränderlichen $(x, y) \in \mathbb{R}^2$ zu beschränken. Es sei also $\mathbf{x}_0 = (x, y) \in D_f$ ein innerer Punkt, und es sei $\varepsilon > 0$ so bestimmt, dass die ε-Kugel $B_\varepsilon(\mathbf{x}_0) \subset D_f$ erfüllt. Für $(h, k) \neq (0, 0)$ mit $\mathbf{x}_0 + (h, k) \in B_\varepsilon(\mathbf{x}_0)$ setzen wir

$$u(y) := f(x+h, y) - f(x, y)$$

und bestimmen nach dem Mittelwertsatz Zahlen $\vartheta_1, \vartheta_2 \in (0, 1)$ mit

$$u(y+k) - u(y) = k u_y(y + \vartheta_1 k) = k\big(f_y(x+h, y + \vartheta_1 k) - f_y(x, y + \vartheta_1 k)\big)$$

$$= kh \cdot f_{yx}(x + \vartheta_2 h, y + \vartheta_1 k). \tag{1.31}$$

Setzen wir hingegen

$$v(x) := f(x, y+k) - f(x, y),$$

so können wir in gleicher Weise Zahlen $\vartheta_3, \vartheta_4 \in (0, 1)$ bestimmen mit

$$v(x+h) - v(x) = h v_x(x + \vartheta_3 h) = h\big(f_x(x + \vartheta_3 h, y + k) - f_x(x + \vartheta_3 h, y)\big)$$

$$= kh \cdot f_{xy}(x + \vartheta_3 h, y + \vartheta_4 k). \tag{1.32}$$

Nun ist

$$u(y + k) - u(y) = f(x + h, y + k) - f(x, y + k) - f(x + h, y) + f(x, y)$$
$$= v(x + h) - v(x),$$

sodass aus (1.31) und (1.32)

$$f_{yx}(x + \vartheta_2 h, y + \vartheta_1 k) = f_{xy}(x + \vartheta_3 h, y + \vartheta_4 k)$$

resultiert. Wegen der vorausgesetzten Stetigkeit erhält man im Limes $h, k \to 0$ die behauptete Gleichheit.   qed

Beispiel 1.78 *Wir betrachten dazu die Funktion*

$$f(x, y) := \begin{cases} \dfrac{x^2 y}{x^2 + y^2} & : \ (x, y) \neq (0, 0), \\ 0 & : \ (x, y) = (0, 0). \end{cases}$$

Wie in Beispiel 1.73 gilt $f_x(0, 0) = 0 = f_y(0, 0)$. Außerhalb des Punktes $(0, 0)$ gelten

$$f_x(x, y) = \frac{2xy^3}{(x^2 + y^2)^2} \ \text{und} \ f_y(x, y) = \frac{x^2(x^2 - y^2)}{(x^2 + y^2)^2}.$$

Hieraus erschließen wir für $h > 0$

$$f_{xy}(0, 0) = \lim_{h \to 0} \frac{1}{h} \left(f_x(0, h) - f_x(0, 0) \right) = \lim_{h \to 0} \frac{1}{h} \cdot 0 = 0,$$

aber

$$f_{yx}(0, 0) = \lim_{h \to 0} \frac{1}{h} \left(f_y(h, 0) - f_y(0, 0) \right) = \lim_{h \to 0} \frac{1}{h} \cdot 1 = \infty.$$

Das heißt, die Ableitung $f_{yx}(0, 0)$ existiert überhaupt nicht. Die Schwarzsche Vertauschungsregel (1.30) gilt hier nicht, da die Voraussetzungen des entsprechenden Satzes nicht erfüllt sind.

Beispiel 1.79 *Für einen festen Vektor $\mathbf{0} \neq \mathbf{a} \in \mathbb{R}^n$ betrachten wir unter Verwendung des Standardskalarproduktes $\langle \cdot, \cdot \rangle$ die Funktion*

$$f(\mathbf{x}) := \sin\langle \mathbf{a}, \mathbf{x} \rangle, \ \mathbf{x} \in \mathbb{R}^n, \ \mathbf{a} = (a_1, a_2, \dots, a_n)^T.$$

Wir bilden die partiellen Ableitungen

$$f_{x_i}(\mathbf{x}) \quad = a_i \cos\langle \mathbf{a}, \mathbf{x}\rangle,$$

$$f_{x_i x_j}(\mathbf{x}) \quad = -a_i a_j \sin\langle \mathbf{a}, \mathbf{x}\rangle = f_{x_j x_i}(\mathbf{x}),$$

$$f_{x_i x_j x_k}(\mathbf{x}) = -a_i a_j a_k \cos\langle \mathbf{a}, \mathbf{x}\rangle = f_{x_i x_k x_j}(\mathbf{x}) = f_{x_j x_i x_k}(\mathbf{x}) = f_{x_k x_j x_i}(\mathbf{x})$$

$$= f_{x_k x_i x_j}(\mathbf{x}) = f_{x_j x_k x_i}(\mathbf{x}),$$

$$\vdots$$

Das heißt, die Schwarzsche Vertauschungsregel gilt unter entsprechenden Stetigkeitsvoraussetzungen auch für höhere Ableitungen.

Gegenbeispiel 1.80 *Sei* $f \in \mathrm{Abb}\,(\mathbb{R}^2, \mathbb{R})$ *gegeben durch*

$$f(x,y) := \begin{cases} \dfrac{x^4 + y^4}{x^2 + y^2} & : (x,y) \neq (0,0), \\ \\ 0 & : (x,y) = (0,0). \end{cases}$$

Diese Funktion ist stetig auf ganz $\mathbb{R}^2$ *und ebenso die partiellen Abbleitungen* f_x *und* f_y*. Die gemischten Ableitungen* f_{xy} *und* f_{yx} *sind unstetig im Ursprung, dennoch gilt* $f_{xy} = f_{yx}$ *auf ganz* $\mathbb{R}^2$*.*

Sie dürfen diesen Sachverhalt im anschließenden Aufgabenteil überprüfen.

Multiindizes sind uns bereits in Beispiel 1.49 begegnet. Wir formalisieren hier ihre Definition und erweitern ihren Anwendungsbereich. Denn wie das obige Beispiel 1.79 zeigt, kann das Hinschreiben der höheren Ableitungen einer Funktion von der Schreibtechnik her sehr aufwendig sein. Die Verwendung von Multiindizes führt zu erheblichen Vereinfachungen.

Definition 1.81 *Wir führen folgende abkürzende Schreibweisen ein:*

1.) Ein geordnetes n-Tupel nichtnegativer ganzer Zahlen

$$\rho = (\rho_1, \rho_2, \ldots, \rho_n) \in \mathbb{N}_0^n$$

heißt n-dimensionaler **Multiindex***. Die Zahlen* $\rho_j \in \mathbb{N}_0$*,* $j = 1, \ldots, n$*, heißen Komponenten von* ρ*.*

2.) Die Zahl

$$|\rho| := \sum_{j=1}^{n} \rho_j$$

heißt **Ordnung** *oder* **Länge** *des Multiindexes* $\rho = (\rho_1, \rho_2, \ldots, \rho_n)$*.*

3.) *Ist ρ ein Multiindex und a eine Zahl (ein Koeffizient oder eine Funktion), so heißt a_ρ eine* **mehrfach indizierte Größe**. *Ist $\{a_\rho : |\rho| = k\}$ eine Familie mehrfach indizierter Größen, deren Multiindizes ρ alle dieselbe Länge k haben, so bedeutet*

$$\sum_{|\rho|=k} a_\rho := \text{Summe aller } a_\rho \text{ mit Multiindex der Länge } k.$$

Analog setzt man für festes $m \in \mathbb{N}_0$

$$\sum_{|\rho|\le m} a_\rho := \sum_{k=0}^{m} \sum_{|\rho|=k} a_\rho.$$

4.) *Ist $\rho = (\rho_1, \rho_2, \ldots, \rho_n)$ ein n-dimensionaler Multiindex, so bezeichnet $\mathbf{x}^\rho$ für $\mathbf{x} = (x_1, x_2, \ldots, x_n)^T \in \mathbb{R}^n$ das Polynom vom Grad $|\rho|$, gegeben durch*

$$\mathbf{x}^\rho := x_1^{\rho_1} \cdot x_2^{\rho_2} \cdots x_n^{\rho_n}.$$

5.) *In $\mathbb{R}^n$ bezeichnet $D_j := \frac{\partial}{\partial x_j}$, $j = 1, 2, \ldots, n$, den partiellen Differentialoperator nach der j-ten Variablen, also*

$$D_j f(\mathbf{x}) := \frac{\partial f}{\partial x_j}(\mathbf{x}), \quad D_j D_k f(\mathbf{x}) := \frac{\partial^2 f}{\partial x_j \partial x_k}(\mathbf{x}).$$

Ist $\rho = (\rho_1, \rho_2, \ldots, \rho_n)$ ein n-dimensionaler Multiindex, so bezeichnet D^ρ den **partiellen Differentialoperator** *der Ordnung $|\rho|$, gegeben durch*

$$D^\rho := D_1^{\rho_1} D_2^{\rho_2} \cdots D_n^{\rho_n} := \frac{\partial^{|\rho|}}{\partial x_1^{\rho_1} \partial x_2^{\rho_2} \cdots \partial x_n^{\rho_n}}.$$

Beispiel 1.82 *Somit gelten folgende Notationen:*

a) *Für $n = 3$ gilt:*

$$\sum_{|\rho|=2} a_\rho = a_{200} + a_{020} + a_{002} + a_{110} + a_{101} + a_{011},$$

wobei es sich hier also nur um Bezeichnungen handelt, die im ersten Moment umständlich erscheinen, aber durchaus ihre Daseinsberechtigung haben.

b) *In $\mathbb{R}^3$ für $\rho := (0, 3, 2)$ und $\mathbf{x} = (x, y, z)^T$ gilt:*

$$\mathbf{x}^\rho = x^0 \cdot y^3 \cdot z^2 = y^3 z^2.$$

c) In $\mathbb{R}^3$ mit $\rho := (0, 3, 2)$ gilt:

$$D^\rho f(x, y, z) = \frac{\partial^5 f(x, y, z)}{\partial y^3 \partial z^2} = f_{zzyyy}(x, y, z).$$

Partielle Ableitungen einer Funktion $f \in \text{Abb}\,(\mathbb{R}^n, \mathbb{R})$ haben wir nur in inneren Punkten von D_f erklärt. Deshalb wird in der folgenden Definition eine **offene** Teilmenge $\Omega \subset \mathbb{R}^n$ bevorzugt, die nur aus inneren Punkten besteht.

Definition 1.83 *Es seien $\Omega \subset \mathbb{R}^n$ eine offene Teilmenge und $m \in \mathbb{N}_0$ fest. Wir setzen*

$$C^m(\Omega) := \{f : \Omega \to \mathbb{R} : D^\rho f : \Omega \to \mathbb{R} \text{ stetig } \forall \rho,\ |\rho| \le m\},$$

$$C^\infty(\Omega) := \bigcap_{m \in \mathbb{N}_0} C^m(\Omega).$$

Insbesondere schreiben wir $C(\Omega)$ anstelle von $C^0(\Omega)$.

Bemerkung 1.84 *Der Funktionenraum $C^m(\Omega)$ ist ein **Vektorraum** über dem Körper $\mathbb{R}$ unter der üblichen punktweisen Addition und der λ-Multiplikation.*

Bemerkung 1.85 *Für Funktionen $f \in C^m(\Omega)$ gilt die Schwarzsche Vertauschungsregel für alle partiellen Ableitungen $D^\rho f$ der Ordnung $|\rho| \le m$. Es kommt somit **nicht** auf die Reihenfolge $D_1^{\rho_1} D_2^{\rho_2} \cdots D_n^{\rho_n}$ an, sondern es gilt*

$$D_1^{\rho_1} \cdots D_j^{\rho_j} \cdots D_k^{\rho_k} \cdots D_n^{\rho_n} f(\mathbf{x}) = D_1^{\rho_1} \cdots D_k^{\rho_k} \cdots D_j^{\rho_j} \cdots D_n^{\rho_n} f(\mathbf{x}),\ |\rho| \le m.$$

Da eine Funktion $f \in C^m(\Omega)$ in beliebiger Reihenfolge mehrfach partiell abgeleitet werden kann, ist die „Multiplikation" $D^\rho D^\sigma$ kommutativ, d. h.

$$D^\rho D^\sigma f(\mathbf{x}) = D^\sigma D^\rho f(\mathbf{x})\ \forall f \in C^m(\Omega), \quad |\rho| + |\sigma| \le m.$$

Allgemeiner kann man **lineare Differentialoperatoren der Ordnung** m betrachten; dies sind Ausdrücke der Form

$$P_m(D) := \sum_{|\rho| \le m} a_\rho(\mathbf{x}) D^\rho$$

bzw.

$$P_m(D)f(\mathbf{x}) = \sum_{|\rho|\leq m} a_\rho(\mathbf{x})\big(D^\rho f\big)(\mathbf{x}) \ \forall f \in C^m(\Omega). \qquad (1.33)$$

Einen Sonderfall bilden lineare Differentialoperatoren mit **konstanten** Koeffizienten $a_\rho(\mathbf{x}) = a_\rho = \text{const}$. Für sie gelten ähnliche Rechenregeln wie für Polynome.

Beispiel 1.86 *Nachfolgende Beispiele verdeutlichen den Umgang mit Differentialoperatoren.*

a) Die quadratische Form $P_2(D) := D_1^2 - 2D_1 D_2 + D_2^2 = (D_1 - D_2)^2$ angewandt auf $f(x,y) := x^3 y^4$ ergibt

$$P_2(D)f(x,y) = 6xy^4 - 24x^2 y^3 + 12x^3 y^2.$$

b) Die binomischen Formeln lauten

$$(a_1 D_1 + a_2 D_2)^m = \sum_{k=0}^{m} \binom{m}{k} a_1^k a_2^{m-k} D_1^k D_2^{m-k}.$$

c) Vielseitige Anwendung findet der Laplace-Operator, gegeben durch

$$\Delta := \sum_{j=1}^{n} D_j^2$$

bzw.

$$\Delta f(\mathbf{x}) = \sum_{j=1}^{n} \frac{\partial^2 f}{\partial x_j^2}(\mathbf{x}) \ \forall f \in C^2(\Omega).$$

Neben **skalaren** Differentialoperatoren (1.33) können formal auch **vektorielle** Differentialoperatoren betrachtet werden. Dazu zählt der Operator

$$\nabla := (D_1, D_2, \ldots, D_n)^T$$

bzw.

$$\nabla f(\mathbf{x}) := \big(f_{x_1}(\mathbf{x}), f_{x_2}(\mathbf{x}), \ldots, f_{x_n}(\mathbf{x})\big)^T \ \forall f \in C^1(\Omega).$$

Definition 1.87 *Gegeben seien eine Funktion $f \in \text{Abb}\,(\mathbb{R}^n, \mathbb{R})$ und ein innerer Punkt $\mathbf{x}_0 \in D_f$, in welchem f partiell differenzierbar ist. Dann heißt der Vektor*

$$\operatorname{grad} f(\mathbf{x}_0) := \big(D_1 f(\mathbf{x}_0), D_2 f(\mathbf{x}_0), \ldots, D_n f(\mathbf{x}_0)\big)^T \in \mathbb{R}^n$$

Gradient von f im Punkte $\mathbf{x}_0$. Es gilt $\nabla f(\mathbf{x}_0) = \operatorname{grad} f(\mathbf{x}_0)$ und der formale Differentialoperator

$$\nabla := (D_1, D_2, \ldots, D_n)^T$$

wird **Nabla-Operator** genannt.

Beispiel 1.88 *Wir berechnen den Gradienten für die beiden Funktionen*

$$f_1(x, y, z) := z \cdot \arctan \tfrac{y}{x}, \quad x \neq 0,$$

$$f_2(\mathbf{x}) := \cos\langle \mathbf{a}, \mathbf{x}\rangle, \quad \mathbf{a} = (a_1, a_2, \ldots, a_n)^T \in \mathbb{R}^n.$$

Eine einfache Rechnung liefert

$$\operatorname{grad} f_1(x, y, z) = \begin{pmatrix} -yz/(x^2 + y^2) \\ xz/(x^2 + y^2) \\ \arctan \tfrac{y}{x} \end{pmatrix},$$

$$\operatorname{grad} f_2(\mathbf{x}) = -\mathbf{a}\sin\langle \mathbf{a}, \mathbf{x}\rangle.$$

Wir können mit dem Nabla-Operator ∇ formal wie mit einem Vektor rechnen. So erhalten wir beispielsweise für jedes feste $\mathbf{a} \in \mathbb{R}^n$ mithilfe des Skalarproduktes

$$\langle \mathbf{a}, \nabla \rangle f(\mathbf{x}) = \sum_{j=1}^{n} a_j D_j f(\mathbf{x})$$

sowie

$$\langle \nabla, \nabla \rangle f(\mathbf{x}) = \sum_{j=1}^{n} D_j^2 f(\mathbf{x}) = \Delta f(\mathbf{x}),$$

d. h. $\langle \nabla, \nabla \rangle = \Delta$.

Im Vektorraum $\mathbb{R}^3$ gilt darüber hinaus für jedes feste $\mathbf{a} \in \mathbb{R}^3$ die Beziehung

$$(\mathbf{a} \times \nabla) f(\mathbf{x}) = \begin{vmatrix} \mathbf{e}_1 & a_1 & D_1 \\ \mathbf{e}_2 & a_2 & D_2 \\ \mathbf{e}_3 & a_3 & D_3 \end{vmatrix} f(\mathbf{x}) = \begin{pmatrix} a_2 f_z(\mathbf{x}) - a_3 f_y(\mathbf{x}) \\ a_3 f_x(\mathbf{x}) - a_1 f_z(\mathbf{x}) \\ a_1 f_y(\mathbf{x}) - a_2 f_x(\mathbf{x}) \end{pmatrix}.$$

Partielle Ableitungen sind lediglich in Richtung der Koordinatenachsen gegeben. Differenzieren wir in eine beliebige Richtung, so gilt

---

Definition 1.89 *Gegeben seien eine Funktion* $f \in \mathrm{Abb}\,(\mathbb{R}^n, \mathbb{R})$ *und ein innerer Punkt* $\mathbf{x}_0 \in D_f$. *Ferner sei* $\mathbf{h} \in \mathbb{R}^n$, $\|\mathbf{h}\| = 1$, *ein* **Einheitsvektor**. *Existiert der Grenzwert*

$$\frac{\partial f}{\partial \mathbf{h}}(\mathbf{x}_0) := \lim_{t \to 0} \frac{1}{t} \left(f(\mathbf{x}_0 + t\mathbf{h}) - f(\mathbf{x}_0) \right) = \frac{d}{dt} f(\mathbf{x}_0 + t\mathbf{h})\big|_{t=0},$$

so heißt $\frac{\partial f}{\partial \mathbf{h}}(\mathbf{x}_0)$ **Richtungsableitung** *von* f *im Punkte* $\mathbf{x}_0$ *in Richtung* $\mathbf{h}$.

Bemerkung 1.90 *Mithilfe des Gradienten ergibt sich eine sehr einfache Darstellung der Richtungsableitung, nämlich*

$$\boxed{\frac{\partial f}{\partial \mathbf{h}}(\mathbf{x}_0) = \langle \mathrm{grad}\, f(\mathbf{x}_0), \mathbf{h} \rangle.} \qquad (1.34)$$

Bemerkung 1.91 *Im Vektorraum* $\mathbb{R}^2$ *gestattet die Richtungsableitung* $\frac{\partial f}{\partial \mathbf{h}}$ *in* $\mathbf{x}_0 \in \mathbb{R}^2$ *die folgende geometrische Deutung:*

Wird die Fläche $\mathcal{F}$ *der Funktion* $z = f(x, y)$ *mit der Parallelebene* γ *zur* z-*Achse durch den Punkt* (x_0, y_0), *die den Vektor* $\mathbf{h}$ *enthält, zum Schnitt gebracht, so erhalten wir eine Schnittkurve* $\mathcal{C}$. *Die Richtungsableitung* $\frac{\partial f}{\partial \mathbf{h}}(\mathbf{x}_0)$ *ist dann gerade die Steigung dieser Schnittkurve im Punkt* (x_0, y_0), *gegeben durch*

$$\tan \tau = \frac{\partial f}{\partial \mathbf{h}}(\mathbf{x}_0).$$

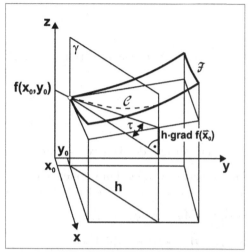

**Zur geometrischen Deutung der
Richtungsableitung**

Beispiel 1.92 *Ist* $\mathbf{h} := \mathbf{e}_j$ *der j-te Einheitsvektor der Standardbasis, so folgt offensichtlich*

$$\frac{\partial f}{\partial \mathbf{e}_j}(\mathbf{x}_0) = \frac{\partial f}{\partial x_j}(\mathbf{x}_0), \quad j = 1, 2, \ldots, n.$$

Beispiel 1.93 *Es seien in $\mathbb{R}^2$ die Funktion $f(x, y) := x^2 + x \cos y$ sowie der Einheitsvektor $\mathbf{h} := (h_1, h_2)^T$, $\sqrt{h_1^2 + h_2^2} = 1$ vorgelegt. Wir berechnen die Richtungsableitung von f in Richtung $\mathbf{h}$ gemäß Definition 1.89 als*

$$\frac{\partial f}{\partial \mathbf{h}}(x, y) = \frac{d}{dt}\left((x + th_1)^2 + (x + th_1)\cos(y + th_2)\right)\Big|_{t=0}$$

$$= \left(2(x + th_1)h_1 + h_1\cos(y + th_2) - (x + th_1)h_2\sin(y + th_2)\right)\Big|_{t=0}$$

$$= 2xh_1 + h_1\cos y - xh_2\sin y.$$

Andererseits gelangen wir mit

$$\operatorname{grad} f(x, y) = \left(2x + \cos y, -x\sin y\right)^T$$

und mit der Relation (1.34) wesentlich einfacher zum gleichen Resultat

$$\frac{\partial f}{\partial \mathbf{h}}(x, y) = \langle \operatorname{grad} f(x, y), \mathbf{h}\rangle = (2x + \cos y)h_1 - xh_2\sin y.$$

Aufgaben

Aufgabe 1.31. Berechnen Sie von den Funktionen $f : \mathbb{R}^n \to \mathbb{R}$, gegeben durch

a) $f(x, y)) = \sin(xy)$,

b) $f(x, y) = e^{xy}$

die partiellen Ableitungen mithilfe des Differenzenquotienten.

Aufgabe 1.32. Für die nachstehenden Funktionen sind die partiellen Ableitungen allgemein und an den gegebenen Stellen (x_0, y_0) zu bestimmen:

a) $f(x, y) = \sqrt{2x + 3xy + 4y}$, $(x_0, y_0) = (1, 1)$,

b) $f(x, y) = \cos(e^{xy} + xy)$, $(x_0, y_0) = (0, 1)$,

c) $f(x, y) = x^{2y}$, $(x_0, y_0) = (2, 1)$.

Aufgabe 1.33. Berechnen Sie von

$$f(x, y) := \left\| (x, y)^T \right\| = \sqrt{x^2 + y^2}, \ (x, y) \in \mathbb{R}^2,$$

die partiellen Ableitungen und untersuchen Sie diese auf Stetigkeit.

Aufgabe 1.34. Zeigen Sie, dass $f : \mathbb{R}^3 \to \mathbb{R}$, gegeben durch

$$f(x, y, z) := |x| + |y| + |z|$$

für alle $(x, y, z)^T \in \mathbb{R}^3$, stetig und im Ursprung nicht partiell differenzierbar ist.

Aufgabe 1.35. Gegeben sei $f : \mathbb{R}^2 \to \mathbb{R}$ durch $f(x, y) = (\ln x + \ln y)^{\sin(xy)}$. Berechnen Sie

$$u(x, y) := x^3 f_{xxx}(x, y) - y^3 f_{yyy}(x, y).$$

Aufgabe 1.36. Sei $f \in \text{Abb}(\mathbb{R}^2, \mathbb{R})$ gegeben durch

$$f(x, y) := \begin{cases} \dfrac{x^4 + y^4}{x^2 + y^2} & : \ (x, y) \neq (0, 0), \\ 0 & : \ (x, y) = (0, 0). \end{cases}$$

Zeigen Sie, dass f die Voraussetzungen des Satzes von Schwarz *nicht* erfüllt, die gemischten Ableitungen f_{xy} und f_{yx} auf $\mathbb{R}^2$ dennoch übereinstimmen.

Aufgabe 1.37. Gegeben seien $f : \mathbb{R}^3 \to \mathbb{R}$ durch

$$f(x, y, z) := \sin(xyz)$$

und der Multiindex $\rho = (\varrho_1, \rho_2, \rho_3) \in \mathbb{N}_0^3$. Berechnen Sie alle Ableitungen $D^\rho f$ mit $|\rho| = 3$ und verwenden Sie dabei den Satz von Schwarz zur Reduzierung des Rechenaufwandes.

Aufgabe 1.38. Sei $f : \mathbb{R}^3 \to \mathbb{R}$ gegeben als

$$f(x, y, z) := x^2 y + y^2 z + z^2 x.$$

Bestimmen Sie im Punkt $\mathbf{x}_0 = (1, 2, 1)$

a) $\operatorname{grad} f$,

b) $\dfrac{\partial f}{\partial \mathbf{u}}$ mit $\mathbf{u} = (1, 2, 3)^T$,

c) $\dfrac{\partial f}{\partial \mathbf{n}}$ mit $\mathbf{n} := \operatorname{grad} f$.

Aufgabe 1.39. Sei $f \in \operatorname{Abb}(\mathbb{R}^2, \mathbb{R})$, gegeben durch

$$f(x, y) := \begin{cases} \dfrac{x^2 y}{x^4 + y^2} & : (x, y) \neq (0, 0), \\[2mm] 0 & : (x, y) = (0, 0). \end{cases}$$

Zeigen Sie, dass f im Punkt $\mathbf{x}_0 := (0, 0)$ unstetig ist, aber alle Richtungsableitungen im Ursprung existieren.

Aufgabe 1.40. Welche der Funktionen

$$\text{a) } z = x \cdot \exp\left(-\frac{y}{x}\right), \quad \text{b) } z = y \cdot \exp\left(-\frac{x}{y}\right)$$

erfüllt die Gleichung $xz_{xy} + 2(z_x + z_y) = yz_{yy}$.

Aufgabe 1.41. Bestimmen Sie $\alpha \in \mathbb{R}$ für $w(x, y, z) = (x^2 + y^2 + z^2)^\alpha$ so, dass w für $(x, y, z) \neq (0, 0, 0)$ der Gleichung

$$w_{xx}(x, y, z) + w_{yy}(x, y, z) + w_{zz}(x, y, z) = 0$$

genügt.

Aufgabe 1.42. Zeigen Sie, dass die Funktion $u : \mathbb{R}^2 \times [0, \infty) \to \mathbb{R}$, gegeben durch

$$u(x, y, t) := \frac{1}{t} e^{-\frac{x^2 + y^2}{4t}},$$

die Gleichung

$$u_t(x, y, t) - \Delta u(x, y, t) = 0$$

löst. Dabei bezieht sich der Laplace-Operator nur auf die Variablen $(x, y) \in \mathbb{R}^2$, also $\Delta = \partial^2/\partial x^2 + \partial^2/\partial y^2$.

1.6 Differenzierbarkeit, Ableitungen

Die bisherigen Betrachtungen über die partiellen Ableitungen einer Funktion $f \in \text{Abb}(\mathbb{R}^n, \mathbb{R})$ in einem inneren Punkt $\mathbf{x}_0 \in D_f$ sind mit dem Begriff der **Richtungsableitung** in $\mathbf{x}_0$ in Richtung $\mathbf{h}$ erschöpft. Da in jedem Punkt $\mathbf{x}_0 \in \mathbb{R}^n$ unendlich viele Richtungen vorgegeben werden können, ist die Situation völlig unbefriedigend, zumal aus der Richtungsdifferenzierbarkeit nicht einmal die Stetigkeit der Funktion f im Punkte $\mathbf{x}_0$ folgt. Wir suchen einen Ableitungsbegriff, der **alle** Richtungsableitungen auf einmal enthält und der wie im Falle einer skalaren Funktion $f \in \text{Abb}(\mathbb{R}, \mathbb{R})$ die Stetigkeit von f in $\mathbf{x}_0$ impliziert.

Es sei daran erinnert, dass im skalaren Fall die Ableitung von $f \in \text{Abb}(\mathbb{R}, \mathbb{R})$ im Punkte $x_0 \in \mathbb{R}$ über den Differenzenquotienten definiert wurde. Die Funktion f heißt damit im Punkt $x_0 \in D_f \subset \mathbb{R}$ differenzierbar, wenn der Grenzwert

$$\lim_{x \to x_0} \frac{f(x) - f(x_0)}{x - x_0} \text{ bzw. } \lim_{h \to 0} \frac{f(x_0 + h) - f(x_0)}{h}, \ h \in \mathbb{R}, \qquad (1.35)$$

existiert. Dieser Grenzwert wird mit $f'(x_0)$ bezeichnet und ist die gesuchte Ableitung von f in x_0.

Diese Vorgehensweise funktioniert bei Abbildungen $f \in \text{Abb}(\mathbb{R}^n, \mathbb{R})$ für $n > 1$ nicht, weil eine Division durch die entsprechenden Vektoren $\mathbf{x}, \mathbf{x}_0, \mathbf{h} \in \mathbb{R}^n$ unsinnig ist. Dennoch lässt sich (1.35) in eine Form bringen, die auf Funktionen mit mehreren Variablen übertragbar ist.

Bekanntlich ist die **Tangente**

$$T(x) := f(x_0) + f'(x_0) \cdot (x - x_0) \qquad (1.36)$$

diejenige affine Funktion durch den Punkt $\bigl(x_0, f(x_0)\bigr)$, $x_0 \in D_f$, die den Graphen $G(f)$ am besten **linear** approximiert. Es gilt der Zusammenhang

$$f(x) = T(x) + R(x; x_0), \qquad (1.37)$$

worin $R(x; x_0)$ ein kleiner Rest ist, da i. Allg. nur für $x_0 \in D_f$ die Gleichheit $f(x_0) = T(x_0)$ gilt und in einer winzigen Umgebung für $x \in (x_0 - \varepsilon, x_0 + \varepsilon)$, $\varepsilon > 0$, geringfügige Abweichungen zwischen der Tangente T und der Funktion f auftreten. Wenn für diesen Rest

$$\lim_{x \to x_0} \frac{R(x; x_0)}{x - x_0} = 0 \qquad (1.38)$$

gilt, dann hat T tatsächlich die Darstellung (1.36), womit auch die Ableitung $f'(x_0)$ bestimmt ist. Um (1.38) zu verstehen, setzen wir eine Gerade

$$g(x) := f(x_0) + a \cdot (x - x_0), \quad a \in \mathbb{R},$$

durch $\big(x_0, f(x_0)\big)$ in (1.37) ein und erhalten

$$f(x) = f(x_0) + a \cdot (x - x_0) + R(x; x_0) \tag{1.39}$$

bzw. die **äquivalente** Darstellung durch den vertrauten Differenzenquotienten in der Form

$$\frac{f(x) - f(x_0)}{x - x_0} = a + \frac{R(x; x_0)}{x - x_0}. \tag{1.40}$$

Wir führen jetzt auf beiden Seiten in (1.40) den Grenzübergang $x \to x_0$ durch und erhalten

$$\lim_{x \to x_0} \frac{f(x) - f(x_0)}{x - x_0} = a + \lim_{x \to x_0} \frac{R(x; x_0)}{x - x_0},$$

und daran erkennen Sie, dass die Differenzierbarkeit von f in $x_0 \in D_f$ äquivalent mit (1.38) ist und dann notwendigerweise

$$a = f'(x_0)$$

gilt. Demzufolge wählen wir für den mehrdimensionalen Fall die zur gewohnten Form (1.40) äquivalente Darstellung (1.39), welche keine Division enthält. An die Stelle von $f'(x_0) \in \mathbb{R}$ muss ein mehrdimensionales Analogon treten.

Bevor wir dies tun und präzise für den mehrdimensionalen Fall formulieren, führen wir eine abkürzende Notation, das sog. Landau-Symbol $O(\cdot)$ wie folgt ein:

Definition 1.94 *Sei $\varphi : \mathbb{R}^n \to \mathbb{R}$ eine Funktion mit*

$$\varphi(\mathbf{0}) = 0 \quad und \quad \lim_{\mathbf{h} \to \mathbf{0}} \frac{\varphi(\mathbf{h})}{\|\mathbf{h}\|^\alpha} = 0, \quad \alpha \in \mathbb{R},$$

dann schreiben wir $\varphi(\mathbf{h}) \in O(\|\mathbf{h}\|^\alpha)$ und sagen dazu:

„φ ist aus klein-O-von-Norm-$\|\mathbf{h}\|^\alpha$."

Beispiel 1.95

a) Sei $\varphi : \mathbb{R} \to \mathbb{R}$ gegeben durch $\varphi(h) := h^2$, dann ist $\varphi(h) \in O(h^{3/2})$ (gesprochen: φ ist aus klein-O-von-$h^{3/2}$), denn

$$\varphi(0) = 0 \quad und \quad \lim_{h \to 0} \frac{\varphi(h)}{h^{3/2}} = \lim_{h \to 0} \sqrt{h} = 0.$$

Weiter gilt auch $\varphi(h) \in O(1)$, denn

$$\varphi(0) = 0 \ \ und \ \lim_{h \to 0} \frac{\varphi(h)}{1} = \lim_{h \to 0} h^2 = 0.$$

Dagegen ist $\varphi(h) \notin O(h^2)$, *denn*

$$\varphi(0) = 0, \ \ aber \ \lim_{h \to 0} \frac{\varphi(h)}{h^2} = \lim_{h \to 0} 1 = 1 \neq 0.$$

b) *Sei* $\mathbf{x} = (x, y)^T \in \mathbb{R}^2$ *und* $\varphi(\mathbf{x}) := x^2 + y^2 = \|\mathbf{x}\|^2$. *Dann ist* $\varphi(\mathbf{x}) \in O(\|\mathbf{x}\|)$, *denn*

$$\varphi(\mathbf{0}) = 0 \ \ und \ \lim_{\mathbf{x} \to \mathbf{0}} \frac{\varphi(\mathbf{x})}{\|\mathbf{x}\|} = \lim_{\mathbf{x} \to \mathbf{0}} \|\mathbf{x}\| = 0.$$

c) *Sei* $\mathbf{x}_0 = (x_0, y_0)^T \in \mathbb{R}^2$ *fest gewählt,* $\mathbf{h} = (h, k)^T \in \mathbb{R}^2$ *und*

$$R(\mathbf{x}_0 + \mathbf{h}; \mathbf{x}_0) := 2x_0 hk + y_0 h^2 + h^2 k.$$

Wir zeigen, dass

$$R(\mathbf{x}_0 + \mathbf{h}; \mathbf{x}_0) \in O(\|\mathbf{h}\|).$$

Zunächst gilt $R(\mathbf{x}_0 + \mathbf{0}; \mathbf{x}_0) = 0$. *Weiter gelten:*

$$0 \ \ \leq (|h| - |k|)^2 = h^2 - 2|h||k| + k^2$$

$$\Longrightarrow 2|h||k| \leq h^2 + k^2 = \|\mathbf{h}\|^2,$$

$$h^4 k^2 \leq h^6 + 3h^4 k^2 + 3h^2 k^4 + k^6 = \left(h^2 + k^2\right)^3$$

$$\Longrightarrow h^2 |k| = \left(h^4 k^2\right)^{1/2} \leq \left(h^2 + k^2\right)^{3/2} = \|\mathbf{h}\|^3.$$

Damit ergibt sich die Abschätzung

$$|R(\mathbf{x}_0 + \mathbf{h}; \mathbf{x}_0)| = |2x_0 hk + y_0 h^2 + h^2 k| \leq 2|x_0||h||k| + |y_0|h^2 + h^2|k|$$

$$\leq |x_0|\|\mathbf{h}\|^2 + |y_0|\|\mathbf{h}\|^2 + \|\mathbf{h}\|^3.$$

Also folgt

$$0 \leq \left| \frac{R(\mathbf{x}_0 + \mathbf{h}; \mathbf{x}_0)}{\|\mathbf{h}\|} - 0 \right| \leq |x_0|\|\mathbf{h}\| + |y_0|\|\mathbf{h}\| + \|\mathbf{h}\|^2 \to 0$$

für $\mathbf{h} \to \mathbf{0}$.

Mit dem Landau-Symbol O kann (1.37) nun in der Form

$$f(x) = T(x) + O(x - x_0) \text{ für } x \to x_0 \tag{1.41}$$

geschrieben werden.

Auf dem Vektorraum $\mathbb{R}^n$ haben alle affin lineare Funktionen T durch einen Punkt $(\mathbf{x}_0, f(\mathbf{x}_0)) \in D_f \times \mathbb{R}$ die Form

$$T(\mathbf{x}) = f(\mathbf{x}_0) + \langle \mathbf{a}, \mathbf{x} - \mathbf{x}_0 \rangle, \ \mathbf{x} \in \mathbb{R}^n, \ \mathbf{a} \in \mathbb{R}^n \text{ fest.} \tag{1.42}$$

Der Sonderfall $n = 1$ führt mit $a := f'(x_0)$ wieder auf (1.36). Durch diesen Zusammenhang wird es nahegelegt, den in (1.41) geprägten Ableitungsbegriff des Sonderfalls skalarer Funktionen auf Funktionen $f \in \text{Abb}(\mathbb{R}^n, \mathbb{R})$ zu übertragen:

Definition 1.96 *Gegeben seien eine Funktion $f \in \text{Abb}(\mathbb{R}^n, \mathbb{R})$ und ein innerer Punkt $\mathbf{x}_0 \in D_f$. Genau dann heißt f in $\mathbf{x}_0$ **differenzierbar**, wenn es einen **Vektor $\mathbf{a} \in \mathbb{R}^n$** gibt mit*

$$f(\mathbf{x}) = f(\mathbf{x}_0) + \langle \mathbf{a}, \mathbf{x} - \mathbf{x}_0 \rangle + O(\|\mathbf{x} - \mathbf{x}_0\|) \text{ für } \mathbf{x} \to \mathbf{x}_0. \tag{1.43}$$

Hierbei bezeichnet $\|\mathbf{x} - \mathbf{x}_0\| = d(\mathbf{x}, \mathbf{x}_0)$ die euklidische Metrik (D3).

Da $\mathbf{x}_0 \in D_f$ ein innerer Punkt ist, gibt es eine ε-Kugel $B_\varepsilon(\mathbf{x}_0)$, die ganz in D_f liegt. Die Relation (1.43) ist also für alle $\mathbf{x} \in B_\varepsilon(\mathbf{x}_0)$ sinnvoll.

Beispiel 1.97 *Es sei $f(x, y) = x^2 y$ gegeben. Wir zeigen die Differenzierbarkeit der Funktion f in jedem Punkt $(x_0, y_0)^T \in \mathbb{R}^2$. Dazu sei $(x, y)^T := (x_0 + h, y_0 + k)^T$ und $\mathbf{h} = (h, k)^T \in \mathbb{R}^2$ gesetzt. Es gilt*

$$f(\mathbf{x}) = f(x_0 + h, y_0 + k) = (x_0^2 + 2x_0 h + h^2)(y_0 + k)$$

$$= x_0^2 y_0 + 2x_0 y_0 h + x_0^2 k + 2x_0 hk + y_0 h^2 + h^2 k$$

$$= x_0^2 y_0 + (2x_0 y_0, x_0^2)\begin{pmatrix} h \\ k \end{pmatrix} + 2x_0 hk + y_0 h^2 + h^2 k$$

$$\overset{!}{=} f(\mathbf{x}_0) + \langle \mathbf{a}, \mathbf{h} \rangle + O(\|\mathbf{h}\|), \ \mathbf{a} \in \mathbb{R}^2.$$

In Beispiel 1.41 c) wurde nämlich gezeigt, dass

$$R((x_0 + h, y_0 + k); (x_0, y_0)) := (2x_0 hk + y_0 h^2 + h^2 k) \in O\left(\sqrt{h^2 + k^2}\right).$$

Also ist f differenzierbar mit $\mathbf{a} = (2x_0 y_0, x_0^2)^T$. Es gilt also auch

$$\text{grad}\, f(\mathbf{x}_0) = \left(2x_0 y_0, x_0^2\right)^T = \mathbf{a}.$$

Beispiel 1.98 *Für einen festen Vektor* $\mathbf{0} \neq \mathbf{b} \in \mathbb{R}^n$ *sei* $f(\mathbf{x}) := \sin\langle \mathbf{b}, \mathbf{x} \rangle$ *für* $\mathbf{x} \in \mathbb{R}^n$ *gegeben. Wir zeigen die Differenzierbarkeit der Funktion* f *in jedem Punkt* $\mathbf{x}_0 \in \mathbb{R}^n$. *Dazu sei* $\mathbf{x} := \mathbf{x}_0 + \mathbf{h}$, $\mathbf{h} \in \mathbb{R}^n$, *gesetzt. Es gilt nun mithilfe des Additionstheorems der Sinus-Funktion*

$$f(\mathbf{x}_0 + \mathbf{h}) = \sin\langle \mathbf{b}, \mathbf{x}_0 + \mathbf{h} \rangle = \sin\langle \mathbf{b}, \mathbf{x}_0 \rangle \cdot \cos\langle \mathbf{b}, \mathbf{h} \rangle + \cos\langle \mathbf{b}, \mathbf{x}_0 \rangle \cdot \sin\langle \mathbf{b}, \mathbf{h} \rangle. \quad (1.44)$$

Wir zeigen wieder, dass aus (1.44) die Darstellung

$$f(\mathbf{x}_0 + \mathbf{h}) \overset{!}{=} f(\mathbf{x}_0) + \langle \mathbf{a}, \mathbf{h} \rangle + O(\|\mathbf{h}\|), \ \mathbf{a} \in \mathbb{R}^2, \quad (1.45)$$

resultiert.

Aus

$$|\langle \mathbf{b}, \mathbf{h} \rangle| \leq \|\mathbf{b}\|\, \|\mathbf{h}\| \in O(1) \ \text{für } \mathbf{h} \to \mathbf{0}$$

und den Reihenentwicklungen der trigonometrischen Funktionen in (1.44) ergibt sich

$$\cos\langle \mathbf{b}, \mathbf{h} \rangle = 1 \underbrace{- \frac{\langle \mathbf{b}, \mathbf{h} \rangle^2}{2!} + \frac{\langle \mathbf{b}, \mathbf{h} \rangle^4}{4!} \mp \cdots}_{\in O(\|\mathbf{h}\|)},$$

$$\sin\langle \mathbf{b}, \mathbf{h} \rangle = \langle \mathbf{b}, \mathbf{h} \rangle \underbrace{- \frac{\langle \mathbf{b}, \mathbf{h} \rangle^3}{3!} + \frac{\langle \mathbf{b}, \mathbf{h} \rangle^5}{5!} \mp \cdots}_{\in O(\|\mathbf{h}\|)},$$

jeweils für $\mathbf{h} \to \mathbf{0}$, *also*

$$\cos\langle \mathbf{b}, \mathbf{h} \rangle = 1 + O(\|\mathbf{h}\|) \ \text{und} \ \sin\langle \mathbf{b}, \mathbf{h} \rangle = \langle \mathbf{b}, \mathbf{h} \rangle + O(\|\mathbf{h}\|).$$

Damit resultiert aus (1.44) die Beziehung

$$f(\mathbf{x}_0 + \mathbf{h}) = \sin\langle \mathbf{b}, \mathbf{x}_0 \rangle \big[1 + O(\|\mathbf{h}\|)\big] + \cos\langle \mathbf{b}, \mathbf{x}_0 \rangle \big[\langle \mathbf{b}, \mathbf{h} \rangle + O(\|\mathbf{h}\|)\big]$$
$$= \sin\langle \mathbf{b}, \mathbf{x}_0 \rangle + \langle \mathbf{b}\cos\langle \mathbf{b}, \mathbf{x}_0 \rangle, \mathbf{h} \rangle + O(\|\mathbf{h}\|),$$

da auch $[\sin\langle \mathbf{b}, \mathbf{x}_0 \rangle + \cos\langle \mathbf{b}, \mathbf{x}_0 \rangle] \cdot O(\|\mathbf{h}\|) \in O(\|\mathbf{h}\|)$. *Das heißt, die Darstellung (1.45) liegt vor, und somit ist die Funktion* f *in* $\mathbf{x}_0$ *differenzierbar mit*

$$\mathbf{a} = \mathbf{b}\cos\langle \mathbf{b}, \mathbf{x}_0 \rangle.$$

In Beispiel 1.79 hatten wir bereits die Richtungsableitungen der Funktion f in Richtung der Standardbasisvektoren des Vektorraums $\mathbb{R}^n$ berechnet als

$$f_{x_i}(\mathbf{x}) = b_i \cos\langle \mathbf{b}, \mathbf{x}\rangle, \quad i = 1, \ldots, n.$$

Hieraus ergibt sich

$$\boxed{\operatorname{grad} f(\mathbf{x}_0) = \mathbf{b} \cdot \cos\langle \mathbf{b}, \mathbf{x}_0\rangle = \mathbf{a}.}$$

Die zuvor aufwendig definierte Ableitung einer Funktion f stimmt also wieder, wie auch im Beispiel davor, mit dem Gradienten, d. h. mit den partiellen Ableitungen von f, überein. Sie mögen sich jetzt zu Recht fragen, wo der Unterschied liegt. Diese Frage beantwortet in Punkt 3.) der Satz 1.100 und die darauffolgende Bemerkung. Zuvor formulieren wir noch die

---

Definition 1.99 *Der in der Beziehung (1.43) auftretende Vektor* **a** *heißt* **Gradient** *der Funktion f im Punkte $\mathbf{x}_0 \in D_f$ oder* **Ableitung** *von f in $\mathbf{x}_0$. Wir verwenden dafür die bereits eingeführte Bezeichnung*

$$\mathbf{a} = \operatorname{grad} f(\mathbf{x}_0) = \nabla f(\mathbf{x}_0).$$

Es gelten nun folgende Zusammenhänge zwischen den partiellen Ableitungen und der Ableitung einer Funktion:

Satz 1.100 *Gegeben seien eine Funktion $f \in \operatorname{Abb}(\mathbb{R}^n, \mathbb{R})$ und ein innerer Punkt $\mathbf{x}_0 \in D_f$.*

1.) Ist f in $\mathbf{x}_0$ differenzierbar, so existieren die Richtungsableitungen von f im Punkte $\mathbf{x}_0$ in **jeder** *Richtung $\mathbf{h} \in \mathbb{R}^n$, und es gilt*

$$\frac{\partial f}{\partial \mathbf{h}}(\mathbf{x}_0) = \langle \operatorname{grad} f(\mathbf{x}_0), \mathbf{h}\rangle. \tag{1.46}$$

Speziell für $\mathbf{h} := \mathbf{e}_j$ existieren also die partiellen Ableitungen $\frac{\partial f}{\partial x_j}(\mathbf{x}_0)$, und es gilt

$$\frac{\partial f}{\partial x_j}(\mathbf{x}_0) = \langle \operatorname{grad} f(\mathbf{x}_0), \mathbf{e}_j\rangle, \quad 1 \leq j \leq n. \tag{1.47}$$

Das heißt, die Ableitung $\operatorname{grad} f(\cdot)$ hat in der Standardbasis des Vektorraumes $\mathbb{R}^n$ die Darstellung

$$\operatorname{grad} f(\mathbf{x}_0) = \big(D_1 f(\mathbf{x}_0), D_2 f(\mathbf{x}_0), \dots, D_n f(\mathbf{x}_0)\big)^T. \qquad (1.48)$$

2.) *Ist die Funktion f im Punkte $\mathbf{x}_0$ differenzierbar, so ist sie dort auch* **stetig**.

3.) *Besitzt f im Punkte $\mathbf{x}_0$ partielle Ableitungen $\frac{\partial f}{\partial x_j}(\mathbf{x}_0)$, $j = 1, 2, \dots, n$, und sind diese* **stetig**, *dann ist f in $\mathbf{x}_0$ differenzierbar.*

Beweis. Es sei $\mathbf{h} \in \mathbb{R}^n$, $\|\mathbf{h}\| = 1$, ein Einheitsvektor.

1.) Wir wählen $\varepsilon > 0$ derart, dass die ε-Kugel $B_\varepsilon(\mathbf{x}_0)$ ganz in D_f liegt. Für $0 < |t| < \varepsilon$ setzen wir $\mathbf{x} := \mathbf{x}_0 + t\mathbf{h}$ in (1.43) ein und erhalten:

$$f(\mathbf{x}_0 + t\mathbf{h}) - f(\mathbf{x}_0) = t \langle \operatorname{grad} f(\mathbf{x}_0), \mathbf{h} \rangle + O(|t|) \text{ für } t \to 0.$$

Daraus folgt schon (1.46).

2.) Wegen (1.43) erhalten wir

$$|f(\mathbf{x}) - f(\mathbf{x}_0)| \le \|\operatorname{grad} f(\mathbf{x}_0)\| \, \|\mathbf{x} - \mathbf{x}_0\| + O(\|\mathbf{x} - \mathbf{x}_0\|) \to 0 \quad \text{für} \quad \mathbf{x} \to \mathbf{x}_0$$

und somit die Stetigkeit von f in $\mathbf{x}_0$.

3.) Setzen wir $\mathbf{x} := \mathbf{x}_0 + \mathbf{h}$, so können wir den Mittelwertsatz der Differentialrechnung (in einer Veränderlichen) jeweils *komponentenweise* anwenden. Es existiert damit eine Zahl $\vartheta \in (0, 1)$ mit

$$f(x_{01} + h_1, x_{02} + h_2, \dots, x_{0n} + h_n) - f(x_{01}, x_{02} + h_2, \dots, x_{0n} + h_n)$$

$$= h_1 \frac{\partial f}{\partial x_1}(x_{01} + \vartheta h_1, x_{02} + h_2, \dots, x_{0n} + h_n).$$

Da f_{x_1} nach Voraussetzung in $\mathbf{x}_0$ stetig ist, gilt sicher

$$h_1 f_{x_1}(x_{01} + \vartheta h_1, x_{02} + h_2, \dots, x_{0n} + h_n) = h_1 f_{x_1}(\mathbf{x}_0) + O(\|\mathbf{h}\|)$$

für $\mathbf{h} \to \mathbf{0}$ und somit

$$f(\mathbf{x}_0 + \mathbf{h}) = h_1 f_{x_1}(\mathbf{x}_0) + f(x_{01}, x_{02} + h_2, \dots, x_{0n} + h_n) + O(\|\mathbf{h}\|).$$

Behandeln Sie die anderen Variablen in entsprechender Weise, so erhalten Sie nach $n - 1$ weiteren Schritten

$$f(\mathbf{x}_0 + \mathbf{h}) = f(\mathbf{x}_0) + \sum_{j=1}^{n} h_j f_{x_j}(\mathbf{x}_0) + O(\|\mathbf{h}\|)$$

$$= f(\mathbf{x}_0) + \langle \operatorname{grad} f(\mathbf{x}_0), \mathbf{h} \rangle + O(\|\mathbf{h}\|).$$

Also ist f in $\mathbf{x}_0$ differenzierbar.

qed

Bemerkung 1.101 *Die Punkte 2.) und 3.) des soeben bewiesenen Satzes liefern die in Satz 1.74 behauptete Stetigkeitsaussage. Die Aussage 3.) besagt also, dass partielle Differenzierbarkeit noch nicht die Differenzierbarkeit impliziert, erst dann, wenn alle partiellen Ableitungen stetig sind. Schauen Sie sich dazu nochmals Beispiel 1.73 an. Teil 3.) liefert also ein einfaches Kriterium zum Nachweis der Differenzierbarkeit einer Funktion.*

Nachfolgend führen wir einige Betrachtungen zum Gradienten durch und beginnen mit

Beispiel 1.102 *Es sei $r := \|\mathbf{x}\| = \left(\sum_{j=1}^{n} |x_j|^2 \right)^{1/2}$ für $\mathbf{x} \in \mathbb{R}^n$ gesetzt und* $f(\mathbf{x}) := \ln r$, $r > 0$. *Es gilt*

$$D_j f(\mathbf{x}) = \frac{1}{r} \frac{\partial r}{\partial x_j} = \frac{x_j}{r^2} \text{ für alle } 1 \le j \le n,$$

also

$$\operatorname{grad} f(\mathbf{x}) = \frac{\mathbf{x}}{r^2}, \quad r > 0.$$

Die Richtungsableitung von f in Richtung eines beliebigen Einheitsvektors $\mathbf{h} \in \mathbb{R}^n$ im Punkt $\mathbf{x}_0 \in \mathbb{R}^n$ ist dann

$$\frac{\partial f}{\partial \mathbf{h}}(\mathbf{x}_0) = \frac{1}{r^2} \langle \mathbf{x}_0, \mathbf{h} \rangle.$$

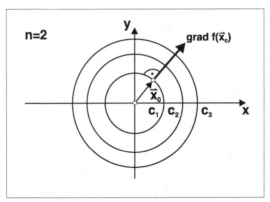

**Äquipotentialflächen der
Funktion** $f(\mathbf{x}) := \ln \|\mathbf{x}\|$

*Beachten Sie. Die Äquipotentialflächen $f(\mathbf{x}) = c$ sind die konzentrischen Sphären $r = \|\mathbf{x}\| = e^c > 0$ mit Mittelpunkt $\mathbf{0}$. Da der Vektor $\operatorname{grad} f(\mathbf{x})$ die Richtung $\mathbf{x}$ hat, steht $\operatorname{grad} f(\mathbf{x}_0)$ **senkrecht** auf der Äquipotentialfläche durch den Punkt $\mathbf{x}_0$. Dass dies kein Zufall ist, werden wir weiter unten begründen.*

Es gilt ferner

$$\langle \mathbf{x}_0, \mathbf{h} \rangle = \|\mathbf{x}_0\| \cos \sphericalangle (\mathbf{x}_0, \mathbf{h}),$$

*sodass das Skalarprodukt seinen größten Wert annimmt, wenn der Vektor $\mathbf{h}$ in die Richtung von $\mathbf{x}_0$ fällt. Mit anderen Worten, die Richtungsableitung $\frac{\partial f}{\partial \mathbf{h}}(\mathbf{x}_0)$ in $\mathbf{x}_0$ wird am **größten**, wenn $\mathbf{h}$ in die Richtung des Gradienten $\operatorname{grad} f(\mathbf{x}_0)$ fällt.*

Beispiel 1.103 *Wir betrachten für festes $\mathbf{0} \neq \mathbf{b} \in \mathbb{R}^n$ die Funktion $f(\mathbf{x}) := e^{\langle \mathbf{b}, \mathbf{x} \rangle}$, $\mathbf{x} \in \mathbb{R}^n$. Es gilt hier*

$$D_j f(\mathbf{x}) = b_j \, e^{\langle \mathbf{b}, \mathbf{x} \rangle}, \ \ 1 \leq j \leq n,$$

also

$$\operatorname{grad} f(\mathbf{x}) = \mathbf{b} \, e^{\langle \mathbf{b}, \mathbf{x} \rangle}.$$

Hieraus resultiert die Richtungsableitung in Richtung eines beliebigen Einheitsvektors $\mathbf{h} \in \mathbb{R}^n$ gegeben durch

$$\frac{\partial f}{\partial \mathbf{h}}(\mathbf{x}_0) = \langle \mathbf{b}, \mathbf{h} \rangle \, e^{\langle \mathbf{b}, \mathbf{x}_0 \rangle}.$$

*Die Äquipotentialflächen $f(\mathbf{x}) = c > 0$ sind die Hyperebenen $\langle \mathbf{b}, \mathbf{x} \rangle = \ln c$. Hier steht der Normalenvektor $\mathbf{b}$ senkrecht auf der Hyperebene. Da der Vektor $\mathbf{b}$ wieder die Richtung des Gradienten $\operatorname{grad} f(\mathbf{x})$ hat, gilt wie im vorangegangenen Beispiel, dass $\operatorname{grad} f(\mathbf{x}_0)$ **senkrecht** auf der Äquipotentialfläche von f durch den Punkt $\mathbf{x}_0$ steht. Ebenso erkennen Sie, dass die Richtungsableitung*

$\frac{\partial f}{\partial \mathbf{h}}(\mathbf{x}_0)$ *am größten wird, wenn* $\mathbf{h}$ *in Richtung des Vektors* $\mathbf{b}$ *und somit in Richtung von* $\operatorname{grad} f(\mathbf{x}_0)$ *fällt.*

Satz 1.104 *Gegeben seien eine Funktion* $f \in \operatorname{Abb}(\mathbb{R}^n, \mathbb{R})$ *sowie ein innerer Punkt* $\mathbf{x}_0 \in D_f$. *Ist* f *in* $\mathbf{x}_0$ *differenzierbar und gilt* $\operatorname{grad} f(\mathbf{x}_0) \neq \mathbf{0}$, *so ist im Punkte* $\mathbf{x}_0$ *die* **Richtung des steilsten Anstiegs** *von* f *durch den Vektor* $\operatorname{grad} f(\mathbf{x}_0)$ *bestimmt.*

Beweis. Für eine beliebige Richtung $\mathbf{h} \in \mathbb{R}^n$, $\|\mathbf{h}\| = 1$, gilt

$$\frac{\partial f}{\partial \mathbf{h}}(\mathbf{x}_0) = \langle \operatorname{grad} f(\mathbf{x}_0), \mathbf{h} \rangle = \|\operatorname{grad} f(\mathbf{x}_0)\| \cos \sphericalangle (\operatorname{grad} f(\mathbf{x}_0), \mathbf{h}).$$

Hieraus folgt mit $\left| \cos \sphericalangle (\operatorname{grad} f(\mathbf{x}_0), \mathbf{h}) \right| \leq 1$ die Abschätzung

$$\left| \frac{\partial f}{\partial \mathbf{h}}(\mathbf{x}_0) \right| \leq \|\operatorname{grad} f(\mathbf{x}_0)\|$$

bzw.

$$-\|\operatorname{grad} f(\mathbf{x}_0)\| \leq \frac{\partial f}{\partial \mathbf{h}}(\mathbf{x}_0) \leq \|\operatorname{grad} f(\mathbf{x}_0)\|,$$

und für $\mathbf{h} := \frac{\operatorname{grad} f(\mathbf{x}_0)}{\|\operatorname{grad} f(\mathbf{x}_0)\|}$ gilt genau $\frac{\partial f}{\partial \mathbf{h}}(\mathbf{x}_0) = \|\operatorname{grad} f(\mathbf{x}_0)\|$.

qed

Beispiel 1.105 *Es seien ein räumliches Temperaturfeld*

$$T(x, y, z) := xz - y^2 + 1$$

und dazu ein Punkt P_0 *mit Ortsvektor* $\mathbf{x}_0 := (-1, -1, 1)^T \in \mathbb{R}^3$ *gegeben. Wir suchen diejenige Richtung* $\mathbf{h}$, *in welcher sich die Temperatur am stärksten ändert, wenn wir von* P_0 *ausgehen. Danach bestimmen wir den maximalen Temperaturanstieg in* P_0. *Nach dem letzten Satz gilt*

$$\mathbf{h} = \frac{\operatorname{grad} T(\mathbf{x}_0)}{\|\operatorname{grad} T(\mathbf{x}_0)\|}, \quad \operatorname{grad} T(\mathbf{x}_0) = \left. \begin{pmatrix} z \\ -2y \\ x \end{pmatrix} \right|_{\mathbf{x} = \mathbf{x}_0} = \begin{pmatrix} 1 \\ 2 \\ -1 \end{pmatrix}$$

und hiermit

$$\mathbf{h} = \frac{1}{\sqrt{6}} \begin{pmatrix} 1 \\ 2 \\ -1 \end{pmatrix} \quad \text{sowie} \quad \frac{\partial T}{\partial \mathbf{h}}(\mathbf{x}_0) = \|\operatorname{grad} T(\mathbf{x}_0)\| = \sqrt{6}$$

für die maximale Temperaturzunahme.

Der Ableitungsoperator „grad" ist den Rechenregeln der „gewöhnlichen Differentiation" unterworfen. Er genügt also der **Summen-, Produkt-** und **Kettenregel**, sofern dafür geeignete Funktionen vorgelegt sind.

Rechenregeln 1.106 *Gegeben seien Funktionen $f, g \in \operatorname{Abb}(\mathbb{R}^n, \mathbb{R})$ sowie ein innerer Punkt $\mathbf{x}_0 \in D_f \cap D_g$. Es seien f und g in $\mathbf{x}_0$ differenzierbar. Ferner seien $\mathbf{x} \in \operatorname{Abb}(\mathbb{R}, \mathbb{R}^n)$ und $h \in \operatorname{Abb}(\mathbb{R}, \mathbb{R})$ differenzierbar in den Punkten t_0 bzw. $f(\mathbf{x}_0)$, und es gelte $\mathbf{x}(t_0) = \mathbf{x}_0$. Dann sind die Funktionen*

$$\lambda f + \mu g \ \forall \ \lambda, \mu \in \mathbb{R}, \quad f \cdot g, \quad h \circ f \quad \text{und} \quad f \circ \mathbf{x}$$

in $\mathbf{x}_0$ bzw. in t_0 differenzierbar, und es gelten die

Ableitungsregeln	
(a) $\operatorname{grad}(\lambda f + \mu g)(\mathbf{x}_0) = \lambda \operatorname{grad} f(\mathbf{x}_0) + \mu \operatorname{grad} g(\mathbf{x}_0)$	Linearität
(b) $\operatorname{grad}(f \cdot g)(\mathbf{x}_0) = g(\mathbf{x}_0) \operatorname{grad} f(\mathbf{x}_0) + f(\mathbf{x}_0) \operatorname{grad} g(\mathbf{x}_0)$	Produktregel
(c) $\operatorname{grad} h(f(\mathbf{x}_0)) = h'(f(\mathbf{x}_0)) \cdot \operatorname{grad} f(\mathbf{x}_0)$	1. Kettenregel
(d) $\dfrac{d}{dt} f(\mathbf{x}(t_0)) = \langle \operatorname{grad} f(\mathbf{x}_0), \dot{\mathbf{x}}(t_0) \rangle$	2. Kettenregel

Beispiel 1.107 *Eine im Ursprung des $\mathbb{R}^3$ angebrachte punktförmige elektrische Ladung Q erzeugt das **elektrische Potential***

$$\varphi(\mathbf{x}) := \frac{Q}{4\pi\varepsilon r}, \quad r := \|\mathbf{x}\| > 0.$$

*Hierin sind Q und ε Konstanten. Die durch Q erzeugte **elektrische Feldstärke** $\mathbf{E}$ ist für $\mathbf{x} \neq \mathbf{0}$ wie folgt erklärt:*

$$\mathbf{E} := -\operatorname{grad} \varphi(\mathbf{x}) \stackrel{Reg.\,1.106\,(c)}{=} -\varphi'(r) \cdot \operatorname{grad} r = \frac{Q}{4\pi\varepsilon r^2} \frac{\mathbf{x}}{r} = \frac{Q}{4\pi\varepsilon r^3} \mathbf{x}.$$

Hier ist die Vektorfunktion $\mathbf{E} := (E_1, E_2, E_3)^T$ ganz offensichtlich eine Funktion von mehreren reellen Veränderlichen $\mathbf{x} \in \mathbb{R}^3$, und jede Komponente von $\mathbf{E}$ erfüllt $E_i \in \operatorname{Abb}(\mathbb{R}^3, \mathbb{R})$, $i = 1, 2, 3$, oder $\mathbf{E} \in \operatorname{Abb}(\mathbb{R}^3, \mathbb{R}^3)$.

Definition 1.108 *Physikalisch relevante Abbildungen $\varphi \in \mathrm{Abb}\,(\mathbb{R}^n, \mathbb{R})$ heißen **Skalarfelder** und physikalisch relevante Abbildungen $\mathbf{E} \in \mathrm{Abb}\,(\mathbb{R}^n, \mathbb{R}^m)$, $m > 1$, **Vektorfelder**.*

Gibt es zu einem Vektorfeld $\mathbf{E}$ ein Skalarfeld φ mit

$$\mathbf{E}(\mathbf{x}) = -\mathrm{grad}\,\varphi(\mathbf{x}),$$

*so heißt φ **Potential** von $\mathbf{E}$.*

Beispiel 1.109 *Es sei $f \in \mathrm{Abb}\,(\mathbb{R}^2, \mathbb{R})$ die Funktion $f(x, y) := x^3 - xy + y^3$, und es sei $\mathbf{x} \in \mathrm{Abb}\,(\mathbb{R}, \mathbb{R}^2)$ die Einheitskreislinie $\mathbf{x}(t) := (\cos t, \sin t)^T$, $t \in \mathbb{R}$. Dann gelten*

$$f\big(\mathbf{x}(t)\big) = \cos^3 t - \cos t \sin t + \sin^3 t$$

und somit

$$\frac{d}{dt} f\big(\mathbf{x}(t)\big) = (3\cos^2 t - \sin t)(-\sin t) + (3\sin^2 t - \cos t)\cos t.$$

Die Anwendung der Ableitungsregel 1.106 (d) führt zum gleichen Resultat:

$$\frac{d}{dt} f\big(\mathbf{x}(t)\big) = \langle \mathrm{grad}\, f(\mathbf{x}), \dot{\mathbf{x}}(t) \rangle = \left\langle \begin{pmatrix} 3x^2 - y \\ 3y^2 - x \end{pmatrix}_{\Big|\mathbf{x}(t)}, \begin{pmatrix} -\sin t \\ \cos t \end{pmatrix} \right\rangle$$

$$= (3\cos^2 t - \sin t)(-\sin t) + (3\sin^2 t - \cos t)\cos t.$$

Bemerkung 1.110 *Wer die Schreibweise mithilfe des Nabla-Operators ∇ bevorzugt, kann die Ableitungsregeln 1.106 in der folgenden Weise formalisieren:*

1.) Sei dazu $f, g \in \mathrm{Abb}\,(\mathbb{R}^n, \mathbb{R})$ und $h \in \mathrm{Abb}\,(\mathbb{R}, \mathbb{R})$, dann gilt

$$\nabla(\lambda f + \mu g) = \lambda \nabla f + \mu \nabla g,$$

$$\nabla(f \cdot g) \quad\; = g \nabla f + f \nabla g,$$

$$\nabla(h \circ f) \quad\; = \frac{dh}{df} \nabla f.$$

Wegen $\frac{\partial f}{\partial \mathbf{h}} = \Big(\sum\limits_{j=1}^{n} h_j D_j \Big) f$ folgt noch

$$\frac{\partial f}{\partial \mathbf{h}} = \langle \mathbf{h}, \nabla \rangle \, f.$$

2.) Der Ausdruck

$$\frac{d}{dt} f(\mathbf{x}(t)) = \langle \operatorname{grad} f(\mathbf{x}(t)), \dot{\mathbf{x}}(t) \rangle$$

*heißt **Wegableitung** von f entlang des Weges* $\mathbf{x}(\cdot)$. *Darin ist* $\dot{\mathbf{x}}(t_0)$ *der Tangentenvektor im Punkt* $\mathbf{x}(t_0)$.

Der letzte Teil der obigen Bemerkung führt auf

Satz 1.111 *Gegeben seien eine Funktion* $f \in \operatorname{Abb}(\mathbb{R}^n, \mathbb{R})$ *und ein innerer Punkt* $\mathbf{x}_0 \in D_f$. *Ist f differenzierbar in* $\mathbf{x}_0$, *so steht der Vektor* $\operatorname{grad} f(\mathbf{x}_0)$ ***senkrecht*** *auf der Äquipotentialfläche der Funktion f durch den Punkt* $\mathbf{x}_0$.

Beweis. Die Äquipotentiallinien der Funktion f durch den Punkt $\mathbf{x}_0$ seien beschrieben durch die Gleichung $f(\mathbf{x}) = c_0$, $c_0 \in \mathbb{R}$. Wir betrachten einen beliebigen differenzierbaren Weg $\mathbf{x}(t)$ auf diesen Äquipotentiallinien mit $\mathbf{x}(t_0) = \mathbf{x}_0$. Wegen $c_0 = f(\mathbf{x}(t))$ erhalten wir aus der Ableitungsregel 1.106 (d) die Darstellung

$$0 = \frac{d}{dt} f(\mathbf{x}(t)) = \langle \operatorname{grad} f(\mathbf{x}_0), \dot{\mathbf{x}}(t_0) \rangle.$$

Der Vektor $\operatorname{grad} f(\mathbf{x}_0)$ steht also senkrecht auf dem Tangentenvektor $\dot{\mathbf{x}}(t_0)$ und somit senkrecht auf der Äquipotentiallinie durch den Punkt $\mathbf{x}(t_0)$.

qed

Beispiel 1.112 *Die Funktion* $f \in \operatorname{Abb}(\mathbb{R}^3, \mathbb{R})$ *sei für Konstanten* $a, b, c > 0$ *definiert durch*

$$f(x, y, z) := \left(\frac{x}{a}\right)^2 + \left(\frac{y}{b}\right)^2 + \left(\frac{z}{c}\right)^2 - 1.$$

Die Äquipotentialfläche $f(x, y, z) = 0$ *ist ein **Ellipsoid** E, und es gilt* $\mathbf{x}_0 = (x_0, y_0, z_0) \in E$ *genau für*

$$\left(\frac{x_0}{a}\right)^2 + \left(\frac{y_0}{b}\right)^2 + \left(\frac{z_0}{c}\right)^2 = 1.$$

*Gemäß Satz 1.111 ist ein **Normalenvektor** $\mathbf{n}$ in einem Punkt $\mathbf{x}_0$ an die Fläche E gerade der Gradient, gegeben als*

$$\mathbf{n} = \operatorname{grad} f(\mathbf{x}_0) = \left(\frac{2x_0}{a^2}, \frac{2y_0}{b^2}, \frac{2z_0}{c^2}\right)^T.$$

Die Normale $\mathbf{n}$ *legt genau eine* **Ebene** TE *durch den Punkt* $\mathbf{x}_0$ *fest. In dieser Ebene liegen alle Vektoren senkrecht zu* $\mathbf{n}$*, die in* $\mathbf{x}_0$ *angeheftet sind. Insbesondere liegt der Tangentenvektor* $\dot{\mathbf{x}}(t_0)$ *eines beliebigen differenzierbaren Weges* $\mathbf{x}(t) \in E$ *in der Ebene* TE*, sofern* $\mathbf{x}(t_0) = \mathbf{x}_0$ *gilt. Die Hesse-Normalform von* TE *lautet*

$$\langle \operatorname{grad} f(\mathbf{x}_0), \mathbf{x} - \mathbf{x}_0 \rangle = 0,$$

wobei natürlich die Nebenbedingung $f(\mathbf{x}_0) = 0$ *erfüllt sein muss. Dies führt auf die allgemeine Ebenengleichung für* TE*, nämlich*

$$\frac{2x_0}{a^2}\,x + \frac{2y_0}{b^2}\,y + \frac{2z_0}{c^2}\,z = \frac{2x_0^2}{a^2} + \frac{2y_0^2}{b^2} + \frac{2z_0^2}{c^2} = 2.$$

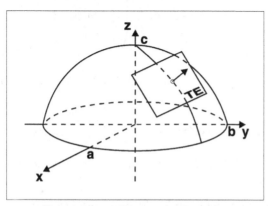

**Normale und Tangentialebene in
einem Punkt des Ellipsoids**

Wegen der oben erklärten Eigenschaften der Ebene TE gilt die

Definition 1.113 *Gegeben seien eine Funktion* $f \in \operatorname{Abb}(\mathbb{R}^n, \mathbb{R})$ *und ein innerer Punkt* $\mathbf{x}_0 \in D_f$. *Ist* f *differenzierbar in* $\mathbf{x}_0$ *und gilt* $\operatorname{grad} f(\mathbf{x}_0) \neq \mathbf{0}$*, so heißt die Hyperebene*

$$TE := \{\mathbf{x} \in \mathbb{R}^n \ : \ \langle \operatorname{grad} f(\mathbf{x}_0), \mathbf{x} - \mathbf{x}_0 \rangle = 0\} \qquad (1.49)$$

Tangentialhyperebene *an die Äquipotentialfläche von* f *durch den Punkt* $\mathbf{x}_0$. *In den Fällen* $f \in \operatorname{Abb}(\mathbb{R}^2, \mathbb{R})$ *und* $f \in \operatorname{Abb}(\mathbb{R}^3, \mathbb{R})$ *spricht man einfacher von der* **Tangentengeraden** *bzw. der* **Tangentialebene** *im Punkte* $\mathbf{x}_0$.

Ist die Fläche $G \subset \mathbb{R}^3$ in der **expliziten** Darstellung $z = f(x, y)$ gegeben, so ist G die Äquipotentialfläche der Funktion

$$g(x, y, z) := f(x, y) - z = 0.$$

Die Tangentialebene an G in einem Punkt $\mathbf{x}_0 := (x_0, y_0, z_0)$ mit $z_0 := f(x_0, y_0)$ hat gemäß (1.49) die Form

$$TE: \quad z - z_0 = f_x(x_0, y_0) \cdot (x - x_0) + f_y(x_0, y_0) \cdot (y - y_0), \quad z_0 = f(x_0, y_0).$$

Demgemäß ist ein Normalenvektor $\mathbf{n} \perp G$ (gesprochen: $\mathbf{n}$ senkrecht auf G) im Punkte $\mathbf{x}_0$ an die Äquipotentialfläche $0 = g(x, y, z) := f(x, y) - z$ der Vektor

$$\mathbf{n} = \operatorname{grad} g(\mathbf{x}_0) = \begin{pmatrix} f_x(x_0, y_0) \\ f_y(x_0, y_0) \\ -1 \end{pmatrix}. \tag{1.50}$$

Beispiel 1.114 *Gegeben seien die Funktion $f \in \operatorname{Abb}(\mathbb{R}^2, \mathbb{R})$ und der Punkt $(x_0, y_0) \in D_f := \mathbb{R}^2$ gemäß*

$$f(x, y) := (x^2 - 3x) \cos(\pi y) + (y - 5) \sin\left(\frac{\pi x}{2}\right), \quad (x_0, y_0) := (3, 5).$$

Wir bestimmen die Hesse-Normalform der Tangentialebene an den Graphen von f in (x_0, y_0).

Die durch den Grafen $G(f) \subset \mathbb{R}^3$ definierte räumliche Fläche G ist die Äquipotentialfläche $g(x, y, z) = 0$ der Funktion $g(x, y, z) := f(x, y) - z$. Wird $z_0 := f(x_0, y_0) = f(3, 5) = 0$ gesetzt, so ist $\mathbf{x}_0 := (x_0, y_0, z_0) = (3, 5, 0)$ ein Punkt dieser Äquipotentialfläche, und der Normalenvektor $\mathbf{n}$ der Tangentialebene an die Äquipotentialfläche in diesem Punkt $\mathbf{x}_0$ ist gemäß (1.50) der Vektor $\mathbf{n} = \left(f_x(x_0, y_0), f_y(x_0, y_0), -1\right)^T$ mit

$$f_x(x, y) = (2x - 3) \cos(\pi y) + \frac{\pi(y - 5)}{2} \cos\left(\frac{\pi x}{2}\right),$$

$$f_y(x, y) = -\pi(x^2 - 3x) \sin(\pi y) + \sin\left(\frac{\pi x}{2}\right).$$

Aus $f_x(3, 5) = -3$ und $f_y(3, 5) = -1$ resultiert der Einheitsnormalenvektor

$$\mathbf{n}_0 = \frac{1}{\sqrt{11}} (3, 1, 1)^T = -\operatorname{grad} g(3, 5).$$

Die gesuchte Hesse-Normalform der Tangentialebene lautet nun

$$\langle \mathbf{x}, \mathbf{n}_0 \rangle = \langle \mathbf{x}_0, \mathbf{n}_0 \rangle = \frac{14}{\sqrt{11}}$$

bzw. in ausgeschriebener Form

$$3x + y + z = 14.$$

Frage: Wie groß ist der Abstand dieser Tangentialebene zum Ursprung?

Bemerkung 1.115 *Flächen $G \subset \mathbb{R}^3$ mit **expliziter** Darstellung $z = f(x,y)$ haben unter hinreichenden Differenzierbarkeitsvoraussetzungen in jedem Flächenpunkt $\mathbf{x}_0 = (x_0, y_0, z_0) \in G$ einen Normalenvektor $\mathbf{n}$, da der Vektor $\mathrm{grad}\,\big(f(x_0, y_0) - z_0\big)$ nirgends verschwinden kann.*

*Im Allgemeinen sind Flächen $G \subset \mathbb{R}^3$ als Äquipotentialflächen einer Funktion $g \in \mathrm{Abb}\,(\mathbb{R}^3, \mathbb{R})$ in **impliziter** Darstellung $g(x,y,z) = c$ vorgelegt. Die Frage, ob aus dieser Gleichung eine explizite Darstellung $z = f(x,y)$ gewonnen werden kann, wird uns noch im Zusammenhang mit impliziten Funktionen beschäftigen.*

Aufgaben

Aufgabe 1.43. Zeigen Sie, dass $f : \mathbb{R}^2 \to \mathbb{R}$, gegeben durch $f(x,y) = xy$, differenzierbar ist.

Aufgabe 1.44. Sei $f : \mathbb{R}^2 \to \mathbb{R}$ gegeben durch

$$f(x,y) = \begin{cases} x^2 \sin \frac{1}{x} + y^2 \sin \frac{1}{y} & : xy \neq 0, \\ x^2 \sin \frac{1}{x} & : x \neq 0 \text{ und } y = 0, \\ y^2 \sin \frac{1}{y} & : x = 0 \text{ und } y \neq 0, \\ 0 & : x = y = 0. \end{cases}$$

Ist f partiell bzw. stetig partiell differenzierbar? Ist f differenzierbar?

Aufgabe 1.45. Seien $f, g : \mathbb{R}^2 \to \mathbb{R}$ gegeben durch

a)

$$f(x,y) := \begin{cases} \dfrac{(x-y)^3}{x^2 + y^2} & : (x,y) \neq (0,0), \\ 0 & : (x,y) = (0,0), \end{cases}$$

b)

$$g(x,y) := \begin{cases} \dfrac{(x-y)^3}{\sqrt{x^2+y^2}} & : (x,y) \neq (0,0), \\[2mm] 0 & : (x,y) = (0,0). \end{cases}$$

Berechnen Sie im Ursprung die Ableitungen in Richtung $\mathbf{h} \in \mathbb{R}^2$, $\|\mathbf{h}\| = 1$, und untersuchen Sie die Funktionen f und g auf Differenzierbarkeit.

Aufgabe 1.46. Stellen Sie sich einen Kegel vor, dessen kreisförmige Grundfläche den Radius $r = 10\,\text{cm}$ und eine Höhe $h = 15\,\text{cm}$ hat. Jetzt schrumpft der Radius r mit einer Geschwindigkeit von $0,3\,\text{cm/sec}$, und die Höhe wächst mit einer Geschwindigkeit von $0,2\,\text{cm/sec}$. Mit welcher Geschwindigkeit ändert sich das Volumen des Kegels?

Aufgabe 1.47. Berechnen Sie die Wegableitung von $f \in \text{Abb}\,(\mathbb{R}^2, \mathbb{R})$, gegeben durch $f(x,y) := xy$ entlang des Weges $\mathbf{x} \in \text{Abb}\,(\mathbb{R}, \mathbb{R}^2)$, definiert durch $\mathbf{x}(t) := (t - \sin t, 1 - \cos t)^T$, $t \in [0, 2\pi]$.

Um Sie zur Abwechslung an die Additionstheoreme von $\cos$ und $\sin$ zu erinnern, zeigen Sie, dass $\|\dot{\mathbf{x}}(t)\| = 2|\sin \frac{t}{2}|$ gilt.

Aufgabe 1.48. Sei $f : \mathbb{R}^3 \to \mathbb{R}$ gegeben durch

$$f(x,y,z) := xe^y z.$$

Bestimmen Sie einen Normalenvektor an die Äquipotentialfläche durch den Punkt $(x_0, y_0, z_0) = (1, 0, 2)$ und damit die Hesse-Normalform der Tangentialebene TE durch (x_0, y_0, z_0).

Aufgabe 1.49. Sei $f : \mathbb{R}^2 \to \mathbb{R}$ gegeben durch

$$f(x,y) := 5e^{-x^2-(y-2)^2} + x^2 + (y-2)^2.$$

a) Berechnen Sie im Punkt $(x_0, y_0) = (0, 2)$ die Hesse-Normalform der Tangentialebene TE an den Graphen von f.

b) Ist f auf $\mathbb{R}^2$ differenzierbar?

Aufgabe 1.50. Die Funktion $f : \mathbb{R}^2 \to \mathbb{R}$ ist gegeben durch $f(x,y) = x^y$.

a) Bestimmen Sie den Definitionsbereich D_f.

b) Berechnen Sie $\text{grad}\, f(1,1)$.

c) Ist f differenzierbar?

d) Durch $z = f(x,y)$ wird eine Fläche $F \subset \mathbb{R}^3$ festgelegt. Bestimmen Sie dazu die Hesse-Normalform der Tangentialebene E im Punkt $(x_0, y_0) = (1, 1)$.

1.7 Vollständiges oder totales Differential

Für eine gegebene Funktion $f \in \mathrm{Abb}\,(\mathbb{R}^n, \mathbb{R})$, die in einem inneren Punkt $\mathbf{x}_0 \in D_f$ differenzierbar ist, können Aussagen über die **Veränderung** der Funktionswerte von f in einer Umgebung des Punktes $\mathbf{x}_0$ getroffen werden.

Bei **skalaren** Funktionen $f \in \mathrm{Abb}\,(\mathbb{R}, \mathbb{R})$ wird häufig mit den Differentialen $\frac{df}{dx} = f'(x_0)$ wie mit Zahlen des Körpers $\mathbb{R}$ gerechnet. Das Differential

$$df = f'(x_0)\,dx \tag{1.51}$$

gestattet eine geometrische Interpretation. Betrachten Sie dazu die Tangente

$$T(x) = f(x_0) + f'(x_0)\,(x - x_0), \quad x \in \mathbb{R}$$

im Punkt $x_0 \in D_f$, so ist der **Tangentenzuwachs** bei einer Änderung von x um den Wert h **relativ zu** h eine Konstante der Art

$$\frac{T(x + h) - T(x)}{h} = f'(x_0) = \frac{df}{dx}.$$

Wir schreiben diese Relation in der Form

$$\boxed{T(x + h) - T(x) =: \lambda\,df \text{ und } h =: \lambda\,dx.} \tag{1.52}$$

Bei Funktionen $f \in \mathrm{Abb}\,(\mathbb{R}^n, \mathbb{R})$ resultiert als Analogon zur Tangente im Punkte $\mathbf{x}_0 \in \mathbb{R}^n$ die affine Funktion

$$T(\mathbf{x}) = f(\mathbf{x}_0) + \langle \mathrm{grad}\,f(\mathbf{x}_0), \mathbf{x} - \mathbf{x}_0 \rangle,$$

und in Anlehnung an (1.52) setzen wir

$$\lambda\,df := T(\mathbf{x} + \mathbf{h}) - T(\mathbf{x}) = \langle \mathrm{grad}\,f(\mathbf{x}_0), \mathbf{h} \rangle, \quad \mathbf{h} \neq \mathbf{0}. \tag{1.53}$$

Um die Konsistenz der Bezeichnungen zu gewährleisten, muss der Spezialfall $f(\mathbf{x}) := x_j, j = 1, 2, \ldots, n$, wiederum auf das Differential $df = dx_j$ führen. Da in diesem Fall $\mathrm{grad}\,f(\mathbf{x}_0) = \mathbf{e}_j$ gilt, erhalten wir aus dem Ansatz (1.53) die Beziehung $\lambda\,dx_j = h_j, 1 \leq j \leq n$, und somit nach Kürzung durch λ den Ausdruck

$$\boxed{df = \langle \mathrm{grad}\,f(\mathbf{x}_0), d\mathbf{x} \rangle \text{ mit } d\mathbf{x} := (dx_1, dx_2, \ldots, dx_n)^T \in \mathbb{R}^n.} \tag{1.54}$$

> **Definition 1.116** *Der durch die Relation (1.54) definierte Ausdruck df heißt zum* **Zuwachs** *$dx \in \mathbb{R}^n$ gehörendes* **vollständiges** *oder* **totales Differential** *der Funktion f im Punkte $\mathbf{x}_0$. Es ist ein Maß für die Änderung des Funktionswertes der affinen Funktion T beim Übergang von einem Punkt $\mathbf{x} \in \mathbb{R}^n$ zum nahegelegenen Punkt $\mathbf{x} + d\mathbf{x}$.*

Mit dieser Erklärung kann eine Angabe darüber gemacht werden, wie sich T in einer Umgebung des Punktes $\mathbf{x}_0 \in D_f$ verhält, wenn wir von $\mathbf{x}_0$ nach $\mathbf{x}_0 + d\mathbf{x}$ schreiten. Verwenden wir andererseits die Beziehung (1.43) der Ableitung von f in $\mathbf{x}_0$, so resultiert

$$\Delta f := f(\mathbf{x}_0 + d\mathbf{x}) - f(\mathbf{x}_0) = \langle \operatorname{grad} f(\mathbf{x}_0), d\mathbf{x} \rangle + O(\|d\mathbf{x}\|) \quad \text{für} \quad d\mathbf{x} \to \mathbf{0}$$

und somit die Beziehung

$$\boxed{\Delta f = df + O(\|d\mathbf{x}\|) \quad \text{für} \quad d\mathbf{x} \to \mathbf{0}.}$$

Das totale Differential df ist eine **lineare Näherung** für die Änderung des Funktionswertes der Funktion f in einer Umgebung des Punktes $\mathbf{x}_0 \in D_f$. Deshalb wird die **Näherung** $\Delta f \approx df$ wie folgt für **Fehlerrechnungen** verwendet:

$$\boxed{\Delta f \approx \langle \operatorname{grad} f(\mathbf{x}_0), \Delta \mathbf{x} \rangle = \sum_{j=1}^{n} \frac{\partial f}{\partial x_j}(\mathbf{x}_0) \cdot \Delta x_j.} \tag{1.55}$$

Ist also eine abgeleitete Größe $f = f(x_1, x_2, \ldots, x_n)$ gegeben, deren Daten $x_1, x_2, \ldots, x_n$ mit möglichen Messfehlern Δx_j behaftet sind, so ist eine Schranke des Messfehlers an f gemäß (1.55) durch

$$|\Delta f| \leq \sum_{j=1}^{n} \left| \frac{\partial f}{\partial x_j}(\mathbf{x}_0) \right| |\Delta x_j|$$

bis auf einen Fehler von $O(\|d\mathbf{x}\|)$ (siehe Definition 1.41) bestimmt.

Die Größen $|\Delta f|$ und $\left| \frac{\Delta f}{f} \right|$ heißen **absoluter** bzw. **relativer Fehler** von f. Die Ausdrücke

$$\sum_{j=1}^{n} \left| \frac{\partial f}{\partial x_j}(\mathbf{x}_0) \right| |\Delta x_j| \quad \text{und} \quad \sum_{j=1}^{n} \left| \frac{\partial f}{\partial x_j}(\mathbf{x}_0) \right| \left| \frac{\Delta x_j}{f} \right|$$

heißen **Schranken** für den **maximalen absoluten** bzw. den **maximalen relativen Fehler**.

Häufig treten Funktionen in der speziellen Form

$$f(\mathbf{x}) := a\, x_1^{\alpha_1} x_2^{\alpha_2} \cdots x_n^{\alpha_n}$$

auf. Diese haben die folgende Schranke für den maximalen relativen Fehler:

$$\left| \frac{\Delta f}{f} \right| \le \sum_{j=1}^{n} |\alpha_j| \left| \frac{\Delta x_j}{x_j} \right|. \tag{1.56}$$

Beispiel 1.117 *Der Wert der idealen Gaskonstanten R ist aus der Zustandsgleichung (siehe Beispiel 1.72) eines idealen Gases der Masse 1 durch Messung von* Druck p, Volumen V *und* Temperatur T *zu berechnen. Gemessen werden die Werte p_0, V_0, T_0, die infolge von Messungenauigkeiten mit Fehlern Δp, ΔV, ΔT behaftet sind, also*

$$p = p_0 \pm \Delta p, \quad V = V_0 \pm \Delta V, \quad T = T_0 \pm \Delta T.$$

Wie lauten die Schranken für den maximalen absoluten bzw. den maximalen relativen Fehler von R?

Aus der Zustandsgleichung eines idealen Gases erhalten wir

$$R = f(p, V, T) = \frac{pV}{T}$$

und somit nach (1.55) die Beziehungen

$$\Delta R \approx \frac{V_0}{T_0}\,\Delta p + \frac{p_0}{T_0}\,\Delta V - \frac{p_0 V_0}{T_0^2}\,\Delta T,$$

$$|\Delta R| \le \left| \frac{V_0 \Delta p}{T_0} \right| + \left| \frac{p_0 \Delta V}{T_0} \right| + \left| \frac{p_0 V_0 \Delta T}{T_0^2} \right|.$$

Eine Schranke für den maximalen relativen Fehler erhalten wir mit der Spezifikation $x_1 := p$, $x_2 := V$, $x_3 := T$, $\alpha_1 := 1$, $\alpha_2 := 1$, $\alpha_3 := -1$ aus obiger Formel 1.56 durch

$$\left| \frac{\Delta R}{R} \right| \le \left| \frac{\Delta p}{p_0} \right| + \left| \frac{\Delta V}{V_0} \right| + \left| \frac{\Delta T}{T_0} \right|.$$

Beispiel 1.118 *Die Hintereinanderschaltung zweier Kondensatoren mit den Kapazitäten C_1, C_2 hat die Gesamtkapazität*

$$C = \left(\frac{1}{C_1} + \frac{1}{C_2} \right)^{-1} = \frac{C_1 C_2}{C_1 + C_2}.$$

Es seien die Werte $C_1 := (200 \pm 1)\,\mu F$ und $C_2 := (300 \pm 1, 5)\,\mu F$ vorgegeben. Wie lauten die Schranken für die beiden maximalen Fehler von C?

Mit den Werten $C_1^o = 200\,\mu F$, $C_2^o = 300\,\mu F$, $|\Delta C_1| = 1\,\mu F$, $|\Delta C_2| = 1,5\,\mu F$ erhalten wir mit (1.55) für den absoluten Fehler

$$\Delta C \approx \frac{(C_2^o)^2}{(C_1^o + C_2^o)^2}\,\Delta C_1 + \frac{(C_1^o)^2}{(C_1^o + C_2^o)^2}\,\Delta C_2,$$

$$|\Delta C| \le \left[\left(\frac{3}{5}\right)^2 \cdot 1 + \left(\frac{2}{5}\right)^2 \cdot 1, 5 \right]\,\mu F = 0, 6\,\mu F.$$

Analog ergibt sich für den relativen Fehler

$$\frac{\Delta C}{C} \approx \frac{C_2^o}{C_1^o\,(C_1^o + C_2^o)}\,\Delta C_1 + \frac{C_1^o}{C_2^o\,(C_1^o + C_2^o)}\,\Delta C_2,$$

$$\left|\frac{\Delta C}{C}\right| \le \left(\frac{3}{2 \cdot 500} + \frac{2 \cdot 1, 5}{3 \cdot 500} \right) = \frac{5}{1000} = 0, 5\,\%.$$

Schließlich resultiert aus

$$C^o = \frac{C_1^o C_2^o}{C_1^o + C_2^o} = \frac{200 \cdot 300}{500}\,\mu F = 120\,\mu F$$

als Ergebnis der Rechnung die Gesamtkapazität $C = (120 \pm 0, 6)\,\mu F$.

Aufgaben

Aufgabe 1.51. Bestimmen Sie das totale Differential von

a) $f(x, y) := x^2 y + x^2 y^2 + x y^2$,

b) $f(x, y) := x \sin y - y \sin x$.

Aufgabe 1.52. Die beiden Katheden x und y eines rechtwinkligen Dreiecks haben die Längen $x = 6\,cm$ und $y = 8\,cm$. Wie verändert sich die Länge der Hypotenuse z, wenn x um $1/4\,cm$ verlängert und y um $1/8\,cm$ verkürzt wird?

Aufgabe 1.53. Gegeben ist das Rechteck $f(x, y) := xy$. Wie lautet das vollständige Differential df von f im Punkte $(x_0, y_0) \in \mathbb{R}^2$? Gemessen werden die Werte x_0 und y_0, welche mit den Messfehlern Δx_0 und Δy_0 behaftet sind. Berechnen Sie die lineare Näherung Δf von df. Wie lauten die Schranken für den maximalen absoluten und maximalen relativen Fehler?

Aufgabe 1.54. Gegeben ist der Quader $f(x, y, z) := xyz$. Wie lautet das vollständige Differential df von f im Punkt $(x_0, y_0, z_0) \in \mathbb{R}^3$? Gemessen werden die Werte x_0, y_0 und z_0, welche mit den Messfehlern Δx_0, Δy_0 und Δz behaftet sind. Berechnen Sie die lineare Näherung Δf von df. Wie lauten die Schranken für den maximalen absoluten und maximalen relativen Fehler?

1.8 Mittelwertsatz und Taylorsche Formel

Der Taylorsche Satz für Funktionen einer reellen Veränderlichen $f \in \mathrm{Abb}\,(\mathbb{R}, \mathbb{R})$ besagt, dass sich die Funktion f und das Polynom

$$T_m(x) := \sum_{k=0}^{m} \frac{1}{k!}\, f^{(k)}(x_0) \cdot (x - x_0)^k, \quad x \in \mathbb{R}, \tag{1.57}$$

in einem inneren Punkt $x_0 \in D_f$ von der Ordnung $m \in \mathbb{N}$ berühren, sofern f in x_0 stetige Ableitungen bis zur Ordnung $m + 1$ besitzt. Das heißt, es gilt in einer Umgebung des Punktes x_0 die Gleichung

$$f(x) = T_m(x) + R_m(x; x_0),$$

worin R_m das Lagrangesche Restglied der Form

$$R_m(x; x_0) := \frac{f^{(m+1)}(\xi)}{(m+1)!}\,(x - x_0)^{m+1}$$

mit der Zwischenstelle $\xi := x_0 + \vartheta(x - x_0)$, $\vartheta \in (0, 1)$ bezeichnet. Der Sonderfall $m = 0$ führt auf den **Mittelwertsatz**

$$f(x) - f(x_0) = f'(\xi) \cdot (x - x_0) \tag{1.58}$$

mit $\xi := x_0 + \vartheta(x - x_0)$, $\vartheta \in (0, 1)$.

Nachfolgend zeigen wir Ihnen, in welcher Weise diese Aussagen auf Funktionen $f \in \mathrm{Abb}\,(\mathbb{R}^n, \mathbb{R})$ übertragbar sind. Wir beginnen mit einem Mittelwertsatz (**MWS**) für Funktionen mehrerer Veränderlicher.

Satz 1.119 (Mehrdimensionaler MWS) *Gegeben seien ein Gebiet $\Omega \subset \mathbb{R}^n$ und eine Funktion $f \in C^1(\Omega)$ sowie zwei Punkte $\mathbf{x}, \mathbf{x}_0 \in \Omega$ mit der Eigenschaft, dass die* **Verbindungsstrecke** $\mathbf{y}(\vartheta) := \mathbf{x}_0 + \vartheta(\mathbf{x} - \mathbf{x}_0)$, *$\vartheta \in [0, 1]$, ganz in Ω liegt.*

Dann gilt für einen Zwischenwert $\boldsymbol{\xi} := \mathbf{x}_0 + \vartheta(\mathbf{x} - \mathbf{x}_0)$, *$\vartheta \in (0, 1)$, die Gleichung*

$$f(\mathbf{x}) - f(\mathbf{x}_0) = \langle \operatorname{grad} f(\boldsymbol{\xi}), \mathbf{x} - \mathbf{x}_0 \rangle. \qquad (1.59)$$

Beweis. Wir betrachten die durch $g(t) := f\big(\mathbf{x}_0 + t(\mathbf{x} - \mathbf{x}_0)\big)$ definierte Funktion $g \in C^1\big([0,1]\big)$. Wegen (1.58) gilt nun für ein $\vartheta \in (0,1)$

$$g(1) - g(0) = g'(\vartheta),$$

und daraus folgt unter Verwendung der Regel 1.106 (d) die behauptete Gleichung (1.59).   qed

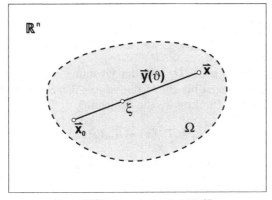

**Zum Mittelwertsatz 1.119 für
Funktionen mehrerer Veränderlicher**

Wie bei Funktionen einer reellen Veränderlichen $f \in \operatorname{Abb}(\mathbb{R}, \mathbb{R})$ können aus dem Mittelwertsatz Kriterien für die Konstanz von Funktionen $f \in \operatorname{Abb}(\mathbb{R}^n, \mathbb{R})$ hergeleitet werden.

Satz 1.120 *Gegeben seien ein Gebiet $\Omega \subset \mathbb{R}^n$ und eine Funktion $f \in C^1(\Omega)$. Dann gilt*

$$\operatorname{grad} f(\mathbf{x}) = \mathbf{0} \ \forall \mathbf{x} \in \Omega \iff f = const \ in \ \Omega.$$

Beweis. Da die Implikation „$\impliedby$“ trivial ist, beweisen wir nur die Richtung „$\implies$“. Gelte also $\operatorname{grad} f(\mathbf{x}) = \mathbf{0} \ \forall \mathbf{x} \in \Omega$. Je zwei Punkte $\mathbf{x}_0, \mathbf{x} \in \Omega$ können in Ω wegen der Gebietseigenschaft durch einen Polygonzug mit Eckpunkten $\mathbf{x}_0, \mathbf{x}_1, \ldots, \mathbf{x}_k = \mathbf{x}$ stetig verbunden werden. Es gilt wegen (1.59) auf jeder Kante des Polygonzugs, dass

$$f(\mathbf{x}_j) - f(\mathbf{x}_{j-1}) = \langle \operatorname{grad} f(\boldsymbol{\xi_j}), \mathbf{x}_j - \mathbf{x}_{j-1} \rangle = 0, \ 1 \le j \le k.$$

Also folgt $f(\mathbf{x}) = f(\mathbf{x}_0) = \text{const}$ für alle Punkte $\mathbf{x} \in \Omega$.

qed

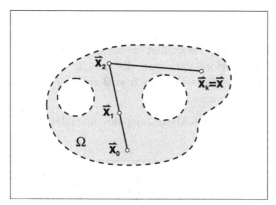

Skizze zum Beweis von Satz 1.120

Beispiel 1.121 *Auf dem* positiven Quadranten

$$\Omega := \{(x,y) \in \mathbb{R}^2 \ : \ x > 0, \, y > 0\} \subset \mathbb{R}^2$$

betrachten wir die Funktion

$$f(x,y) := \arctan \frac{y}{x} + \arctan \frac{x}{y}, \ (x,y) \in \Omega.$$

Die partiellen Ableitungen auf der Menge Ω *lauten*

$$f_x(x,y) = \frac{1}{1+(y/x)^2}\left(-\frac{y}{x^2}\right) + \frac{1}{1+(x/y)^2}\frac{1}{y} = 0,$$

$$f_y(x,y) = \frac{1}{1+(y/x)^2}\frac{1}{x} + \frac{1}{1+(x/y)^2}\left(-\frac{x}{y^2}\right) = 0$$

und somit $\operatorname{grad} f(x,y) = \mathbf{0}$ *für alle* $(x,y) \in \Omega$. *Aus dem letzten Satz folgern wir deshalb*

$$f(x,y) = \text{const} = f(1,1) = 2 \arctan 1 = \frac{\pi}{2}.$$

Wird in (1.59) $\mathbf{x} := \mathbf{x}_0 + \mathbf{h}$ gesetzt, so ergibt sich im Fall $n = 2$ als einfachste Verallgemeinerung der Taylor-Formel für ein geeignetes $\vartheta \in (0,1)$ und für $\mathbf{h} := (h,k)^T$ der Ausdruck

$$f(x_0 + h, y_0 + k) = f(x_0, y_0)$$
$$+ f_x(x_0 + \vartheta h, y_0 + \vartheta k) \cdot h + f_y(x_0 + \vartheta h, y_0 + \vartheta k) \cdot k.$$

Es lässt sich hier bereits erahnen, dass der schreibtechnische Aufwand sehr groß wird, wenn weitere Variablen und höhere Ableitungen hinzukommen. Wir gewinnen mehr Ökonomie in der Bezeichnungsweise, wenn **Multiindizes** (vgl. Definition 1.81) verwendet werden. Im weiteren Verlauf unserer Überlegungen wird es erforderlich sein, die k-fache Ableitung einer Funktion $f \in C^k(\Omega)$ in Richtung eines Vektors $\mathbf{h} \neq \mathbf{0}$ zu bilden, worin $\mathbf{h} \in \mathbb{R}^n$ nicht notwendig ein Einheitsvektor ist.

Wir bedienen uns dabei zur Abkürzung des formalen Differentialoperators $\langle \mathbf{h}, \nabla \rangle$, definiert als

$$\langle \mathbf{h}, \nabla \rangle f(\mathbf{x}) := \langle \mathbf{h}, \operatorname{grad} f(\mathbf{x}) \rangle = \sum_{j=1}^{n} h_j D_j f(\mathbf{x}) = \sum_{|\rho|=1} \mathbf{h}^\rho D^\rho f(\mathbf{x}),$$

für den wir das folgende Hilfsresultat herleiten:

Satz 1.122 *Gegeben seien ein Gebiet $\Omega \subset \mathbb{R}^n$ und eine Funktion $f \in C^m(\Omega)$. Dann gilt für jede Zahl $k \in \mathbb{N}_0$ mit $0 \leq k \leq m$:*

$$\langle \mathbf{h}, \nabla \rangle^k f(\mathbf{x}) = \sum_{|\rho|=k} \binom{k}{\rho} \mathbf{h}^\rho D^\rho f(\mathbf{x}), \quad \mathbf{x} \in \Omega. \tag{1.60}$$

*Hierin ist im Fall $|\rho| = k$ der **Polynomialkoeffizient** $\binom{k}{\rho}$ gemäß folgender Vorschrift zu bilden:*

$$\binom{k}{\rho} := \frac{k!}{\rho_1! \rho_2! \cdots \rho_n!}, \quad |\rho| = k, \quad \rho = (\rho_1, \rho_2, \ldots, \rho_n) \in \mathbb{N}_0^n.$$

Beweis. Wir beweisen die Formel (1.60) für $k \geq 1$ durch vollständige Induktion nach der Raumdimension n und beginnen mit dem

Induktionsanfang für $n = 2$: Es gilt für jedes feste $k \in \mathbb{N}$ unter Verwendung des binomischen Lehrsatzes, dass

$$\langle \mathbf{h}, \nabla \rangle^k = (h_1 D_1 + h_2 D_2)^k = \sum_{j=0}^{k} \binom{k}{j} h_1^j h_2^{k-j} D_1^j D_2^{k-j}.$$

Mit $\rho_1 := j$ und $\rho_2 := k - j$ gelten nun $|\rho| = k$ und $\binom{k}{j} = \frac{k!}{\rho_1! \rho_2!} = \binom{k}{\rho}$ sowie

$$\langle \mathbf{h}, \nabla \rangle^k = \sum_{|\rho|=k} \binom{k}{\rho} \mathbf{h}^\rho D^\rho. \tag{1.61}$$

Induktionsschritt: Es gelte (1.60) für alle Raumdimensionen $\leq n-1$. Wir vollziehen den Induktionsschluss auf die Raumdimension n und setzen dazu abkürzend $\rho' := (\rho_1, \rho_2, \ldots, \rho_{n-1})$ sowie $S := h_1 D_1 + \cdots + h_{n-1} D_{n-1}$. Dann folgt aus der Gleichung (1.61)

$$\langle \mathbf{h}, \nabla \rangle^k = (S + h_n D_n)^k = \sum_{j+\rho_n=k} \frac{k!}{j! \rho_n!} S^j h_n^{\rho_n} D_n^{\rho_n},$$

während die Induktionsannahme schon

$$S^j = \sum_{|\rho'|=j} \binom{j}{\rho'} \mathbf{h}'^{\rho'} D'^{\rho'}, \quad \mathbf{h}' := (h_1, h_2, \ldots, h_{n-1})$$

und

$$D'^{\rho'} := D_1^{\rho_1} D_2^{\rho_2} \cdots D_{n-1}^{\rho_{n-1}}$$

liefert. Setzt man dies ein, so resultiert die behauptete Relation (1.60):

$$\langle \mathbf{h}, \nabla \rangle^k = \sum_{j+\rho_n=k} \sum_{|\rho'|=j} \frac{k!}{j! \rho_n!} \frac{j!}{\rho_1! \rho_2! \cdots \rho_{n-1}!} \mathbf{h}'^{\rho'} h_n^{\rho_n} D'^{\rho'} D_n^{\rho_n}$$

$$= \sum_{|\rho|=k} \binom{k}{\rho} \mathbf{h}^\rho D^\rho.$$

qed

Nach diesen Vorbetrachtungen sind wir jetzt in der Lage, die Taylorsche Formel für Funktionen mehrerer Variablen anzugeben.

Satz 1.123 (von der Taylorschen Formel) *Gegeben seien ein Gebiet $\Omega \subset \mathbb{R}^n$ und eine Funktion $f \in C^{m+1}(\Omega)$ sowie zwei Punkte $\mathbf{x}, \mathbf{x}_0 \in \Omega$ mit der Eigenschaft, dass die* **Verbindungsstrecke** $\mathbf{y}(\vartheta) := \mathbf{x}_0 + \vartheta(\mathbf{x} - \mathbf{x}_0)$, $\vartheta \in [0, 1]$, *ganz in Ω liegt.*

Dann gilt mit $\mathbf{h} := \mathbf{x} - \mathbf{x}_0$ die **Taylor-Formel**

$$f(\mathbf{x}) = f(\mathbf{x}_0) + \sum_{k=1}^{m} \frac{1}{k!} \langle \mathbf{h}, \nabla \rangle^k f(\mathbf{x}_0) + R_m(\mathbf{x}; \mathbf{x}_0),$$

worin $R_m(\mathbf{x}; \mathbf{x}_0)$ das **Lagrangesche Restglied**

$$R_m(\mathbf{x};\mathbf{x}_0) := \frac{1}{(m+1)!}\left\langle\mathbf{h},\nabla\right\rangle^{m+1}f(\mathbf{x}_0+\vartheta\mathbf{h}),\ \ \vartheta\in(0,1), \qquad (1.62)$$

bezeichnet.

Beweis. Wir betrachten für $t\in[0,1]$ die Funktion $\varphi(t):=f(\mathbf{x}_0+t\mathbf{h})$. Dann ist auf $\varphi(t)$ der eindimensionale Taylorsche Satz anwendbar. Mit den Spezifikationen $t:=1$ und $t_0:=0$ gilt also

$$\varphi(1)=\varphi(0)+\sum_{k=1}^{m}\frac{\varphi^{(k)}(0)}{k!}1^k+\frac{\varphi^{(m+1)}(\vartheta)}{(m+1)!},\ \ \vartheta\in(0,1).$$

Unter Verwendung der Regel 1.106 (d) ergeben sich die Darstellungen

$$\frac{d}{dt}\varphi(t)=\left\langle\operatorname{grad}f(\mathbf{x}_0+t\mathbf{h}),\mathbf{h}\right\rangle=\left\langle\mathbf{h},\nabla\right\rangle f(\mathbf{x}_0+t\mathbf{h}),$$

$$\frac{d^2}{dt^2}\varphi(t)=\left\langle\mathbf{h},\nabla\right\rangle\frac{d}{dt}f(\mathbf{x}_0+t\mathbf{h})=\left\langle\mathbf{h},\nabla\right\rangle^2f(\mathbf{x}_0+t\mathbf{h}),$$

$$\vdots$$

$$\frac{d^k}{dt^k}\varphi(t)=\left\langle\mathbf{h},\nabla\right\rangle^k f(\mathbf{x}_0+t\mathbf{h}).$$

Werden darin $t=0$ bzw. $t=\vartheta$ eingesetzt, so gewinnen wir aus der obigen Taylor-Formel die behauptete Form

$$f(\mathbf{x}_0+\mathbf{h})=f(\mathbf{x}_0)+\sum_{k=1}^{m}\frac{1}{k!}\left\langle\mathbf{h},\nabla\right\rangle^k f(\mathbf{x}_0)+\frac{1}{(m+1)!}\left\langle\mathbf{h},\nabla\right\rangle^{m+1}f(\mathbf{x}_0+\vartheta\mathbf{h}).$$

qed

Wir betrachten nun den **Sonderfall von Funktionen** $f=f(x,y)$ **in zwei Veränderlichen.** Das Taylor-Polynom vom Grade $m\in\mathbb{N}$ im Entwicklungspunkt $(x_0,y_0)^T$ hat gemäß Satz 1.123 die Form

$$T_m(x,y)=f(x_0,y_0)+\sum_{j=1}^{m}\frac{1}{j!}\left\langle\mathbf{h},\nabla\right\rangle^j f(x_0,y_0).$$

Dabei ist $\mathbf{h}\in\mathbb{R}^2$ der Vektor $\mathbf{h}:=(h,k)^T$ mit $h:=x-x_0$ und $k:=y-y_0$.

Die Koeffizienten $\left\langle\mathbf{h},\nabla\right\rangle^j f(x_0,y_0)$, $1\le j\le m$, des Taylor-Polynoms gestatten nun die Darstellung

$$\langle \mathbf{h}, \nabla \rangle^j f(x_0, y_0) = \left(h \frac{\partial}{\partial x} + k \frac{\partial}{\partial y} \right)^j f(x_0, y_0)$$

$$= \sum_{r=0}^{j} \binom{j}{r} h^r k^{j-r} D_x^r D_y^{j-r} f(x_0, y_0).$$

Wir schreiben diese für $j = 1, 2, 3$ nachfolgend in expliziten Formeln auf:

$$\langle \mathbf{h}, \nabla \rangle f(x_0, y_0) = h f_x(x_0, y_0) + k f_y(x_0, y_0),$$

$$\langle \mathbf{h}, \nabla \rangle^2 f(x_0, y_0) = h^2 f_{xx}(x_0, y_0) + 2hk f_{xy}(x_0, y_0) + k^2 f_{yy}(x_0, y_0),$$

$$\langle \mathbf{h}, \nabla \rangle^3 f(x_0, y_0) = h^3 f_{xxx}(x_0, y_0) + 3h^2 k f_{xxy}(x_0, y_0)$$

$$+ 3hk^2 f_{xyy}(x_0, y_0) + k^3 f_{yyy}(x_0, y_0).$$

Beispiel 1.124 *Wir bestimmen das Taylor-Polynom 3. Grades der Funktion*

$$f(x, y) := x^3 + xy^2 + y^3$$

im Entwicklungspunkt $(x_0, y_0) := (1, 2)$.

Dazu setzen wir $h := x - 1$ *und* $k := y - 2$ *und erhalten*

$f(x_0, y_0) = 13,$

$f_x(x_0, y_0) = 3x_0^2 + y_0^2 = 7, \quad f_y(x_0, y_0) = 2x_0 y_0 + 3y_0^2 = 16,$

$f_{xx}(x_0, y_0) = 6x_0 = 6, \quad f_{xy}(x_0, y_0) = 2y_0 = 4, \quad f_{yy}(x_0, y_0) = 2x_0 + 6y_0 = 14,$

$f_{xxx}(x_0, y_0) = 6, \quad f_{xxy}(x_0, y_0) = 0, \quad f_{xyy}(x_0, y_0) = 2, \quad f_{yyy}(x_0, y_0) = 6.$

Daraus resultiert aus den obigen Berechnungen

$$\langle \mathbf{h}, \nabla \rangle \, f(x_0, y_0) = h \, f_x(x_0, y_0) + k f_y(x_0, y_0)$$

$$= 7h + 16k,$$

$$\langle \mathbf{h}, \nabla \rangle^2 f(x_0, y_0) = h^2 \, f_{xx}(x_0, y_0) + 2hk f_{xy}(x_0, y_0) + k^2 f_{yy}(x_0, y_0)$$

$$= 6h^2 + 8hk + 14k^2,$$

$$\langle \mathbf{h}, \nabla \rangle^3 f(x_0, y_0) = h^3 \, f_{xxx}(x_0, y_0) + 3h^2 k f_{xxy}(x_0, y_0) + 3hk^2 f_{xyy}(x_0, y_0)$$

$$+ k^3 f_{yyy}(x_0, y_0)$$

$$= 6h^3 + 6hk^2 + 6k^3$$

und somit das gesuchte Taylor-Polynom

$$T_3(x, y) = 13 + \frac{1}{1!} \, (7h + 16k) + \frac{1}{2!} \, (6h^2 + 8hk + 14k^2)$$

$$+ \frac{1}{3!} \, (6h^3 + 6hk^2 + 6k^3)$$

$$= 13 + 7h + 16k + 3h^2 + 4hk + 7k^2 + h^3 + hk^2 + k^3$$

$$= 13 + 7(x - 1) + 16(y - 2) + 3(x - 1)^2 + 4(x - 1)(y - 2)$$

$$+ 7(y - 2)^2 + (x - 1)^3 + (x - 1)(y - 2)^2 + (y - 2)^3.$$

Bemerkung 1.125 *Es gelten eine Reihe von Aussagen.*

1.) *Unter Verwendung der Cauchy-Schwarz-Ungleichung erhält man aus der Darstellung (1.60) die folgende Abschätzung für die Koeffizienten des Taylor-Polynoms:*

$$\left| \langle \mathbf{h}, \nabla \rangle^k f(\mathbf{x}) \right| = \left| \sum_{|\rho|=k} \binom{k}{\rho} \mathbf{h}^\rho D^\rho f(\mathbf{x}) \right|$$

$$\leq \left(\sum_{|\rho|=k} \binom{k}{\rho} \left| D^\rho f(\mathbf{x}) \right|^2 \right)^{1/2} \left(\sum_{|\rho|=k} \binom{k}{\rho} \mathbf{h}^{2\rho} \right)^{1/2}$$

$$= \left(\sum_{|\rho|=k} \binom{k}{\rho} \left| D^\rho f(\mathbf{x}) \right|^2 \right)^{1/2} \|\mathbf{h}\|^k.$$

Dabei haben wir die folgende Identität benutzt: Wird in (1.60) an die Stelle des Vektors $\nabla f(\mathbf{x})$ der Vektor $\mathbf{h}$ gesetzt, so ergibt sich

$$\langle \mathbf{h}, \mathbf{h} \rangle^k = \|\mathbf{h}\|^{2k} = \sum_{|\rho|=k} \binom{k}{\rho} \mathbf{h}^\rho \mathbf{h}^\rho = \sum_{|\rho|=k} \binom{k}{\rho} \mathbf{h}^{2\rho}.$$

Mit der obigen Ungleichung können wir nun das Lagrange-Restglied (1.62) in der folgenden Weise abschätzen:

$$|R_m(\mathbf{x}; \mathbf{x}_0)| \leq \max_{0 \leq \vartheta \leq 1} \left(\sum_{|\rho|=m+1} \binom{m+1}{\rho} |D^\rho f(\mathbf{x}_0 + \vartheta \mathbf{h})|^2 \right)^{1/2} \frac{\|\mathbf{h}\|^{m+1}}{(m+1)!}.$$

Liegt die abgeschlossene und beschränkte (d. h. kompakte) Vollkugel $\overline{B}_R(\mathbf{x}_0)$ ganz im Gebiet $\Omega \subset \mathbb{R}^n$, so existiert die Konstante

$$C_m := \frac{1}{(m+1)!} \max_{\mathbf{x} \in \overline{B}_R(\mathbf{x}_0)} \left(\sum_{|\rho|=m+1} \binom{m+1}{\rho} |D^\rho f(\mathbf{x})|^2 \right)^{1/2} < \infty,$$

da $f \in C^{m+1}(\Omega)$ und stetige Funktionen auf kompakten Mengen beschränkt sind, also Minimum und Maximum annehmen.

Läge $\overline{B}_R(\mathbf{x}_0)$ nicht ganz in der offenen Menge $\Omega \subset \mathbb{R}^n$, dann wäre der Schnitt $\overline{B}_R(\mathbf{x}_0) \cap \Omega$ nicht mehr abgeschlossen und es könnte nicht mehr die Beschränktheit der stetigen $(m+1)$-ten Ableitung von f gefolgert werden.

Die Restgliedabschätzung lässt sich nun schreiben als

$$|R_m(\mathbf{x}; \mathbf{x}_0)| \leq C_m \|\mathbf{h}\|^{m+1} \quad \text{für alle } \|\mathbf{h}\| \leq R.$$

Das heißt, das Taylor-Polynom vom Grade m

$$T_m(\mathbf{x}) = f(\mathbf{x}_0) + \sum_{k=1}^{m} \frac{1}{k!} \langle \mathbf{h}, \nabla \rangle^k f(\mathbf{x}_0), \quad \mathbf{h} := \mathbf{x} - \mathbf{x}_0,$$

approximiert *in einer Umgebung des Entwicklungspunktes $\mathbf{x}_0$ den Funktionswert $f(\mathbf{x})$ von der Ordnung $\|\mathbf{h}\|^m$, d. h.*

$$|f(\mathbf{x}) - T_m(\mathbf{x})| \in O(\|\mathbf{h}\|^m) \quad \text{für } \|\mathbf{h}\| \to 0.$$

2.) Hat die Funktion f die Regularität $f \in C^\infty(\Omega)$ und gilt

$$\lim_{m \to \infty} R_m(\mathbf{x}; \mathbf{x}_0) = 0$$

in einer Umgebung des Entwicklungspunktes $\mathbf{x}_0 \in \Omega$, *so besitzt* f *im Punkte* $\mathbf{x}_0$ *die Taylor-Reihe*

$$f(\mathbf{x}) = f(\mathbf{x}_0) + \sum_{k=1}^{\infty} \frac{1}{k!} \left\langle \mathbf{h}, \nabla \right\rangle^k f(\mathbf{x}_0). \tag{1.63}$$

Beispiel 1.126 *Für reelle Zahlen* $\alpha \neq 0 \neq \beta$ *betrachten wir die Funktion* $f(x,y) := \cos(\alpha x) \cdot \sin(\beta y)$. *Gesucht ist ihre Taylor-Reihe im Entwicklungspunkt* $(x_0, y_0)^T := (0,0)^T$.

Natürlich wenden wir hier **nicht** *die Taylorsche Formel an (das überlassen wir Ihnen zur Übung), sondern wir bilden das Cauchy-Produkt zwischen der Cosinus- und der Sinus-Reihe mit dem Resultat*

$$f(x,y) = \left(\sum_{k=0}^{\infty} \frac{(-1)^k (\alpha x)^{2k}}{(2k)!} \right) \left(\sum_{k=0}^{\infty} \frac{(-1)^k (\beta y)^{2k+1}}{(2k+1)!} \right)$$

$$= \sum_{k=0}^{\infty} (-1)^k \sum_{j=0}^{k} \frac{(\alpha x)^{2j}}{(2j)!} \frac{(\beta y)^{2(k-j)+1}}{\big(2(k-j)+1\big)!}.$$

Aufgaben

Aufgabe 1.55. Berechnen Sie das Taylor-Polynom T_2 2. Grades von $f(x,y) = \sin(x+2y)$ im Punkt $\mathbf{x}_0 = (x_0, y_0)$.

Aufgabe 1.56. Berechnen Sie das Taylor-Polynom T_3 3. Grades für die Funktion

$$f(x,y) = \cos x \sin y \, e^{x-y}$$

im Entwicklungspunkt $\mathbf{x}_0 = (0,0)$

a) unter Verwendung des Taylorschen Satzes,

b) mithilfe der bekannten Taylor-Reihen der elementaren Funktionen sin, cos, exp in einer Dimension.

Aufgabe 1.57. Entwickeln Sie die Funktion $f(x,y) = \sin(2x+3y)$ in ein Taylor-Polynom 4. Grades um den Punkt $\mathbf{x}_0 = (0,0)$.

a) Verwenden Sie die Taylor-Formel für zwei Variablen.

b) Verwenden Sie das Additionstheorem $\sin(\alpha + \beta) = \sin(\alpha)\cos(\beta) + \cos(\alpha)\sin(\beta)$.

c) Geben Sie eine Fehlerabschätzung an für $|x| \leq 0,1$ und $|y| \leq 0,1$.

Aufgabe 1.58. Gegeben sei $f(x,y) = e^x \sin y$.

a) Entwickeln Sie das Taylor-Polynom 4. Grades um den Punkt $\mathbf{x}_0 = (0,0)$.

b) Multiplizieren Sie die Potenzreihen von e^x und $\sin y$.

c) Berechnen Sie eine Näherung von $f(x,y)$ für $|x| \leq 0,1$, $|y| \leq 0,1$ und geben Sie eine Fehlerschranke an.

1.9 Extremwertaufgaben für Funktionen in mehreren Veränderlichen

Wie bei Funktionen einer Veränderlichen werden wir auch im Fall von Funktionen mehrerer Veränderlicher $f \in \text{Abb}(\mathbb{R}^n, \mathbb{R})$ Kriterien für Extremwerte unter Zuhilfenahme der Taylor-Formel gewinnen.

Beispiel 1.127 *Das **Ellipsoid** in $\mathbb{R}^3$ ist* implizit *durch die Gleichung*

$$g(x,y,z) := \left(\frac{x}{a}\right)^2 + \left(\frac{y}{b}\right)^2 + \left(\frac{z}{c}\right)^2 - 1 = 0, \quad a > 0,\ b > 0,\ c > 0,$$

definiert. Diese Gleichung lässt sich über dem Definitionsbereich

$$D_f := \left\{ (x,y) \in \mathbb{R}^2 : \left(\frac{x}{a}\right)^2 + \left(\frac{y}{b}\right)^2 \leq 1 \right\}$$

*explizit nach z auflösen. Wir erhalten für das obere und das untere Halbellipsoid jeweils eine **lokale** Darstellung*

$$z = f^{\pm}(x,y) := \pm C \sqrt{1 - \left(\left(\frac{x}{a}\right)^2 + \left(\frac{y}{b}\right)^2\right)}, \quad (x,y) \in D_f.$$

Die Scheitelpunkte $(0,0,\pm C)$ sind Extremalpunkte von $f^{\pm}$:

$$z = f^+(x,y) \leq f^+(0,0) = C \ \forall\, (x,y) \in D_f \implies (0,0) \text{ ist Maximum,}$$

$$z = f^-(x,y) \geq f^-(0,0) = -C \ \forall\, (x,y) \in D_f \implies (0,0) \text{ ist Minimum.}$$

In den Extremalpunkten liegen die Tangentialebenen an die Flächen $z = f^{\pm}(x,y)$ parallel zur (x,y)-Ebene, was aus der Anschauung folgt. Der Normalenvektor $\mathbf{n}$ der Tangentialebenen fällt also in Richtung des Standardbasisvektors $\mathbf{e}_z$:

$$\mathbf{n} = \begin{pmatrix} f_x^\pm(0,0) \\ f_y^\pm(0,0) \\ -1 \end{pmatrix} = -\mathbf{e}_z = \begin{pmatrix} 0 \\ 0 \\ -1 \end{pmatrix}.$$

Wir haben somit in den Extremalpunkten der Funktionen $f^\pm$ die Bedingung grad $f^\pm(0,0) = \mathbf{0}$ *vorliegen. Dass dies kein Zufall ist, werden wir im Folgenden aufzeigen.*

Definition 1.128 *Gegeben seien eine Funktion $f \in \text{Abb}(\mathbb{R}^n, \mathbb{R})$ und ein Punkt $\mathbf{x}_0 \in D_f$. Gibt es zu $\mathbf{x}_0$ eine offene ε-Kugel $B_\varepsilon(\mathbf{x}_0)$ derart, dass die Bedingung*

$$f(\mathbf{x}) - f(\mathbf{x}_0) \leq 0 \ \ (\text{bzw.} \geq 0) \ \ \forall \, \mathbf{x} \in B_\varepsilon(\mathbf{x}_0) \cap D_f$$

*erfüllt ist, so besitzt f im Punkte $\mathbf{x}_0$ ein **relatives Maximum** (bzw. ein **relatives Minimum**). Beide Begriffe werden zum Begriff des **relativen Extremums** zusammengefasst.*

Die Erkenntnis über das Verschwinden des Gradienten grad $f(\mathbf{x}_0)$ in Extremalpunkten $\mathbf{x}_0 \in D_f$ wird durch folgenden Satz bestätigt:

Satz 1.129 *Gegeben seien eine Funktion $f \in \text{Abb}(\mathbb{R}^n, \mathbb{R})$ und ein innerer Punkt $\mathbf{x}_0 \in D_f$. Ist f in $\mathbf{x}_0$ differenzierbar und besitzt die Funktion f dort ein relatives Extremum, so gilt notwendigerweise* grad $f(\mathbf{x}_0) = \mathbf{0}$.

Beweis. In $\mathbf{x}_0$ existiert die Richtungsableitung $\frac{\partial f}{\partial \mathbf{h}}(\mathbf{x}_0) = \langle \text{grad}\, f(\mathbf{x}_0), \mathbf{h} \rangle$ für alle Richtungen $\mathbf{h} \in \mathbb{R}^n$, $\|\mathbf{h}\| = 1$. Liegt die ε-Kugel $B_\varepsilon(\mathbf{x}_0)$ noch ganz in D_f, so setzen wir $\mathbf{x} := \mathbf{x}_0 + t\mathbf{h}$ mit $|t| < \varepsilon$. Dann folgt aus der Definition der Ableitung

$$f(\mathbf{x}) - f(\mathbf{x}_0) = t\langle \text{grad}\, f(\mathbf{x}_0), \mathbf{h} \rangle + O(|t|) \ \text{ für } \ t \to 0.$$

Wäre grad $f(\mathbf{x}_0) \neq \mathbf{0}$, so könnten wir $\mathbf{h} := \text{grad}\, f(\mathbf{x}_0)/\|\text{grad}\, f(\mathbf{x}_0)\|$ wählen und erhielten

$$f(\mathbf{x}) - f(\mathbf{x}_0) = t\|\text{grad}\, f(\mathbf{x}_0)\| + O(|t|).$$

Die rechte Seite hat aber je nach Wahl von $t>0$ oder $t<0$ positive oder negative Werte (falls $|t|$ klein genug ist), was der Definition eines relativen Extremums bei $\mathbf{x}_0$ widerspricht.   qed

Beispiel 1.130 *Es sei* $f \in \text{Abb}(\mathbb{R}^2, \mathbb{R})$ *die durch* $f(x,y) := xy$ *definierte Funktion. Die Fläche* $z = f(x,y)$ *ist ein sog.* Affensattel. *Ganz offensichtlich gilt*

$$\text{grad}\, f(\mathbf{x}_0) = (y_0, x_0)^T \stackrel{!}{=} \mathbf{0} \iff (x_0, y_0)^T = (0,0)^T.$$

Das heißt, ein relatives Extremum von f *kann höchstens bei* $\mathbf{x}_0 = \mathbf{0}$ *liegen. Tatsächlich liefert aber eine Skizze der Fläche die Einsicht, dass im Punkt* **0** **kein** *Extremum liegt, sondern ein* **Sattelpunkt**. *Die Bedingung* $\text{grad}\, f(\mathbf{x}_0) = \mathbf{0}$ *ist in der Tat nur* **notwendig**, *nicht aber hinreichend für die Existenz relativer Extrema!*

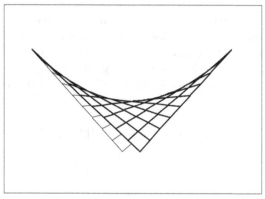

Fläche der Funktion $f(x,y) := xy$

Definition 1.131 *Jeder Punkt* $\mathbf{x}_0 \in D_f$ *einer Funktion* $f \in \text{Abb}(\mathbb{R}^n, \mathbb{R})$ *mit* $\text{grad}\, f(\mathbf{x}_0) = \mathbf{0}$ *heißt* **kritischer Punkt** *von* f. *Jeder kritische Punkt von* f, *der nicht gleichzeitig ein relatives Extremum ist, heißt* **Sattelpunkt** *von* f.

Beispiel 1.132 *Es sei* $f \in \text{Abb}(\mathbb{R}^2, \mathbb{R})$ *die durch*

$$f(x,y) := -x^4 + x^2 y^2 + y^3 + y^2$$

definierte Funktion. Wir berechnen ihre kritischen Punkte:

$$\text{grad}\, f(x,y) = \begin{pmatrix} -4x^3 + 2xy^2 \\ 2x^2 y + 3y^2 + 2y \end{pmatrix} = \begin{pmatrix} 2x(y^2 - 2x^2) \\ 2y(x^2 + 1 + 1.5y) \end{pmatrix} \stackrel{!}{=} \mathbf{0}.$$

Aus der ersten Gleichung resultiert als Lösung $x_0 = 0$ *und/oder* $y_0^2 = 2x_0^2$. *Setzen wir diese Werte in die zweite Gleichung ein, so sind die folgenden Fallunterscheidungen zu treffen:*

i) Für $x_0 = 0$ ergeben sich die zwei kritischen Punkte

$$\mathbf{x}_1 = \left(0, 0\right), \quad \mathbf{x}_2 = \left(0, -\frac{2}{3}\right).$$

ii) Für $x_0 \neq 0$ und $y_0 = \pm\sqrt{2}\, x_0$ ergeben sich die vier weiteren kritischen Punkte

$$\mathbf{x}_3 = \left(\frac{1}{\sqrt{2}}, -1\right), \ \mathbf{x}_4 = \left(-\frac{1}{\sqrt{2}}, -1\right), \ \mathbf{x}_5 = \left(\sqrt{2}, -2\right), \ \mathbf{x}_6 = \left(-\sqrt{2}, -2\right).$$

Um herauszufinden, welche der kritischen Punkte relative Extrema bzw. Sattelpunkte sind, untersuchen wir wie bei Funktionen einer Veränderlichen die zweiten Ableitungen. Dazu nehmen wir an, f sei in einem kritischen Punkt hinreichend oft differenzierbar. Gelte nun $\operatorname{grad} f(\mathbf{x}_0) = \mathbf{0}$ in einem inneren Punkt $\mathbf{x}_0 \in D_f$. Aus dem Satz 1.123 von der Taylorschen Formel erhalten wir

$$f(\mathbf{x}_0 + \mathbf{h}) - f(\mathbf{x}_0) = \frac{1}{2!} \left\langle \mathbf{h}, \nabla \right\rangle^2 f(\mathbf{x}_0) + O(\|\mathbf{h}\|^2) \text{ für } \|\mathbf{h}\| \to 0. \tag{1.64}$$

Es gilt hier

$$\left\langle \mathbf{h}, \nabla \right\rangle^2 f(\mathbf{x}_0) = \sum_{j=1}^{n} \sum_{k=1}^{n} h_j h_k D_j D_k f(\mathbf{x}_0) =: \left\langle H(\mathbf{x}_0)\mathbf{h}, \mathbf{h} \right\rangle,$$

worin die Matrix $H(\mathbf{x}_0) \in \mathbb{R}^{(n,n)}$ wie folgt definiert ist:

$$H = H(\mathbf{x}_0) = \left(H_{jk}(\mathbf{x}_0)\right) := \left(\frac{\partial^2 f}{\partial x_j \partial x_k}(\mathbf{x}_0)\right), \quad j, k = 1, \cdots, n.$$

Für Funktionen $f \in C^2(\Omega)$ gilt in jedem Punkt $\mathbf{x}_0 \in \Omega$ die Schwarzsche Vertauschungsregel $H_{jk}(\mathbf{x}_0) = H_{kj}(\mathbf{x}_0)$ und somit ist H eine **symmetrische** Matrix, d. h., es gilt $H = H^T$.

Definition 1.133 *Für eine gegebene Funktion $f \in C^2(\Omega)$ heißt die symmetrische Matrix*

$$H = H(\mathbf{x}_0) := \left(\frac{\partial^2 f}{\partial x_j \partial x_k}(\mathbf{x}_0)\right) \quad j, k = 1, \cdots, n,$$

Hesse-Matrix *von f im Punkte $\mathbf{x}_0 \in D_f = \Omega$.*

Wir setzen jetzt

$$Q(\mathbf{h}) := \langle H(\mathbf{x}_0)\mathbf{h}, \mathbf{h} \rangle, \quad \mathbf{h} \in \mathbb{R}^n,$$

in (1.64) ein. Damit resultiert

$$f(\mathbf{x}_0 + \mathbf{h}) - f(\mathbf{x}_0) = \frac{1}{2} Q(\mathbf{h}) + \mathcal{O}(\|\mathbf{h}\|^2) \text{ für } \|\mathbf{h}\| \to 0. \tag{1.65}$$

Das heißt, der Ausdruck $Q(\mathbf{h})$ ist ein *Indikator* für die Existenz eines relativen Extremums in $\mathbf{x}_0$. Zunächst formulieren wir

---

Definition 1.134 *Für eine gegebene symmetrische Matrix* $A \in \mathbb{R}^{(n,n)}$ *heißt die Funktion* $Q \in \mathrm{Abb}\,(\mathbb{R}^n, \mathbb{R})$ *mit*

$$Q(\mathbf{h}) := \langle A\mathbf{h}, \mathbf{h} \rangle, \quad \mathbf{h} \in \mathbb{R}^n,$$

die zu A gehörige **quadratische Form** *. Beide Größen A und Q heißen*

1. *positiv (negativ) semidefinit* $:\Longleftrightarrow Q(\mathbf{h}) \geq 0 \; (Q(\mathbf{h}) \leq 0) \; \forall\, \mathbf{0} \neq \mathbf{h} \in \mathbb{R}^n$,

2. *positiv (negativ) definit* $:\Longleftrightarrow Q(\mathbf{h}) > 0 \; (Q(\mathbf{h}) < 0) \; \forall\, \mathbf{0} \neq \mathbf{h} \in \mathbb{R}^n$,

3. *indefinit* $:\Longleftrightarrow Q$ *ist nicht semidefinit.*

Beispiel 1.135 *Es sei* $f(x,y) := xy$ *nochmals der* Affensattel. *Hier gilt in* $(x_0, y_0) = (0,0)$

$$H(\mathbf{x}_0) = \begin{pmatrix} f_{xx}(x_0,y_0) & f_{xy}(x_0,y_0) \\ f_{xy}(x_0,y_0) & f_{yy}(x_0,y_0) \end{pmatrix} = \begin{pmatrix} 0 & 1 \\ 1 & 0 \end{pmatrix}$$

und somit

$$Q(\mathbf{h}) = \langle H(\mathbf{x}_0)\mathbf{h}, \mathbf{h} \rangle = \left\langle \begin{pmatrix} h_2 \\ h_1 \end{pmatrix}, \begin{pmatrix} h_1 \\ h_2 \end{pmatrix} \right\rangle = 2h_1 h_2 \gtrless 0,$$

je nach Wahl von h_1 und h_2. Der im Punkt $\mathbf{x}_0 := \mathbf{0}$ vorhandene Sattelpunkt zeichnet sich offenbar durch eine indefinite Hesse-Matrix $H(\mathbf{x}_0)$ aus.

Aufgrund der Beziehung (1.65) und der obigen Definition 1.134 erhält man nun die folgende Charakterisierung eines kritischen Punktes durch die Hesse-Matrix:

Satz 1.136 *Gegeben seien ein Gebiet $\Omega \subset \mathbb{R}^n$ und darauf eine skalare Funktion $f \in C^2(\Omega)$. Es sei ferner $\mathbf{x}_0 \in \Omega$ ein kritischer Punkt von f und $H(\mathbf{x}_0)$ die zugeordnete Hesse-Matrix von f in $\mathbf{x}_0$. Dann gelten die folgenden Implikationen:*

*$H(\mathbf{x}_0)$ ist **positiv definit** $\implies$ f hat in $\mathbf{x}_0$ ein relatives **Minimum**,*

*$H(\mathbf{x}_0)$ ist **negativ definit** $\implies$ f hat in $\mathbf{x}_0$ ein relatives **Maximum**,*

*$H(\mathbf{x}_0)$ ist **indefinit** $\implies$ f hat in $\mathbf{x}_0$ einen **Sattelpunkt**.*

*Ist $H(\mathbf{x}_0)$ **semidefinit** oder **null**, nicht aber definit, so ist eine Charakterisierung nur mithilfe höherer Ableitungen möglich.*

Eine Aussage darüber, wann eine symmetrische Matrix $H = H^T \in \mathbb{R}^{(n,n)}$ positiv definit ist, wurde mit Hilfe der Eigenwerte (EW) λ_j der Matrix H getroffen: Eine symmetrische Matrix ist stets **normal**, und sie besitzt daher ein vollständiges System von Eigenvektoren $\mathbf{v}_j$, $j = 1, 2, \ldots, n$, die eine Orthonormalbasis des $\mathbb{R}^n$ aufspannen und die Eigenwerte sind insbesondere **reell**. Die Matrix H gestattet die *Spektralzerlegung* (Merz und Knabner 2013, S. 373 ff.)

$$H = \sum_{j=1}^{n} \lambda_j (\mathbf{v}_j \otimes \mathbf{v}_j),$$

und aus dieser Spektralzerlegung resultiert die folgende Darstellung der zu H gehörigen quadratischen Form

$$Q(\mathbf{h}) = \langle H\mathbf{h}, \mathbf{h} \rangle = \sum_{j=1}^{n} \lambda_j \, |\langle \mathbf{v}_j, \mathbf{h} \rangle|^2, \quad \mathbf{h} \in \mathbb{R}^n.$$

An dieser Darstellung lassen sich die folgenden Definitheitseigenschaften direkt ablesen:

Satz 1.137 *Es sei eine symmetrische Matrix $H = H^T \in \mathbb{R}^{(n,n)}$ vorgelegt. Dann gelten die folgenden Äquivalenzen:*

H ist positiv definit $\iff$ alle EW λ_j von H sind positiv,

H ist positiv semidefinit $\iff$ alle EW λ_j von H sind nichtnegativ,

*H ist indefinit $\iff$ es existieren EW $\lambda_j > 0$ **und** EW $\lambda_k < 0$.*

> *Selbstverständlich darf positiv mit negativ und nichtnegativ mit nicht-positiv vertauscht werden, um entsprechende Aussagen zu erzielen!*

Beispiel 1.138 *Es sei* $f(x, y) := -x^4 + x^2 y^2 + y^3 + y^2$ *die Funktion aus Beispiel 1.132. Wir untersuchen die Hesse-Matrix* $H(\mathbf{x}_0)$ *im kritischen Punkt* $\mathbf{x}_0 := (\sqrt{2}, -2)$*. Die Matrix* $H(\cdot)$ *lautet*

$$
H(\mathbf{x}) = \begin{pmatrix} f_{xx}(x, y) & f_{xy}(x, y) \\ f_{xy}(x, y) & f_{yy}(x, y) \end{pmatrix} = \begin{pmatrix} -12x^2 + 2y^2 & 4xy \\ 4xy & 2x^2 + 6y + 2 \end{pmatrix}.
$$

Ausgewertet im Punkt $\mathbf{x}_0$ *ergibt*

$$
H(\mathbf{x}_0) = \begin{pmatrix} -16 & -8\sqrt{2} \\ -8\sqrt{2} & -6 \end{pmatrix} =: H,
$$

$$
\det(H - \lambda\, Id) = \begin{vmatrix} -16 - \lambda & -8\sqrt{2} \\ -8\sqrt{2} & -6 - \lambda \end{vmatrix} = \lambda^2 + 22\lambda - 32
$$

mit den zwei Eigenwerten $\lambda_\pm = -11 \pm \sqrt{153}$*. Da nun* $\lambda_+ > 0$ *und* $\lambda_- < 0$ *gelten, liegt der indefinite Fall vor, also in* $\mathbf{x}_0$ *ein* **Sattelpunkt***.*

> **Beachten Sie.** Im unentschiedenen Fall bei der semidefiniten Hesse-Matrix $H(\mathbf{x}_0)$ wird die weiterführende Diskussion mit höheren Ableitungen äußerst kompliziert, und deshalb wird von dieser Vorgehensweise abgeraten.
>
> In der Regel kann durch eine Analyse der Umgebung des kritischen Punktes $\mathbf{x}_0$ auf direktem Wege eine Aussage über den Charakter von $\mathbf{x}_0$ getroffen werden.

Der Vollständigkeit halber stellen wir Ihnen noch eine alternative Möglichkeit zur Definitheitsbestimmung vor.

> **Satz 1.139** *Eine symmetrische Matrix* $H \in \mathbb{R}^{(n,n)}$ *ist genau dann* **positiv definit***, wenn alle* n *Unterdeterminanten (oder auch Minoren genannt) die Beziehung*

$$det\, H_k := det \begin{pmatrix} h_{11} & h_{12} & \cdots & h_{1k} \\ h_{21} & h_{22} & \cdots & h_{2k} \\ \vdots & \vdots & \ddots & \vdots \\ h_{k1} & h_{k2} & \cdots & h_{kk} \end{pmatrix} > 0 \qquad (1.66)$$

für alle $k = 1, \ldots, n$ erfüllen.

*Ist H negativ definit, so ist $-H$ positiv definit. Damit ist H **negativ definit** genau dann, wenn*

$$det\,(-H_k) = (-1)^k det\, H_k > 0 \qquad (1.67)$$

für alle $k = 1, \ldots, n$ gilt.

Beispiel 1.140 *Die symmetrische Matrix*

$$M_1 := \begin{pmatrix} 2 & 1 & 0 \\ 1 & 3 & 0 \\ 0 & 0 & 4 \end{pmatrix}$$

ist positiv definit, denn die Unterdeterminanten

$$\det(2) = 2, \quad \det \begin{pmatrix} 2 & 1 \\ 1 & 3 \end{pmatrix} = 5, \quad \det M_1 = 20$$

sind alle strikt positiv. Dagegen ist die symmetrische Matrix

$$M_2 := \begin{pmatrix} -5 & 0 & 0 \\ 0 & -4 & 1 \\ 0 & 1 & -4 \end{pmatrix}$$

negativ definit, denn die Vorzeichen der Unterdeterminanten

$$(-1)^1 \det(-5) = 5, \quad (-1)^2 \det \begin{pmatrix} -5 & 0 \\ 0 & -4 \end{pmatrix} = 20, \quad (-1)^3 \det M_2 = 75$$

alternieren, erfüllen also die Beziehung (1.67).

Im **Sonderfall** einer Funktion $f = f(x, y)$ in **zwei** Veränderlichen kann die Definitheitsbestimmung für die Hesse-Matrix $H = H(\mathbf{x}_0)$ durch Inspektion der Einträge von H direkt gelöst werden. Dazu setzen wir abkürzend

$$a := f_{xx}(\mathbf{x}_0), \ b := f_{xy}(\mathbf{x}_0), \ c := f_{yy}(\mathbf{x}_0), \ H = \begin{pmatrix} a\ b \\ b\ c \end{pmatrix}.$$

Nun gilt

$$\det(H - \lambda\, Id) = (a - \lambda)(c - \lambda) - b^2 = \lambda^2 - (a + c)\lambda + ac - b^2,$$

und daraus resultieren $\lambda_1 \cdot \lambda_2 = ac - b^2 = \det H$ sowie $\lambda_1 + \lambda_2 = a + c = \mathrm{Sp}\,(H)$.

Diese Relationen ermöglichen nun die folgende Klassifizierung der Hesse-Matrix $H \in \mathbb{R}^{(2,2)}$:

$$\det H < 0 \iff \lambda_1 \cdot \lambda_2 < 0 \iff H \text{ ist } \textbf{indefinit},$$

$$\det H = 0 \iff \lambda_1 \cdot \lambda_2 = 0 \iff H \text{ ist } \textbf{semidefinit},$$

$$\det H > 0 \iff \lambda_1 \cdot \lambda_2 > 0 \iff H \text{ ist } \begin{cases} \textbf{positiv definit} \ : \ a > 0, \\ \textbf{negativ definit} \ : \ a < 0. \end{cases}$$

Die Umsetzung dieser Klassifizierung in Aussagen über den Charakter von kritischen Punkten führt unmittelbar auf den folgenden

---

Satz 1.141 *Gegeben seien ein Gebiet $\Omega \subset \mathbb{R}^2$ und eine Funktion $f \in C^2(\Omega)$. In einem Punkt $\mathbf{x}_0 \in \Omega$ gelte $f_x(\mathbf{x}_0) = 0 = f_y(\mathbf{x}_0)$. Dann entscheidet das Vorzeichen der Diskriminante*

$$\Delta(\mathbf{x}_0) := f_{xx}(\mathbf{x}_0) \cdot f_{yy}(\mathbf{x}_0) - f_{xy}^2(\mathbf{x}_0)$$

in der folgenden Weise über die Art des kritischen Punktes $\mathbf{x}_0$:

$\Delta(\mathbf{x}_0) > 0$		$\Delta(\mathbf{x}_0) < 0$	$\Delta(\mathbf{x}_0) = 0$
$f_{xx}(\mathbf{x}_0) > 0$	$f_{xx}(\mathbf{x}_0) < 0$	*Sattelpunkt*	*keine Aussage*
Minimum	*Maximum*		

Beispiel 1.142 *Es sei* $f(x,y) := -x^4 + x^2y^2 + y^3 + y^2$ *die Funktion aus Beispiel 1.132. Die Diskriminante lautet*

$$\Delta(x,y) := f_{xx}(x,y) \cdot f_{yy}(x,y) - f_{xy}^2(x,y)$$
$$= (-12x^2 + 2y^2)(2x^2 + 6y + 2) - 16x^2y^2.$$

Daraus resultieren folgende Aussagen:

a) $\Delta(\mathbf{x}_1) := \Delta(0,0) = 0$. *Es liegt der unentscheidbare Fall vor.*

b) $\Delta(\mathbf{x}_2) := \Delta\left(0, -\frac{2}{3}\right) = -\frac{16}{9} < 0$. *Der Punkt* $\mathbf{x}_2$ *ist demnach ein* **Sattelpunkt** *von* f.

c) $\Delta(\mathbf{x}_{3,4}) := \Delta\left(\pm\frac{1}{\sqrt{2}}, -1\right) = 4 > 0$ *und* $f_{xx}(\mathbf{x}_{3,4}) = -4 < 0$. *Die Punkte* $\mathbf{x}_{3,4}$ *sind relative* **Maxima** *von* f.

d) $\Delta(\mathbf{x}_{5,6}) := \Delta\left(\pm\sqrt{2}, -2\right) = -32 < 0$. *Die Punkte* $\mathbf{x}_{5,6}$ *sind* **Sattelpunkte** *von* f.

Im Punkt $\mathbf{x}_1 = \mathbf{0}$ *liegt wegen*

$$f(x,0) = -x^4 < 0 \ \forall x \neq 0 \ \text{und} \ f(0,y) = y^2(1+y) > 0 \ \forall 0 < |y| < 1$$

ein **Sattelpunkt** *vor.*

Aufgaben

Aufgabe 1.59. Gegeben seien die Funktionen

$$f_1(x,y) = x^2 + y^4, \quad f_2(x,y) = x^2 \ \text{und} \ f_3(x,y) = x^2 + y^3.$$

a) Zeigen Sie, dass $\mathbf{x}_0 = (0,0)$ ein kritischer Punkt der drei Funktionen ist und dass die Hesse-Matrizen der f_i, $i = 1,2,3$, in $\mathbf{x}_0$ positiv semidefinit sind.

b) Bestimmen Sie jeweils für $i = 1,2,3$, ob f_i ein lokales Extremum in $\mathbf{x}_0$ besitzt.

Aufgabe 1.60. Wie lauten die Extremwerte von $f(x,y) = 3x^2 - 2xy + y^2$?

Aufgabe 1.61. Bestimmen Sie Lage und Art der relativen Extrema von

a) $f(x,y,z) = x^2 + \sin(y) + (1 - e^z)^2$,

b) $g(x,y) = (1 + y^2)x^2$,

c) $h(x,y) = x^2 - y^4$.

Aufgabe 1.62. Bestimmen Sie Lage und Art der relativen Extrema von

a) $f(x,y) = xy(2 - x - y)$,

b) $g(x,y) = \cos^2(2x^2 + y^2) + e^{3x^2 + 2y^2}$.

Aufgabe 1.63. Bestimmen Sie Lage und Art der relativen Extrema von

a) $f(x,y) = x^2 - 2xy^2 + (y+2)^4 - 104y$,

b) $g(x,y) = e^{f(x,y)}$.

1.10 Extremwertaufgaben mit Nebenbedingungen

In vielen anwendungsorientierten Aufgabenstellungen sind bei der Bestimmung der Extremwerte einer Funktion $f \in \text{Abb}(\mathbb{R}^n, \mathbb{R})$ gewisse **Nebenbedingungen** zu beachten, durch die der zur Extremwertbildung zugelassene Definitionsbereich D_f auf eine gewisse Teilmenge $G \subset D_f$ eingeschränkt wird.

Beispiel 1.143 *Seien $f, g : \mathbb{R}^2 \to \mathbb{R}$ gegeben. Es ist das Extremum der Funktion*

$$f(x,y) := -x^2 - \frac{y^2}{2} + 5$$

für solche $(x,y) \in \mathbb{R}^2$ zu finden, die der Bedingung

$$g(x,y) := x + y - 2 = 0$$

genügen. Dieser Sachverhalt lässt sich grafisch recht einfach darstellen gemäß nachsteheder Abbildung

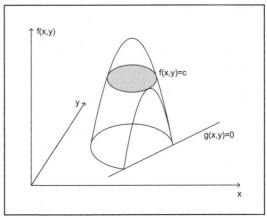

Maximum von f über der Linie $g(x, y) = 0$

Nun kann die gestellte Aufgabe folgendermaßen formuliert werden:

Aufgabenstellung 1.144 *Zu bestimmen ist das Maximum der Funktion f für solche $\mathbf{x} \in \mathbb{R}^2$, die die Nebenbedingung $g(\mathbf{x}) = 0$ erfüllen.*

Bemerkung 1.145 Die im vorherigen Abschnitt 1.9 diskutierten Verfahren zur Extremwertbestimmung können hier nicht auf die soeben formulierte Extremwertaufgabe mit Nebenbedingungen übertragen werden, da die Äquipotentialfläche $G := \{\mathbf{x} \in \mathbb{R}^3 : g(\mathbf{x}) = 0\} \subset \mathbb{R}^3$ i. Allg. **nicht offen** ist. Nicht alle Punkte $\mathbf{x}_0 \in G$ sind innere Punkte, so ein Extremum nicht kritisch sein muss.

Zeichnen wir nun die Höhenlinien der Funktion f, dann stellt sich der Sachverhalt folgendermaßen dar:

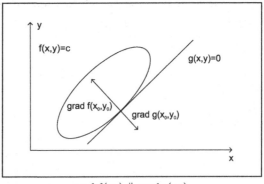

$\operatorname{grad} f(\mathbf{x}_0) \parallel \operatorname{grad} g(\mathbf{x}_0)$

Bereits aus dieser einfachen geometrischen Darstellung wird deutlich, dass f im gemeinsamen Berührungspunkt $\mathbf{x}_0 \in \mathbb{R}^2$ beider Höhenlinien maximal *wird. Da Gradienten senkrecht auf den Äquipotentiallinien stehen, bedeutet dies unter der Annahme* $\operatorname{grad} g(\mathbf{x}_0) \neq \mathbf{0}$, *dass die Gradienten von* f *und* g **parallel** *zueinander sind, d. h., es existiert eine Konstante* $\lambda \in \mathbb{R} \setminus \{0\}$, *sodass*

$$\operatorname{grad} f(\mathbf{x}_0) = \lambda \cdot \operatorname{grad} g(\mathbf{x}_0).$$

Damit liegt aus geometrischer Sicht ein Verfahren vor, um den gesuchten Punkt $\mathbf{x}_0 \in \mathbb{R}^2$ *zu ermitteln. Im Punkt* $\mathbf{x}_0 \in \mathbb{R}^2$ *gilt also zusammen mit der Nebenbedingung*

$$f_x(\mathbf{x}) - \lambda g_x(\mathbf{x}) = 0,$$
$$f_y(\mathbf{x}) - \lambda g_y(\mathbf{x}) = 0,$$
$$g(\mathbf{x}) = 0.$$

Konkret ergibt sich für die Unbekannten x, y *und* λ *das (hier zufällig lineare) Gleichungssystem*

$$-2x + \lambda = 0,$$
$$-y + \lambda = 0,$$
$$x + y - 2 = 0$$

mit der (hier zufällig eindeutigen) Lösung

$$x_0 = \frac{2}{3}, \ y_0 = \frac{4}{3} \ und \ \lambda = \frac{4}{3}.$$

Wie der vorletzten Grafik zu entnehmen ist, liegt hier ein lokales Maximum vor.

Bemerkung 1.146 *Der Wert des Multiplikators* λ *wird nicht weiter benötigt; er stellt lediglich eine Hilfsgröße zur Berechnung des resultierenden, i. Allg. nichtlinearen Gleichungssystems dar.*

Beispiel 1.147 *Es ist die kürzeste euklidische Entfernung eines Punktes* $(a, b, c) \in \mathbb{R}^3$ *von der Ebene*

$$G := \{\mathbf{x} \in \mathbb{R}^3 \ : \ g(x, y, z) := Ax + By + Cz - D \stackrel{!}{=} 0, \ A, B, C, D \in \mathbb{R}\}$$

zu bestimmen. Die Ebene G *wird hier als eine Äquipotentialfläche der Funktion* g *dargestellt. Wir setzen zunächst* $\mathbf{x}_0 := (a, b, c)^T$ *und bestimmen den quadratischen Abstand zu einem beliebigen Punkt* $\mathbf{x} := (x, y, z)^T \in \mathbb{R}^3$

$$d^2(\mathbf{x}, \mathbf{x}_0) = \|\mathbf{x} - \mathbf{x}_0\|^2 = (x - a)^2 + (y - b)^2 + (z - c)^2 =: f(\mathbf{x}).$$

Nun kann die gestellte Aufgabe folgendermaßen formuliert werden:

Aufgabenstellung 1.148 *Zu bestimmen ist das Minimum von f nur für $\mathbf{x} \in G$, d. h. unter der Nebenbedingung $g(\mathbf{x}) = 0$.*

Bemerkung 1.149 *Da Quadrieren eine streng monotone Angelegenheit ist, ist es völlig unerheblich, ob wir den Abstand oder dessen Quadrat minimieren. Durch die Wahl des **quadratischen** Abstandes taucht in f keine Wurzel auf, womit uns ein erheblicher Rechenaufwand erspart bleibt.*

Die Äquipotentialfläche G der Funktion g mit der Gleichung $g(\mathbf{x}) = 0$ ist eine Ebene, deren Hesse-Normalform $\langle \mathbf{x}, \mathbf{n} \rangle = d(\mathbf{0}, G)$ durch die Vorgaben

$$\mathbf{n} = \frac{\pm 1}{\sqrt{A^2 + B^2 + C^2}} \begin{pmatrix} A \\ B \\ C \end{pmatrix}, \quad d(\mathbf{0}, G) = \frac{\pm D}{\sqrt{A^2 + B^2 + C^2}} \geq 0$$

festgelegt ist. Die Äquipotentialflächen der Funktion f hingegen sind konzentrische Sphären um den Mittelpunkt $\mathbf{x}_0 = (a, b, c)^T$.

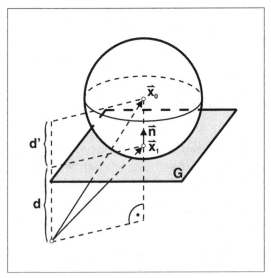

Äquipotentialflächen
$f(\mathbf{x}) = const > 0$

Aus der geometrischen Betrachtung wird ersichtlich, dass die Funktion f auf der Menge G im gemeinsamen Berührungspunkt $\mathbf{x}_1$ beider Äquipotentialflächen minimal wird. Unter der Annahme $\operatorname{grad} g(\mathbf{x}_1) \neq \mathbf{0}$ muss auch hier die Parallelität der Gradienten, also $\operatorname{grad} f(\mathbf{x}_1) \parallel \operatorname{grad} g(\mathbf{x}_1)$ gelten, oder äquivalent

$$\operatorname{grad} f(\mathbf{x}_1) = \lambda \operatorname{grad} g(\mathbf{x}_1).$$

Mit den analytischen Ausdrücken

$$g(\mathbf{x}) = Ax + By + Cz - D,$$
$$f(\mathbf{x}) = (x-a)^2 + (y-b)^2 + (z-c)^2$$

resultiert daraus der folgende Satz von Bestimmungsgleichungen für den Punkt $\mathbf{x}_1$:

$$\left.\begin{array}{l} f_x(\mathbf{x}_1) = 2(x-a) \stackrel{!}{=} \lambda g_x(\mathbf{x}_1) = \lambda A \quad \Big| \quad \cdot A \\[1mm] f_y(\mathbf{x}_1) = 2(y-b) \stackrel{!}{=} \lambda g_y(\mathbf{x}_1) = \lambda B \quad \Big| \quad \cdot B \\[1mm] f_z(\mathbf{x}_1) = 2(z-c) \stackrel{!}{=} \lambda g_z(\mathbf{x}_1) = \lambda C \quad \Big| \quad \cdot C \end{array}\right\} (+). \qquad (1.68)$$

Bilden wir die obige Summe, so ergibt sich

$$(x-a)A + (y-b)B + (z-c)C \stackrel{g(\mathbf{x})=0}{=} -(Aa + Bb + Cc - D) \stackrel{!}{=} \frac{\lambda}{2}(A^2 + B^2 + C^2)$$

und daraus der Multiplikator λ *gemäß*

$$\lambda = -2\,\frac{Aa + Bb + Cc - D}{A^2 + B^2 + C^2}.$$

Wird dieser in (1.68) eingesetzt, so resultiert

$$\mathbf{x}_1 = \begin{pmatrix} x \\ y \\ z \end{pmatrix} = \begin{pmatrix} a \\ b \\ c \end{pmatrix} - \frac{Aa + Bb + Cc - D}{\sqrt{A^2 + B^2 + C^2}} \cdot \frac{1}{\sqrt{A^2 + B^2 + C^2}} \begin{pmatrix} A \\ B \\ C \end{pmatrix}$$

$$= \mathbf{x}_0 - \big(\underbrace{\langle \mathbf{x}_0, \mathbf{n}\rangle - d(\mathbf{0}, G)}_{=d'(\mathbf{x}_0, G)}\big)\mathbf{n},$$

in Übereinstimmung mit der aus der Anschauung gewonnenen Lösung.

Eine allgemeine Formulierung von **Extremwertaufgaben mit Nebenbedingungen** lautet folgendermaßen:

Aufgabenstellung 1.150 *Gegeben seien ein Gebiet* $\Omega \subset \mathbb{R}^n$ *und darauf Funktionen* $f, g : \Omega \to \mathbb{R}$. *Zu bestimmen sind die relativen Extrema der Funktion* f *in Punkten* $\mathbf{x}_0 \in \Omega$ *unter der Nebenbedingung* $g(\mathbf{x}_0) = 0$.

Wir zeigen nachfolgend, dass das in den beiden letzten Beispielen verwendete Verfahren allgemein für Extremwertaufgaben mit Nebenbedingungen Gültigkeit besitzt:

Satz 1.151 *Gegeben seien ein Gebiet $\Omega \subset \mathbb{R}^n$ und Funktionen $f, g \in C^1(\Omega)$. Die Funktion f besitze in einem Punkt $\mathbf{x}_0 \in \Omega$ ein relatives Extremum unter der Nebenbedingung $g(\mathbf{x}_0) = 0$. Gilt $\operatorname{grad} g(\mathbf{x}_0) \neq \mathbf{0}$, so gibt es eine Zahl $\lambda \in \mathbb{R}$ mit*

$$\operatorname{grad} f(\mathbf{x}_0) = \lambda \operatorname{grad} g(\mathbf{x}_0).$$

*Die Zahl λ heißt **Lagrange-Multiplikator**. Für $\operatorname{grad} g(\mathbf{x}_0) = \mathbf{0}$ liegt keine Aussage vor.*

Beweis. Wir wählen auf der Äquipotentialfläche $G := \{\mathbf{x} \in \Omega : g(\mathbf{x}) = 0\}$ einen beliebigen **Weg** $\mathbf{x} = \mathbf{x}(t) \in G$ derart, dass $\mathbf{x}(0) = \mathbf{x}_0$ und $\mathbf{x} \in C^1$ gelten. Hat f im vorgegebenen Punkt $\mathbf{x}_0$ ein relatives Extremum, so muss auch die Funktion $h(t) := f(\mathbf{x}(t))$ bei $t = 0$ extremal sein. Wegen $h \in C^1$ erhalten wir unter Verwendung der Kettenregel

$$0 = \frac{d}{dt} h(t) \Big|_{t=0} = \langle \operatorname{grad} f(\mathbf{x}_0), \dot{\mathbf{x}}(0) \rangle.$$

Also ist der Vektor $\operatorname{grad} f(\mathbf{x}_0)$ senkrecht zu allen Wegen in G durch den Punkt $\mathbf{x}_0$. Es gilt also die Parallelitätsbeziehung

$$\operatorname{grad} f(\mathbf{x}_0) \,\|\, \operatorname{grad} g(\mathbf{x}_0)$$

oder äquivalent

$$\operatorname{grad} f(\mathbf{x}_0) = \lambda \operatorname{grad} g(\mathbf{x}_0).$$

qed

Bemerkung 1.152 *Führt man die Lagrange-Funktion $L : \mathbb{R}^n \times \mathbb{R} \to \mathbb{R}$ gegeben durch*

$$L(\mathbf{x}, \lambda) := f(\mathbf{x}) - \lambda g(\mathbf{x}) \tag{1.69}$$

ein, so ist die Gleichung

$$\boxed{\operatorname{grad} L(\mathbf{x}_0, \lambda) = \mathbf{0},} \tag{1.70}$$

*worin auch die Differentiation nach der **Variablen** λ zu bilden ist, eine äquivalente Formulierung von*

$$\boxed{\begin{aligned} \operatorname{grad} f(\mathbf{x}_0) &= \lambda \operatorname{grad} g(\mathbf{x}_0), \\ g(\mathbf{x}_0) &= 0. \end{aligned}} \qquad (1.71)$$

Bemerkung 1.153 *Die Lagrange-Funktion (1.69) darf auch mit dem anderen Vorzeichen in der Form*

$$L(\mathbf{x}, \lambda) := f(\mathbf{x}) + \lambda g(\mathbf{x})$$

geschrieben werden!

Beispiel 1.154 *Gegeben sei ein Dreieck ABC mit den Seiten $c = \overline{AB}$, $a = \overline{BC}$, $b = \overline{CA}$ und der Fläche $F > 0$. Für einen Punkt M im Inneren des Dreiecks seien I, J, K die Fußpunkte der Lote von M auf die Seiten $\overline{AB}, \overline{BC}$ bzw. $\overline{CA}$.*

Berechnen Sie das Maximum der Funktion $d(x, y, z) := xyz$ mit $x := \overline{MI}$, $y := \overline{MJ}$, $z := \overline{MK}$ gemäß nachfolgender Skizze:

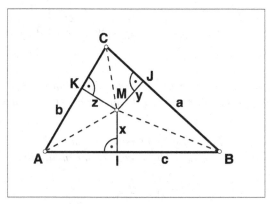

Dreieck aus Beispiel 1.154

Offensichtlich ist x die Höhe des Dreiecks ABM, und c ist seine Grundlinie, sodass sein Flächeninhalt $\frac{1}{2}cx$ beträgt. Mit analoger Überlegung resultiert als Gesamtfläche $2F = cx + ay + bz = \text{const.}$

Wir setzen nun $g(\mathbf{x}) := cx + ay + bz - 2F$, dann kann die Extremwertaufgabe wie folgt formuliert werden:

$$d(\mathbf{x}) := xyz \stackrel{!}{=} \text{Max} \text{ unter der Nebenbedingung } g(\mathbf{x}) = 0.$$

Eine Lösung $\mathbf{x}_0 \in \mathbb{R}^3$ muss notwendig ein kritischer Punkt der Funktion $L(\mathbf{x}, \lambda) := d(\mathbf{x}) - \lambda g(\mathbf{x})$ sein, d. h., es muss folgender Sachverhalt gelten:

$$\operatorname{grad} L(\mathbf{x}, \lambda) = \begin{pmatrix} yz - \lambda c \\ xz - \lambda a \\ xy - \lambda b \\ cx + ay + bz - 2F \end{pmatrix} = \mathbf{0}$$

bzw. (da $x \neq 0$ sein muss)

$$\left. \begin{array}{l} xyz = \lambda cx, \\ xyz = \lambda ay, \\ xyz = \lambda bz, \end{array} \right\} \quad \Longrightarrow \quad cx = ay = bz.$$

Mit diesem Resultat folgt aus der Nebenbedingung $g(\mathbf{x}) = 0$ die Lösung

$$3cx = 3ay = 3bz = 2F,$$

also

$$x = \frac{2F}{3c}, \quad y = \frac{2F}{3a}, \quad z = \frac{2F}{3b}, \quad \mathbf{x}_0 = \frac{2F}{3} \begin{pmatrix} 1/c \\ 1/a \\ 1/b \end{pmatrix}.$$

Offenbar ist $\mathbf{x}_0$ das gesuchte Maximum der Funktion d, denn wegen $x \geq 0$, $y \geq 0$ und $z \geq 0$ können Minima von d nur für $x = 0$ oder $y = 0$ oder $z = 0$ vorliegen.

Wir interpretieren die Lösung geometrisch: Bezeichnen h_a, h_b, h_c die Höhen des Dreiecks, so ist $2F = ah_a = bh_b = ch_c$. Demgemäß gilt

$$x = \frac{h_c}{3}, \quad y = \frac{h_a}{3}, \quad z = \frac{h_b}{3},$$

*d. h., der gesuchte Punkt M ist wie erwartet der **Schnittpunkt der Höhenlinien** des Dreiecks.*

Bemerkung 1.155 *Wir fassen zusammen:*

a) *Der letzte Satz vermittelt lediglich ein **notwendiges Kriterium** für das Auffinden eines relativen Extremums in $\mathbf{x}_0$ unter der Nebenbedingung $g(\mathbf{x}_0) = 0$. Es genügt, nur solche Punkte $\mathbf{x}_0$ zu untersuchen, die Lösungen des Gleichungssystems (1.70) bzw. (1.71) sind.*

Dies sind $n + 1$ (nichtlineare) Gleichungen mit den $n + 1$ Unbekannten $\mathbf{x}_0 := (x_{01}, x_{02}, \ldots, x_{0n})$ und λ. Die Lösung/Lösungen $\mathbf{x}_0 \in \mathbb{R}^n$ sind Kandidaten für (lokale) Minima und (lokale) Maxima, was nur geometrisch *oder durch Ausprobieren ermittelt werden kann. Offen bleibt allerdings die Frage, ob hier globale Extremwerte vorliegen.*

b) **Hinreichende** *Bedingungen für das Vorliegen eines* **lokalen** *Extremwertes, ähnlich wie im Falle der Extremwertaufgaben ohne Nebenbedingungen, führt jetzt in Analogie zur Hesse-Matrix auf die sog.* **geränderte Hesse-Matrix***, welche wir Ihnen nachfolgend näherbringen und daraus die besagten hinreichenden Kriterien ableiten.*

Definition 1.156 *Sei* $L \; : \; \mathbb{R}^n \times \mathbb{R} \; \to \; \mathbb{R}$ *die in (1.69) vorgegebene Lagrange-Funktion. Dann heißt*

$$H_L(\lambda, \mathbf{x}) = \begin{pmatrix} \frac{\partial^2 L}{\partial \lambda \partial \lambda} & \frac{\partial^2 L}{\partial \lambda \partial x_1} & \cdots & \frac{\partial^2 L}{\partial \lambda \partial x_n} \\ \frac{\partial^2 L}{\partial x_1 \partial \lambda} & \frac{\partial^2 L}{\partial x_1 \partial x_1} & \cdots & \frac{\partial^2 L}{\partial x_1 \partial x_n} \\ \vdots & \vdots & \ddots & \vdots \\ \frac{\partial^2 L}{\partial x_n \partial \lambda} & \frac{\partial^2 L}{\partial x_n \partial x_1} & \cdots & \frac{\partial^2 L}{\partial x_n \partial x_n} \end{pmatrix}$$

$$= \begin{pmatrix} 0 & -\frac{\partial g}{\partial x_1} & \cdots & -\frac{\partial g}{\partial x_n} \\ -\frac{\partial g}{\partial x_1} & \frac{\partial^2 L}{\partial x_1 \partial x_1} & \cdots & \frac{\partial^2 L}{\partial x_1 \partial x_n} \\ \vdots & \vdots & \ddots & \vdots \\ -\frac{\partial g}{\partial x_n} & \frac{\partial^2 L}{\partial x_n \partial x_1} & \cdots & \frac{\partial^2 L}{\partial x_n \partial x_n} \end{pmatrix} \in \mathbb{R}^{(n+1, n+1)}$$

geränderte Hesse-Matrix. *Wir bezeichnen mit*

$$D_k(\lambda, \mathbf{x}) := det \begin{pmatrix} 0 & -\frac{\partial g}{\partial x_1} & \cdots & -\frac{\partial g}{\partial x_k} \\ -\frac{\partial g}{\partial x_1} & \frac{\partial^2 L}{\partial x_1 \partial x_1} & \cdots & \frac{\partial^2 L}{\partial x_1 \partial x_k} \\ \vdots & \vdots & \ddots & \vdots \\ -\frac{\partial g}{\partial x_k} & \frac{\partial^2 L}{\partial x_k \partial x_1} & \cdots & \frac{\partial^2 L}{\partial x_k \partial x_k} \end{pmatrix}, \qquad (1.72)$$

$k = 1, \ldots, n$, *die Unterdeterminanten (oder Minoren) der geränderten Hesse-Matrix.*

Damit sind wir in der Lage, die versprochenen **hinreichenden** Bedingungen für die Lagrange-Methode zu formulieren. Es gilt

Satz 1.157 *Sei die in (1.69) gegebene Lagrange-Funktion $L : \mathbb{R}^n \times \mathbb{R} \to \mathbb{R}$ zweimal stetig partiell differenzierbar, und sei $(\mathbf{x}_0, \lambda_0) \in \mathbb{R}^n \times \mathbb{R}$ ein aus den notwendigen Bedingungen (1.70) resultierender kritischer Punkt. Die hinreichenden Bedingungen für die Aufgabenstellung 1.150 lauten (vgl. (1.66)):*

*1.) Gilt für die Unterdeterminanten $D_k(\lambda_0, \mathbf{x}_0) < 0 \; \forall k = 2, \dots, n$, dann liegt bei $\mathbf{x}_0 \in \mathbb{R}^n$ ein lokales **Minimum** vor.*

*2.) Gilt dagegen $(-1)^k D_k(\lambda_0, \mathbf{x}_0) > 0 \; \forall k = 2, \dots, n$, dann liegt bei $\mathbf{x}_0 \in \mathbb{R}^n$ ein lokales **Maximum** vor.*

3.) Gilt $D_k(\lambda_0, \mathbf{x}_0) = 0$ für ein $k = 2, \dots, n$, dann kann keine Aussage getroffen werden.

Bemerkung 1.158 *Beachten Sie die **Indizierung**. Für $\boxed{k = 2}$ liegt stets die Determinante einer $\boxed{(3,3)\text{-Matrix}}$ vor, und es gelten zudem die Beziehungen*

$$D_0(\lambda, \mathbf{x}) := 0 \quad und \quad D_1(\lambda, \mathbf{x}) = -\big(g_{x_1}(\mathbf{x})\big)^2 < 0 \; \forall (\lambda, \mathbf{x}) \in \mathbb{R}^n \times \mathbb{R}.$$

Beispiel 1.159 *Wir bestätigen jetzt mithilfe der geränderten Hesse-Matrix, dass im vorangegangenen Beispiel 1.154 tatsächlich ein Maximum vorliegt. Aus der Lagrange-Funktion*

$$L(x, y, z, \lambda) := d(x, y, z) - \lambda g(x, y, z) = xyz - \lambda(cx + ay + bz - 2F)$$

resultiert die geränderte Hesse-Matrix

$$H_L(\lambda, x, y, z) = \begin{pmatrix} 0 & -c & -a & -b \\ -c & 0 & z & y \\ -a & z & 0 & x \\ -b & y & x & 0 \end{pmatrix}.$$

Wir kommen zu den beiden Unterdeterminanten. Es gilt

$$D_2(\lambda, x, y, z) = \begin{vmatrix} 0 & -c & -a \\ -c & 0 & z \\ -a & z & 0 \end{vmatrix} = (caz)^2 > 0$$

und

$$D_3(\lambda, x, y, z) = \begin{vmatrix} 0 & -c & -a & -b \\ -c & 0 & z & y \\ -a & z & 0 & x \\ -b & y & x & 0 \end{vmatrix}$$

$$= c^2 x^2 + a^2 y^2 + b^2 z^2 - 2cax y - 2cbx z - 2ab y z$$

$$\overset{(*)}{=} -3c^2 x^2 < 0,$$

wobei wir in (*) die im vorherigen Beispiel ermittelten notwendigen Bedingungen

$$cx = ay = bz$$

eingesetzt haben. Damit ergibt sich dann $(-1)^3 D_3(\lambda, x, y, z) > 0$, *womit die Existenz des Maximums bestätigt ist.*

Beispiel 1.160 *Wir greifen jetzt auf das Beispiel 1.143 zurück und bestätigen im Nachhinein das dort „grafisch" ermittelte Maximum. Die Lagrange-Funktion lautet*

$$L(x, y, \lambda) = f(x, y) - \lambda g(x, y) = -x^2 - \frac{y^2}{2} + 5 - \lambda(x + y - 2).$$

Als einzigen kritischen Punkt ermittelten wir $(x_0, y_0, \lambda) = (2/3, 4/3, 43)$. *Die geränderte Hesse-Matrix lautet*

$$H_L(\lambda, x_0, y_0) = \begin{pmatrix} 0 & -g_x & -g_y \\ -g_x & L_{xx} & L_{xy} \\ -g_y & L_{yx} & L_{yy} \end{pmatrix}\Bigg|_{(x_0, y_0, \lambda)} = \begin{pmatrix} 0 & -1 & -1 \\ -1 & -2 & 0 \\ -1 & 0 & -1 \end{pmatrix}$$

mit der Determinante $D_2(\lambda, x_0, y_0) = 3$, *also liegt tatsächlich ein lokales Maximum vor.*

Bemerkung 1.161 *Bei* **zweidimensionalen** *Optimierungsaufgaben mit Nebenbedingungen genügt es,* **nur die Determinante** *der geränderten Matrix (sozusagen die einzige benötigte Unterdeterminante) als hinreichende Bedingung heranzuziehen. Ist die Determinante positiv, dann liegt ein lokales Maximum vor, ist sie negativ, so resultiert daraus ein lokales Minimum.*

Bemerkung 1.162 *Häufig gelingt es, die Nebenbedingung* $g(\mathbf{x}) = 0$ *nach einer der Variablen* $\mathbf{x} = (x_1, x_2, \ldots, x_n)$ *explizit aufzulösen. Es gelte beispielsweise*

$$x_n = h(\mathbf{x}') \quad \text{mit } \mathbf{x}' := (x_1, x_2, \ldots, x_{n-1}).$$

Dann kann die Extremwertaufgabe

$$f(\mathbf{x}) \overset{!}{=} \text{Extremum } \textit{unter der Nebenbedingung } g(\mathbf{x}) = 0$$

auch als Extremwertaufgabe ohne Nebenbedingung für die Funktion

$$F(\mathbf{x}') := f\big(x_1, x_2, \ldots, x_{n-1}, \underbrace{x_n}_{= h(\mathbf{x}')}\big)$$

formuliert werden.

Beispiel 1.163 *Es seien* $f(x,y) = -x^2 - \frac{y^2}{2} + 5$ *und* $g(x,y) = x + y - 2 = 0$ *die Funktionen aus Beispiel 1.143. Dann ergibt sich aus der Nebenbedingung der Zusammenhang* $y = 2 - x$. *Setzen Sie dies nun in* f *ein, dann resultiert*

$$F(x) := f(x, 2 - x) = -\frac{3}{2}x^2 + 2x + 3.$$

Aus der notwendigen Optimalitätsbedingung $F'(x) = 0$ *resultiert* $x_0 = 2/3$ *und damit* $y_0 = 4/3$.

Beispiel 1.164 *Es seien* $d(x,y,z) := xyz$ *und* $g(x,y,z) := cx + ay + bz - 2F$ *die Funktionen aus Beispiel 1.154. Wir lösen die Gleichung* $g(x,y,z) = 0$ *nach der Variablen* z *auf und setzen das Resultat in die Funktion* d *ein. Es gilt* $z = \frac{1}{b}(2F - cx - ay)$, *und wir haben das Maximum der Funktion* $L(x,y) := \frac{xy}{b}(2F - cx - ay)$ *zu bestimmen. Deren kritische Punkte sind die Lösungen der beiden Gleichungen*

$$L_x(x,y) = \frac{y}{b}(2F - 2cx - ay) = 0,$$

$$L_y(x,y) = \frac{x}{b}(2F - cx - 2ay) = 0.$$

Die Fälle $x = 0$ *und/oder* $y = 0$ *liefern* $d = 0$, *also nicht das gesuchte Maximum. Somit müssen* x, y *Lösungen des linearen Gleichungssystems*

$$2cx + ay = 2F,$$

$$cx + 2ay = 2F$$

sein. Dessen eindeutig bestimmte Lösung führt wiederum auf das bereits bekannte Resultat

$$x = \frac{2F}{3c}, \quad y = \frac{2F}{3a}, \quad z = \frac{2F}{3b}.$$

Bemerkung 1.165 *Ist die Äquipotentialfläche* $G := \{\mathbf{x} \in D_f : g(\mathbf{x}) = 0\}$ *kompakt, also beschränkt und abgeschlossen, so müssen bei stetigem* $f \in$ $\mathrm{Abb}\,(\mathbb{R}^n, \mathbb{R})$ *Maximum und Minimum notwendig auf* G *angenommen werden.*

Also ist in diesem Fall die Existenz von globalen Extrema (und somit die Lösbarkeit der Extremwertaufgabe) gewährleistet.

Beispiel 1.166 *Es sind die relativen Extrema der Funktion $f(x,y) := x^2 - y^2$ unter der Nebenbedingung $g(x,y) := x^2 + y^2 - 1 = 0$ zu bestimmen. Die Äquipotentialfläche $g(x,y) = 0$ ist hier die Kreislinie $S_1(\mathbf{0}) \subset \mathbb{R}^2$ vom Radius 1 um den Mittelpunkt $\mathbf{0} \in \mathbb{R}^2$, also eine kompakte Punktmenge. Da die Gleichung $g(x,y) = 0$ nach*

$$y^2 = 1 - x^2$$

auflösbar ist, kann die Variable y wie folgt aus der Extremwertaufgabe eliminiert werden:

$$L(x) := f(x, y^2 = 1 - x^2) = 2x^2 - 1.$$

Die Extremwertaufgabe für L ist nun mit den Mitteln der gewöhnlichen Differentialrechnung lösbar: Die Bedingung $L'(x) = 4x \overset{!}{=} 0$ führt über $x = 0$ und $y^2 = 1$ auf die beiden Minima $f(0, \pm 1) = -1$. Aus Stetigkeitsgründen muss f auf der kompakten Menge $S_1(\mathbf{0})$ aber auch Maxima haben, die noch nicht durch die Bedingung $F'(x) = 0$ erfasst wurden. Wegen $x \in [-1, 1]$ können diese nur an den Intervallenden $x = \pm 1$ liegen. Dort gilt $y^2 = 0$ und somit $f(\pm 1, 0) = 1$.

Extremwertaufgaben mit mehreren Nebenbedingungen lassen sich völlig analog lösen. Auf einem Gebiet $\Omega \subset \mathbb{R}^n$ seien reelle Funktionen

$$f, g_j \in C^1(\Omega), \quad 1 \le j \le m < n, \tag{1.73}$$

so vorgegeben, dass die Äquipotentialflächen $g_j(\mathbf{x}) = 0$ eine nichtleere Schnittmenge besitzen, d. h.

$$G^o := \bigcap_{j=1}^{m} \{\mathbf{x} \in \Omega : g_j(\mathbf{x}) = 0\} \ne \emptyset.$$

Damit lässt sich das folgende Resultat zeigen:

Satz 1.167 *Ist $\mathbf{x}_0 \in \Omega$ unter der Nebenbedingung $\mathbf{x}_0 \in G^o$ ein Extremum der Funktion f, und ist das Vektor-System $\operatorname{grad} g_j(\mathbf{x}_0)$, $j = 1, 2, \ldots, m$, linear unabhängig, so gibt es eindeutig bestimmte Zahlen $\lambda_1, \lambda_2, \ldots, \lambda_m$ derart, dass*

$$\operatorname{grad} f(\mathbf{x}_0) = \sum_{j=1}^{m} \lambda_j \operatorname{grad} g_j(\mathbf{x}_0),$$

$$g_j(\mathbf{x}_0) = 0, \quad j = 1, 2, \ldots, m. \tag{1.74}$$

Das System (1.74) liefert $n+m$ (i. Allg. nichtlineare) Bestimmungsgleichungen für die $n + m$ Unbekannten $\mathbf{x}_0 = (x_{01}, x_{02}, \ldots, x_{0n})^T$, $\lambda_1, \lambda_2, \ldots, \lambda_m$. Die geforderte lineare Unabhängigkeit ist notwendig für die Eindeutigkeit der Lösungen λ_j, $j = 1, 2, \ldots, m$. Bei linearer Abhängigkeit der Gradienten wird die Situation weitaus komplizierter; darauf gehen wir im Rahmen unserer Betrachtungen nicht weiter ein.

Beispiel 1.168 *Es seien die Funktionen*

$$f(x, y, z) := 2x + 3y + 2z$$

sowie

$$g_1(x, y, z) := x^2 + y^2 - 2 \ \text{ und } \ g_2(x, y, z) := x + z - 1$$

auf $\Omega := \mathbb{R}^3$ gegeben. Zu bestimmen sind die Extemwerte von f unter den Nebenbedingungen $g_1(\mathbf{x}) = 0 = g_2(\mathbf{x})$ mit $\mathbf{x} := (x, y, z)^T$.

Die Äquipotentialflächen $g_1(\mathbf{x}) = 0$ bzw. $g_2(\mathbf{x}) = 0$ sind ein Kreiszylinder bzw. eine Ebene. Die Schnittmenge $G^o = \{\mathbf{x} \in \mathbb{R}^3 : g_1(\mathbf{x}) = 0 = g_2(\mathbf{x})\}$ ist kompakt. Relative Extrema bei $\mathbf{x}_0$ von f unter der Nebenbedingung $\mathbf{x}_0 \in G^o$ müssen die Gleichungen (1.74) erfüllen, also

$$\mathbf{0} = \operatorname{grad} f(\mathbf{x}_0) - \lambda_1 \operatorname{grad} g_1(\mathbf{x}_0) - \lambda_2 \operatorname{grad} g_2(\mathbf{x}_0) = \begin{pmatrix} 2 - \lambda_1 \cdot 2x_0 - \lambda_2 \cdot 1 \\ 3 - \lambda_1 \cdot 2y_0 - \lambda_2 \cdot 0 \\ 2 - \lambda_1 \cdot 0 - \lambda_2 \cdot 1 \end{pmatrix},$$

$$0 = g_1(\mathbf{x}_0) = x_0^2 + y_0^2 - 2,$$

$$0 = g_2(\mathbf{x}_0) = x_0 + z_0 - 1.$$

Aus diesen Gleichungen erhalten wir die Lösungen $x_0 = 0$, $y_0 = \pm\sqrt{2}$ und $z_0 = 1$ sowie die Lagrange-Multiplikatoren $\lambda_1 = \pm\frac{3}{4}\sqrt{2}$, $\lambda_2 = 2$. Das heißt, mögliche Extrema von f unter den beiden Nebenbedingungen liegen in den Punkten

$$\mathbf{x}_0 := (0, \pm\sqrt{2}, 1)^T.$$

Es gelten

$$f(0, \sqrt{2}, 1) = 2 + 3\sqrt{2} \ \text{ sowie } \ f(0, -\sqrt{2}, 1) = 2 - 3\sqrt{2},$$

und dies sind in der Tat Maximum und Minimum von f auf der kompakten Menge G^o.

Bemerkung 1.169 *Die aus den Funktionen (1.73) zusammengesetzte Lagrange-Funktion hat die Gestalt*

$$L(\mathbf{x}, \boldsymbol{\lambda}) := f(\mathbf{x}) - \sum_{j=1}^{m} \lambda_j g_j(\mathbf{x}),$$

wobei $\boldsymbol{\lambda} := (\lambda_1, \ldots, \lambda_m)$ *gesetzt wurde. Daraus resultiert die geränderte Hesse-Matrix*

$$H_L(\boldsymbol{\lambda}, \mathbf{x}) := \left(\begin{array}{ccc|ccc} 0 & \cdots & 0 & -\frac{\partial g_1}{\partial x_1} & \cdots & -\frac{\partial g_1}{\partial x_n} \\ \vdots & \ddots & \vdots & \vdots & \ddots & \vdots \\ 0 & \cdots & 0 & -\frac{\partial g_m}{\partial x_1} & \cdots & -\frac{\partial g_m}{\partial x_n} \\ \hline -\frac{\partial g_1}{\partial x_1} & \cdots & -\frac{\partial g_m}{\partial x_1} & \frac{\partial^2 L}{\partial x_1 \partial x_1} & \cdots & \frac{\partial^2 L}{\partial x_1 \partial x_n} \\ \vdots & \ddots & \vdots & \vdots & \ddots & \vdots \\ -\frac{\partial g_1}{\partial x_n} & \cdots & -\frac{\partial g_m}{\partial x_n} & \frac{\partial^2 L}{\partial x_n \partial x_1} & \cdots & \frac{\partial^2 L}{\partial x_n \partial x_n} \end{array} \right) \in \mathbb{R}^{(n+m,n+m)}.$$

Die hinreichenden Optimalitätsbedingungen ergeben sich in Analogie zu (1.72) aus den Unterdeterminanten $D_k(\boldsymbol{\lambda}, \mathbf{x})$, $k = m+1, \ldots, n$.

Aufgaben

Aufgabe 1.64. Bestimmen Sie die Extrema von $f(x, y) = 4 - x^2/2 - y^2$ unter der Nebenbedingung $g(x, y) = x + y - 1 = 0$.

Aufgabe 1.65. Bestimmen Sie die Extrema von $f(x, y) = xy$ auf dem abgeschlossenen Einheitskreis $K := \{(x, y) \in \mathbb{R}^2 : x^2 + y^2 \leq 1\}$.

Aufgabe 1.66. Bestimmen Sie alle Extrema von $f(x, y) = 12x - y^3$ auf dem abgeschlossenen Bereich $E := \{(x, y) \in \mathbb{R}^2 : x^2 + y^2/4 \leq 1\}$.

Aufgabe 1.67. Bestimmen Sie die Art und Lage der Extrema der Funktion $f(x, y) = -x^2 + 8x - y^2 + 9$ unter der Nebenbedingung $g(x, y) = x^2 + y^2 - 1 = 0$

a) mit der Methode des Lagrange-Multiplikators,

b) durch Auflösen von $g(x, y) = 0$ nach y^2 und Einsetzen in f.

Aufgabe 1.68. Bestimmen Sie mit der Methode der Lagrange-Multiplikatoren die Lage der Extrema der Funktion $f(x, y, z) = x^2 + y^2 + z^2$ unter den Nebenbedingungen

$$g_1(x, y, z) = x + y + z - 3 = 0,$$
$$g_2(x, y, z) = 3x + 4y + 5z - 8 = 0.$$

Aufgabe 1.69. Bestimmen Sie das Volumen des größten achsenparallelen Quaders im Inneren eines Ellipsoids.

Aufgabe 1.70. Finden Sie ein Dreieck, das bei gegebenem Umfang U einen maximalen Flächeninhalt F hat.

Aufgabe 1.71. Sie möchten einen Quader basteln. Die Holzstangen für die Kanten des Quaders kosten 2 Euro pro Meter; die Kosten für den Stoff für die Seitenflächen des Quaders betragen 3 Euro je Quadratmeter. Sie haben 50 Euro zur Verfügung und möchten diese 50 Euro vollständig ausgeben. Außerdem wollen Sie das Volumen des Quaders maximieren. Formulieren Sie diese Bastelarbeit als Maximierungsaufgabe mit Nebenbedingungen, und lösen Sie die Aufgabenstellung unter Verwendung Lagrangescher Multiplikatoren.

Aufgabe 1.72. Die Funktion $f(x,y,z) = \frac{1}{2}\left((x-2)^2 + (y)^2 + (z-1)^2\right)$ hat unter der Nebenbedingung $g(x,y,z) = x + y + z = 0$ im Punkt $(x_0, y_0, z_0) = (1, -1, 0)$ ein Extremum. Bestimmen Sie den Lagrangeschen Multiplikator $\lambda \in \mathbb{R}$ und mithilfe hinreichender Optimalitätsbedingungen die Art des Extremums.

Kapitel 2

Differentialrechnung vektorwertiger Funktionen

Durch die Bildung des Gradienten einer reellwertigen Funktion $f \in \text{Abb}(\mathbb{R}^n, \mathbb{R})$ wurden Sie bereits mit **vektorwertigen** Funktionen konfrontiert, denn

$$\text{grad}\, f \in \text{Abb}(\mathbb{R}^n, \mathbb{R}^n).$$

Ebenso haben Sie bereits (zeitabhängige) Kurven im $\mathbb{R}^n$ kennengelernt, also spezielle vektorwertige Funktionen der Form

$$\mathbf{x} \in \text{Abb}(\mathbb{R}, \mathbb{R}^n).$$

Wir verallgemeinern nun diesen Funktionstyp und übertragen verschiedene Begriffe reellwertiger Funktionen auf diese Klasse von Abbildungen.

2.1 Definitionen und Beispiele

Wir beschäftigen uns nun mit Funktionen gemäß nachstehender

Definition 2.1 *Abbildungen* $\mathbf{f} \in \text{Abb}(\mathbb{R}^n, \mathbb{R}^m)$, $m > 1$, *heißen m-dimensionale **Vektorfunktionen** von n Veränderlichen oder kurz **vektorwertige Funktionen**.*

Eine vektorwertige Funktion $\mathbf{f}$ ordnet damit jedem Punkt $\mathbf{x} \in D_{\mathbf{f}} \subseteq \mathbb{R}^n$ einen Vektor $\mathbf{y} = \mathbf{f}(\mathbf{x}) \in \mathbb{R}^m$ zu.

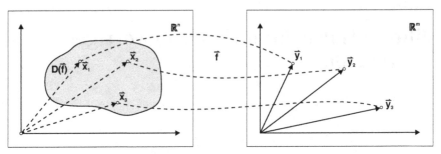

Urbild- und Bildmenge einer vektorwertigen Funktion

Da jede Koordinate des Bildvektors $\mathbf{y} = (y_1, y_2, \ldots, y_m)^T$ eine (skalare) Funktion des Urbildvektors $\mathbf{x} \in D_{\mathbf{f}}$ ist, können vektorwertige Funktionen generell auch durch m skalare **Komponentenfunktionen**

$$\mathbf{f}(\mathbf{x}) = \big(f_1(\mathbf{x}), f_2(\mathbf{x}), \ldots, f_m(\mathbf{x})\big)^T, \quad f_j \in \mathrm{Abb}\,(\mathbb{R}^n, \mathbb{R}) \ \text{für} \ j = 1, \ldots, m,$$

dargestellt werden.

Beispiel 2.2 *Eine elektrische **Ladung** Q im Punkt $\mathbf{0} \in \mathbb{R}^3$ erzeugt gemäß den Maxwellschen Gesetzen ein elektrisches **Feld** der **Feldstärke***

$$\mathbf{E}(\mathbf{x}) := \frac{Q}{4\pi\varepsilon} \left(\frac{x_1}{r^3}, \frac{x_2}{r^3}, \frac{x_3}{r^3}\right)^T, \quad \mathbf{x} = (x_1, x_2, x_3) \in \mathbb{R}^3 \setminus \{\mathbf{0}\}, \quad r := \|\mathbf{x}\|. \quad (2.1)$$

Hier ist eine vektorwertige Funktion $\mathbf{E} \in \mathrm{Abb}\,(\mathbb{R}^3, \mathbb{R}^3)$ mit $D_{\mathbf{E}} := \mathbb{R}^3 \setminus \{\mathbf{0}\}$ und den Komponentenfunktionen

$$E_j(\mathbf{x}) := \frac{Q}{4\pi\varepsilon} \frac{x_j}{r^3}, \ j = 1, 2, 3,$$

vorgelegt.

Die in der Physik auftretenden **Vektorfelder** sind überwiegend vektorwertige Funktionen der Art $\mathbf{f} \in \mathrm{Abb}\,(\mathbb{R}^3, \mathbb{R}^3)$. Dem **Ortsvektor** $\mathbf{x} \in \mathbb{R}^3$ wird jeweils genau ein **Feldvektor** $\mathbf{y} = \mathbf{f}(\mathbf{x})$ zugeordnet.

Diejenigen Raumkurven, die die Feldvektoren als **Tangenten** besitzen, bilden die **Feldlinien**. Die Gesamtheit der Feldlinien ergibt das **Vektorfeld** der Funktion $\mathbf{f}$.

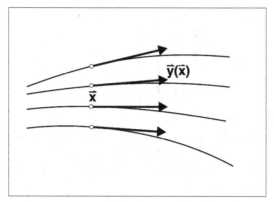

Feldlinien eines Vektorfeldes

Beispiel 2.3 *Das Vektorfeld (2.1) kann auch in der Form*

$$\mathbf{E}(\mathbf{x}) = -\operatorname{grad}\varphi(\mathbf{x}), \quad \varphi(\mathbf{x}) := \frac{Q}{4\pi\varepsilon r},$$

geschrieben werden, wobei wieder $r := \|\mathbf{x}\|$. *Allgemein heißen vektorwertige Funktionen* $\mathbf{f}$ *vom Typ*

$$\mathbf{f}(\mathbf{x}) := -\operatorname{grad}\varphi(\mathbf{x}) \quad \textit{mit gegebenem } \varphi \in \operatorname{Abb}(\mathbb{R}^n, \mathbb{R})$$

Gradientenfelder oder Potentialfelder. Die Funktion φ *heißt dann Potential von* $\mathbf{f}$.

Im Fall $n = 3$ *sind Potentialfelder spezielle Vektorfelder. Da der Vektor* $\operatorname{grad}\varphi(\mathbf{x})$ *senkrecht auf der Äquipotentialfläche der Funktion* φ *durch den Punkt* $\mathbf{x}$ *steht, stehen auch die Feldlinien eines Potentialfeldes stets senkrecht auf den Äquipotentialflächen. Natürlich wird hier die Regularität* $\varphi \in C^1(\mathbb{R}^n)$ *vorausgesetzt.*

Beispiel 2.4 *Die **linearen** Vektorfunktionen* $\mathbf{f} \in \operatorname{L}(\mathbb{R}^n, \mathbb{R}^m)$ *sind genau die* $m \times n$-*Matrizen* $A \in \mathbb{R}^{(m,n)}$. *Es ist in diesem Fall üblich, anstelle des Funktionssymbols* $\mathbf{f}$ *das Matrixsymbol* A *zu verwenden. Die Spezifikation eines Definitionsbereiches erübrigt sich, da* $A \in \mathbb{R}^{(m,n)}$ *stets auf dem gesamten Vektorraum* $\mathbb{R}^n$ *operiert.*

Beispiel 2.5 *Für* $m > n$ *heißt die durch*

$$\mathbf{f}(\mathbf{x}) := (x_1, x_2, \ldots, x_n, 0, \ldots, 0)^T \in \mathbb{R}^m, \quad \mathbf{x} \in \mathbb{R}^n,$$

definierte lineare Abbildung $\mathbf{f} \in \operatorname{L}(\mathbb{R}^n, \mathbb{R}^m)$ ***Projektionsabbildung*** P *von* $\mathbb{R}^n$ *in* $\mathbb{R}^m$. *Die ihr durch die Vorschrift* $P(\mathbf{x}) = A\mathbf{x}$ *zugeordnete Matrix* $A \in \mathbb{R}^{(m,n)}$ *ist die Matrix*

$$A := \begin{pmatrix} Id_n \\ \mathbf{0}^T \\ \vdots \\ \mathbf{0}^T \end{pmatrix} \Bigg\} \quad (m-n)\text{-}mal.$$

Beispiel 2.6 *Affine Funktionen* $\mathbf{f} \in \mathrm{Abb}\,(\mathbb{R}^n, \mathbb{R}^m)$ *sind genau die Funktionen*

$$\mathbf{f}(\mathbf{x}) := A\mathbf{x} + \mathbf{b}, \quad \mathbf{x} \in \mathbb{R}^n, \quad A \in \mathbb{R}^{(m,n)}, \quad \mathbf{b} \in \mathbb{R}^m.$$

Beispiel 2.7 *Koordinatentransformationen* $\mathbf{f} \in \mathrm{Abb}\,(\mathbb{R}^n, \mathbb{R}^n)$ *sind vektorwertige Funktionen. In Abschn. 1.1 wurden Sie bereits ausführlich mit **Kugelkoordinaten** in $\mathbb{R}^3$ konfrontiert und hatten*

$$\mathbf{x} =: \mathbf{f}(r, \varphi, \vartheta) := \begin{pmatrix} r\cos\varphi\sin\vartheta \\ r\sin\varphi\sin\vartheta \\ r\cos\vartheta \end{pmatrix}$$

mit $D_{\mathbf{f}} = \{(r, \varphi, \vartheta) : r > 0,\, 0 \leq \varphi < 2\pi,\, 0 < \vartheta < \pi\} \subset \mathbb{R}^3$.

Aufgaben

Aufgabe 2.1. Für das Vektorfeld $\mathbf{f}(x, y) := (e^x \cos y,\, e^x \sin y)^T$ legen wir als Definitionsbereich die Menge

$$D_{\mathbf{f}} := \{(x, y) \in \mathbb{R}^2 : 0 < y < \pi\}$$

fest. Wie lautet der Wertebereich $W_{\mathbf{f}}$?

Aufgabe 2.2. Die Matrix

$$A = \begin{pmatrix} 2 & -1 & 1 & -1 & 1 \\ 2 & -1 & -1 & -2 & 1 \\ 4 & -2 & 1 & -1 & -1 \\ -2 & 1 & -2 & -1 & 2 \end{pmatrix} \in \mathbb{R}^{(4,5)}$$

beschreibt eine lineare Abbildung der Form $A : \mathbb{R}^5 \to \mathbb{R}^4$. Bestimmen Sie eine Basis des Bildes von A. Welche Dimension hat das Bild von A?

Aufgabe 2.3. Gegeben seien die Vektorfelder

$$a) \ \mathbf{f}(x,y) := (x,y)^T, \quad b) \ \mathbf{f}(x,y) := (y,x)^T, \quad c) \ \mathbf{f}(x,y) := (y,-x)^T.$$

Bestimmen Sie im Falle der Existenz jeweils ein Potential $\varphi \in \text{Abb}(\mathbb{R}^2, \mathbb{R})$.

Aufgabe 2.4. Sei $\varphi : \mathbb{R}^3 \to \mathbb{R}$ ein Potential, gegeben durch

$$\varphi(x,y,z) := 3(x^2 + y^2 + z^2) + (x^2 + y^2 + z^2)^{-1}.$$

Berechnen Sie die Feldstärke $E(\mathbf{x}) = -\text{grad}\,\varphi(\mathbf{x})$, $\mathbf{x} := (x,y,z)^T$. Für welche $\mathbf{x} \in \mathbb{R}^3$ ist die euklidische Vektornorm $f(\mathbf{x}) := \|E(\mathbf{x})\|$ minimal?

2.2 Stetigkeit und Ableitung

Bekanntlich ist im Vektorraum $\mathbb{R}^p$, $p \in \mathbb{N}$, durch

$$d_p(\mathbf{x},\mathbf{y}) := \Big(\sum_{j=1}^{p} |x_j - y_j|^2 \Big)^{1/2}, \quad \mathbf{x},\mathbf{y} \in \mathbb{R}^p,$$

eine **Metrik** gegeben. Mit dieser aus der euklidischen Vektornorm resultierenden Abstandsfunktion legen wir den vektorwertigen Funktionen $\mathbf{f} \in \text{Abb}(\mathbb{R}^n, \mathbb{R}^m)$ den nachfolgenden **Stetigkeitsbegriff** zugrunde:

Definition 2.8 *Eine Funktion* $\mathbf{f} \in \text{Abb}(\mathbb{R}^n, \mathbb{R}^m)$ *heißt **stetig** im Punkte* $\mathbf{x}_0 \in D_{\mathbf{f}} \subset \mathbb{R}^n$, *wenn für jede Folge* $\{\mathbf{x}_k\}_{k \in \mathbb{N}} \subset D_{\mathbf{f}}$ *mit* $\lim_{k \to \infty} d_n(\mathbf{x}_k, \mathbf{x}_0) = 0$ *die Beziehung*

$$\lim_{k \to \infty} d_m\big(\mathbf{f}(\mathbf{x}_k), \mathbf{f}(\mathbf{x}_0)\big) = 0$$

gilt.

Genau wie im Sonderfall $n = 1$ ist die Stetigkeit von $\mathbf{f}$ im Punkt $\mathbf{x}_0 \in D_{\mathbf{f}}$ äquivalent mit der Stetigkeit jeder der Komponentenfunktionen von $\mathbf{f}$ in $\mathbf{x}_0$. Es gilt also

---

Satz 2.9 *Die vektorwertige Funktion*

$$\mathbf{f}(\mathbf{x}) := \big(f_1(\mathbf{x}), f_2(\mathbf{x}), \ldots, f_n(\mathbf{x})\big)^T, \quad f_k : D_{\mathbf{f}} \subset \mathbb{R}^n \to \mathbb{R}, \quad k = 1,2,\ldots,n,$$

> *ist genau dann im Punkt* $\mathbf{x}_0 \in D_{\mathbf{f}}$ *stetig, wenn jede ihrer Komponenten-*
> *funktionen* f_k, $k = 1, 2, \ldots, n$, *in* $\mathbf{x}_0$ *stetig ist.*

Dieser Satz beinhaltet ein einfaches Kriterium zur Überprüfung der Stetigkeit vektorwertiger Funktionen. Sie müssen gegenüber skalaren Funktionen $f \in$ Abb $(\mathbb{R}^n, \mathbb{R})$ also nichts Neues dazulernen.

Beispiel 2.10 *Es sei* $\mathbf{f} \in$ Abb $(\mathbb{R}^2, \mathbb{R}^2)$ *die vektorwertige Funktion*

$$\mathbf{f}(x, y) := \left(\frac{x^2}{e^{x+y}}, \frac{y}{x^2 + 1} \right)^T =: \left(f_1(x, y), f_2(x, y) \right)^T.$$

Auf dem Definitionsbereich $D_{\mathbf{f}} := \mathbb{R}^2$ *ist jede der beiden Komponentenfunktionen* f_1, f_2 *stetig, und somit ist auch* $\mathbf{f}$ *auf ganz* $\mathbb{R}^2$ *stetig.*

Beispiel 2.11 *Jede* **lineare** *Abbildung* $A \in$ L $(\mathbb{R}^n, \mathbb{R}^m) = \mathbb{R}^{(m,n)}$ *ist stetig. Denn wegen*

$$d_m(A\mathbf{x}, A\mathbf{x}_0) = \|A\mathbf{x} - A\mathbf{x}_0\| = \|A(\mathbf{x} - \mathbf{x}_0)\| =: \|A\mathbf{y}\|$$

ist die Stetigkeit bei linearen Abbildungen nur im Punkt $\mathbf{x}_0 := \mathbf{0}$ *zu untersuchen. Aus der Stetigkeit bei* $\mathbf{x}_0 = \mathbf{0}$ *folgt dann bereits die Stetigkeit für alle* $\mathbf{x} \in \mathbb{R}^n$.

Zum Nachweis der Stetigkeit im Punkt $\mathbf{0}$ *bedienen wir uns der Tatsache, dass die* Frobenius-*Norm* $\|A\|_F$ *der Matrix* $A = (a_{ij})$ *mit der euklidischen Vektornorm* $\|\mathbf{x}\|$ *kompatibel ist:*

$$d_m(A\mathbf{x}, \mathbf{0}) = \|A\mathbf{x}\| \leq \left(\sum_{i=1}^{m} \sum_{j=1}^{n} |a_{ij}|^2 \right)^{1/2} \|\mathbf{x}\| =: \|A\|_F \|\mathbf{x}\|.$$

Nun ist die Stetigkeit bei $\mathbf{x}_0 = \mathbf{0}$ *offenkundig.*

Für das Rechnen mit stetigen vektorwertigen Funktionen ist der folgende Satz noch sehr hilfreich:

Satz 2.12 *Es gelten folgende Aussagen:*

1.) *Sind* $\mathbf{f}, \mathbf{g} \in$ Abb $(\mathbb{R}^n, \mathbb{R}^m)$ *stetig in einem Punkt* $\mathbf{x}_0 \in D_{\mathbf{f}} \cap D_{\mathbf{g}}$, *so sind auch die Funktionen*

$$\lambda \mathbf{f} + \mu \mathbf{g} \; \forall \, \lambda, \mu \in \mathbb{R}, \; \langle \mathbf{f}, \mathbf{g} \rangle, \; \|\mathbf{f}\| \; \text{sowie} \; \mathbf{f} \times \mathbf{g} \; \text{für} \; m = 3$$

in $\mathbf{x}_0$ *stetig.*

2.) *Ist* $\mathbf{f} \in \mathrm{Abb}\,(\mathbb{R}^n, \mathbb{R}^m)$ *im Punkte* $\mathbf{x}_0 \in D_{\mathbf{f}}$ *stetig sowie* $\mathbf{g} \in$ $\mathrm{Abb}\,(\mathbb{R}^m, \mathbb{R}^k)$ *stetig im Punkt* $\mathbf{f}(\mathbf{x}_0)$, *so ist das Kompositum* $\mathbf{g} \circ \mathbf{f} \in$ $\mathrm{Abb}\,(\mathbb{R}^n, \mathbb{R}^k)$ *stetig in* $\mathbf{x}_0$.

Beispiel 2.13 *Auf dem Definitionsbereich* $D_f := \{(x, y) \in \mathbb{R}^2 : x^2 + y^2 < 1\}$ *ist die skalare Funktion* $f(x, y) := 1 - x^2 - y^2$ *stetig und sogar positiv.*

Ebenso ist die vektorwertige Funktion $\mathbf{g}(z) := (z, \sqrt{z}, \ln z)^T$ *auf der positiven Halbachse* $D_{\mathbf{g}} := \{z \in \mathbb{R} : z > 0\}$ *überall stetig. Wir folgern aus dem letzten Satz, dass die zusammengesetzte Funktion* $\mathbf{g} \circ f \in \mathrm{Abb}\,(\mathbb{R}^2, \mathbb{R}^3)$, *gegeben durch*

$$(\mathbf{g} \circ f)(x, y) = \mathbf{g}(f(x, y)) := \begin{pmatrix} 1 - x^2 - y^2 \\ \sqrt{1 - x^2 - y^2} \\ \ln(1 - x^2 - y^2) \end{pmatrix},$$

auf der gesamten Menge D_f *stetig ist.*

Hinweis. Der Vektorraum $\mathbb{R}^m$, $m \geq 2$, ist nicht geordnet. Deswegen gibt es für Funktionen $\mathbf{f} \in \mathrm{Abb}\,(\mathbb{R}^n, \mathbb{R}^m)$ keinen *Zwischenwertsatz* und keine *Minima* bzw. *Maxima*.

Hingegen kann der Begriff der *gleichmäßigen Stetigkeit* in offenkundiger Weise auch für vektorwertige Funktionen erklärt werden. In Analogie zum Satz 1.62 haben wir den

Satz 2.14 *Eine stetige Funktion* $\mathbf{f} : K \to \mathbb{R}^m$ *ist auf der* **kompakten** *Teilmenge* $K \subset \mathbb{R}^n$ *sogar gleichmäßig stetig.*

Besitzen die Komponentenfunktionen $f_j \in \mathrm{Abb}\,(\mathbb{R}^n, \mathbb{R})$ einer gegebenen vektorwertigen Funktion $\mathbf{f}$ in einem inneren Punkt $\mathbf{x}_0 \in D_{\mathbf{f}}$ partielle Ableitungen $\frac{\partial f_j}{\partial x_k}(\mathbf{x}_0)$, $j = 1, 2, \ldots, m$, $1 \leq k \leq n$, so ist es sinnvoll, sich mit dem Vektor

$$\frac{\partial \mathbf{f}}{\partial x_k}(\mathbf{x}_0) := \left(\frac{\partial f_1}{\partial x_k}(\mathbf{x}_0), \frac{\partial f_2}{\partial x_k}(\mathbf{x}_0), \ldots, \frac{\partial f_m}{\partial x_k}(\mathbf{x}_0) \right)^T \tag{2.2}$$

zu beschäftigen. Es gilt

Definition 2.15 *Existieren die partiellen Ableitungen $\frac{\partial f_j}{\partial x_k}(\mathbf{x}_0)$, $1 \leq j \leq m$, in einem inneren Punkt $\mathbf{x}_0 \in D_{\mathbf{f}}$, so heißt der Vektor (2.2) **partielle Ableitung** der vektorwertigen Funktion $\mathbf{f} \in \mathrm{Abb}\,(\mathbb{R}^n, \mathbb{R}^m)$ im Punkte $\mathbf{x}_0$ nach der k-ten Komponenten. Existieren die partiellen Ableitungen von $\mathbf{f}$ nach allen Komponenten $k = 1, 2, \ldots, n$, so heißt $\mathbf{f}$ in $\mathbf{x}_0 \in D_{\mathbf{f}}$ partiell differenzierbar.*

Beispiel 2.16 *Es sei $\mathbf{f} \in \mathrm{Abb}\,(\mathbb{R}^2, \mathbb{R}^2)$ die Funktion aus Beispiel 2.10. Dann existieren die partiellen Ableitungen*

$$\frac{\partial \mathbf{f}}{\partial x}(x,y) = \begin{pmatrix} -(x^2 - 2x)e^{-(x+y)} \\ -2xy/(x^2+1)^2 \end{pmatrix}, \quad \frac{\partial \mathbf{f}}{\partial y}(x,y) = \begin{pmatrix} -x^2\,e^{-(x+y)} \\ 1/(x^2+1) \end{pmatrix}$$

in jedem Punkt $\mathbf{x} = (x,y) \in \mathbb{R}^2$.

Ist die Funktion $\mathbf{f} \in \mathrm{Abb}\,(\mathbb{R}^n, \mathbb{R}^m)$ in einem inneren Punkt $\mathbf{x}_0 \in D_{\mathbf{f}}$ partiell differenzierbar, so können die Spaltenvektoren

$$\frac{\partial \mathbf{f}}{\partial x_k}(\mathbf{x}_0) := \left(\frac{\partial f_1}{\partial x_k}(\mathbf{x}_0), \frac{\partial f_2}{\partial x_k}(\mathbf{x}_0), \ldots, \frac{\partial f_m}{\partial x_k}(\mathbf{x}_0) \right)^T, \quad k = 1, 2, \ldots, n,$$

in einer Matrix $J_{\mathbf{f}}(\mathbf{x}_0) \in \mathbb{R}^{(m,n)}$ angeordnet werden.

Definition 2.17 *Die Funktion $\mathbf{f} \in \mathrm{Abb}\,(\mathbb{R}^n, \mathbb{R}^m)$ sei in einem inneren Punkt $\mathbf{x}_0 \in D_{\mathbf{f}}$ partiell differenzierbar. Dann heißt die $m \times n$-Matrix*

$$J_{\mathbf{f}}(\mathbf{x}_0) := \frac{\partial(f_1, \ldots, f_m)}{\partial(x_1, \ldots, x_n)}(\mathbf{x}_0) = \left(\frac{\partial \mathbf{f}}{\partial x_1}(\mathbf{x}_0), \ldots, \frac{\partial \mathbf{f}}{\partial x_n}(\mathbf{x}_0) \right)$$

$$= \begin{pmatrix} \frac{\partial f_1}{\partial x_1}(\mathbf{x}_0) & \cdots & \frac{\partial f_1}{\partial x_n}(\mathbf{x}_0) \\ \vdots & \ddots & \vdots \\ \frac{\partial f_m}{\partial x_1}(\mathbf{x}_0) & \cdots & \frac{\partial f_m}{\partial x_n}(\mathbf{x}_0) \end{pmatrix}$$

*Jacobi- oder **Funktionalmatrix** von $\mathbf{f}$ an der Stelle $\mathbf{x}_0$.*

Beispiel 2.18 *Es sei $\mathbf{f} \in \mathrm{Abb}\,(\mathbb{R}^2, \mathbb{R}^3)$ gegeben durch*

$$\mathbf{f}(x,y) := (2x + y, 3x^2 + y^2, xy)^T$$

erklärt. Ihre Jacobi-Matrix im Punkt $\mathbf{x}_0 = (x_0, y_0)$ lautet

$$J_{\mathbf{f}}(x_0, y_0) = \begin{pmatrix} f_{1,x}(x_0, y_0) & f_{1,y}(x_0, y_0) \\ f_{2,x}(x_0, y_0) & f_{2,y}(x_0, y_0) \\ f_{3,x}(x_0, y_0) & f_{3,y}(x_0, y_0) \end{pmatrix} = \begin{pmatrix} 2 & 1 \\ 6x_0 & 2y_0 \\ y_0 & x_0 \end{pmatrix}.$$

Beispiel 2.19 *Die durch die Matrix* $A = (\mathbf{a}_1, \mathbf{a}_2, \ldots, \mathbf{a}_n) \in \mathbb{R}^{(m,n)}$ *definierte vektorwertige Funktion* $\mathbf{f}(\mathbf{x}) := A\mathbf{x}$, $\mathbf{x} \in \mathbb{R}^n$, *hat die partiellen Ableitungen* $\frac{\partial \mathbf{f}}{\partial x_k} = \mathbf{a}_k$, $k = 1, 2, \ldots, n$. *Daraus resultiert die konstante Jacobi-Matrix*

$$J_A(\mathbf{x}) = A \quad \forall \mathbf{x} \in \mathbb{R}^n.$$

Die Auszeichnung der partiellen Ableitungen in Richtung der Vektoren der Standardbasis des $\mathbb{R}^n$ ist natürlich nicht zwingend. Auch bei vektorwertigen Funktionen kann wie im skalaren Fall eine Ableitung in beliebiger Richtung $\mathbf{h} \in \mathbb{R}^n$ definiert werden. In Anlehnung an die Definition 1.89 formulieren wir

---

Definition 2.20 *Gegeben seien eine Funktion* $\mathbf{f} \in \mathrm{Abb}\,(\mathbb{R}^n, \mathbb{R}^m)$ *und ein innerer Punkt* $\mathbf{x}_0 \in D_{\mathbf{f}}$. *Ferner sei* $\mathbf{h} \in \mathbb{R}^n$ *mit* $\|\mathbf{h}\| = 1$ *ein **Einheitsvektor**. Existiert der Grenzwert*

$$\frac{\partial \mathbf{f}}{\partial \mathbf{h}}(\mathbf{x}_0) := \lim_{t \to 0} \frac{1}{t}\left(\mathbf{f}(\mathbf{x}_0 + t\mathbf{h}) - \mathbf{f}(\mathbf{x}_0) \right) = \frac{d}{dt}\mathbf{f}(\mathbf{x}_0 + t\mathbf{h})\big|_{t=0},$$

so heißt $\frac{\partial \mathbf{f}}{\partial \mathbf{h}}(\mathbf{x}_0)$ ***Richtungsableitung*** *von* $\mathbf{f}$ *im Punkte* $\mathbf{x}_0$ *in **Richtung** $\mathbf{h}$.*

Beispiel 2.21 *Die Konsistenz dieser Definition mit der Definition der partiellen Ableitung von* $\mathbf{f}$ *nach der* k-*ten Komponenten ist sichergestellt. Setzen wir nämlich* $\mathbf{h} := \mathbf{e}_k$ *in die obige Definition ein, so folgt korrekt*

$$\frac{\partial \mathbf{f}}{\partial \mathbf{e}_k}(\mathbf{x}_0) = \frac{\partial \mathbf{f}}{\partial x_k}(\mathbf{x}_0).$$

Beispiel 2.22 *Die Funktion* $\mathbf{f} \in \mathrm{Abb}\,(\mathbb{R}^2, \mathbb{R}^2)$ *sei auf* $D_{\mathbf{f}} := \mathbb{R}^2$ *gemäß* $\mathbf{f}(x, y) := (x\cos y, x\sin y)^T$ *definiert. Wir berechnen die Richtungsableitung von* $\mathbf{f}$ *im Punkte* $(x, y)^T \in \mathbb{R}^2$ *in allgemeiner Richtung* $\mathbf{h} = (h_1, h_2)^T$ *mit* $\|\mathbf{h}\| = 1$:

$$\frac{\partial \mathbf{f}}{\partial \mathbf{h}}(x,y) = \frac{d}{dt}\begin{pmatrix} (x+th_1)\cos(y+th_2) \\ (x+th_1)\sin(y+th_2) \end{pmatrix}\Big|_{t=0}$$

$$= \begin{pmatrix} h_1\cos y - h_2 x\sin y \\ h_1\sin y + h_2 x\cos y \end{pmatrix} = \underbrace{\begin{pmatrix} \cos y & -x\sin y \\ \sin y & x\cos y \end{pmatrix}}_{= J_\mathbf{f}(x,y)}\mathbf{h}.$$

*Die Gleichung $\frac{\partial \mathbf{f}}{\partial \mathbf{h}}(\mathbf{x}) = J_\mathbf{f}(\mathbf{x})\,\mathbf{h}$ hat sich hier nicht zufällig ergeben, wie wir gleich in Satz 2.26 begründet haben werden. Wir erinnern an die Richtungsableitung $\frac{\partial f}{\partial \mathbf{h}}(\mathbf{x}) = \langle \operatorname{grad} f(\mathbf{x}), \mathbf{h}\rangle$ für skalare Funktionen $f \in \text{Abb}(\mathbb{R}^n, \mathbb{R})$. Es lässt sich bereits hier vermuten, dass die Jacobi-Matrix bei vektorwertigen Funktionen dieselbe Rolle spielt wie der **Gradient** bei skalaren Funktionen.*

Beispiel 2.23 *Auf einem Gebiet $\Omega \subset \mathbb{R}^n$ sei eine skalare Funktion $f \in C^2(\Omega)$ gegeben. Dann gilt für jedes feste $k = 1, 2, \dots, n$, dass*

$$\frac{\partial}{\partial x_k}\operatorname{grad} f(\mathbf{x}_0) = \big(f_{x_1 x_k}(\mathbf{x}_0), f_{x_2 x_k}(\mathbf{x}_0), \dots, f_{x_n x_k}(\mathbf{x}_0)\big)^T.$$

Daran erkennen Sie, dass die Jacobi-Matrix von $\operatorname{grad} f$ und die Hesse-Matrix von f im Punkte $\mathbf{x}_0$ übereinstimmen, also

$$J_{\operatorname{grad} f}(\mathbf{x}_0) = \left(\frac{\partial^2 f}{\partial x_j \partial x_k}(\mathbf{x}_0)\right) = H(\mathbf{x}_0).$$

Bemerkung 2.24 *Entsprechend zu skalaren Funktionen gelten folgende Aussagen:*

a) *Aus der partiellen Differenzierbarkeit der Funktion $\mathbf{f} \in \text{Abb}(\mathbb{R}^n, \mathbb{R}^m)$ im Punkte $\mathbf{x}_0$ kann **nicht** auf die Stetigkeit von $\mathbf{f}$ in $\mathbf{x}_0$ geschlossen werden.*

b) *Das Beispiel 2.22 lässt erahnen, dass ein geeigneter Ableitungsbegriff ganz analog wie in Definition 1.99 jetzt mithilfe der Jacobi-Matrix formuliert werden kann.*

Um diese Ahnung zu konkretisieren, gehen wir wieder von dem Ansatz aus, eine Approximation der Funktionswerte $\mathbf{y} = \mathbf{f}(\mathbf{x})$ einer gegebenen Funktion $\mathbf{f} \in \text{Abb}(\mathbb{R}^n, \mathbb{R}^m)$ durch eine affine Funktion in der Umgebung eines Punktes $\mathbf{x}_0 \in D_\mathbf{f}$ zu bestimmen. Die Schar der affinen Funktionen $\mathbf{T} \in \text{Abb}(\mathbb{R}^n, \mathbb{R}^m)$ durch den festen Punkt $\big(\mathbf{x}_0, \mathbf{f}(\mathbf{x}_0)\big) \in G(\mathbf{f})$ ist durch

$$\mathbf{T}(\mathbf{x}) = \mathbf{f}(\mathbf{x}_0) + A(\mathbf{x} - \mathbf{x}_0), \ \mathbf{x} \in \mathbb{R}^n, \ A \in \mathbb{R}^{(m,n)},$$

gegeben. Hiermit ist die folgende Definition (vgl. Abschn. 1.6) sinnvoll:

Definition 2.25 *Gegeben seien eine Funktion* $\mathbf{f} \in \mathrm{Abb}\,(\mathbb{R}^n, \mathbb{R}^m)$ *und ein innerer Punkt* $\mathbf{x}_0 \in D_{\mathbf{f}}$. *Genau dann heißt* $\mathbf{f}$ *in* $\mathbf{x}_0$ **differenzierbar**, *wenn es eine Matrix* $A \in \mathbb{R}^{(m,n)}$ *gibt mit*

$$\mathbf{f}(\mathbf{x}) = \mathbf{f}(\mathbf{x}_0) + A(\mathbf{x} - \mathbf{x}_0) + O(\|\mathbf{x} - \mathbf{x}_0\|) \text{ für } \mathbf{x} \to \mathbf{x}_0. \qquad (2.3)$$

Schreiben wir die gesuchte Matrix $A \in \mathbb{R}^{(m,n)}$ mithilfe ihrer **Zeilenvektoren** $\mathbf{a}_j^T \in \mathbb{R}^n$, $1 \le j \le m$, in der Form

$$A = \begin{pmatrix} \mathbf{a}_1^T \\ \mathbf{a}_2^T \\ \vdots \\ \mathbf{a}_m^T \end{pmatrix}$$

auf, so gestattet die Relation (2.3) für $j = 1, 2, \ldots, m$ die *komponentenweise* Darstellung

$$f_j(\mathbf{x}) = f_j(\mathbf{x}_0) + \langle \mathbf{a}_j, \mathbf{x} - \mathbf{x}_0 \rangle + O(\|\mathbf{x} - \mathbf{x}_0\|) \text{ für } \mathbf{x} \to \mathbf{x}_0.$$

Gemäß Definition 1.99 ist der Vektor $\mathbf{a}_j$ somit genau der Gradient der Funktion f_j im Punkt $\mathbf{x}_0$. Das heißt, wir haben die Matrix $A \in \mathbb{R}^{(m,n)}$ mit der Jacobi-Matrix von $\mathbf{f}$ identifiziert, also

$$A = \begin{pmatrix} \frac{\partial f_1}{\partial x_1}(\mathbf{x}_0) & \cdots & \frac{\partial f_1}{\partial x_n}(\mathbf{x}_0) \\ \vdots & \ddots & \vdots \\ \frac{\partial f_m}{\partial x_1}(\mathbf{x}_0) & \cdots & \frac{\partial f_m}{\partial x_n}(\mathbf{x}_0) \end{pmatrix} = \frac{\partial(f_1, \ldots, f_m)}{\partial(x_1, \ldots, x_n)}(\mathbf{x}_0) = J_{\mathbf{f}}(\mathbf{x}_0).$$

Wir fassen zusammen:

Satz 2.26 *Gegeben seien eine Funktion* $\mathbf{f} \in \mathrm{Abb}\,(\mathbb{R}^n, \mathbb{R}^m)$ *und ein innerer Punkt* $\mathbf{x}_0 \in D_{\mathbf{f}}$.

a) *Genau dann ist* $\mathbf{f}$ *in* $\mathbf{x}_0$ *differenzierbar, wenn jede Komponentenfunktion* $f_j : D_{\mathbf{f}} \to \mathbb{R}$, $j = 1, 2, \ldots, m$, *in* $\mathbf{x}_0$ *differenzierbar ist. Die* **Ableitung** *von* $\mathbf{f}$ *in* $\mathbf{x}_0$ *ist die Jacobi-Matrix*

$$J_{\mathbf{f}}(\mathbf{x}_0) = \frac{\partial(f_1, \ldots, f_m)}{\partial(x_1, \ldots, x_n)}(\mathbf{x}_0) =: \frac{d\mathbf{f}}{d\mathbf{x}}(\mathbf{x}_0) =: \mathbf{f}'(\mathbf{x}_0).$$

b) *Ist* $\mathbf{f}$ *in* $\mathbf{x}_0$ *differenzierbar, so existieren die* **Richtungsableitungen** *von* $\mathbf{f}$ *im Punkte* $\mathbf{x}_0$ *in* **jeder** *Richtung* $\mathbf{h} \in \mathbb{R}^n$, $\|\mathbf{h}\| = 1$, *und es gilt*

$$\frac{\partial \mathbf{f}}{\partial \mathbf{h}}(\mathbf{x}_0) = J_{\mathbf{f}}(\mathbf{x}_0)\,\mathbf{h}.$$

Speziell für $\mathbf{h} := \mathbf{e}_j$ *existieren also die partiellen Ableitungen* $\frac{\partial \mathbf{f}}{\partial x_j}(\mathbf{x}_0)$, *und für* $1 \leq j \leq n$ *gilt*

$$\frac{\partial \mathbf{f}}{\partial x_j}(\mathbf{x}_0) = J_{\mathbf{f}}(\mathbf{x}_0)\,\mathbf{e}_j = \left(\frac{\partial f_1}{\partial x_j}(\mathbf{x}_0), \frac{\partial f_2}{\partial x_j}(\mathbf{x}_0), \ldots, \frac{\partial f_m}{\partial x_j}(\mathbf{x}_0)\right)^T.$$

c) *Ist die Funktion* $\mathbf{f}$ *im Punkte* $\mathbf{x}_0$ *differenzierbar, so ist sie dort auch* **stetig.**

d) *Besitzt* $\mathbf{f}$ *im Punkte* $\mathbf{x}_0$ **stetige** *partiellen Ableitungen* $\frac{\partial \mathbf{f}}{\partial x_j}(\mathbf{x}_0)$, $j = 1, 2, \ldots, n$, *so ist* $\mathbf{f}$ *in* $\mathbf{x}_0$ *auch differenzierbar.*

Beispiel 2.27 *Es seien* $r := \|\mathbf{x}\|$, $\mathbf{x} \in \mathbb{R}^n$ *sowie* $\mathbf{f}(\mathbf{x}) := \mathrm{grad}\,(\ln r)$, $r > 0$. *Dann gilt, wie in Beispiel 1.102 gezeigt wurde, dass*

$$\mathbf{f}(\mathbf{x}) = \frac{\mathbf{x}}{r^2}, \quad r > 0,$$

und somit

$$J_{\mathbf{f}}(\mathbf{x}) = \frac{1}{r^4}\left(r^2 \delta_{jk} - 2x_j x_k\right)\Big|_{\substack{j=1,\ldots,n \\ k=1,\ldots,n}}$$

$$= \frac{1}{r^2}\,Id_n - \frac{2}{r^4}\left(x_j x_k\right)\Big|_{\substack{j=1,\ldots,n \\ k=1,\ldots,n}} = \frac{1}{r^2}\left(Id_n - \frac{2}{r^2}(\mathbf{x} \otimes \mathbf{x})\right),$$

wobei $(\mathbf{x} \otimes \mathbf{x}) := \mathbf{x}\mathbf{x}^T$ *das dyadische Produkt bezeichnet.*

Für einen beliebigen Einheitsvektor $\mathbf{h} \in \mathbb{R}^n$, $\|\mathbf{h}\| = 1$, *ergibt sich daraus die Richtungsableitung*

$$\frac{\partial \mathbf{f}}{\partial \mathbf{h}}(\mathbf{x}) = \frac{1}{r^2}\mathbf{h} - \frac{2}{r^4}\langle \mathbf{x}, \mathbf{h}\rangle\,\mathbf{x} = \frac{1}{r^2}\left(Id_n - \frac{2}{r^2}(\mathbf{x} \otimes \mathbf{x})\right)\mathbf{h},$$

wobei hier die Eigenschaft

$$(\mathbf{x} \otimes \mathbf{x})\,\mathbf{h} = \langle \mathbf{x}, \mathbf{h}\rangle\,\mathbf{x}$$

des dyadischen Produktes verwendet wurde.

Aufgaben

Aufgabe 2.5. Untersuchen Sie die nachfolgenden Vektorfelder auf Stetigkeit:

a) Gegeben sei $\mathbf{u} \in \text{Abb}(\mathbb{R}^3, \mathbb{R}^2)$ durch $\mathbf{u}(x, y, z) = (f_1(x, y, z), f_2(x, y, z))^T$, wobei

$$f_1(x, y, z) := \begin{cases} \dfrac{xyz}{\sqrt{x^2 + y^2 + z^2}} & : (x, y) \neq (0, 0), \\ 0 & : (x, y) = (0, 0), \end{cases}$$

$$f_2(x, y, z) := 7.$$

b) Gegeben sei $\mathbf{v} \in \text{Abb}(\mathbb{R}^3, \mathbb{R}^2)$ durch $\mathbf{v}(x, y, z) = (g_1(x, y, z), g_2(x, y, z))^T$, wobei

$$g_1(x, y, z) := \begin{cases} \dfrac{xy}{x^2 + y^2 + z^2} & : (x, y) \neq (0, 0), \\ 0 & : (x, y) = (0, 0), \end{cases}$$

$$g_2(x, y, z) := 7.$$

Aufgabe 2.6. Gegeben sei $\mathbf{f} : \mathbb{R}^3 \to \mathbb{R}^3$ durch

$$\mathbf{f}(x, y, z) = (3xyz, \, x + y, \, x \sin yz)^T.$$

a) Bestimmen Sie die Jacobi-Matrix von $\mathbf{f}$.

b) Bestimmen Sie die Richtungsableitung von $\mathbf{f}$ in Richtung $\mathbf{a} = (0, 1, 1)^T$ im Punkt $\mathbf{x}$.

Aufgabe 2.7. Gegeben sei $\mathbf{f} : \mathbb{R}^3 \to \mathbb{R}^3$ durch

$$\mathbf{f}(x, y, z) = \left(x^2 y, \, xy^2, \, x - y\right)^T.$$

a) Bestimmen Sie die Jacobi-Matrix von $\mathbf{f}$.

b) Bestimmen Sie die Richtungsableitung von $\mathbf{f}$ in Richtung $\mathbf{a} = \mathbf{x}$ bei $\mathbf{x}$.

c) Bestimmen Sie eine Näherung für $\mathbf{f}(1 + \Delta x, 1 + \Delta y, 1 + \Delta z)$.

Aufgabe 2.8. Bestimmen Sie von den nachfolgenden Vektorfeldern jeweils den Definitionsbereich und die Jacobi-Matrix:

a) $\mathbf{u}(\mathbf{x}) := (x^y, y^x)^T$, b) $\mathbf{v}(\mathbf{x}) := (x^{yz}, y^{xz}, z^{xy})^T$.

2.3 Rechenregeln für differenzierbare Funktionen $f \in \mathrm{Abb}(\mathbb{R}^n, \mathbb{R}^m)$

Sind die Funktionen $\mathbf{f}, \mathbf{g} \in \mathrm{Abb}(\mathbb{R}^n, \mathbb{R}^m)$ in einem inneren Punkt $\mathbf{x}_0 \in D_{\mathbf{f}} \cap D_{\mathbf{g}}$ differenzierbar, so ist es leicht einzusehen, dass die folgenden Verknüpfungen ebenfalls in $\mathbf{x}_0$ differenzierbar sind:

$$\lambda \mathbf{f} + \mu \mathbf{g} \ \forall \lambda, \mu \in \mathbb{R}, \ \langle \mathbf{f}, \mathbf{g} \rangle, \ \|\mathbf{f}\| \ \text{und auch } \mathbf{f} \times \mathbf{g} \text{ für } m = 3.$$

Interessant ist in diesem Zusammenhang die Differentiation des **Kompositums** $\mathbf{g} \circ \mathbf{f}$ für Funktionen $\mathbf{f} \in \mathrm{Abb}(\mathbb{R}^n, \mathbb{R}^m)$ und $\mathbf{g} \in \mathrm{Abb}(\mathbb{R}^m, \mathbb{R}^l)$. Im skalaren Fall $n = m = l = 1$ gilt ja die einfache Kettenregel

$$\frac{d}{dx}(g \circ f)(x) = \frac{d}{dx} g(f(x)) = g'(f(x)) \cdot f'(x),$$

sofern f in $x \in D_f$ und g in $f(x) \in D_g$ differenzierbar sind. So berechnen wir z. B.

$$\frac{d}{dx}(\arctan e^{ax}) = \frac{1}{1 + e^{2ax}} \cdot a e^{ax}.$$

Erste Verallgemeinerungen dieser elementaren Kettenregel haben wir bereits bei den Rechenregeln 1.106 mit den Ableitungsregeln (c) und (d) getroffen.

Sind nun $\mathbf{f} \in \mathrm{Abb}(\mathbb{R}^n, \mathbb{R}^m)$ und $\mathbf{g} \in \mathrm{Abb}(\mathbb{R}^m, \mathbb{R}^l)$ mit $\mathbf{f}(D_{\mathbf{f}}) \subset D_{\mathbf{g}}$ vorgegeben, so liefert die Hintereinanderausführung $\mathbf{h}(\mathbf{x}) := \mathbf{g}(\mathbf{f}(\mathbf{x}))$ eine vektorwertige Funktion

$$\mathbf{h} = \mathbf{g} \circ \mathbf{f} \in \mathrm{Abb}(\mathbb{R}^n, \mathbb{R}^l),$$

für die wir jetzt die **Kettenregel** formulieren.

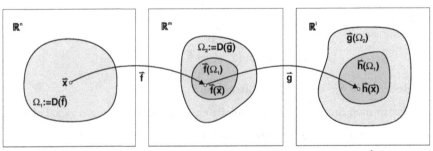

Komposition $\mathbf{h} := \mathbf{g} \circ \mathbf{f}$ von $\mathbf{f} \in \mathrm{Abb}(\mathbb{R}^n, \mathbb{R}^m)$ und $\mathbf{g} \in \mathrm{Abb}(\mathbb{R}^m, \mathbb{R}^l)$

Satz 2.28 (Kettenregel) *Die Funktionen* $\mathbf{f} \in \mathrm{Abb}(\mathbb{R}^n, \mathbb{R}^m)$ *und* $\mathbf{g} \in$ $\mathrm{Abb}(\mathbb{R}^m, \mathbb{R}^l)$ *seien in den inneren Punkten* $\mathbf{x}_0 \in D_{\mathbf{f}}$ *bzw. in* $\mathbf{y}_0 :=$ $\mathbf{f}(\mathbf{x}_0) \in D_{\mathbf{g}}$ *differenzierbar. Dann ist das Kompositum* $\mathbf{h} := \mathbf{g} \circ \mathbf{f}$ *in* $\mathbf{x}_0$ *differenzierbar, und es gilt im Sinne der Matrizenmultiplikation*

$$J_{\mathbf{h}}(\mathbf{x}_0) = \frac{d\mathbf{h}}{d\mathbf{x}}(\mathbf{x}_0) = \frac{d\mathbf{g}}{d\mathbf{y}}(\mathbf{y}_0) \cdot \frac{d\mathbf{f}}{d\mathbf{x}}(\mathbf{x}_0) = J_{\mathbf{g}}(\mathbf{y}_0) \cdot J_{\mathbf{f}}(\mathbf{x}_0).$$

Bemerkung 2.29 *Ausgeschrieben sieht die Kettenregel damit so aus:*

$$\mathbf{h}'(\mathbf{x}_0) = \begin{pmatrix} \frac{\partial h_1}{\partial x_1} & \cdots & \frac{\partial h_1}{\partial x_n} \\ \vdots & \ddots & \vdots \\ \frac{\partial h_l}{\partial x_1} & \cdots & \frac{\partial h_l}{\partial x_n} \end{pmatrix}\Bigg|_{\mathbf{x}=\mathbf{x}_0}$$

$$= \begin{pmatrix} \frac{\partial g_1}{\partial y_1} & \cdots & \frac{\partial g_1}{\partial y_m} \\ \vdots & \ddots & \vdots \\ \frac{\partial g_l}{\partial y_1} & \cdots & \frac{\partial g_l}{\partial y_m} \end{pmatrix}\Bigg|_{\mathbf{y}=\mathbf{f}(\mathbf{x}_0)} \begin{pmatrix} \frac{\partial f_1}{\partial x_1} & \cdots & \frac{\partial f_1}{\partial x_n} \\ \vdots & \ddots & \vdots \\ \frac{\partial f_m}{\partial x_1} & \cdots & \frac{\partial f_m}{\partial x_n} \end{pmatrix}\Bigg|_{\mathbf{x}=\mathbf{x}_0}$$

und ist gut einprägsam in der Form

$$\underbrace{\mathbb{R}^n}_{\ni \mathbf{x}} \overset{\mathbf{f}}{\rightsquigarrow} \underbrace{\mathbb{R}^m}_{\ni \mathbf{y}} \overset{\mathbf{g}}{\rightsquigarrow} \underbrace{\mathbb{R}^l}_{\ni \mathbf{z}}$$

$$\frac{\partial(z_1, \ldots, z_l)}{\partial(x_1, \ldots, x_n)} = \frac{\partial(z_1, \ldots, z_l)}{\partial(y_1, \ldots, y_m)} \cdot \frac{\partial(y_1, \ldots, y_m)}{\partial(x_1, \ldots, x_n)}.$$

Beispiel 2.30 *Wir berechnen die Ableitung einer Funktion* $\mathbf{f} \in \mathrm{Abb}(\mathbb{R}^2, \mathbb{R}^l)$ *bei Transformation auf* **Polarkoordinaten**

$$\mathbf{p}(r, \varphi) := (r\cos\varphi, r\sin\varphi)^T$$

mit $r \geq 0$ *und* $0 \leq \varphi < 2\pi$.

Es liegt folgendes Abbildungsschema vor:

$$\underbrace{\mathbb{R}^2}_{\ni (r,\varphi)^T} \overset{\mathbf{p}}{\rightsquigarrow} \underbrace{\mathbb{R}^2}_{\ni (x,y)^T} \overset{\mathbf{f}}{\rightsquigarrow} \underbrace{\mathbb{R}^l}_{\ni (f_1,\ldots,f_l)^T}.$$

Die Funktion **f** *sei für* $l = 3$ *durch*

$$\mathbf{f}(x,y) := (xy,\, x + y^2,\, x - y)^T$$

spezifiziert. Wir berechnen

$$\mathbf{f}'(r,\varphi) = \frac{\partial(f_1, f_2, f_3)}{\partial(r,\varphi)} = \frac{\partial(f_1, f_2, f_3)}{\partial(x,y)} \cdot \frac{\partial(x,y)}{\partial(r,\varphi)}$$

$$= \begin{pmatrix} y & x \\ 1 & 2y \\ 1 & -1 \end{pmatrix} \begin{pmatrix} \cos\varphi & -r\sin\varphi \\ \sin\varphi & r\cos\varphi \end{pmatrix}$$

$$= \begin{pmatrix} r\sin\varphi & r\cos\varphi \\ 1 & 2r\sin\varphi \\ 1 & -1 \end{pmatrix} \begin{pmatrix} \cos\varphi & -r\sin\varphi \\ \sin\varphi & r\cos\varphi \end{pmatrix}$$

$$= \begin{pmatrix} r\sin 2\varphi & r^2\cos 2\varphi \\ \cos\varphi + 2r\sin^2\varphi & -r\sin\varphi + r^2\sin 2\varphi \\ \cos\varphi - \sin\varphi & -r(\sin\varphi + \cos\varphi) \end{pmatrix}.$$

Wir gelangen zum selben Resultat, wenn wir zuerst das Kompositum $\mathbf{h} := \mathbf{f} \circ \mathbf{p}$
berechnen und danach die Jacobi-Matrix der Funktion **h** *bestimmen, also*

$$\mathbf{h}(r,\varphi) = \begin{pmatrix} r^2\sin\varphi\cos\varphi \\ r\cos\varphi + r^2\sin^2\varphi \\ r\cos\varphi - r\sin\varphi \end{pmatrix},$$

$$J_{\mathbf{h}}(r,\varphi) = \begin{pmatrix} r\sin 2\varphi & r^2\cos 2\varphi \\ \cos\varphi + 2r\sin^2\varphi & -r\sin\varphi + r^2\sin 2\varphi \\ \cos\varphi - \sin\varphi & -r(\sin\varphi + \cos\varphi) \end{pmatrix}.$$

Beispiel 2.31 *Als ein Sonderfall der Kettenregel erhält man für eine diffe-
renzierbare Funktion* $\mathbf{f} \in \mathrm{Abb}\,(\mathbb{R}^n, \mathbb{R}^m)$ *und für einen differenzierbaren Weg*
$\mathbf{x} \in \mathrm{Abb}\,(\mathbb{R}, \mathbb{R}^n)$ *die* **Wegableitung** *von* **f** *längs des Weges* **x** *durch*

$$\frac{d}{dt}\,\mathbf{f}\,(\mathbf{x}(t)) = \frac{\partial(f_1,\ldots,f_m)}{\partial(x_1,\ldots,x_n)}\,\dot{\mathbf{x}}(t).$$

Es sei nun $\mathbf{f} \in \mathrm{Abb}\,(\mathbb{R}^2, \mathbb{R}^3)$ die Funktion aus dem vorangegangenen Beispiel und $\mathbf{x} \in \mathrm{Abb}\,(\mathbb{R}, \mathbb{R}^2)$ der Ellipsenbogen

$$\mathbf{x}(t) := (a\cos t, b\sin t)^T, \ 0 \le t < 2\pi.$$

Dann ist die Wegableitung von $\mathbf{f}$ längs des Weges $\mathbf{x}$ bestimmt durch

$$\frac{d}{dt}\,\mathbf{f}\big(\mathbf{x}(t)\big) = \begin{pmatrix} y & x \\ 1 & 2y \\ 1 & -1 \end{pmatrix} \begin{pmatrix} -a\sin t \\ b\cos t \end{pmatrix}$$

$$= \begin{pmatrix} b\sin t & a\cos t \\ 1 & 2b\sin t \\ 1 & -1 \end{pmatrix} \begin{pmatrix} -a\sin t \\ b\cos t \end{pmatrix}$$

$$= \begin{pmatrix} ab\cos 2t \\ -a\sin t + b^2\sin 2t \\ -a\sin t - b\cos t \end{pmatrix}.$$

Beispiel 2.32 *Bei **Koordinatenwechsel** $\mathbf{x} \mapsto \mathbf{y}$ transformieren sich die partiellen Ableitungen einer skalaren Funktion $f \in \mathrm{Abb}\,(\mathbb{R}^n, \mathbb{R})$ in der folgenden Weise:*

$$\frac{\partial f}{\partial y_j}\,(\mathbf{x}(\mathbf{y})) = f_{x_1}\frac{\partial x_1}{\partial y_j} + f_{x_2}\frac{\partial x_2}{\partial y_j} + \cdots + f_{x_n}\frac{\partial x_n}{\partial y_j},\ j = 1, 2, \ldots, n.$$

Wir betrachten jetzt den Koordinatenwechsel $(x, y) \mapsto (r, \varphi)$ von kartesischen Koordinaten auf Polarkoordinaten

$$x = x(r, \varphi) = r\cos\varphi,\ y = y(r, \varphi) = r\sin\varphi$$

bei gegebener differenzierbarer Funktion $f \in \mathrm{Abb}\,(\mathbb{R}^2, \mathbb{R})$:

$$\left.\begin{aligned} f_r &= f_x\,x_r + f_y\,y_r = f_x\cos\varphi + f_y\sin\varphi \\ f_\varphi &= f_x\,x_\varphi + f_y\,y_\varphi = -f_x\,r\sin\varphi + f_y\,r\cos\varphi \end{aligned}\right\} \implies$$

$$(f_r, f_\varphi) = (f_x, f_y) \begin{pmatrix} \cos\varphi & -r\sin\varphi \\ \sin\varphi & r\cos\varphi \end{pmatrix}.$$

Wir wenden die Kettenregel im speziellen Fall einer **injektiven** Funktion $\mathbf{f} \in \mathrm{Abb}\,(\mathbb{R}^n, \mathbb{R}^n)$ an. Da $\mathbf{f}$ auf der Bildmenge von $\mathbf{f}\,(D_\mathbf{f})$ invertierbar ist, existiert die Inverse $\mathbf{f}^{-1} \in \mathrm{Abb}\,(\mathbb{R}^n, \mathbb{R}^n)$, und es gilt $\mathbf{x} = \mathbf{f}^{-1}\big(\mathbf{f}(\mathbf{x})\big)\ \forall \mathbf{x} \in D_\mathbf{f}$.

Das heißt, nehmen wir $\mathbf{f}, \mathbf{f}^{-1} \in C^1$ an, so erhalten wir aus der Kettenregel des Satzes 2.28 die Relation

$$Id = J_{\mathbf{f}^{-1}}(\mathbf{y}) \cdot J_\mathbf{f}(\mathbf{x})\ \ \forall \mathbf{x} \in D(\mathbf{f}),\ \ \mathbf{y} := \mathbf{f}(\mathbf{x}),$$

und somit

$$\boxed{J_{\mathbf{f}^{-1}}(\mathbf{y}) = \big(J_\mathbf{f}\,(\mathbf{f}^{-1}(\mathbf{y}))\big)^{-1}.}\tag{2.4}$$

Daraus ergibt sich

Folgerung 2.33 *Die stetig differenzierbare Funktion* $\mathbf{f} \in \mathrm{Abb}\,(\mathbb{R}^n, \mathbb{R}^n)$ *sei invertierbar. Dann muss* **notwendigerweise** *die Bedingung* $\det J_\mathbf{f}(\mathbf{x}) \neq 0\ \forall \mathbf{x} \in D_\mathbf{f}$ *gelten.*

Im Abschnitt 2.4 werden Sie sehen, dass diese Bedingung auch **hinreichend** ist. Zusammen mit der Differenzierbarkeitsvoraussetzung $\mathbf{f} \in C^1$ erhalten wir dann die Existenz einer Inversen $\mathbf{f}^{-1} \in C^1$, deren Ableitung gemäß (2.4) durch Invertierung der Jacobi-Matrix von $\mathbf{f}$ zu gewinnen ist.

Beispiel 2.34 *Wir betrachten wieder ebene* **Polarkoordinaten**

$$\mathbf{p}(r, \varphi) := (r\cos\varphi, r\sin\varphi)^T,$$

und zwar auf dem Definitionsbereich

$$D_\mathbf{p} := \{(r, \varphi) \in \mathbb{R}^2 : 0 < r,\ -\pi < \varphi < \pi\}.$$

Der Bildbereich ist nun die Teilmenge

$$Y := \mathbf{p}(D_\mathbf{p}) = \mathbb{R}^2 \setminus \{(x, 0)^T \in \mathbb{R}^2 : x \leq 0\},$$

gemäß nachfolgender Skizze:

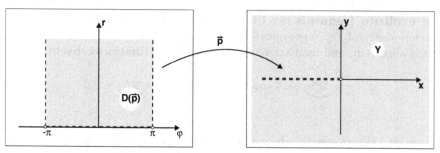

Definitions- und Bildbereich von ebenen Polarkoordinaten

Die Abbildung $\mathbf{p} : D_{\mathbf{p}} \to Y$ *ist* **bijektiv** *und besitzt die Umkehrfunktion*

$$\mathbf{p}^{-1}(x,y) = \begin{pmatrix} \sqrt{x^2 + y^2} \\ (\operatorname{sign} y) \arccos \dfrac{x}{\sqrt{x^2 + y^2}} \end{pmatrix} = \begin{pmatrix} r \\ \varphi \end{pmatrix}.$$

Die Jacobi-Matrix und ihre Inverse berechnen sich wie folgt:

$$J_{\mathbf{p}}(r, \varphi) \;\; = \frac{\partial(x,y)}{\partial(r,\varphi)} = \begin{pmatrix} \cos\varphi & -r\sin\varphi \\ \sin\varphi & r\cos\varphi \end{pmatrix},$$

$$\bigl(J_{\mathbf{p}}(r,\varphi)\bigr)^{-1} = \frac{\partial(r,\varphi)}{\partial(x,y)} = \begin{pmatrix} \cos\varphi & \sin\varphi \\ -\dfrac{1}{r}\sin\varphi & \dfrac{1}{r}\cos\varphi \end{pmatrix}.$$

Somit gilt

$$J_{\mathbf{p}^{-1}}(x,y) = \bigl(J_{\mathbf{p}}\left(r(x,y), \varphi(x,y)\right)\bigr)^{-1} = \begin{pmatrix} \dfrac{x}{\sqrt{x^2+y^2}} & \dfrac{y}{\sqrt{x^2+y^2}} \\ \dfrac{-y}{x^2+y^2} & \dfrac{x}{x^2+y^2} \end{pmatrix}.$$

Wenn Sie die partiellen Ableitungen der 2. Komponente von $\mathbf{p}^{-1}$ *zur Übung explizit nachrechnen möchten, verwenden Sie dazu doch die bekannten Beziehungen*

$$\sqrt{y^2} = |y| \quad und \quad (\operatorname{sign} y)\,\frac{y^2}{|y|} = y.$$

Wie die obige Rechnung gezeigt hat, kann die Jacobi-Matrix $J_{\mathbf{p}^{-1}}(r, \varphi)$ **ohne explizite Kenntnis** der Umkehrfunktion $\mathbf{p}^{-1}$ durch Invertierung der Jacobi-Matrix $J_{\mathbf{p}}(r, \varphi)$ gewonnen werden. Wegen (2.4) gilt dieser Zusammenhang allgemein, und man verwendet ihn bei **Koordinatenwechseln**:

$$\underbrace{\mathbb{R}^n}_{\ni \mathbf{x}} \overset{\mathbf{p}^{-1}}{\rightsquigarrow} \underbrace{\mathbb{R}^n}_{\ni \mathbf{y}} \overset{\mathbf{p}}{\rightsquigarrow} \underbrace{\mathbb{R}^n}_{\ni \mathbf{x}} .$$

Liegt im Vektorraum $\mathbb{R}^n$ ein neues Koordinatensystem $\mathbf{y} = \mathbf{p}^{-1}(\mathbf{x})$ vor, so können die Ableitungen einer Funktion $\mathbf{f} \in \mathrm{Abb}(\mathbb{R}^n, \mathbb{R}^m)$ nach den alten Koordinaten $\mathbf{x}$ durch die Ableitungen nach den neuen Koordinaten $\mathbf{y}$ in der folgenden Weise ausgedrückt werden:

$$\frac{d\mathbf{f}}{d\mathbf{x}}(\mathbf{y}) = \frac{\partial(f_1, \ldots, f_m)}{\partial(x_1, \ldots, x_n)} = \frac{d(\mathbf{f} \circ \mathbf{p}^{-1})}{d\mathbf{x}}(\mathbf{x}) \overset{\mathrm{S.\,2.28}}{=} \frac{\partial(f_1, \ldots, f_m)}{\partial(y_1, \ldots, y_n)} \cdot \frac{d\mathbf{p}^{-1}}{d\mathbf{x}}(\mathbf{p}(\mathbf{y})).$$

Hier setzen wir stetige Differenzierbarkeit der Funktionen $\mathbf{f}$, $\mathbf{p}$, $\mathbf{p}^{-1}$ voraus. Wegen (2.4) wird die Umkehrfunktion $\mathbf{p}^{-1}$ aber gar nicht benötigt; man erhält unter Verwendung der inversen Jacobi-Matrix von $\mathbf{p}$:

$$\boxed{\frac{d\mathbf{f}}{d\mathbf{x}}(\mathbf{y}) = \frac{\partial(f_1, \ldots, f_m)}{\partial(x_1, \ldots, x_n)} = \frac{\partial(f_1, \ldots, f_m)}{\partial(y_1, \ldots, y_n)} \cdot \left(\frac{\partial(x_1, \ldots, x_n)}{\partial(y_1, \ldots, y_n)} \right)^{-1} .} \qquad (2.5)$$

Beispiel 2.35 *Koordinatenwechsel in $\mathbb{R}^3$ auf **Zylinderkoordinaten**. Wir haben hier*

$$\mathbf{x} = (x, y, z)^T = \mathbf{p}(r, \varphi, z) := (r \cos\varphi, r \sin\varphi, z)^T,$$

mit dem hier offenen Definitionsbereich

$$D_{\mathbf{p}} := \{(r, \varphi, z) \in \mathbb{R}^3 : 0 < r, \ 0 < \varphi < 2\pi, \ z \in \mathbb{R}\}.$$

Die Jacobi-Matrix von $\mathbf{p}$ ist wegen

$$\det\left(\frac{\partial(x, y, z)}{\partial(r, \varphi, z)} \right) = \begin{vmatrix} \cos\varphi & -r\sin\varphi & 0 \\ \sin\varphi & r\cos\varphi & 0 \\ 0 & 0 & 1 \end{vmatrix} = r \neq 0$$

auf ganz $D_{\mathbf{p}}$ invertierbar, und ihre Inverse ist die Matrix

$$\left(\frac{\partial(x,y,z)}{\partial(r,\varphi,z)}\right)^{-1} = \begin{pmatrix} \cos\varphi & \sin\varphi & 0 \\ -\dfrac{1}{r}\sin\varphi & \dfrac{1}{r}\cos\varphi & 0 \\ 0 & 0 & 1 \end{pmatrix}, \quad r > 0.$$

Für eine differenzierbare Funktion $\mathbf{f} \in \text{Abb}(\mathbb{R}^3, \mathbb{R})$ *erhalten wir somit in Zylinderkoordinaten* (r, φ, z):

$$(f_x, f_y, f_z) = (f_r, f_\varphi, f_z)\left(\frac{\partial(x,y,z)}{\partial(r,\varphi,z)}\right)^{-1} = (f_r, f_\varphi, f_z)\begin{pmatrix} \cos\varphi & \sin\varphi & 0 \\ -\dfrac{1}{r}\sin\varphi & \dfrac{1}{r}\cos\varphi & 0 \\ 0 & 0 & 1 \end{pmatrix}$$

$$= \left(f_r\cos\varphi - \frac{1}{r}f_\varphi\sin\varphi, \; f_r\sin\varphi + \frac{1}{r}f_\varphi\cos\varphi, \; f_z\right).$$

Der **Gradient** *einer differenzierbaren Funktion* $f \in \text{Abb}(\mathbb{R}^3, \mathbb{R})$ *hat also in Zylinderkoordinaten die Darstellung*

$$\boxed{\text{grad}\, f(r,\varphi,z) = \begin{pmatrix} f_x(r,\varphi,z) \\ f_y(r,\varphi,z) \\ f_z(r,\varphi,z) \end{pmatrix} = \begin{pmatrix} f_r\cos\varphi - \dfrac{1}{r}f_\varphi\sin\varphi \\ f_r\sin\varphi + \dfrac{1}{r}f_\varphi\cos\varphi \\ f_z \end{pmatrix}.}$$

Beispiel 2.36 *Koordinatenwechsel in* $\mathbb{R}^3$ *auf* **Kugelkoordinaten***. Wir haben nun*

$$\mathbf{x} = (x, y, z)^T = \mathbf{p}(r, \varphi, \vartheta) := (r\cos\varphi\sin\vartheta, \; r\sin\varphi\sin\vartheta, \; r\cos\vartheta)^T$$

mit dem hier offenen Definitionsbereich

$$D_{\mathbf{p}} := \left\{(r, \varphi, \vartheta) \in \mathbb{R}^3 : 0 < r, \; 0 < \varphi < 2\pi, \; 0 < \vartheta < \pi\right\}.$$

Die Jacobi-Matrix von $\mathbf{p}$ *ist wegen*

$$\det\left(\frac{\partial(x,y,z)}{\partial(r,\varphi,\vartheta)}\right) = \begin{vmatrix} \cos\varphi\sin\vartheta & -r\sin\varphi\sin\vartheta & r\cos\varphi\cos\vartheta \\ \sin\varphi\sin\vartheta & r\cos\varphi\sin\vartheta & r\sin\varphi\cos\vartheta \\ \cos\vartheta & 0 & -r\sin\vartheta \end{vmatrix} = -r^2\sin\vartheta \neq 0$$

auf ganz $D_{\mathbf{p}}$ invertierbar, und ihre Inverse ist die Matrix

$$\left(\frac{\partial(x,y,z)}{\partial(r,\varphi,\vartheta)}\right)^{-1} = \begin{pmatrix} \cos\varphi\sin\vartheta & \sin\varphi\sin\vartheta & \cos\vartheta \\ -\dfrac{\sin\varphi}{r\sin\vartheta} & \dfrac{\cos\varphi}{r\sin\vartheta} & 0 \\ \dfrac{1}{r}\cos\varphi\cos\vartheta & \dfrac{1}{r}\sin\varphi\cos\vartheta & -\dfrac{1}{r}\sin\vartheta \end{pmatrix},$$

wobei $r > 0$ und $\vartheta \in (0, \pi)$.

Für eine differenzierbare Funktion $\mathbf{f} \in \mathrm{Abb}\,(\mathbb{R}^3, \mathbb{R})$ erhalten wir also in Kugelkoordinaten

$$(f_x, f_y, f_z) = (f_r, f_\varphi, f_\vartheta)\left(\frac{\partial(x,y,z)}{\partial(r,\varphi,\vartheta)}\right)^{-1}$$

mit den expliziten Formeln

$$f_x(r,\varphi,\vartheta) = f_r\cos\varphi\sin\vartheta - f_\varphi\frac{\sin\varphi}{r\sin\vartheta} + f_\vartheta\frac{1}{r}\cos\varphi\cos\vartheta,$$

$$f_y(r,\varphi,\vartheta) = f_r\sin\varphi\sin\vartheta + f_\varphi\frac{\cos\varphi}{r\sin\vartheta} + f_\vartheta\frac{1}{r}\sin\varphi\cos\vartheta,$$

$$f_z(r,\varphi,\vartheta) = f_r\cos\vartheta - f_\vartheta\frac{1}{r}\sin\vartheta.$$

*Der **Gradient** einer differenzierbaren Funktion $f \in \mathrm{Abb}\,(\mathbb{R}^3, \mathbb{R})$ hat somit in Kugelkoordinaten die Darstellung*

$$\boxed{\mathrm{grad}\, f(r,\varphi,\vartheta) = \begin{pmatrix} f_r\cos\varphi\sin\vartheta - f_\varphi\dfrac{\sin\varphi}{r\sin\vartheta} + f_\vartheta\dfrac{1}{r}\cos\varphi\cos\vartheta \\ f_r\sin\varphi\sin\vartheta + f_\varphi\dfrac{\cos\varphi}{r\sin\vartheta} + f_\vartheta\dfrac{1}{r}\sin\varphi\cos\vartheta \\ f_r\cos\vartheta - f_\vartheta\dfrac{1}{r}\sin\vartheta \end{pmatrix}.}$$

Gilt $f \in C^2(\mathbb{R}^3)$, so können in gleicher Weise auch die zweiten Ableitungen auf Kugelkoordinaten (r,φ,ϑ) umgerechnet werden. Es gilt

$$H(r,\varphi,\vartheta) = \begin{pmatrix} f_{xx}\ f_{xy}\ f_{xz} \\ f_{xy}\ f_{yy}\ f_{yz} \\ f_{xz}\ f_{yz}\ f_{zz} \end{pmatrix} = \frac{\partial(f_x, f_y, f_z)}{\partial(x,y,z)} = \frac{\partial(f_x, f_y, f_z)}{\partial(r,\varphi,\vartheta)} \cdot \left(\frac{\partial(x,y,z)}{\partial(r,\varphi,\vartheta)}\right)^{-1}.$$

Die Rechnungen werden sehr umfangreich und sollen hier nicht vorgeführt werden. Man kann auf diese Weise beispielsweise Differentialoperatoren auf neue Koordinaten umrechnen. Im Fall von Kugelkoordinaten ergibt sich

$$\Delta f(r, \varphi, \vartheta) = \frac{2}{r} \frac{\partial f}{\partial r} + \frac{\partial^2 f}{\partial r^2} + \frac{\cot \vartheta}{r^2} \frac{\partial f}{\partial \vartheta} + \frac{1}{r^2} \frac{\partial^2 f}{\partial \vartheta^2} + \frac{1}{r^2 \sin^2 \vartheta} \frac{\partial^2 f}{\partial \varphi^2}.$$

Somit hat z. B. der Laplace-Operator $\Delta = \frac{\partial^2}{\partial x^2} + \frac{\partial^2}{\partial y^2} + \frac{\partial^2}{\partial z^2}$ *in räumlichen Kugelkoordinaten die Darstellung*

$$\Delta = \frac{2}{r} \frac{\partial}{\partial r} + \frac{\partial^2}{\partial r^2} + \frac{\cot \vartheta}{r^2} \frac{\partial}{\partial \vartheta} + \frac{1}{r^2} \frac{\partial^2}{\partial \vartheta^2} + \frac{1}{r^2 \sin^2 \vartheta} \frac{\partial^2}{\partial \varphi^2}.$$

Aufgaben

Aufgabe 2.9. Für das Vektorfeld $\mathbf{f} : \mathbb{R}^2 \to \mathbb{R}^2$, gegeben durch $\mathbf{f}(x, y) :=$ $(e^x \cos y, \; e^x \sin y)^T$, legen wir als Definitionsbereich die Menge

$$D_{\mathbf{f}} := \{(x, y) \in \mathbb{R}^2 : 0 < y < 2\pi\} \subset \mathbb{R}^2$$

fest.

a) Wie lautet der Wertebereich $W_{\mathbf{f}}$?

b) Zeigen Sie, dass $\mathbf{f} : D_{\mathbf{f}} \to W_{\mathbf{f}}$ injektiv ist, und berechnen Sie die Inverse $\mathbf{f}^{-1} : W_{\mathbf{f}} \to D_{\mathbf{f}}$.

c) Bestimmen Sie die Jacobi-Matrix von $\mathbf{f}$ und $\mathbf{f}^{-1}$.

Aufgabe 2.10. Gegeben seien das Vektorfeld $\mathbf{f} : \mathbb{R}^2 \to \mathbb{R}^3$ durch

$$\mathbf{f}(x, y) := \left(x^2, x + y, y \right)^T$$

und die skalare Funktion $g : \mathbb{R}^3 \to \mathbb{R}$ durch

$$g(x, y, z) := y + \sin\left(x + \cos z\right).$$

a) Berechnen Sie die Jacobi-Matrizen von $\mathbf{f}$ und g.

b) Wie lautet die einzig mögliche Komposition beider Funktionen?

c) Berechnen Sie die Jacobi-Matrix der zuvor formulierten Verkettung.

Aufgabe 2.11. Um einen geraden, in z-Richtung stromdurchflossenen Draht bilde sich das Magnetfeld

$$H(x,y,z) = \frac{c}{x^2+y^2} \begin{pmatrix} -y \\ x \\ 0 \end{pmatrix}$$

für $(x,y) \neq (0,0)$ und $c > 0$.

a) Berechnen Sie die Jacobi-Matrix von H.

b) Berechnen Sie die Jacobi-Matrix von $H \circ g$ mit dem Vektorfeld $g(r, \varphi, z) = (r \cos \varphi, r \sin \varphi, 0)^T$ für $r > 0$ und $\varphi \in [0, 2\pi)$.

c) Betrachten Sie komponentenweise $\lim_{r \to \infty} H\big(g(r, \varphi, z)\big)$ und interpretieren Sie diesen Grenzwert.

Aufgabe 2.12. Gegeben sei das Vektorfeld $\mathbf{h} : \mathbb{R}^2 \to \mathbb{R}^2$ durch

$$\mathbf{h}(x,y) := \big(\sin x - y^2, e^y - 1\big)^T.$$

Berechnen Sie die Jacobi-Matrix von der 2017-fachen Verkettung

$$H(0,0) := \big(\mathbf{h} \circ \ldots \circ \mathbf{h}\big)(0,0).$$

Aufgabe 2.13. Sei $\mathbf{f} : \mathbb{R}^n \setminus \{\mathbf{0}\} \to \mathbb{R}^n \setminus \{\mathbf{0}\}$ durch

$$\mathbf{f}(\mathbf{x}) := \frac{1}{\|\mathbf{x}\|^2} \mathbf{x}$$

gegeben, wobei $\| \cdot \|$ die euklidische Vektornorm bezeichnet.

a) Zeigen Sie, dass $\mathbf{f}$ selbstinvers ist, d. h., dass $\mathbf{f} = \mathbf{f}^{-1}$ gilt.

b) Berechnen Sie die Jacobi-Matrix von $\mathbf{f}$.

Aufgabe 2.14. Sei $\mathbf{f} : \mathbb{R}^n \to \mathbb{R}^n$ eine differenzierbare und bijektive Abbildung. Zeigen Sie, dass für alle $\mathbf{y} \in \mathbb{R}^n$ die Beziehung

$$J_{\mathbf{f}^{-1}}(\mathbf{y}) = \big(J_{\mathbf{f}}\big(\mathbf{f}^{-1}(\mathbf{y})\big)\big)^{-1}$$

für die Jacobi-Matrizen von $\mathbf{f}$ und $\mathbf{f}^{-1}$ gilt, wobei $\mathbf{y} := \mathbf{f}(\mathbf{x})$.

Aufgabe 2.15. Durch die Vorschrift

$$\begin{pmatrix} x \\ y \end{pmatrix} = \begin{pmatrix} u+v \\ (u+v)^2 + 2(u-v) \end{pmatrix}$$

wird eine Koordinatentransformation in $\mathbb{R}^2$ definiert.

a) Zeichnen Sie einige Koordinatenlinien für $u = $ const bzw. $v = $ const.

b) Transformieren Sie für eine Funktion $f : \mathbb{R}^2 \to \mathbb{R}$ die Ableitungen

$$\partial_x f, \ \partial_y f, \ \partial_x^2 f, \ \partial_y^2 f \ \text{und} \ \Delta f = \partial_x^2 f + \partial_y^2 f$$

auf die neuen Koordinaten u, v.

Aufgabe 2.16. Berechnen Sie die stationäre Temperaturverteilung $T \in$ Abb $(\mathbb{R}^3, \mathbb{R})$ in einer Hohlkugel

$$H = \{\mathbf{x} \in \mathbb{R}^3 : R_1 \le \|\mathbf{x}\| \le R_2, \ 0 < R_1 < R_2\},$$

die der sog. Laplace-Gleichung $\Delta T(\mathbf{x}) = 0$ genügt, wobei am inneren Rand der Hohlkugel, d.h. bei $\|\mathbf{x}\| = R_1$, die Temperatur $T(\mathbf{x}) = T_1$ beträgt und am äußeren Rand $\|\mathbf{x}\| = R_2$ die Temperatur $T(\mathbf{x}) = T_2$ vorliegt. Verwenden Sie dazu die Kugelkoordinaten.

2.4 Satz über implizite Funktionen

Das Beispiel des **Koordinatenwechsels** in $\mathbb{R}^n$ weist schon auf die Wichtigkeit der Frage nach der Existenz der **inversen Abbildung** einer gegebenen Funktion $\mathbf{h} \in$ Abb $(\mathbb{R}^n, \mathbb{R}^n)$ hin.

Wir **verallgemeinern** die Aufgabenstellung, indem wir generell nach Lösungen $\mathbf{y} \in D_\mathbf{h}$ von **nichtlinearen Gleichungssystemen**

$$\boxed{\mathbf{h}(\mathbf{y}) = \mathbf{x}, \ \mathbf{x} \in \mathbb{R}^n \ \text{fest gewählt,}} \tag{2.6}$$

jetzt mit einer gegebenen Vektorfunktion $\mathbf{h} \in$ Abb $(\mathbb{R}^m, \mathbb{R}^n)$ fragen. Äquivalent mit der Aufgabenstellung (2.6) ist die Lösung der Gleichung

$$\mathbf{F}(\mathbf{x}, \mathbf{y}) := \mathbf{h}(\mathbf{y}) - \mathbf{x} = \mathbf{0}$$

nach der gesuchten Variablen $\mathbf{y}$. Das heißt, eine mögliche Lösungsmenge der Gleichung (2.6) bildet die spezielle Äquipotentialfläche

$$\Gamma_0 := \{(\mathbf{x}, \mathbf{y}) \in \mathbb{R}^n \times \mathbb{R}^m : \mathbf{F}(\mathbf{x}, \mathbf{y}) = \mathbf{0}\}.$$

Es bleibt zu prüfen, ob die Fläche Γ_0 der **Graph** einer Funktion $\mathbf{y} = \mathbf{f}(\mathbf{x})$, $\mathbf{f} \in$ Abb $(\mathbb{R}^n, \mathbb{R}^m)$, ist. Die Funktion $\mathbf{f}$ heißt in diesem Fall **implizit durch die Gleichung $\mathbf{F}(\mathbf{x}, \mathbf{y}) = \mathbf{0}$ definiert**.

Im einfachsten Fall ist die Frage zu beantworten, ob die skalare implizite Gleichung $F(x, y) = 0$ zu vorgegebenem $F \in$ Abb $(\mathbb{R}^2, \mathbb{R})$ (eindeutig) nach y auflösbar ist.

Beispiel 2.37 *Für festes $a \in \mathbb{R}$ betrachten wir die Funktion*

$$F(x,y) := x^2 + y^2 + a^2, \quad x,y \in \mathbb{R}.$$

Die Gleichung $F(x,y) = 0$ führt auf $y^2 = -x^2 - a^2$, und Sie erkennen sofort, dass es für $a \neq 0$ keine reellen Lösungen gibt. Das heißt

$$\Gamma_0 = \{(\mathbf{x}, \mathbf{y}) \in \mathbb{R} \times \mathbb{R} : F(x,y) = 0\} = \emptyset.$$

Beispiel 2.38 *Wir verändern die Funktion F aus dem vorangegangenen Beispiel ein wenig zu*

$$F(x,y) := x^2 + y^2 - a^2, \quad a \in \mathbb{R}.$$

*Die durch die Gleichung $F(x,y) = 0$ definierte Äquipotentiallinie ist **lokal eindeutig** durch die beiden Funktionen*

$$f_{\pm}(x) := \pm\sqrt{a^2 - x^2}, \quad -|a| \leq x \leq |a|$$

*darstellbar. Hier sind die Funktionen $y_{\pm} = f_{\pm}(x)$ in einer Umgebung der Punkte $(0, +|a|)$ bzw. $(0, -|a|)$ jeweils die eindeutigen Lösungen der Gleichung $F(x,y) = 0$. Wir sagen, die Gleichung $F(x,y) = 0$ ist **lokal nach y auflösbar**.*

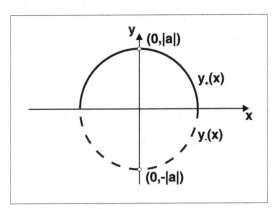

Eindeutige Lösungszweige der
Gleichung $x^2 + y^2 - a^2 = 0$

Beispiel 2.39 *Es seien die Matrizen $A \in \mathbb{R}^{(m,n)}$ und $B \in \mathbb{R}^{(m,m)}$ sowie ein fester Vektor $\mathbf{c} \in \mathbb{R}^m$ gegeben. Es sei ferner $\mathbf{F} \in \mathrm{Abb}(\mathbb{R}^n \times \mathbb{R}^m, \mathbb{R}^m)$ die affine Funktion*

$$\mathbf{F}(\mathbf{x}, \mathbf{y}) := A\mathbf{x} + B\mathbf{y} - \mathbf{c}, \quad \mathbf{x} \in \mathbb{R}^n, \ \mathbf{y} \in \mathbb{R}^m. \tag{2.7}$$

Wird $\det B \neq 0$ *angenommen, so existiert die inverse Matrix* B^{-1}, *und die Gleichung* $\mathbf{F}(\mathbf{x}, \mathbf{y}) = \mathbf{0}$ *ist jetzt global eindeutig nach* $\mathbf{y}$ *auflösbar, d. h.,*

$$\mathbf{y} = \mathbf{f}(\mathbf{x}) := -B^{-1}A\mathbf{x} + B^{-1}\mathbf{c}, \quad \mathbf{x} \in \mathbb{R}^n.$$

Bemerkung 2.40 *Wir fassen die bisherigen Beobachtungen zusammen.*

a) Sicher ist die Bedingung

$$\exists \, (\mathbf{x}_0, \mathbf{y}_0)^T \in \mathbb{R}^n \times \mathbb{R}^m \; : \; \mathbf{F}(\mathbf{x}_0, \mathbf{y}_0) = \mathbf{0} \tag{2.8}$$

notwendig für die lokale Auflösbarkeit der Gleichung $\mathbf{F}(\mathbf{x}, \mathbf{y}) = \mathbf{0}$ *nach der Veränderlichen* $\mathbf{y}$. *Andernfalls wäre die durch* $\mathbf{F}(\mathbf{x}, \mathbf{y}) = \mathbf{0}$ *definierte Äquipotentialfläche* Γ_0 *leer, wie Sie in Beispiel 2.37 gesehen haben.*

In Beispiel 2.38 ist die Bedingung (2.8) z. B. in den Punkten $(x_0, y_0)^T :=$ $(0, +|a|)^T$ *und* $(x_0, y_0)^T := (0, -|a|)^T$ *erfüllt. In Beispiel 2.39 gilt dies im Punkte* $(\mathbf{x}_0, \mathbf{y}_0)^T := (\mathbf{0}, B^{-1}\mathbf{c})^T$.

b) Wir hatten in Abschn. 2.3 erkannt, dass die Existenz einer Inversen $\mathbf{h}^{-1} \in C^1$ *der Funktion* $\mathbf{h} \in \mathrm{Abb}\,(\mathbb{R}^n, \mathbb{R}^n)$ *neben der Regularität* $\mathbf{h} \in C^1$ *auch notwendigerweise die Invertierbarkeit der Jacobi-Matrix* $J_{\mathbf{h}}(\mathbf{y})$ *erfordert. Wir greifen nochmals Beispiel 2.39 auf und schreiben die Gleichung* $\mathbf{F}(\mathbf{x}, \mathbf{y}) = \mathbf{0}$ *in der Form (2.6), nämlich*

$$\mathbf{h}(\mathbf{y}) := B\mathbf{y} = \mathbf{c} - A\mathbf{x}.$$

Nun erkennen Sie, dass die Bedingung $\det J_{\mathbf{h}}(\mathbf{y}) \equiv \det B \neq 0$ *notwendig für die Auflösbarkeit nach* $\mathbf{y}$ *ist. Sie ist aber auch hinreichend, wie wir in Beispiel 2.39 erörtert haben.*

Natürlich kann die Bedingung $\det J_{\mathbf{h}}(\mathbf{y}) \neq 0$ *nur für* **quadratische Jacobi**-*Matrizen gefordert werden, und man könnte meinen, die Aufgabe (2.6) wäre nur im Fall* $n = m$ *sinnvoll gestellt.*

Tatsächlich darf man aber, wie das Beispiel 2.39 lehrt, ganz allgemein von Funktionsvorgaben $\mathbf{F} \in \mathrm{Abb}\,(\mathbb{R}^n \times \mathbb{R}^m, \mathbb{R}^m)$ *ausgehen.*

Eine Präzisierung der oben diskutierten Auflösbarkeitsbedingungen nehmen wir im folgenden Satz vor:

Satz 2.41 (Hauptsatz über implizite Funktionen) *Gegeben seien eine offene Teilmenge* $\Omega \subset \mathbb{R}^n \times \mathbb{R}^m$ *und eine Vektorfunktion* $\mathbf{F} \in$ $\mathrm{Abb}\,(\mathbb{R}^n \times \mathbb{R}^m, \mathbb{R}^m)$ *mit* $\mathbf{F} \in C^1(\Omega)$. *Es existiere ferner ein Punkt* $(\mathbf{x}_0, \mathbf{y}_0) \in \Omega$ *mit*

$$\mathbf{F}(\mathbf{x}_0, \mathbf{y}_0) = \mathbf{0} \; und \; \det \left(\frac{\partial(F_1, \ldots, F_m)}{\partial(y_1, \ldots, y_m)} \right)_{\big|(\mathbf{x}_0, \mathbf{y}_0)} \neq 0. \tag{2.9}$$

Dann ist die Gleichung $\mathbf{F}(\mathbf{x}, \mathbf{y}) = \mathbf{0}$ *lokal eindeutig nach* $\mathbf{y}$ *auflösbar. Das heißt, es existiert eine offene* δ-*Kugel* $B_\delta(\mathbf{x}_0) \subset \mathbb{R}^n$ *und genau eine Funktion* $\mathbf{f} \in \mathrm{Abb}\,(\mathbb{R}^n, \mathbb{R}^m)$ *mit den Eigenschaften*

$$\mathbf{y}_0 = \mathbf{f}(\mathbf{x}_0) \; \text{und} \; \mathbf{F}\big(\mathbf{x}, \mathbf{f}(\mathbf{x})\big) = \mathbf{0} \; \forall \mathbf{x} \in B_\delta(\mathbf{x}_0),$$

$$\mathbf{f} \in C^1\big(B_\delta(\mathbf{x}_0)\big),$$

und die Funktion $\mathbf{y} = \mathbf{f}(\mathbf{x})$ *hat in jedem Punkt* $\mathbf{x} \in B_\delta(\mathbf{x}_0)$ *die Ableitung*

$$\mathbf{f}'(\mathbf{x}) := J_\mathbf{y}(\mathbf{x}) = - \left(\frac{\partial(F_1, \ldots, F_m)}{\partial(y_1, \ldots, y_m)}\right)^{-1}_{\Big|(\mathbf{x}, \mathbf{f}(\mathbf{x}))} \left(\frac{\partial(F_1, \ldots, F_m)}{\partial(x_1, \ldots, x_n)}\right)_{\Big|(\mathbf{x}, \mathbf{f}(\mathbf{x}))}.$$

Im einfachsten Fall einer skalaren Gleichung $F(x, y) = 0$, also für $n = m = 1$, sind die folgenden Bedingungen gemäß Satz 2.41 **hinreichend** dafür, dass durch die Gleichung $F(x, y) = 0$ in der Nähe eines Punktes $(x_0, y_0)^T$ implizit eine Funktion $y = f(x)$ mit $y_0 = f(x_0)$ definiert wird oder äquivalent, dass die Gleichung $F(x, y) = 0$ lokal in der Nähe des Punktes (x_0, y_0) nach $y = f(x)$ aufgelöst werden kann:

- F ist stetig in den Variablen x, y,

- F besitzt stetige partielle Ableitungen F_x und F_y,

- $F(x_0, y_0) = 0$ und $F_y(x_0, y_0) \neq 0$.

In diesem Fall existiert stets auch die stetige Ableitung der impliziten Funktion $y = f(x)$, und es gilt

$$f'(x) = -\frac{F_x(x, y)}{F_y(x, y)}. \tag{2.10}$$

Wegen der Symmetrie in den Variablen x, y erhält man in gleicher Weise die lokale Auflösbarkeit der Gleichung $F(x, y) = 0$ nach $x = h(y)$, wenn in den obigen Voraussetzungen die Bedingung $F_x(x_0, y_0) \neq 0$ an die Stelle von $F_y(x_0, y_0) \neq 0$ tritt.

Beispiel 2.42 *Wir betrachten hier für den Fall* $a := 1$ *nochmals die Funktion* $F(x, y) := x^2 + y^2 - 1$ *aus Beispiel 2.38. Auf der Menge* $\Omega := \mathbb{R}^2$ *ist sicher* $F \in C^2(\Omega)$ *erfüllt. Nun diskutieren wir die lokale Auflösbarkeit der Gleichung* $F(x, y) = 0$ *in der Nähe der vier Punkte*

$$P(x_0, y_0) := P_1(1, 0), \; P_2(0, 1), \; P_3(-1, 0), \; P_4(0, -1).$$

In jedem dieser Punkte gilt $F(x_0, y_0) = 0$ *sowie*

$$F_y(x_0, y_0) = 2y_0 = \begin{cases} 0 & \text{in } P_1 \text{ und } P_3, \\ \pm 2 & \text{in } P_2 \text{ bzw. } P_4. \end{cases}$$

Das heißt, die Bedingungen (2.9) werden nur in den Punkten P_2 *und* P_4
erfüllt. Gemäß Satz 2.41 erhalten wir hier die bereits in Beispiel 2.38 bestimmten lokalen Lösungen

$$y = f_\pm(x) := \pm\sqrt{1 - x^2}, \quad -1 < x < 1,$$

die zwar stetig fortsetzbar nach $x = \pm 1$ *sind, dort aber nicht mehr differenzierbar sind.*

In den Punkten P_1 *und* P_3 *wird jedoch wegen*

$$F_x(x_0, y_0) = 2x_0 = \begin{cases} \pm 2 & \text{in } P_1 \text{ bzw. } P_3, \\ 0 & \text{in } P_2 \text{ und } P_4 \end{cases}$$

die lokale Auflösbarkeit der Gleichung $F(x, y) = 0$ *nach* $x = h(y)$ *gewährleistet:*

$$x = h_\pm(y) := \pm\sqrt{1 - y^2}, \quad -1 < y < 1.$$

Wir weisen hier nochmals auf die geometrische Bedeutung der erzielten Lösungen $y = f_\pm(x)$ *und* $x = h_\pm(y)$ *hin. Sie sind lokale Darstellungen der Äquipotentiallinie der Fläche* $z = F(x, y)$ *zum Niveau* $z = 0$.

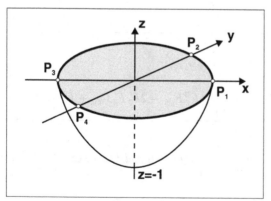

Niveaulinie $z = 0$ **der Fläche**
$z = F(x, y) := x^2 + y^2 - 1$

Der Satz 2.41 über implizite Funktionen enthält außer der abstrakten Existenzaussage keine Angaben darüber, wie die durch $\mathbf{F}(\mathbf{x}, \mathbf{y}) = \mathbf{0}$ implizit definierte Funktion $\mathbf{y} = \mathbf{f}(\mathbf{x})$ tatsächlich gefunden werden kann. Allgemein ist es auch gar nicht möglich, die Funktion $\mathbf{f}$ formelmäßig anzugeben.

Hingegen kann man aber durch **implizites Differenzieren** die Ableitungen von $\mathbf{f}$ im Punkt $\mathbf{x}_0$ berechnen, sofern der Funktionswert $\mathbf{y}_0 = \mathbf{f}(\mathbf{x}_0)$ als bekannt vorausgesetzt wird.

Wir betrachten dazu nur noch den skalaren Sonderfall $n = m = 1$. Es sei also auf einem Gebiet $\Omega \subset \mathbb{R}^2$ eine Funktion $F \in C^k(\Omega)$ und ein Punkt $(x_0, y_0)^T \in \Omega$ mit $F(x_0, y_0) = 0$ und $F_y(x_0, y_0) \neq 0$ vorgegeben. Dann existiert ja eine implizit definierte Funktion $y = f(x)$, und es gilt in einer geeigneten Kugelumgebung $U := B_\delta(x_0) \subset \mathbb{R}$ die Gleichung

$$0 = F\big(x, f(x)\big), \quad x \in U.$$

Durch Differentiation dieser Gleichung nach x resultiert unter Verwendung der Kettenregel

$$0 = F_x + F_y \cdot f'(x),$$
$$0 = F_{xx} + F_{xy} \cdot f'(x) + F_{yx} \cdot f'(x) + F_{yy} \cdot (f')^2(x) + F_y \cdot f''(x),$$
$$\vdots$$

Hier und in den folgenden Ausführungen sind die Argumente $\big(x, f(x)\big)$ bei den partiellen Ableitungen der Funktion F weggelassen worden. Aus Stetigkeitsgründen muss $F_y\big(x, f(x)\big) \neq 0$ auch noch in einer geeigneten Umgebung von x_0 gelten, sodass die obigen Gleichungen jeweils nach $f'(x)$ bzw. nach $f''(x)$ aufgelöst werden können. Aus der ersten Gleichung erhalten wir wieder die Beziehung (2.10), also

$$\boxed{\begin{aligned} f'(x) &= -\frac{F_x}{F_y}\bigg|_{(x, f(x))}, \\[2mm] f''(x) &= -\frac{1}{F_y^3}\left(F_x^2 F_{yy} - 2 F_x F_y F_{xy} + F_y^2 F_{xx}\right)\bigg|_{(x, f(x))}. \end{aligned}}$$

Beispiel 2.43 *Auf dem positiven Kegel* $\Omega := \{(x, y) \in \mathbb{R}^2 : x > 0, \; y > 0\}$ *betrachten wir die Funktion*

$$F(x, y) := x^y - y^x.$$

Im Punkt $(1, 1)^T \in \Omega$ *sind die* **Ableitungen** *der durch die Gleichung* $F(x, y) = 0$ *implizit definierten Funktion* $y = f(x)$ *zu berechnen. Eine formelmäßige Darstellung von* f *existiert nicht.*

Um dies zu bewerkstelligen, sind zunächst die Voraussetzungen des Satzes 2.41 über implizite Funktionen zu prüfen. Sicher gilt $F \in C^\infty(\Omega)$, sodass alle Stetigkeitserfordernisse erfüllt sind. Wegen

$$F(x,y) = e^{y \ln x} - e^{x \ln y}$$

erhält man auch $F(1,1) = 0$ und daraus

$$F_y(x,y) = \ln x \, e^{y \ln x} - \frac{x}{y} e^{x \ln y}, \qquad F_y(1,1) = -1 \neq 0,$$

$$F_x(x,y) = \frac{y}{x} e^{y \ln x} - \ln y \, e^{x \ln y}, \qquad F_x(1,1) = 1.$$

Da die Voraussetzungen des Satzes über implizite Funktionen erfüllt sind, erhalten wir die Ableitung $f'(1)$ der impliziten Funktion f zu

$$f'(1) = -\frac{F_x(1,1)}{F_y(1,1)} = 1.$$

Die Berechnung der höheren Ableitungen ist bereits mit erheblichem Aufwand verbunden; wir verzichten hier auf explizite Formeln. Es resultiert z. B. $f''(1) = 0$.

Wir kehren nun zurück zur Frage nach der Existenz einer inversen Funktion, d. h. zur Frage der Lösbarkeit von Gleichung (2.6).

Gegeben sei auf einer offenen Teilmenge $\Omega \subset \mathbb{R}^n$ eine Funktion $\mathbf{h} \in$ Abb$(\mathbb{R}^n, \mathbb{R}^n)$ mit der Regularität $\mathbf{h} \in C^1(\Omega)$. Zu festem $\mathbf{y}_0 \in \Omega$ setzen wir $\mathbf{x}_0 := \mathbf{h}(\mathbf{y}_0)$ und betrachten die Funktion

$$\mathbf{F}(\mathbf{x}, \mathbf{y}) := \mathbf{h}(\mathbf{y}) - \mathbf{x}.$$

Sofern die Bedingung

$$\det \left(\frac{\partial(F_1, \ldots, F_n)}{\partial(y_1, \ldots, y_n)} \right) \Bigg|_{(\mathbf{x}_0, \mathbf{y}_0)} = \begin{vmatrix} \frac{\partial h_1}{\partial y_1} & \cdots & \frac{\partial h_1}{\partial y_n} \\ \vdots & \ddots & \vdots \\ \frac{\partial h_n}{\partial y_1} & \cdots & \frac{\partial h_n}{\partial y_n} \end{vmatrix}_{\mathbf{y}_0} = \det J_{\mathbf{h}}(\mathbf{y}_0) \neq 0$$

erfüllt ist, trifft Satz 2.41 zu: Es existiert lokal eine Funktion $\mathbf{y} = \mathbf{f}(\mathbf{x})$ mit

$$\mathbf{F}(\mathbf{x}, \mathbf{f}(\mathbf{x})) = \mathbf{0} = \mathbf{h}(\mathbf{f}(\mathbf{x})) - \mathbf{x}$$

in einer Umgebung des Punktes $\mathbf{x}_0$. Das heißt, $\mathbf{f}$ ist eine Inverse der Funktion $\mathbf{h}$. Wir haben also mit modifizierten Bezeichnungen das folgende Ergebnis:

> **Satz 2.44 (Hauptsatz über inverse Funktionen)** *Gegeben seien eine offene Teilmenge $\Omega \subset \mathbb{R}^n$ und eine Funktion $\mathbf{f} \in \mathrm{Abb}\,(\mathbb{R}^n, \mathbb{R}^n)$ mit $\mathbf{f} \in C^1(\Omega)$. Gilt in einem Punkt $\mathbf{y}_0 \in \Omega$ die Bedingung*
>
> $$\det J_{\mathbf{f}}(\mathbf{y}_0) \neq 0,$$
>
> *so existiert eine offene δ-Kugel $U := B_\delta(\mathbf{x}_0)$ um den Punkt $\mathbf{x}_0 := \mathbf{f}(\mathbf{y}_0)$ und genau eine lokale Umkehrfunktion $\mathbf{f}^{-1} \in C^1(U)$ mit*
>
> $$\mathbf{f}\big(\mathbf{f}^{-1}(\mathbf{x})\big) = \mathbf{x} \;\; \forall \mathbf{x} \in U.$$
>
> *Es gilt ferner noch (2.4), d. h. also*
>
> $$J_{\mathbf{f}^{-1}}(\mathbf{x}) = \big(J_{\mathbf{f}}(\mathbf{y})\big)^{-1}, \;\; \mathbf{x} = \mathbf{f}(\mathbf{y}) \in U.$$

Beispiel 2.45 *Hier seien $\Omega := \mathbb{R}^2$ und $\mathbf{f} \in \mathrm{Abb}\,(\mathbb{R}^2, \mathbb{R}^2)$ gemäß*

$$\mathbf{f}(u, v) := \begin{pmatrix} e^u \cosh v \\ e^u \sinh v \end{pmatrix} =: \begin{pmatrix} x \\ y \end{pmatrix}, \;\; (u, v) \in \Omega,$$

erklärt. Wegen

$$\det J_{\mathbf{f}}(u, v) = \begin{vmatrix} e^u \cosh v & e^u \sinh v \\ e^u \sinh v & e^u \cosh v \end{vmatrix} = e^{2u} \neq 0 \;\; \forall (u, v) \in \Omega$$

existiert eine Inverse $\mathbf{f}^{-1}$ auf der Bildmenge $\mathbf{f}(\Omega) \subset \mathbb{R}^2$.

Da $x = e^u \cosh v > 0$ und $\frac{y}{x} = \tanh v \in (-1, 1)$ gelten, haben wir

$$\mathbf{f}(\Omega) = \{(x, y) \in \mathbb{R}^2 : x > 0, \; -x < y < x\},$$

$$v = \operatorname{Ar\,tanh} \frac{y}{x} = \frac{1}{2} \ln \frac{x + y}{x - y},$$

$$u = \frac{1}{2} \ln \big(x^2 - y^2\big).$$

Somit kann $\mathbf{f}^{-1}$ in der folgenden Weise formelmäßig dargestellt werden:

$$\mathbf{f}^{-1}(x, y) = \begin{pmatrix} \frac{1}{2} \ln(x^2 - y^2) \\ \frac{1}{2} \ln \frac{x+y}{x-y} \end{pmatrix} = \begin{pmatrix} u \\ v \end{pmatrix}, \;\; (x, y)^T \in \mathbf{f}(\Omega).$$

Außerdem ergibt sich die Jacobi-Matrix

$$J_{\mathbf{f}^{-1}}(u,v) = \big(J_{\mathbf{f}}(u,v)\big)^{-1} = \begin{pmatrix} e^{-u}\cosh v & -e^{-u}\sinh v \\ -e^{-u}\sinh v & e^{-u}\cosh v \end{pmatrix}.$$

Wir können dies als Beispiel eines **Koordinatenwechsels** $\mathbf{x} = \mathbf{p}(u,v)$ *in* $\mathbb{R}^2$ *auffassen. Hat man im allgemeinen Fall des* $\mathbb{R}^n$ *neue Koordinaten* $u, v, \ldots$ *durch einen Koordinatenwechsel* $\mathbf{x} = \mathbf{p}(u,v,\ldots)$ *eingeführt, so erhält man* **Koordinatenlinien,** *wenn man jeweils* $n-1$ *der Koordinaten konstant hält.*

Im vorliegenden Beispiel sind die v-*Koordinatenlinien die Kurven* $u = u_0 =$ *const. Diese sind rechtwinklige Hyperbeln mit dem Scheitelabstand* e^{u_0} :

$$x^2 - y^2 = e^{2u_0}.$$

Die u-*Koordinatenlinien sind die Kurven* $v = v_0 =$ *const, also die Geraden* $y = x \tanh v_0$. *Der Vektor* $\frac{\partial \mathbf{p}}{\partial u}$ *liegt tangential zu den* u-*Koordinatenlinien. Die Forderung* $\det J_{\mathbf{p}}(u,v,\ldots) = \det\left(\frac{\partial \mathbf{p}}{\partial u}, \frac{\partial \mathbf{p}}{\partial v}, \ldots\right) \neq 0$ *stellt somit sicher, dass Koordinatenlinien sich stets unter einem Winkel* $\neq 0$ *schneiden.*

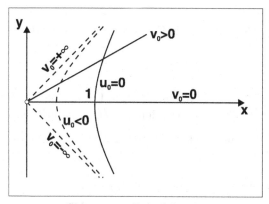

Skizze zum Beispiel 2.45

Aufgaben

Aufgabe 2.17. Sei $f(x,y) := e^{xy} + x + y$ gegeben. Zeigen Sie, dass durch die Gleichung $f(x,y) = 1$ in einer Umgebung von $x_0 = 0$ implizit eine Funktion $y = g(x)$ mit $g(0) = 0$ definiert wird, sodass $f(x, g(x)) = 1$ gilt. Ist die entsprechende Höhenlinie auch nach $x \in \mathbb{R}$ auflösbar?

Aufgabe 2.18. Gegeben sei die Funktion $f : \mathbb{R}^2 \to \mathbb{R}$ durch

$$f(x,y) = 5x^4 + x^2 + 2y^3 + y.$$

a) Zeigen Sie, dass durch die Gleichung $f(x,y) = 0$ in einer Umgebung von $x_0 = 0$ implizit eine Funktion $y = g(x)$ mit $g(0) = 0$ definiert wird, sodass $f(x, g(x)) = 0$ gilt.

b) Geben Sie das Taylor-Polynom 2. Grades für g um $x_0 = 0$ an.

c) Besitzt g ein lokales Extremum in $x_0 = 0$?

Aufgabe 2.19. Gegeben sei die Funktion $F : \mathbb{R}^3 \to \mathbb{R}$ durch

$$F(x,y,z) = x^3 - 2xyz + 3xz^2 + 3z^3.$$

a) Bestimmen Sie $(x_0, y_0, z_0) \in \mathbb{R}^3$ mit $F(x_0, y_0, z_0) = 40$.

   Hinweis. Es gilt $x_0 = y_0 = z_0$.

b) Zeigen Sie, dass in einer Umgebung U von (x_0, y_0) eine Funktion $(x,y) \mapsto z(x,y)$ existiert, sodass $F(x, y, z(x,y)) = 40$ für alle $(x,y) \in U$ gilt.

c) Bestimmen Sie das Taylor-Polynom 2. Grades von $z(\cdot, \cdot)$ um den Entwicklungspunkt (x_0, y_0).

Aufgabe 2.20. Gegeben sei die Funktion $F : \mathbb{R}^2 \to \mathbb{R}$ durch

$$F(x,y) := e^{xy} - y.$$

a) Bestimmen Sie $y_0 \in \mathbb{R}$ so, dass in einer Umgebung von $(0, y_0)$ alle Nullstellen von F durch eine Funktion $y = f(x)$ beschrieben werden können.

b) Bestimmen Sie das Taylor-Polynom 2. Grades von f im Entwicklungspunkt $x_0 = 0$.

Aufgabe 2.21. Sei $\mathbf{f} : \mathbb{R}^3 \to \mathbb{R}^3$ gegeben durch

$$\mathbf{f}(x,y,z) := \left(\sin x, \cos(xy), z^2 + 1 \right)^T.$$

Zeigen Sie, dass es Umgebungen $U \subset \mathbb{R}^3$ von $\mathbf{x}_0 = (\pi, \pi/2, -1)^T$ und $V \subset \mathbb{R}^3$ von $\mathbf{f}(\mathbf{x}_0)$ gibt, sodass $\mathbf{f} : U \to V$ invertierbar ist.

Kapitel 3

Mehrdimensionale Integration

3.1 Messbare Punktmengen

Dem abgeschlossenen Intervall $I_1 := [a, b] \subset \mathbb{R}$ ordnet man sinnvollerweise die **Länge** $m(I_1) := b - a$ zu. Aus elementargeometrischer Sicht ist es ebenso sinnvoll, dem Rechteck $I_2 := [a_1, b_1] \times [a_2, b_2] \subset \mathbb{R}^2$ den **Flächeninhalt** $m(I_2) := (b_1 - a_1)(b_2 - a_2)$ zuzuordnen. Die Verallgemeinerung auf den n-dimensionalen Fall liegt auf der Hand:

Definition 3.1 *Für gegebene Vektoren* $\mathbf{a}, \mathbf{b} \in \mathbb{R}^n$ *mit* $a_j \leq b_j$, $j = 1, \ldots, n$, *sei das* **abgeschlossene n-dimensionale Intervall** I_n *durch*

$$I_n := [\mathbf{a}, \mathbf{b}] = \{\mathbf{x} \in \mathbb{R}^n : a_j \leq x_j \leq b_j, \ j = 1, 2, \ldots, n\}$$

definiert. Dann heißt die Zahl

$$m(I_n) := \prod_{j=1}^{n} (b_j - a_j)$$

Inhalt *oder* **Maß** *von* I_n.

Zu den abgeschlossenen n-dimensionalen Intervallen $I_n \subset \mathbb{R}^n$ zählen insbesondere alle Intervalle mit der Kantenlänge 1, deren Anfangspunkt $\mathbf{a} = (a_1, \ldots, a_n)^T$ **ganzzahlige** Komponenten hat, also

$$I_n^{(0)} := \{\mathbf{x} \in \mathbb{R}^n : a_j \leq x_j \leq a_j + 1, \ a_j \in \mathbb{Z}, \ j = 1, 2, \ldots, n\}.$$

Bei festgehaltenem $\mathbf{a} \in \mathbb{Z}^n$ bezeichne $I_n^{(k)}$ das n-dimensionale Intervall mit der Kantenlänge $1/2^k$, welches durch k-malige Halbierung der Seitenlängen aus dem Intervall $I_n^{(0)}$ entsteht.

Damit beschreiben wir nun, wie einer gegebenen Teilmenge $M \subset \mathbb{R}^n$ ein sinnvolles **Maß** zugeordnet werden kann. Wir setzen (vgl. nachfolgende Skizze) für ein festes $k \in \mathbb{N}_0$

$$A_k := \bigcup I_n^{(k)} \text{ mit } I_n^{(k)} \subset M, \quad B_k := \bigcup I_n^{(k)} \text{ mit } I_n^{(k)} \cap M \neq \emptyset.$$

Nun gilt ganz offensichtlich $A_k \subset M \subset B_k$, und die Maße

$$m(A_k) = \sum_{I_n^{(k)} \in A_k} m(I_n^{(k)}), \quad m(B_k) = \sum_{I_n^{(k)} \in B_k} m(I_n^{(k)})$$

existieren. Durch Halbierung der Kantenlänge von $I_n^{(k)}$ entstehen Teilintervalle $I_n^{(k+1)}$ und somit Mengen A_{k+1}, B_{k+1}, für die

$$A_k \subset A_{k+1}, \quad B_{k+1} \subset B_k, \quad m(A_k) \leq m(A_{k+1}), \quad m(B_{k+1}) \leq m(B_k)$$

gilt. Auf diese Weise erhalten wir folgende monotone Folgen:

$$\{m(A_k)\}_{k \in \mathbb{N}} \text{ ist monoton } \uparrow \text{ und } \{m(B_k)\}_{k \in \mathbb{N}} \text{ ist monoton } \downarrow.$$

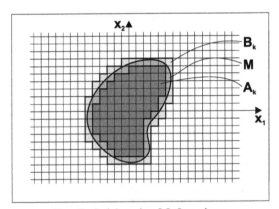

Zur Definition des Maßes einer
Menge $M \subset \mathbb{R}^n$

Ist die Menge M **beschränkt**, so ist die Folge $m(A_k)$ nach oben beschränkt, während die Folge $m(B_k)$ nach unten beschränkt sein muss. Damit ist die Existenz der Grenzwerte $\lim_{k \to \infty} m(A_k)$ sowie $\lim_{k \to \infty} m(B_k)$ bei monotonen Folgen garantiert.

Definition 3.2 *Es sei $M \subset \mathbb{R}^n$ eine beschränkte Menge, und es seien*

$$m_i(M) := \lim_{k \to \infty} m(A_k), \quad m_a(M) := \lim_{k \to \infty} m(B_k)$$

*die existierenden Grenzwerte. Dann heißt $m_i(M)$ bzw. $m_a(M)$ **inneres** bzw. **äußeres Maß** der Menge M. Falls*

$$m_i(M) = m_a(M) =: m(M)$$

*gilt, so heißt $m(M)$ n-**dimensionales** (**Riemann**)-**Maß** von M, kurz R-Maß genannt. Die Menge M heißt dann R-**messbar**. Vereinbarungs- gemäß gelte $m(\emptyset) = 0$.*

Beispiel 3.3 *Wir bestimmen das zweidimensionale Maß der Strecke $M :=$ $\{(x_1, x_2) \in \mathbb{R}^2 : a \leq x_1 \leq b, \ x_2 = \text{const}\}$. Hier gilt offenkundig $A_k = \emptyset$ und somit $m(A_k) = 0$. Die Menge B_k enthält höchstens zwei Schichten von Teilintervallen $I_2^{(k)}$, und somit gilt $m(B_k) \leq (b-a) \cdot 2 \cdot 1/2^k \to 0$, $k \to \infty$. Das heißt, wir haben $m_i(M) = m_a(M) = 0$.*

Durch Verallgemeinerung dieses Beispiels gelangen wir zu der

Folgerung 3.4 *Jede Parameterkurve in $\mathbb{R}^n$ hat das n-dimensionale Maß 0. Jede beschränkte **ebene** Punktmenge hat ebenfalls das dreidimensionale Maß 0.*

Salopp gesagt, hat eine Linie für $n \geq 2$ das n-dimensionale Maß 0 und eine Fläche für $n \geq 3$ das n-dimensionale Maß 0, was höherdimensional entspre- chend weitergeführt werden kann.

Formal gilt nun

Definition 3.5 *Eine beschränkte Menge $M \subset \mathbb{R}^n$ hat das Maß 0, wenn zu **jedem** noch so kleinen $\varepsilon > 0$ endlich viele n-dimensionale Quader $Q_1, \ldots, Q_N$ existieren mit den Eigenschaften*

$$M \subset \bigcup_{k=1}^{N} Q_k \quad \text{und} \quad \sum_{k=1}^{n} m(Q_k) < \varepsilon.$$

*Eine unbeschränkte Menge hat das Maß 0, wenn jede beschränkte Teil- menge das Maß 0 hat. Mengen vom Maße 0 werden auch **Nullmengen** genannt.*

Es gibt auch Beispiele **nichtmessbarer** Mengen. Ein prominentes davon ist

Beispiel 3.6 *Die Menge* M *sei in der folgenden Weise definiert:*

$$M := \{(x_1, x_2) \in \mathbb{R}^2 : x_1 \in \mathbb{Q} \text{ und } 0 < x_1 < 1, \ x_2 \in \mathbb{R} \text{ und } 0 < x_2 < 1\}.$$

Da M *keine inneren Punkte hat, gilt stets* $m(A_k) = 0$, *während wir* $m(B_k) = 1$ *haben. Hieraus folgern wir* $0 = m_i(M) \neq m_a(M) = 1$, *also die Nichtmess-barkeit. Zudem ist die Menge ihr eigener Rand, d. h., es gilt*

$$\partial M = M.$$

Die Erklärung dieser Sachverhalte ist ganz einfach. Die erste Komponente eines Punktes aus M *ist rational, die zweite ist reell. Jede noch so kleine Umgebung um einen solchen Punkt beinhaltet sowohl solche Punkte als auch Punkte mit nur irrationalen Komponenten, da* $\mathbb{Q}$ *dicht in* $\mathbb{R}$ *ist. Keine Um-gebung beinhaltet also nur die die Menge definierenden Punkte, d. h. keine inneren Punkte, sondern beides: Punkte, die zur Menge gehören, und solche, die nicht dazugehören. Und das ist doch gerade die formale Defintion eines Randpunktes.*

Wir geben hier ohne Beweis einige Eigenschaften messbarer Mengen an:

Satz 3.7 *Für gegebene Teilmengen* M, M_1, $M_2 \subset \mathbb{R}^n$ *gilt:*

1.) Sind M_1 *und* M_2 *messbar, und für das* **Innere** *der Mengen gilt* $M_1^o \cap M_2^o = \emptyset$, *so folgt die Additivität, d. h.*

$$m(M_1 \cup M_2) = m(M_1) + m(M_2).$$

2.) Sind M_1 *und* M_2 *messbar, und gilt* $M_2 \subset M_1$, *so folgt*

$$m(M_1 \setminus M_2) = m(M_1) - m(M_2).$$

3.) Die Menge M *ist genau dann messbar, wenn* $m(\partial M) = 0$ *gilt.*

Aufgaben

Aufgabe 3.1. Sei m ein Maß auf den Mengen des $\mathbb{R}^n$. Zeigen Sie, dass folgende Eigenschaften für alle messbaren Mengen $A, B \subset \mathbb{R}^n$ gelten:

a) $A \subseteq B \implies m(A) \leq m(B)$,

b) $m(A \cup B) = m(A) + m(B) - m(A \cap B)$.

Aufgabe 3.2. Wie lautet der Flächeninhalt des Bereichs

$$B := \left\{ (x,y) \in \mathbb{R}^2 : \frac{1}{2} - x \le \frac{1}{2} \le x + y \le 1 \le 1 + y \right\}?$$

Aufgabe 3.3. Sei μ ein Maß auf den Mengen des $\mathbb{R}^3$. Gegeben sei die Menge

$$M := \left\{ \mathbf{x} \in \mathbb{R}^3 : -1 \le \sin x_1 \cos x_2 + e^{-x_3^2} \le 2 \right\}.$$

Zeigen Sie, dass $\mu(M) = \infty$ gilt.

Aufgabe 3.4. Begründen Sie, warum die nachfolgenden Teilmengen des $\mathbb{R}^2$ vom Maße 0 sind:

a) $M_1 := \{ (x_1, x_2) \in [0,1]^2 : x_1 = x_2 \}$,

b) $M_2 := \{ (x_1, x_2) \in [0,1]^2 : x_1 + x_2 = 0 \}$.

Aufgabe 3.5. Sei $A \subset \mathbb{R}^m$ eine Nullmenge und $B \subset \mathbb{R}^n$ eine beliebige beschränkte Menge. Zeigen Sie, dass $A \times B \subset \mathbb{R}^{m+n}$ eine Nullmenge ist.

3.2 Ebene Bereichsintegrale

Das Riemann-Integral $\int_a^b f(x)\,dx$ einer Funktion $f \in \mathrm{Abb}\,(\mathbb{R}, \mathbb{R})$ wurde geometrisch als Flächeninhalt derjenigen Fläche gedeutet, die zwischen dem Grafen $G(f)$ und der x-Achse liegt (Merz und Knabner 2013, S. 618 ff.). Diese geometrische Deutung soll nun auf **Volumina prismatischer Körper** übertragen werden, deren Grundfläche einen Bereich G der (x, y)-Ebene ausfüllen und die „nach oben" durch eine Fläche $z = f(x, y)$, $(x, y) \in G$, begrenzt sind.

Im einfachsten Fall sei G ein achsenparalleles, ebenes und abgeschlossenes Rechteck, d. h. ein zweidimensionales Intervall

$$G := \{ (x, y) \in \mathbb{R}^2 : a_1 \le x \le b_1, \ a_2 \le y \le b_2 \}$$

mit $m(G) = (b_1 - a_1)(b_2 - a_2)$.

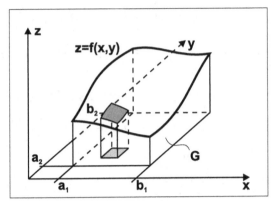

**Zweidimensionales Intervall als Grund-
bereich eines prismatischen Körpers**

Zu G definieren wir in Analogie zum eindimensionalen Fall eine **endliche
Zerlegung**

$$Z_{nm} := \{G_{jk} : 1 \leq j \leq n, \ 1 \leq k \leq m\}$$

mit folgenden Eigenschaften:

1.) $a_1 =: x_0 \leq x_1 \leq \cdots \leq x_n := b_1, \ a_2 =: y_0 \leq y_1 \leq \cdots \leq y_m := b_2,$

2.) $G_{jk} := I_j^x \times I_k^y$, wobei das Intervall I_j^x die Randpunkte x_{j-1} und x_j hat,
während das Intervall I_k^y die Randpunkte y_{k-1} und y_k besitzt, wobei noch
$I_j^x \neq \emptyset \neq I_k^y$ für $j = 1, 2, \ldots, n$ und $k = 1, 2, \ldots, m$ gelte,

3.) für jedes Indexpaar $j \neq j'$ und $k \neq k'$ gelte

$$I_j^x \cap I_{j'}^x = \emptyset = I_k^y \cap I_{k'}^y, \quad \bigcup_{j=1}^n I_j^x = [a_1, b_1], \quad \bigcup_{k=1}^m I_j^y = [a_2, b_2].$$

Es sei $m(G_{jk}) = (x_j - x_{j-1})(y_k - y_{k-1})$ das Maß der Menge G_{jk}, und es
bezeichne schließlich

$$|Z_{nm}| := \max\left\{\sqrt{(x_j - x_{j-1})^2 + (y_k - y_{k-1})^2} : 1 \leq j \leq n, \ 1 \leq k \leq m\right\}$$

das **Feinheitsmaß** der endlichen Zerlegung Z_{nm}.

Sei nun $f \in \text{Abb}(G, \mathbb{R})$ eine beschränkte Funktion. Bei gegebener endlicher
Zerlegung Z_{nm} der Menge G sei $(\xi_j, \eta_k) \in G_{jk}$ ein beliebiger Zwischenpunkt.
Dann heißt die Doppelsumme

$$S_{nm} := \sum_{j=1}^n \sum_{k=1}^m f(\xi_j, \eta_k) \, m(G_{jk}) \tag{3.1}$$

die der endlichen Zerlegung Z_{nm} zugeordnete Riemannsche **Näherungs-summe**. Gilt $|Z_{nm}| \to 0$, so bleibt zu prüfen, ob die zugeordnete Folge $\{S_{nm}\}$ der Riemannschen Näherungssummen für jede Wahl des Zwischenpunktes (ξ_j, η_k) gegen ein und denselben Grenzwert konvergiert.

Definition 3.8 *Die Funktion* $f \in \mathrm{Abb}\,(G, \mathbb{R})$ *sei auf dem Rechteckbereich* $G := [a_1, b_1] \times [a_2, b_2]$ *beschränkt. Konvergiert die Folge* (3.1) *der Riemann-Summen für jede Wahl von endlichen Zerlegungen* $Z_{nm} := \{G_{jk} : 1 \leq j \leq n,\ 1 \leq k \leq m\}$ *mit* $|Z_{nm}| \to 0$ *und für jede Wahl der Zwischenstellen* $(\xi_j, \eta_k) \in G_{jk}$ *gegen ein und denselben Grenzwert* S, *so heißt die Zahl* S **ebenes Bereichsintegral** *oder* **Flächenintegral** *der Funktion* f *über den Bereich* G.

In diesem Fall heißt f *über dem Bereich* G *Riemann-integrierbar, kurz:* **R-integrierbar**, *und* G *heißt* **Integrationsbereich**. *Wir schreiben dafür*

$$S = \int\limits_G f(x,y)\, dG = \iint\limits_G f(x,y)\, d(x,y) := \lim_{|Z_{nm}| \to 0} \sum_{j=1}^{n} \sum_{k=1}^{m} f(\xi_j, \eta_k) m(G_{jk}).$$

Dabei steht der Ausdruck $d(x,y)$ *entweder für* $dxdy$ *oder für* $dydx$, *solange die konkrete Integrationsreihenfolge nicht feststeht.*

Mit dieser Definition ist noch nichts darüber ausgesagt, für welche Funktionen f das Bereichsintegral existiert. Es sind jedoch alle stetigen Funktionen $f \in \mathrm{Abb}\,(G, \mathbb{R})$ R-integrierbar.

Satz 3.9 *Die Funktion* $f \in \mathrm{Abb}\,(G, \mathbb{R})$ *sei auf dem Rechteckbereich* $G := [a_1, b_1] \times [a_2, b_2]$ *stetig. Dann ist* f *über* G *R-integrierbar.*

Beweis. Die Funktion f ist auf der kompakten Teilmenge G sogar beschränkt und gleichmäßig stetig. Somit existieren

$$\underline{M} := \min_{(x,y) \in G} f(x,y), \quad \overline{M} := \max_{(x,y) \in G} f(x,y),$$

und die gleichmäßige Stetigkeitsbedingung lautet

$$\forall \varepsilon > 0\ \exists \delta = \delta(\varepsilon) > 0 : \left| f(\mathbf{x}_1) - f(\mathbf{x}_2) \right| < \frac{\varepsilon}{m(G)} \tag{3.2}$$

für alle $\mathbf{x}_1, \mathbf{x}_2 \in G$ mit $\|\mathbf{x}_1 - \mathbf{x}_2\| < \delta$.

Sei nun $\varepsilon > 0$ fest gewählt und dazu die Zahl $\delta > 0$ gemäß (3.2) bestimmt. Sei ferner $Z_{nm} = \{G_{jk} : 1 \leq j \leq n,\ 1 \leq k \leq m\}$ eine endliche Zerlegung von G mit $|Z_{nm}| < \delta$. Wir setzen

$$f(\mathbf{x}_{jk}) = \underline{M}_{jk} := \min_{(x,y)\in \overline{G}_{jk}} f(x,y), \ \overline{M}_{jk} := \max_{(x,y)\in \overline{G}_{jk}} f(x,y) = f(\mathbf{x}^{jk})$$

und definieren dazu

$$\underline{S}_{nm} := \sum_{j=1}^{n}\sum_{k=1}^{m} \underline{M}_{jk}\, m(G_{jk}) \geq \underline{M}\cdot m(G),$$

$$\overline{S}_{nm} := \sum_{j=1}^{n}\sum_{k=1}^{m} \overline{M}_{jk}\, m(G_{jk}) \leq \overline{M}\cdot m(G).$$

Dann gilt $\underline{S}_{nm} \leq S_{nm} \leq \overline{S}_{nm}$, und die Folge $\underline{S}_{nm}$ ist bei Verfeinerung der Zerlegung Z_{nm} monoton $\uparrow$, während die Folge $\overline{S}_{nm}$ monoton $\downarrow$.

Wegen der Beschränktheit beider Folgen nach oben bzw. nach unten liegt Konvergenz vor. Wir haben somit

$$0 \leq \overline{S}_{nm} - \underline{S}_{nm} = \sum_{j=1}^{n}\sum_{k=1}^{m}\left(f(\mathbf{x}^{jk}) - f(\mathbf{x}_{jk})\right) m(G_{jk})$$

$$\overset{(3.2)}{\leq} \frac{\varepsilon}{m(G)}\sum_{j=1}^{n}\sum_{k=1}^{m} m(G_{jk}) = \varepsilon.$$

Daraus folgt nach dem Einschließungskriterium

$$\lim_{|Z_{nm}|\to 0}\underline{S}_{nm} = \lim_{|Z_{nm}|\to 0} S_{nm} = \lim_{|Z_{nm}|\to 0}\overline{S}_{nm} =: S$$

die behauptete Integrierbarkeit.   qed

Die oben gegebene Definition ist nicht zur direkten Berechnung eines ebenen Bereichsintegrals geeignet. Wir formulieren jetzt ohne Beweis, wie die Berechnung eines ebenen Breichsintegrals $\int_G f\, dG$ auf nachfolgende **iterierte Integrale** zurückgeführt werden kann:

Satz 3.10 *Für eine auf dem Rechteckbereich $G := [a_1, b_1] \times [a_2, b_2]$ stetige Funktion $f \in \mathrm{Abb}\,(G, \mathbb{R})$ gilt*

$$\int_G f(x,y)\, dG = \iint_G f(x,y)\, d(x,y)$$

$$= \int_{a_2}^{b_2}\left(\int_{a_1}^{b_1} f(x,y)\, dx\right) dy = \int_{a_1}^{b_1}\left(\int_{a_2}^{b_2} f(x,y)\, dy\right) dx.$$

Bemerkung 3.11 *Diejenige Variable, nach der zunächst nicht integriert wird, wird als konstant angesehen – ähnlich wie beim partiellen Differenzieren! Dass die Reihenfolge der Integration i. Allg. vertauscht werden darf, wird in der Literatur als Satz von Fubini geführt.*

Beispiel 3.12 *Es seien $f(x,y) := x^y$ und $G := [0,1] \times [1,2]$ vorgegeben. Da die Funktion $f \in \mathrm{Abb}\,(G, \mathbb{R})$ stetig ist, folgern wir aus Satz 3.10, dass*

$$\int_G f(x,y)\,dG = \int_1^2 \left(\int_0^1 x^y\,dx \right) dy = \int_1^2 \frac{x^{y+1}}{y+1}\bigg|_0^1 \, dy = \int_1^2 \frac{dy}{y+1} = \ln \frac{3}{2}.$$

Gemäß des letzten Satzes dürfen Sie auch in der anderen Reihenfolge integrieren, nämlich

$$\int_G f(x,y)\,dG = \int_0^1 \left(\int_1^2 x^y\,dy \right) dx.$$

Führen Sie diese Integration selbst durch und beurteilen Sie, welche Variante einfacher erscheint! Verwenden Sie dazu $x^y = e^{y\ln x}$.

Bemerkung 3.13 *Ist $M \subset G := [a_1,b_1] \times [a_2,b_2]$ eine Menge vom **zwei**dimensionalen Maß null $m(M) = 0$, so erkennen Sie an der Riemann-Summe (3.1), dass die Funktionswerte $f(x,y)$ für $(x,y) \in M$ keinen Beitrag zum Riemann-Integral $\int_G f\,dG$ liefern. Deshalb kann die Funktion f auf einer Menge vom zweidimensionalen Maß null ohne Änderung des Integralwertes abgeändert werden.*

Satz 3.9 kann deshalb in der folgenden Weise erweitert werden:

Satz 3.14 *Die Funktion $f \in \mathrm{Abb}\,(G, \mathbb{R})$ sei auf dem Rechteckbereich $G := [a_1,b_1] \times [a_2,b_2]$ beschränkt und stetig mit Unstetigkeiten (z. B. behebbbare oder endliche Sprünge) höchstens auf einer zweidimensionalen Menge M vom Maße null. Dann ist f über G integrierbar.*

Mit dem Ergebnis von Satz 3.14 sind wir jetzt in der Lage, ebene Bereichsintegrale $\int_G f(x,y)\,dG$ ganz allgemein für solche Bereiche zu definieren, die keine achsenparallelen Rechtecke sind.

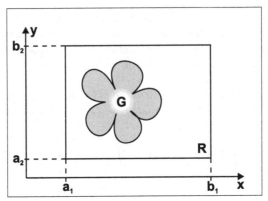

**Einschließung eines Bereichs G in
ein achsenparalleles Rechteck R**

Ist $G \subset \mathbb{R}^2$ eine messbare Menge mit dem Rand $\partial G \subset \mathbb{R}^2$, dann folgt aus Satz 3.7, dass $m(\partial G) = 0$.

Wir schließen G in ein achsenparalleles Rechteck R ein und setzen die gegebene Funktion $f \in \text{Abb}(G, \mathbb{R})$ durch 0 auf ganz R fort und erhalten

$$f_G(x,y) := \begin{cases} f(x,y) & : (x,y) \in G, \\ 0 & : (x,y) \in R \setminus G. \end{cases}$$

Ist die Funktion $f \in \text{Abb}(G, \mathbb{R})$ stetig und beschränkt, so gilt dies auch für die Funktion $f_G \in \text{Abb}(R, \mathbb{R})$ mit Ausnahme höchstens der Unstetigkeitsmenge ∂G vom Maße 0. Somit existiert gemäß Satz 3.14 das ebene Bereichsintegral $\int_R f_G(x,y)\, dR$, und wir definieren:

Definition 3.15 *Die Funktion* $f \in \text{Abb}(G, \mathbb{R})$ *sei auf der messbaren Menge* $G \subset \mathbb{R}^2$ *beschränkt, und es sei* $R \subset \mathbb{R}^2$ *ein achsenparalleles Rechteck mit* $G \subset R$. *Sei*

$$f_G(x,y) := \begin{cases} f(x,y) & : (x,y) \in G, \\ 0 & : (x,y) \in R \setminus G. \end{cases}$$

Ist die Funktion f_G *über dem Rechteck* R *integrierbar, so setzen wir* $\int_G f(x,y)\, dG := \int_R f_G(x,y)\, dR$, *und das Integral* $\int_G f(x,y)\, dG$ *heißt* ***ebenes Bereichsintegral*** *von* f *über* G.

Nach dieser Definition können wir Satz 3.14 in der folgenden Form aufschreiben:

Satz 3.16 *Die Funktion* $f \in \text{Abb}(G, \mathbb{R})$ *habe auf dem beschränkten messbaren Bereich* $G \subset \mathbb{R}^2$ *höchstens auf einer Menge* $M \subset G$ *vom Maße 0 Unstetigkeiten und sei sonst stetig. Dann existiert das ebene Bereichsintegral* $\int_G f(x, y)\, dG$.

Bemerkung 3.17 *Gilt* $f(x, y) \equiv 1$ *für alle* $(x, y) \in G$, *so ergibt sich aus der Konstruktion des ebenen Bereichsintegrals* $\int_G f(x, y)\, dG$ *sofort, dass*

$$A = \text{Fläche}\,(G) = m(G) = \int\limits_G 1\, dG = \int\limits_G dG.$$

Wir nennen das Symbol dG auch **Flächenelement.**

Für ebene Bereichsintegrale gelten Rechenregeln ganz analog zu den Rechenregeln des eindimensionalen Riemann-Integrals:

Satz 3.18 *Auf einem beschränkten messbaren Bereich* $G \subset \mathbb{R}^2$ *seien integrierbare Funktionen* $f, g \in \text{Abb}(G, \mathbb{R})$ *gegeben. Dann gelten folgende Aussagen:*

a) $\displaystyle \int_G \left(\lambda\, f(x, y) + \mu\, g(x, y) \right) dG = \lambda \int_G f(x, y)\, dG + \mu \int_G g(x, y)\, dG$

   für alle $\lambda, \mu \in \mathbb{R}$,

b) $f(x, y) \le g(x, y) \ \forall\, (x, y) \in G \ \Longrightarrow \ \displaystyle \int_G f(x, y)\, dG \le \int_G g(x, y)\, dG$,

c) $\displaystyle \left| \int_G f(x, y)\, dG \right| \le \int_G |f(x, y)|\, dG$,

d) $G = G_1 \cup G_2$ *und* $G_1^o \cap G_2^o = \emptyset \ \Longrightarrow \ \displaystyle \int_G f(x, y)\, dG =$
   $\displaystyle \int_{G_1} f(x, y)\, dG + \int_{G_2} f(x, y)\, dG.$

Ist schließlich $f(x, y) \ge 0$ *und* $\int_G f(x, y)\, dG = 0$, *so kann* $f(x, y) \ne 0$ *höchstens auf einer Menge* $M \subset G$ *vom Maße* $m(M) = 0$ *gelten.*

Die Berechnung des ebenen Bereichsintegrals $\int_G f(x, y)\, dG$ wird anhand seiner Definition in der Praxis kaum durchführbar sein. Aus diesem Grund soll die Berechnung von $\int_G f(x, y)\, dG$ wie bei der Vorgabe von Rechteckbereichen auf die Berechnung von **iterierten Integralen** zurückgeführt werden.

Eine solche Rückführung gelingt stets dann, wenn G ein **Normalbereich** bezüglich einer der beiden Variablen x oder y ist, gemäß

Satz 3.19 *Gegeben sei eine stetige Funktion $f \in \mathrm{Abb}\,(G, \mathbb{R})$ auf einem beschränkten messbaren Bereich $G \subset \mathbb{R}^2$.*

*a) Ist $G = G_x$ ein **Normalbereich** bzgl. der Variablen x, also*

$$G_x = \{(x,y) \in \mathbb{R}^2 : g_1(x) \leq y \leq g_2(x), \ a \leq x \leq b\},$$

so gilt

$$\int_G f(x,y)\,dG = \int_a^b \left(\int_{g_1(x)}^{g_2(x)} f(x,y)\,dy \right) dx. \tag{3.3}$$

*b) Ist $G = G_y$ ein **Normalbereich** bzgl. der Variablen y, also*

$$G_y = \{(x,y) \in \mathbb{R}^2 : h_1(y) \leq x \leq h_2(y), \ c \leq y \leq d\},$$

so gilt

$$\int_G f(x,y)\,dG = \int_c^d \left(\int_{h_1(y)}^{h_2(y)} f(x,y)\,dx \right) dy. \tag{3.4}$$

Nachstehende Grafiken demonstrieren die eben erwähnten Normalbereiche gemäß Teil a),

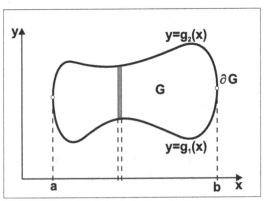

Berechnung von $\int_G f(x,y)\,dG$, wenn
G ein Normalbereich bezüglich x ist

bzw. gemäß Teil b),

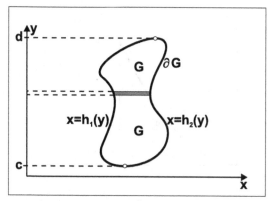

Berechnung von $\int_G f(x,y)\,dG$, wenn
G ein Normalbereich bezüglich y ist

Bemerkung 3.20 *Lässt sich eine „kompliziertere" beschränkte und messbare Menge $G \subset \mathbb{R}^2$ in* **endlich viele** *Normalbereiche $G_1, G_2, \ldots, G_m$ disjunkt zerlegen, d. h. $G_j^o \cap G_k^o = \emptyset$ für $j \neq k$, so folgt aus Satz 3.18*

$$\int_G f(x,y)\,dG = \sum_{j=1}^{m} \int_{G_j} f(x,y)\,dG,$$

wobei jedes Integral auf der rechten Seite in der Form (3.3) oder (3.4) ausgewertet werden kann.

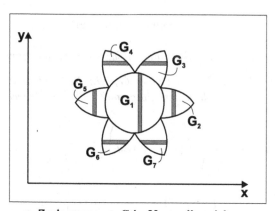

Zerlegung von G in Normalbereiche

Beispiel 3.21 *Gesucht ist das ebene Bereichsintegral der Funktion $f(x,y) := x^2 + y^2$ über dem Normalbereich*

$$G := \{(x,y) \in \mathbb{R}^2 : 0 \leq y \leq x^2, \ 0 \leq x \leq 2\}.$$

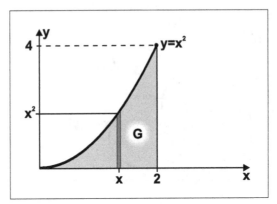

G als Normalbereich bezüglich x

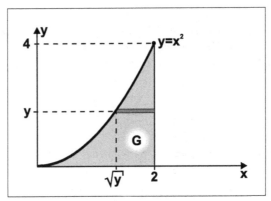

G als Normalbereich bezüglich y

Wir berechnen das Integral mit beiden Möglichkeiten der Normalbereiche:

a) *In der angegebenen Form ist $G = G_x$ ein Normalbereich bezüglich der Variablen x. Wir erhalten deshalb gemäß (3.3) die Auswertung*

$$\int\limits_G f(x,y)\,dG = \int\limits_0^2 \left(\int\limits_0^{x^2} (x^2 + y^2)\,dy \right) dx = \int\limits_0^2 \left(x^2 y + \frac{1}{3} y^3 \right) \Bigg|_0^{x^2} dx$$

$$= \int\limits_0^2 \left(x^4 + \frac{1}{3} x^6 \right) dx = \left(\frac{1}{5} x^5 + \frac{1}{21} x^7 \right) \Bigg|_0^2 = \frac{1312}{105}.$$

b) *Wir können G jetzt als Normalbereich*

$$G_y = \{(x,y) \in \mathbb{R}^2 : \sqrt{y} \leq x \leq 2,\ 0 \leq y \leq 4\}$$

bzgl. der Variablen y deuten und das ebene Bereichsintegral gemäß (3.4) auswerten:

$$\int_G f(x,y)\,dG = \int_0^4 \left(\int_{\sqrt{y}}^2 (x^2 + y^2)\,dx \right) dy = \int_0^4 \left(\frac{1}{3}x^3 + y^2 x \right) \Bigg|_{\sqrt{y}}^2 dy$$

$$= \int_0^4 \left(\frac{8}{3} + 2y^2 - \frac{1}{3}y^{3/2} - y^{5/2} \right) dy$$

$$= \left(\frac{8}{3}y + \frac{2}{3}y^3 - \frac{2}{15}y^{5/2} - \frac{2}{7}y^{7/2} \right) \Bigg|_0^4 = \frac{1312}{105}.$$

Beispiel 3.22 *Wir berechnen das Volumen der Halbkugel mit Radius 1. Über dem Einheitskreis lässt sich die obere Halbkugel durch die Funktion $f(x,y) = \sqrt{1 - x^2 - y^2}$ darstellen. Wir verwenden den Normalbereich $G = G_x$ und erhalten wiederum gemäß (3.3) die Auswertung*

$$\int_G f(x,y)\,dF = \int_G \sqrt{1 - x^2 - y^2}\,dF = \int_{-1}^1 \int_{-\sqrt{1-x^2}}^{\sqrt{1-x^2}} \sqrt{1 - x^2 - y^2}\,dy\,dx.$$

Für die Integration der rechten Seite wird die Variable x zunächst wieder als konstant angesehen. Wir verwenden die Stammfunktion

$$\int \sqrt{a^2 - y^2}\,dy = \frac{1}{2}\left(y\sqrt{a^2 - y^2} + a^2 \arcsin\frac{y}{a} \right)$$

und setzen daher $a^2 := 1 - x^2$ mit $a > 0$. Somit resultiert

$$\int_{-1}^1 \int_{-\sqrt{1-x^2}}^{\sqrt{1-x^2}} \sqrt{1 - x^2 - y^2}\,dy\,dx$$

$$= \frac{1}{2}\int_{-1}^1 \left(y\sqrt{1 - x^2 - y^2} + (1 - x^2)\arcsin\frac{y}{\sqrt{1 - x^2}} \right) \Bigg|_{-\sqrt{1-x^2}}^{\sqrt{1-x^2}} dx$$

$$= \frac{1}{2}\int_{-1}^1 \left(0 + (1 - x^2)(\arcsin 1 - \arcsin(-1)) \right) dx = \frac{\pi}{2}\int_{-1}^1 (1 - x^2)\,dx = \frac{2\pi}{3}.$$

Das Volumen der Einheitskugel im $\mathbb{R}^3$ lautet demnach

$$\text{Vol}\,(B_1(\mathbf{0})) = 2 \int\limits_F f(x,y)\,dF = \frac{4}{3}\pi\,.$$

Die alternative Berechnung mit dem Normalbereich $G = G_y$ liefert natürlich dasselbe Ergebnis.

Aufgaben

Aufgabe 3.6. Berechnen Sie mithilfe eines ebenen Bereichsintegrals den Flächeninhalt von

$$B := \left\{ (x,y) \in \mathbb{R}^2 : 0 \le x \le 1,\ 0 \le x + 2y \le 3 \right\}.$$

Aufgabe 3.7. Berechnen Sie mithilfe eines ebenen Bereichsintegrals den Flächeninhalt von

$$B := \left\{ (x,y) \in \mathbb{R}^2 : \frac{1}{2} - x \le \frac{1}{2} \le x + y \le 1 \le 1 + y \right\}.$$

Aufgabe 3.8. Berechnen Sie mithilfe eines ebenen Bereichsintegrals den von einer Ellipse eingeschlossenen Flächeninhalt A, gegeben durch die Gleichung

$$\frac{x^2}{a^2} + \frac{y^2}{b^2} = 1,\ a,b > 0.$$

Aufgabe 3.9. Sei

$$B := \left\{ (x,y) \in \mathbb{R}^2 : x \ge 0,\ y \ge 0,\ 1 \le x^2 + 4y^2,\ x^2 + y^2 \le 1 \right\}.$$

Berechnen Sie das Integral $I := \int_B (x + y)\,dB$.

Aufgabe 3.10. Sei

$$B := \left\{ (x,y) \in \mathbb{R}^2 : 1 \le x^2 + 4y^2,\ x^2 + y^2 \le 1 \right\}.$$

Berechnen Sie das Integral $I = \int_B xy\,dB$.

Aufgabe 3.11. Ein Flächenstück F wird durch die Kurven $x = 0$, $y = 2x$ und $ay = x^2 + a^2$ mit $a > 0$ berandet. Berechnen Sie den Flächeninhalt von F.

3.3 Transformation von ebenen Bereichsintegralen

Die ebenen Bereichsintegrale wurden bisher ausschließlich in kartesischen Koordinaten berechnet. In vielen Fällen wird die Berechnung wesentlich vereinfacht, wenn geeignete Koordinatensysteme verwendet werden, die der Geometrie des Integrationsbereichs $G \subset \mathbb{R}^2$ angepasst sind. Ein wichtiger Vertreter solcher neuen Koordinaten sind die bereits bekannten ebenen **Polarkoordinaten**

$$x = r \cos\varphi, \ y = r \sin\varphi \ \text{für } 0 \leq r \text{ und } 0 \leq \varphi < 2\pi. \tag{3.5}$$

Polarkoordinaten lassen sich besonders erfolgreich bei *kreissymmetrischen* Integrationsaufgaben einsetzen. Im allgemeinen Fall werden wir von Koordinaten

$$u = u(x,y), \ v = v(x,y) \tag{3.6}$$

ausgehen. Mithilfe der Transformation (3.6) wird der ebene Integrationsbereich $G \subset \mathbb{R}^2$ in einen Bereich $\tilde{G} := G_{(u,v)} \subset \mathbb{R}^2$ abgebildet. Um die Eindeutigkeit der Abbildung

$$G = G_{(x,y)} \xrightarrow{(u,v)} \tilde{G}_{(u,v)} = \tilde{G}$$

sicherzustellen und um Messbarkeitseigenschaften zu erhalten, müssen wir verlangen, dass die Abbildung (3.6) **bijektiv** und **stetig** in beiden Richtungen ist. Diese Eigenschaften werden gemäß Satz 2.44 über die inverse Funktion gewährleistet, wenn

$$u,v \in C^1(\overline{G}), \ \det \frac{\partial(u,v)}{\partial(x,y)} = \begin{vmatrix} u_x & u_y \\ v_x & v_y \end{vmatrix} \neq 0 \ \forall \, (x,y) \in \overline{G}.$$

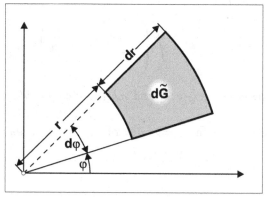

Flächenelement in Polarkoordinaten

Es bleibt die Frage zu klären, wie das Flächenelement dG (siehe Bemerkung 3.17) in den neuen Koordinaten (3.6) ausgedrückt werden muss. In kartesischen Koordinaten gilt die elementargeometrische Beziehung $dG = dx\,dy$. Für Polarkoordinaten (3.5) folgern wir ebenfalls aus der elementargeometrischen Anschauung gemäß obiger Skizze, dass

$$\boxed{d\tilde{G} = r\,dr\,d\varphi.}$$

Beispiel 3.23 *Wir zeigen die Richtigkeit obiger Beziehung für den Halbkreis*

$$G := \left\{ (x,y) \in \mathbb{R}^2 : 0 \leq y \leq \sqrt{a^2 - x^2}, \; -a \leq x \leq a \right\}.$$

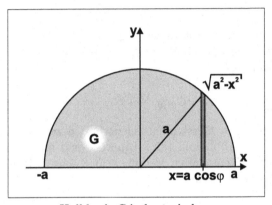

**Halbkreis G in kartesischen
Koordinaten**

Es sei eine stetige Funktion $f \in \mathrm{Abb}\,(G, \mathbb{R})$ gegeben. Dann gilt für das ebene Bereichsintegral von f über G

$$\int\limits_G f(x,y)\,dG = \int\limits_{-a}^{+a} \left(\int\limits_0^{\sqrt{a^2-x^2}} f(x,y)\,dy \right) dx.$$

1. Schritt. *Wir fixieren $x \in [-a, a]$ und substituieren $y = h(\varphi)$, wobei*

$$x = r\cos\varphi, \; y = r\sin\varphi \implies y = x\tan\varphi =: h(\varphi), \; dy = \frac{x\,d\varphi}{\cos^2\varphi}.$$

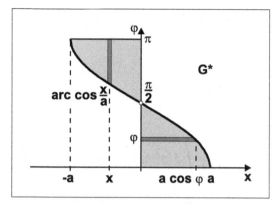

Transformation von G auf Polarkoordinaten

Der Bereich G wird auf den oben skizzierten Bereich G^* transformiert, und wir erhalten

$$\int\limits_G f(x,y)\,dG = -\int\limits_{-a}^{0}\left(\int\limits_{\arccos\frac{x}{a}}^{\pi} f(x,h(\varphi))\frac{x\,d\varphi}{\cos^2\varphi}\right)dx$$

$$+\int\limits_{0}^{a}\left(\int\limits_{0}^{\arccos\frac{x}{a}} f(x,h(\varphi))\frac{x\,d\varphi}{\cos^2\varphi}\right)dx$$

$$=:\int\limits_{G^*} f^*(x,\varphi)\,dG^*.$$

Da sich beide iterierten Integrale über Normalbereiche erstrecken, können die Integrationsreihenfolgen vertauscht werden, und wir erhalten

$$\int\limits_{G^*} f^*(x,\varphi)\,dG^* = \int\limits_{0}^{\pi/2}\left(\int\limits_{0}^{a\cos\varphi} f(x,h(\varphi))x\,dx\right)\frac{d\varphi}{\cos^2\varphi}$$

$$-\int\limits_{\pi/2}^{\pi}\left(\int\limits_{a\cos\varphi}^{0} f(x,h(\varphi))x\,dx\right)\frac{d\varphi}{\cos^2\varphi}.$$

2. Schritt. *Wir fixieren nun $\varphi \in [0,\pi]$ und substituieren $x = g(r)$, wobei*

$$x = r\cos\varphi =: g(r),\quad dx = \cos\varphi\,dr,\quad x\,dx = r\cos^2\varphi\,dr.$$

Der Bereich G^* wird nun auf den folgenden Bereich $\tilde{G}$ transformiert:

$$\tilde{G} := \left\{ (r, \varphi) \in \mathbb{R}^2 : 0 \le r \le a, \ 0 \le \varphi \le \pi \right\}.$$

Es gilt somit

$$\int_G f(x,y)\, dG = \int_{G^*} f^*(x,\varphi)\, dG^*$$

$$= \int_0^{\pi/2} \left(\int_0^a f\big(g(r), h(\varphi)\big) r \cos^2 \varphi \, dr \right) \frac{d\varphi}{\cos^2 \varphi}$$

$$- \int_{\pi/2}^{\pi} \left(\int_a^0 f\big(g(r), h(\varphi)\big) r \cos^2 \varphi \, dr \right) \frac{d\varphi}{\cos^2 \varphi}$$

$$= \int_{\varphi=0}^{\pi} \left(\int_{r=0}^a f\big(g(r), h(\varphi)\big) r \, dr \right) d\varphi$$

$$= \int_{\tilde{G}} \tilde{f}(r, \varphi)\, r\, dr d\varphi = \int_{\tilde{G}} \tilde{f}(r, \varphi)\, d\tilde{G}.$$

Berechnen wir andererseits die Determinante der Jacobi-Matrix der Abbildung (3.5), so finden wir

$$\det \frac{\partial(x,y)}{\partial(r,\varphi)} = \begin{vmatrix} x_r & x_\varphi \\ y_r & y_\varphi \end{vmatrix} = \begin{vmatrix} \cos\varphi & -r\sin\varphi \\ \sin\varphi & r\cos\varphi \end{vmatrix} = r.$$

Das heißt, wir haben die Beziehung

$$d\tilde{G} = \left| \det \frac{\partial(x,y)}{\partial(r,\varphi)} \right| d(r,\varphi).$$

Diese Beziehung charakterisiert bereits das allgemeine Transformationsverhalten des Flächenelements dG. Wir geben hier ohne Beweis den folgenden Satz an:

Satz 3.24 *Gegeben seien ein beschränkter messbarer Bereich $G \subset \mathbb{R}^2$ in der (x,y)-Ebene sowie eine stetige Funktion $f \in \text{Abb}\,(G, \mathbb{R})$. Es seien ferner u, v ebene krummlinige Koordinaten*

$$x = x(u, v), \quad y = y(u, v), \tag{3.7}$$

und es sei $\tilde{G}$ ein beschränkter messbarer Bereich der (u, v)-Ebene mit den Eigenschaften

$$x, y \in C^1(\tilde{G})$$

und

$$\det \frac{\partial(x, y)}{\partial(u, v)} \neq 0 \ \forall (u, v) \in \tilde{G}. \tag{3.8}$$

Wird $\tilde{G}$ durch die Abbildung (3.7) eineindeutig auf den Bereich G abgebildet (eventuell bis auf Randpunkte von $\tilde{G}$), so gilt die Umrechnung

$$\int_G f(x, y)\, dG = \iint_{G_{(x,y)}} f(x, y)\, d(x, y)$$

$$= \iint_{\tilde{G}_{(u,v)}} f\big(x(u, v), y(u, v)\big) \left| \det \frac{\partial(x, y)}{\partial(u, v)} \right| d(u, v).$$

Bemerkung 3.25 *Die Bedingung (3.8) kann ohne Änderung der Aussage des letzten Satzes wie folgt abgeändert werden:*

$$\det \frac{\partial(x, y)}{\partial(u, v)} \neq 0 \ \forall (u, v) \in \tilde{G} \setminus M,$$

worin M eine messbare Menge in der (u, v)-Ebene vom Maße 0 sei.

Wir betrachten nun ebene Bereichsintegrale auf **unbeschränkten** Bereichen $G \subset \mathbb{R}^2$. In diesem Fall braucht das uneigentliche Integral $\int_G f(x, y)\, dG$ selbst bei stetigem Integranden $f \in \mathrm{Abb}\,(G, \mathbb{R})$ nicht zu existieren, wie man sich am Beispiel $f(x, y) \equiv 1$ vergegenwärtigt.

Bezeichne $B_r(0) \in \mathbb{R}^2$ die offene Kreisscheibe mit Mittelpunkt 0 und Radius $r > 0$, so existiert in vielen Fällen der Grenzwert

$$\lim_{r \to \infty} \int_{G \cap B_r(0)} f(x, y)\, dG.$$

In diesem Fall definiert man das **uneigentliche ebene Bereichsintegral** $\int_G f(x, y)\, dG$ gemäß

$$\int\limits_{G} f(x,y)\, dG := \lim_{r \to \infty} \int\limits_{G \cap B_r(0)} f(x,y)\, dG.$$

Der folgende Satz liefert ein hinreichendes Kriterium für die Existenz uneigentlicher Bereichsintegrale:

Satz 3.26 *Es sei $G \subset \mathbb{R}^2$ ein unbeschränkter Bereich und für jedes $r > 0$ sei $G_r := G \cap B_r(0)$ messbar. Die stetige Funktion $f \in \mathrm{Abb}\,(G, \mathbb{R})$ erfülle für eine Zahl $\alpha > 2$ die Ungleichung*

$$|f(x,y)| \le \frac{C}{r^\alpha} \ \ \forall\, r := \sqrt{x^2 + y^2} \,:\, (x,y) \in G, \ \ C = \mathrm{const}.$$

Dann konvergiert das uneigentliche Bereichsintegral $\int_G f(x,y)\, dG$.

Beweis. Wir setzen $r_n := n$ für $n \in \mathbb{N}$. Die Bereiche $G_n := G \cap B_{r_n}(0)$ sind beschränkt und messbar und die Funktion $f \in \mathrm{Abb}\,(G_n, \mathbb{R})$ ist stetig. Somit existieren die Bereichsintegrale

$$I_n := \int\limits_{G_n} f(x,y)\, dG \ \ \forall\, n \in \mathbb{N}.$$

Die Folge $\{I_n\}_{n \in \mathbb{N}} \subset \mathbb{R}$ ist eine Cauchy-Folge. Gelte nämlich $n > m \in \mathbb{N}$, dann folgt mit Polarkoordinaten

$$|I_n - I_m| = \left| \int\limits_{G_n} f(x,y)\, dG - \int\limits_{G_m} f(x,y)\, dG \right| = \left| \int\limits_{G_n \setminus G_m} f(x,y)\, dG \right|$$

$$\le C \int\limits_{G_n \setminus G_m} \frac{1}{r^\alpha}\, dG \le C \int\limits_{0}^{2\pi} \left(\int\limits_{m}^{n} \frac{1}{r^\alpha} r\, dr \right) d\varphi$$

$$= \frac{2\pi C}{\alpha - 2} \left(\frac{1}{m^{\alpha-2}} - \frac{1}{n^{\alpha-2}} \right) \to 0 \ \ \text{für } n > m \to \infty.$$

Dies ist die behauptete Konvergenz.

qed

Beispiel 3.27 *Auf dem Bereich $G := \mathbb{R}^2$ ist das uneigentliche Bereichsintegral der Funktion $f(x,y) := e^{-(x^2+y^2)}$ zu berechnen.*

Dazu verwenden wir Polarkoordinaten und erhalten einerseits

$$\iint\limits_{\mathbb{R}^2} e^{-(x^2+y^2)}\,dxdy = \lim_{R\to\infty} \int\limits_{\varphi=0}^{2\pi} \left(\int\limits_{r=0}^{R} e^{-r^2} r\,dr \right) d\varphi$$

$$= \lim_{R\to\infty} \int\limits_0^{2\pi} -\frac{1}{2} e^{-r^2} \Big|_0^R d\varphi = \lim_{R\to\infty} \pi\left(1 - e^{-R^2}\right) = \pi.$$

Andererseits gilt

$$\iint\limits_{\mathbb{R}^2} e^{-(x^2+y^2)}\,dxdy = \iint\limits_{\mathbb{R}^2} e^{-x^2} e^{-y^2}\,dxdy = \int\limits_{-\infty}^{+\infty} e^{-y^2} \left(\int\limits_{-\infty}^{+\infty} e^{-x^2}\,dx \right) dy$$

$$= \left(\int\limits_{-\infty}^{+\infty} e^{-x^2}\,dx \right)\left(\int\limits_{-\infty}^{+\infty} e^{-y^2}\,dy \right) = \left(\int\limits_{-\infty}^{+\infty} e^{-u^2}\,du \right)^2.$$

Dieser Zusammenhang liefert eine neue Begründung für die Integralformel

$$\boxed{\int_{-\infty}^{+\infty} e^{-u^2}\,du = \sqrt{\pi}.}$$

Damit lässt sich der aus der Stochastik bekannte Integralwert der Normalverteilung

$$\varphi(x) := \frac{1}{\sqrt{2\pi}} e^{-x^2/2} \quad \text{mit} \quad \int\limits_{-\infty}^{+\infty} \varphi(x)\,dx = 1$$

erklären.

Aufgaben

Aufgabe 3.12. Sei $f : \mathbb{R}^2 \to \mathbb{R}$ gegeben durch $f(x,y) := xy$. Berechnen Sie das Bereichsintegral von f mit und ohne Polarkoordinaten über

a) dem oberen Einheitshalbkreis,

b) dem Einheitskreis.

Aufgabe 3.13. Sei $f : \mathbb{R}^2 \to \mathbb{R}$ gegeben durch $f(x,y) := x^2y$. Berechnen Sie das Bereichsintegral von f mit und ohne Polarkoordinaten über

a) dem oberen Einheitshalbkreis,

b) dem Einheitskreis.

Aufgabe 3.14. Berechnen Sie das Integral $I := \int_B \cos\frac{x-y}{x+y}\, dB$ über der Menge

$$B := \left\{(x,y) \in \mathbb{R}^2 : x \geq 0,\ y \geq 0,\ \frac{1}{2} \leq x+y \leq 1\right\}.$$

Verwenden Sie dazu die Koordinatentransformation $u = x - y$ und $v = x + y$.

Aufgabe 3.15. Seien $B_1(0) := \{(x,y) \in \mathbb{R}^2 : x^2 + y^2 < 1\}$ der offene Einheitskreis in $\mathbb{R}^2$ und $D := \mathbb{R}^2 \setminus B_1(0)$. Sei weiter $f : D \to \mathbb{R}$ gegeben durch

$$f_\alpha(x,y) := \frac{1}{(x^2 + y^2)^{\alpha/2}},\quad \alpha \in \mathbb{R}.$$

Untersuchen Sie für $\alpha = 1$, $\alpha = 2$ und $\alpha = 3$ die Existenz der uneigentlichen Integrale

$$I_\alpha := \iint\limits_D f_\alpha(x,y)\, dD.$$

3.4 Greensche Formel

Der Hauptsatz der Differential- und Integralrechnung einer reellen Veränderlichen besagt, dass für eine auf dem Intervall $I := [a,b]$ stetige und im Inneren des Intervalls $I^o = (a,b)$ stetig differenzierbare Funktion h die Beziehung

$$\int\limits_a^b h'(x)\, dx = h(b) - h(a)$$

gilt. Eine Verallgemeinerung dieses Sachverhalts auf ebene Bereichsintegrale müsste zum Ausdruck bringen, dass das Integral $\int_G f(x,y)\, dG$ in einer Relation zu einem weiteren Integral $\int_{\partial G} f(x,y)\, ds$ über den Rand ∂G des Gebietes $G \subset \mathbb{R}^2$ steht, in welchem nur noch die Werte der zu integrierenden Funktion auf ∂G auftreten. Liegt eine geschlossene Berandung $C := \partial G$ vor, so verwenden wir das Integralzeichen $\oint_C$.

Definition 3.28 *Der Rand ∂G von $G \subset \mathbb{R}^2$ kann durch eine Abbildung $\gamma \in \text{Abb}(\mathbb{R}, \mathbb{R}^2)$, gegeben durch die Kurve*

$$\boldsymbol{\gamma}(t) = \big(x(t), y(t)\big)^T, \; t \in I \subset \mathbb{R},$$

*parametrisiert werden. Ist die Abbildung $\boldsymbol{\gamma}$ mindestens einmal stetig differenzierbar, so nennen wir die Kurve bzw. den Rand **glatt**.*

Durchläuft der Graph einer Kurve einen Punkt zweimal, wie es beispielsweise bei der 8 der Fall ist, so nennen wir diesen Punkt einen Doppelpunkt der Kurve. Damit formulieren wir

Satz 3.29 (Greensche Formel) *Der beschränkte messbare Bereich $G \subset \mathbb{R}^2$ werde von einer stückweise glatten, geschlossenen, doppelpunktfreien ebenen Kurve C berandet. Diese sei so orientiert, dass das Innere von G stets links von C liegt, wenn C in positiver Richtung durchlaufen wird. Ferner seien $P, Q \in \mathrm{Abb}\,(\overline{G}, \mathbb{R})$ stetige Funktionen mit stetigen partiellen Ableitungen P_y, Q_x im Inneren von G. Dann gilt*

$$\int_G \big(Q_x(x,y) - P_y(x,y)\big)\, dG = \oint_C \big(P(x,y)\, dx + Q(x,y)\, dy\big).$$

Beweis. Wir nehmen zunächst an, dass G gemäß nachfolgender Skizze ein Normalbereich bezüglich der beiden Variablen x und y ist.

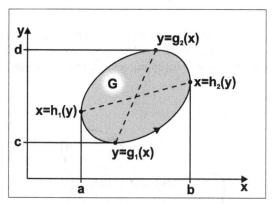

Greensche Formel für einen
Normalbereich

Wir berechnen $\int_G Q_x(x, y)\, dG$ als iteriertes Integral, also

$$\int_G Q_x(x,y)\,dG = \int_c^d \left(\int_{h_1(y)}^{h_2(y)} Q_x(x,y)\,dx \right) dy$$

$$= \int_c^d \Big(Q\big(h_2(y),y\big) - Q\big(h_1(y),y\big) \Big)\,dy$$

$$= \int_c^d Q\big(h_2(y),y\big)\,dy + \int_d^c Q\big(h_1(y),y\big)\,dy =: \oint_C Q\,dy.$$

Ganz entsprechend gilt

$$-\int_G P_y(x,y)\,dG = -\int_a^b \left(\int_{g_1(x)}^{g_2(x)} P_y(x,y)\,dy \right) dx$$

$$= -\int_a^b \Big(P\big(x,g_2(x)\big) - P\big(x,g_1(x)\big) \Big)\,dx$$

$$= \int_a^b P\big(x,g_1(x)\big)\,dx + \int_b^a P\big(x,g_2(x)\big)\,dx =: \oint_C P\,dx.$$

Für diesen Fall gilt also die Greensche Formel. Ist nun G ein beliebiger beschränkter und messbarer Bereich, so kann eine Approximation an G durch eine genügend feine Rechteckseinteilung gemäß nachfolgender Skizze erreicht werden:

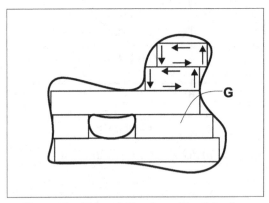

**Greensche Formel für einen Bereich, der
in Normalbereiche zerlegt wird**

Jedes Rechteck ist ein Normalbereich im geforderten Sinne, sodass die Greensche Formel auf jedem Rechteck gilt. Beachtet man die Orientierung des
Randintegrals, so erkennt man, dass sich die Integrale über die inneren Recht-
eckseiten wegen gegensätzlicher Orientierung gerade aufheben. Es bleiben nur
die Randintegrale des approximierenden Polyeders übrig. Durch entsprechende Verfeinerung erhält man im Grenzübergang die Behauptung.   qed

Bemerkung 3.30 *Der Rand ∂G des Bereiches G kann sich aus endlich vielen, paarweise disjunkten, einfach geschlossenen Kurven $L_1, L_2, \ldots, L_N$ zu-
sammensetzen, wobei jeder Anteil stückweise glatt und im obigen Sinn positiv
orientiert sei. Das heißt, jede Randkurve L_i besitzt eine Parameterdarstellung*

$$\mathbf{x}_i(t) := \big(x_i(t), y_i(t)\big)^T, \ t \in [a_i, b_i],$$

*mit stetigen Funktionen x_i, y_i, $i = 1, 2, \ldots, N$, deren Ableitungen beschränkt
und bis auf höchstens endlich viele Ausnahmestellen stetig sind.*

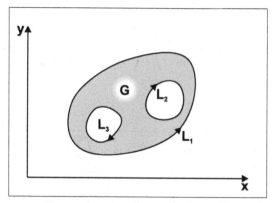

**Zusammengesetzter Rand ∂G des
Bereichs G**

Folgerung 3.31 *Wird in der Greenschen Formel speziell*

$$P(x,y) := -\frac{1}{2} y \ \text{und} \ Q(x,y) := \frac{1}{2} x$$

*gesetzt, so resultiert eine Formel für die Flächenberechnung des Bereichs G
durch*

$$A = \text{Fläche}(G) = m(G) = \frac{1}{2} \oint_C (x \, dy - y \, dx). \tag{3.9}$$

Beispiel 3.32 *Es soll mit der Formel (3.9) der Flächeninhalt A_{Ell} einer
Ellipse mit den Halbachsen a, b berechnet werden. Der Ellipsenbogen C hat
die Parameterdarstellung*

$$\mathbf{x}(t) = \left(a\cos t, b\sin t\right)^T, \quad t \in [0, 2\pi),$$

und daraus folgt $x\,dy - y\,dx = (x\dot{y} - y\dot{x})\,dt = ab\,dt$, *also*

$$A_{\mathrm{Ell}} = \frac{1}{2} \int\limits_0^{2\pi} ab\,dt = \pi ab.$$

Beispiel 3.33 *Wird der Bereich G von einer Randkurve C in* **Polarkoordinaten** *Darstellung*

$$\mathbf{x}(\varphi) = \left(r(\varphi)\cos\varphi, \, r(\varphi)\sin\varphi\right)^T, \quad \varphi_0 \le \varphi \le \varphi_1,$$

berandet, so gilt mit dem Normalenvektor $\mathbf{n}(\varphi)$ an C, dass

$$x\,dy - y\,dx = \left(x\frac{dy}{d\varphi} - y\frac{dx}{d\varphi}\right) d\varphi =: (x\dot{y} - y\dot{x})\,d\varphi =: -\langle \mathbf{x}(\varphi), \mathbf{n}(\varphi)\rangle\,d\varphi$$

$$= -\left\langle r(\varphi) \begin{pmatrix} \cos\varphi \\ \sin\varphi \end{pmatrix}, \begin{pmatrix} -\dot{r}\sin\varphi - r\cos\varphi \\ \dot{r}\cos\varphi - r\sin\varphi \end{pmatrix} \right\rangle d\varphi$$

$$= r^2(\varphi)\,d\varphi,$$

also

$$\boxed{A = \text{Fläche}\,(G) = m(G) = \frac{1}{2}\int_{\varphi_0}^{\varphi_1} r^2(\varphi)\,d\varphi.}$$

Beispiel 3.34 *Wir berechnen den Flächeninhalt eines* **Lemniskatenblattes***. Der Lemniskatenbogen C hat die Polardarstellung aus dem vorangegangenen Beispiel, wobei hier speziell*

$$r(\varphi) = a\sqrt{2\cos 2\varphi}, \quad a > 0, \quad -\frac{\pi}{4} \le \varphi \le \frac{\pi}{4} \quad bzw. \quad \frac{3\pi}{4} \le \varphi \le \frac{5\pi}{4}.$$

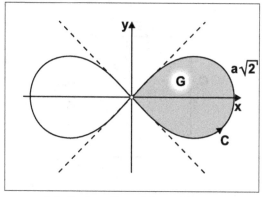

Inhalt eines Lemniskatenblattes

Somit ergibt sich im Bereich $-\frac{\pi}{4} \leq \varphi \leq \frac{\pi}{4}$ der Inhalt

$$A = \frac{1}{2} \int\limits_{-\pi/4}^{+\pi/4} a^2 \cdot 2\cos 2\varphi \, d\varphi = \frac{a^2}{2} \sin 2\varphi \Big|_{-\pi/4}^{+\pi/4} = a^2.$$

Beispiel 3.35 *Für den skizzierten Weg $C = C_1 \cup C_2 \cup C_3 \cup C_4$ berechnen wir das Wegintegral*

$$I := \oint\limits_C \left(e^{xy} \, dx + xy^2 \, dy \right)$$

direkt und mit der **Greenschen Formel**. *Für die direkte Berechnung haben wir auf den einzelnen Randstücken*

$$C_1 : x = 1 \quad und \quad y = t \quad mit \ -1 \leq t \leq 1 \implies dx = 0, \ dy = dt,$$

$$C_2 : x = t \quad mit \ 1 \geq t \geq -1 \ und \quad y = 1 \quad \implies dx = dt, \ dy = 0,$$

$$C_3 : x = -1 \quad und \quad y = t \quad mit \ 1 \geq t \geq -1 \implies dx = 0, \ dy = dt,$$

$$C_4 : x = t \quad mit \ -1 \leq t \leq 1 \ und \quad y = -1 \quad \implies dx = dt, \ dy = 0.$$

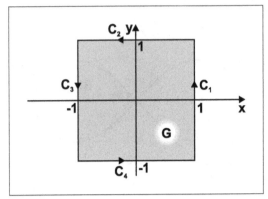

Integrationsbereich

Somit folgt

$$
I = \int\limits_{-1}^{1} t^2 \, dt + \int\limits_{1}^{-1} e^t \, dt + \int\limits_{1}^{-1} -t^2 \, dt + \int\limits_{-1}^{1} e^{-t} \, dt
$$

$$
= \left(\frac{1}{3} t^3 - e^t + \frac{1}{3} t^3 - e^{-t} \right) \Bigg|_{-1}^{1} = \frac{4}{3}.
$$

Formen wir andererseits das Wegintegral I mithilfe der Greenschen Formel in ein Bereichsintegral um, so resultiert

$$
I = \int\limits_{G} \left(Q_x(x,y) - P_y(x,y) \right) dG = \int\limits_{G} \left(y^2 - x e^{xy} \right) dG
$$

$$
= \int\limits_{-1}^{1} \left(\int\limits_{-1}^{1} \left(y^2 - x e^{xy} \right) dy \right) dx = \int\limits_{-1}^{1} \left(\frac{1}{3} y^3 - e^{xy} \right) \Bigg|_{-1}^{1} dx
$$

$$
= \int\limits_{-1}^{1} \left(\frac{2}{3} + e^{-x} - e^x \right) dx = \left(\frac{2}{3} x - e^{-x} - e^x \right) \Bigg|_{-1}^{1} = \frac{4}{3}.
$$

Aufgaben

Aufgabe 3.16. Bestätigen Sie mithilfe der Formel von Green, dass der Flächeninhalt des Einheitsquadrates tatsächlich den Wert 1 hat.

Aufgabe 3.17. Berechnen Sie mithilfe der Formel von Green den Flächeninhalt eines Kreises mit Radius 2.

Aufgabe 3.18. Das Einheitsdreieck E im 1. Quadranten der (x,y)-Ebene ist gegeben durch $E := \{(x,y) \in \mathbb{R}^2 : x \geq 0, \ y \geq 0, \ x + y \leq 1\}$. Berechnen Sie das Wegintegral

$$I := \oint_{\partial E} (xy \, dx + e^{x+y} \, dy)$$

direkt und mit der Greenschen Formel, wobei ∂E den Rand von E bezeichnet.

Aufgabe 3.19. Das Gebiet K im 1. Quadranten der (x,y)-Ebene ist gegeben durch $K := \{(x,y) \in \mathbb{R}^2 : 0 \leq x \leq a, \ 0 \leq y \leq \arccos(x/a), \ a > 0\}$. Berechnen Sie den Flächeninhalt von K direkt als Wegintegral entlang des Randes ∂K und danach mit der Greenschen Formel als Bereichsintegral über K.

3.5 Bereichsintegrale im $\mathbb{R}^n$

Die für ebene Bereichsintegrale angestellten Überlegungen können ganz analog auf den n-dimensionalen Fall, $n \geq 3$, übertragen werden. Für eine beschränkte messbare Menge $G \subset \mathbb{R}^n$ und eine stetige Funktion $f \in$ Abb$(G, \mathbb{R})$ existiert das Bereichsintegral $\int_G f(\mathbf{x}) \, dG$. Ist $G \subset \mathbb{R}^n$ wieder ein n-dimensionales Intervall

$$G := [a_1, b_1] \times [a_2, b_2] \times \cdots \times [a_n, b_n],$$

so kann das Integral $\int_G f(\mathbf{x}) \, dG$ wiederum als iteriertes Integral der Form

$$\int_G f(\mathbf{x}) \, dG = \int_{a_n}^{b_n} \left(\int_{a_{n-1}}^{b_{n-1}} \left(\cdots \left(\int_{a_1}^{b_1} f(x_1, x_2, \ldots, x_n) \, dx_1 \right) dx_2 \cdots \right) dx_{n-1} \right) dx_n$$

berechnet werden. Die **Reihenfolge** der Integration ist hier nach Fubini unerheblich. Für allgemeine Bereiche $G \subset \mathbb{R}^n$ gelten die bei den ebenen Bereichsintegralen getroffenen Einschränkungen hinsichtlich der Normalbereiche.

Wir erläutern die Berechnungsmöglichkeiten an dem für die Anwendungen wichtigen Fall des **räumlichen Bereichsintegrals**. Wir setzen hier für einen beschränkten messbaren Bereich $G \subset \mathbb{R}^3$ und für eine stetige Funktion $f \in$ Abb$(G, \mathbb{R})$

$$\int_G f(\mathbf{x}) \, dV := \iiint_G f(x, y, z) \, d(x, y, z).$$

Im Fall der speziellen Funktion $f(x, y, z) \equiv 1$ resultiert

$$V = \text{Volumen}\,(G) = m(G) = \int_G 1\,dV = \iiint_G d(x,y,z).$$

Beispiel 3.36 (*Volumina prismatischer Körper*). *Bereiche $G \subset \mathbb{R}^3$ heißen **prismatisch**, wenn sie aus einem ebenen Bodenbereich $G_{(x,y)} \subset \mathbb{R}^2$ (ohne Einschränkung sei $G_{(x,y)}$ als Teilmenge der Ebene $z = 0$ angenommen), einer räumlichen Deckfläche $z = f(x,y) \geq 0$ und einer zylindrischen Mantelfläche (deren Mantellinien Parallelen zur z-Achse sind) bestehen.*

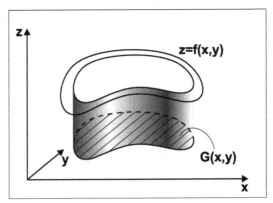

Zum Volumen prismatischer Körper

Ist $G_{(x,y)} \subset \mathbb{R}^2$ beschränkt und messbar und ist $f : G_{(x,y)} \to \mathbb{R}$ eine stetige Funktion, so ergibt sich für das Volumen von G die Darstellung

$$V_{\text{Prism}} = \int_G dV = \iint_{G_{(x,y)}} \left(\int_{z=0}^{f(x,y)} dz \right) d(x,y) = \iint_{G_{(x,y)}} f(x,y)\,d(x,y).$$

Beispiel 3.37 *Zu berechnen ist das Volumen des prismatischen Körpers*

$$G := \left\{ (x,y,z) \in \mathbb{R}^3 \,:\, 0 \leq x^2 + y^2 \leq R^2,\ 0 \leq z \leq x^2 + y^2 \right\}.$$

Hier ist der Bodenbereich $G_{(x,y)} = \overline{B}_R(\mathbf{0})$ die abgeschlossene Kreisscheibe mit Radius $R > 0$ um den Mittelpunkt $\mathbf{0}$, und die Deckfläche ist das Paraboloid $z = x^2 + y^2$.

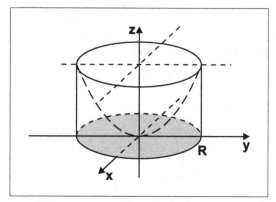

Volumen des prismatischen Körpers
von Beispiel 3.37

Wegen der Rotationssymmetrie ist es angebracht, Polarkoordinaten zu verwenden. Wir erhalten mit dem Flächenelement $d\tilde{G} = r\,dr d\varphi$ mithilfe des Transformationssatzes

$$V = \iint\limits_{0 \le x^2 + y^2 \le R^2} (x^2 + y^2)\,dxdy = \int\limits_{\varphi=0}^{2\pi} \left(\int\limits_{r=0}^{R} r^2 \cdot r\,dr \right) d\varphi = \frac{1}{2}\,\pi R^4.$$

Beispiel 3.38 *Zwei Kreiszylinder mit den Radien R_1, $R_2 > 0$ durchdringen sich zentrisch derart, dass die Achsenrichtungen senkrecht zueinander sind. Wir bestimmen das Volumen des „Bohrloches" im dickeren Zylinder.*

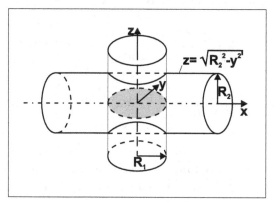

Durchdringung zweier Kreiszylinder,
Beispiel 3.38

Dazu sei $R_2 \ge R_1$ angenommen. Aus Symmetriegründen ist der Volumenanteil unterhalb der Ebene $z = 0$ genauso groß wie der Anteil oberhalb der Ebene. Der Bodenbereich des prismatischen Körpers oberhalb $z = 0$ ist die *abgeschlossene Kreisscheibe* $G_{(x,y)} := \overline{B}_{R_1}(0)$, *und die Deckfläche ist der Halbzylindermantel* $z = \sqrt{R_2^2 - y^2}$. *Wir verwenden wegen der Kreissymmetrie wiederum Polarkoordinaten und bekommen*

$$V = 2 \iint\limits_{0 \leq x^2 + y^2 \leq R_1^2} \sqrt{R_2^2 - y^2}\, dx dy$$

$$= 2 \int\limits_{\varphi=0}^{2\pi} \underbrace{\left(\int\limits_{r=0}^{R_1} \sqrt{R_2^2 - r^2 \sin^2 \varphi}\, r\, dr \right)}_{=:I} d\varphi.$$

Im obigen Integral I *führen wir die Substitution*

$$u := r^2 \sin^2 \varphi$$

durch und erhalten mit $dr = du/(2r\sin^2\varphi)$ *für das „innere" Integral*

$$2 \int\limits_{r=0}^{R_1} \sqrt{R_2^2 - r^2 \sin^2 \varphi}\, r\, dr = \frac{1}{\sin^2 \varphi} \int\limits_{r=0}^{R_1^2 \sin^2 \varphi} \sqrt{R_2^2 - u}\, du$$

$$= -\frac{1}{\sin^2 \varphi} \cdot \frac{2}{3} \left(R_2^2 - u \right)^{3/2} \Bigg|_0^{R_1^2 \sin^2 \varphi}.$$

Wir werten dies an den Grenzen aus und erhalten insgesamt

$$V = -\int\limits_0^{2\pi} \frac{2}{3} \frac{\left(R_2^2 - R_1^2 \sin^2 \varphi \right)^{3/2} - R_2^3}{\sin^2 \varphi}\, d\varphi$$

$$= \frac{8R_2^3}{3} \int\limits_0^{\pi/2} \frac{1 - \left(1 - \left(\frac{R_1}{R_2} \right)^2 \sin^2 \varphi \right)^{3/2}}{\sin^2 \varphi}\, d\varphi.$$

Für $R_2 > R_1$ *kann dieses Integral nicht mehr elementar berechnet werden. Im Sonderfall* $R := R_1 = R_2$ *gilt jetzt mit* $\left(1 - \sin^2 \varphi \right)^{3/2} = \cos^3 \varphi$ *und den Additionstheoremen*

$$V_R := \frac{8R^3}{3} \int_0^{\pi/2} \frac{1 - \cos^3 \varphi}{\sin^2 \varphi} \, d\varphi = \frac{8R^3}{3} \int_0^{\pi/2} \left(\cos \varphi + \frac{1 - \cos \varphi}{\sin^2 \varphi} \right) d\varphi$$

$$= \frac{8R^3}{3} \int_0^{\pi/2} \left(\cos \varphi + \frac{2 \sin^2 \frac{\varphi}{2}}{4 \sin^2 \frac{\varphi}{2} \cos^2 \frac{\varphi}{2}} \right) d\varphi = \frac{8R^3}{3} \left(\sin \varphi + \tan \frac{\varphi}{2} \right) \Big|_0^{\pi/2}$$

$$= \frac{16R^3}{3}.$$

Die Berechnung des Schnittvolumens V_R der beiden sich durchdringenden Zylinder mithilfe der Integration war durchaus anspruchsvoll. Umso verblüffender mag es sein, wenn wir Ihnen verraten, dass die Berechnung von V_R durch eine einfache Kopfrechnung ersetzt werden kann. Eine kleine Überlegung und ein gewisses geometrisches Vorstellungsvermögen führen zum Ziel.

*Stellen Sie sich also vor, dass im Schnitt der beiden Zylinder eine Kugel, ebenfalls mit Radius $R > 0$, eingebaut ist. Nun bilden wir parallel zur x-z-Ebene bei $y = 0$ einen Schnitt und erkennen ein Quadrat mit Seitenlänge $2R$ mit einem darin enthaltenen Kreis mit Radius R. Die Fläche des Quadrats beträgt $4R^2$, die des Kreises bekanntlich $R^2 \pi$. Das Verhältnis beider **Flächen** beträgt $4/\pi$.*

*Da dieses Verhältnis für **jede** beliebige, zur x-z-Ebene parallele Schnittfläche gilt, ist nach dem Cavalieri-Prinzip auch das Verhältnis der beiden **Volumina** zwischen dem Schnittkörper V_R und der Kugel V_K ebenfalls*

$$\frac{V_R}{V_K} = \frac{4}{\pi}.$$

Da $V_K = \frac{4}{3} \pi R^3$, resultiert daraus

$$V_R = \frac{16}{3} R^3.$$

Beispiel 3.39 *Wir zeigen Ihnen hier zwei Möglichkeiten zur Berechnung des Bereichsintegrals $\int_G f(\mathbf{x}) \, dV$, wenn $G \subset \mathbb{R}^3$ der folgende Tetraederbereich ist:*

$$G := \left\{ (x, y, z) \in \mathbb{R}^3 : 0 \leq x, \; 0 \leq y, \; 0 \leq z, \; x + y + z = 1 \right\}.$$

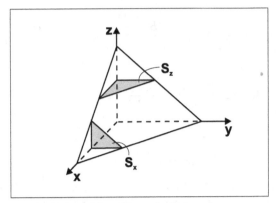

Integration über ein Tetraeder

1. Möglichkeit:

a) *Wir fixieren $z = $ const.*

b) *Wir bestimmen die Schnitte $S_z(x,y)$ des Bereichs G mit der Ebene $z = $ const.*

c) *Wir bestimmen die Menge H aller z mit $S_z(x,y) \neq \emptyset$. Dann folgt*

$$\int\limits_G f(\mathbf{x})\, dV = \int\limits_H \left(\iint\limits_{S_z(x,y)} f(x,y,z)\, d(x,y) \right) dz.$$

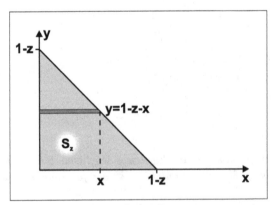

Zu 1. Schnitt S_z des
Tetraeders mit der Ebene $z = $ const

Im vorliegenden Beispiel des Tetraeders G ist der Schnitt

$$S_z(x,y) := \left\{ (x,y) \in \mathbb{R}^2 \, : \, 0 \leq x, \ 0 \leq y, \ 0 \leq x + y \leq 1 - z \right\}$$

mit

$$S_z(x,y) \neq \emptyset \ \forall z \in [0,1],$$

*ein **Normalbereich** bzgl. beider Variablen x und y. Deshalb kann das ebene Bereichsintegral über den Schnitt $S_z(x,y)$ auf zweierlei Arten als iteriertes Integral berechnet werden. Es gilt*

$$\int_G f(\mathbf{x})\,dV = \int_{z=0}^{1} \left(\int_{x=0}^{1-z} \left(\int_{y=0}^{1-z-x} f(x,y,z)\,dy \right) dx \right) dz$$

$$= \int_{z=0}^{1} \left(\int_{y=0}^{1-z} \left(\int_{x=0}^{1-z-y} f(x,y,z)\,dx \right) dy \right) dz.$$

2. Möglichkeit:

a) *Wir fixieren $x = $ const.*

b) *Wir bestimmen die Schnitte $S_x(y,z)$ des Bereichs G mit der Ebene $x = $ const.*

c) *Wir bestimmen die Menge H aller x mit $S_x(y,z) \neq \emptyset$. Dann folgt*

$$\int_G f(\mathbf{x})\,dV = \int_H \left(\iint_{S_x(y,z)} f(x,y,z)\,d(y,z) \right) dx.$$

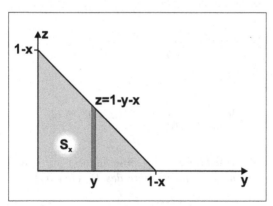

Zu 2. Schnitt S_x des
Tetraeders mit der Ebene $x = $ const

Im vorliegenden Beispiel des Tetraeders G ist der Schnitt

$$S_x(y,z) := \{(y,z) \in \mathbb{R}^2 : 0 \leq y, \ 0 \leq z, \ 0 \leq z+y \leq 1-x\}$$

mit

$$S_x(y, z) \neq \emptyset \ \forall x \in [0, 1]$$

wiederum ein **Normalbereich** *bzgl. beider Variablen y und z. Deshalb kann das ebene Bereichsintegral über den Schnitt $S_x(y, z)$ ebenfalls auf zweierlei Arten als iteriertes Integral berechnet werden, nämlich*

$$\int_G f(\mathbf{x}) \, dV = \int_{x=0}^{1} \left(\int_{y=0}^{1-x} \left(\int_{z=0}^{1-y-x} f(x, y, z) \, dz \right) dy \right) dx$$

$$= \int_{x=0}^{1} \left(\int_{z=0}^{1-x} \left(\int_{y=0}^{1-z-x} f(x, y, z) \, dy \right) dz \right) dx.$$

Auch bei der Berechnung von räumlichen Bereichsintegralen kann die Einführung neuer Koordinaten häufig zu wesentlichen Vereinfachungen führen. Dem Satz 3.24 entspricht jetzt

---

Satz 3.40 *Gegeben seien ein beschränkter messbarer Bereich $G \subset \mathbb{R}^3$ des (x, y, z)-Raumes und eine stetige Funktion $f \in \mathrm{Abb}(G, \mathbb{R})$. Ferner seien u, v, w krummlinige Koordinaten,*

$$x = x(u, v, w), \quad y = y(u, v, w), \quad z = z(u, v, w). \tag{3.10}$$

Es sei $\tilde{G}$ ein beschränkter messbarer Bereich des (u, v, w)-Raumes mit den Eigenschaften

$$x, y, z \in C^1(\tilde{G}) \tag{3.11}$$

und

$$\det \frac{\partial(x, y, z)}{\partial(u, v, w)} \neq 0 \ \forall (u, v, w) \in \tilde{G}. \tag{3.12}$$

Wird $\tilde{G}$ durch die Abbildung (3.10) eineindeutig auf den Bereich G abgebildet (eventuell bis auf Randpunkte des Bereichs $\tilde{G}$), so gilt

$$\int_G f(\mathbf{x})\, dV = \iiint_{G_{(x,y,z)}} f(x,y,z)\, d(x,y,z)$$

$$= \iiint_{\tilde{G}_{(u,v,w)}} f\left(x(u,v,w), y(u,v,w), z(u,v,w)\right) \times$$

$$\times \left|\det \frac{\partial(x,y,z)}{\partial(u,v,w)}\right|\, d(u,v,w).$$

Bemerkung 3.41 *Die Bedingung (3.12) kann ohne Änderung der Aussage des Satzes 3.40 abgeschwächt werden zur Bedingung*

$$\det \frac{\partial(x,y,z)}{\partial(u,v,w)} \neq 0 \;\; \forall\, (u,v,w) \in \tilde{G} \setminus M,$$

worin M eine messbare Teilmenge vom Maße 0 des (u,v,w)-Raumes ist.

Beispiel 3.42 (*Zylinderkoordinaten*). *Für (u,v,w) wählen wir jetzt das Koordinatentripel (r,φ,z) mit*

$$x = r\cos\varphi,\;\; y = r\sin\varphi,\;\; z = z \;\; \text{für } 0 \leq r,\; 0 \leq \varphi < 2\pi \text{ und } z \in \mathbb{R}.$$

Wie Sie wirklich sehr einfach nachrechnen können, ist

$$\left|\det \frac{\partial(x,y,z)}{\partial(r,\varphi,z)}\right| = r \neq 0 \;\; \forall\, r > 0$$

und somit das folgende, auch aus elementargeometrischer Sicht einleuchtende Ergebnis:

$$\boxed{d\tilde{V} = r\, dr d\varphi dz.}$$

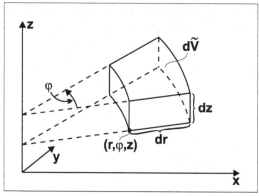

Volumenelement in räumlichen Zylinderkoordinaten

Beispiel 3.43 (*Kugelkoordinaten*). *Anstelle von* (u, v, w) *wählen wir schließlich das Koordinatentripel* (r, φ, ϑ) *mit*

$$x = r \cos \varphi \sin \vartheta, \quad y = r \sin \varphi \sin \vartheta, \quad z = r \cos \vartheta$$

für $0 \leq r, \ 0 \leq \varphi < 2\pi$ *und* $0 \leq \vartheta < \pi$.

Auch hier sehen Sie wieder sehr einfach, dass

$$\left| \det \frac{\partial(x, y, z)}{\partial(r, \varphi, \vartheta)} \right| = r^2 \sin \vartheta \neq 0 \ \forall \, r > 0 \ \text{und} \ \vartheta \neq 0$$

und somit das folgende, auch aus elementargeometrischer Sicht einleuchtende Ergebnis:

$$\boxed{d\tilde{V} = r^2 \, \sin \vartheta \, dr d\varphi d\vartheta.}$$

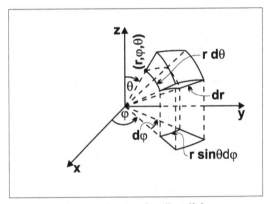

**Volumenelement in räumlichen
Kugelkoordinaten**

Beispiel 3.44 *Eine Kugel vom Radius R werde längs eines ihrer Durchmesser mit einer zylindrischen Bohrung vom Radius $\rho < R$ versehen. Es ist das Volumen des so entstehenden Ringes einer Breite 2b mit $b < R$ zu bestimmen.*

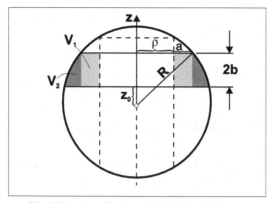

**Ein Ring der Breite $2b$, $b < R$, wird aus
einer durchbohrten Kugel geschnitten**

Dazu führen wir die obere Ringdicke a als Hilfsparameter ein. Dann gilt gemäß obiger Skizze, dass $V = V_1 + V_2$ mit

$$V_1 := 2b\pi \left((\rho + a)^2 - \rho^2\right) = 2b\pi \left(a^2 + 2\rho a\right)$$

gilt. Wir berechnen das Volumen V_2 mithilfe von Zylinderkoordinaten und erhalten

$$V_2 = \int\limits_{\varphi=0}^{2\pi} \left(\int\limits_{z=z_0}^{z_0+2b} \left(\int\limits_{r=\rho+a}^{\sqrt{R^2-z^2}} r\, dr \right) dz \right) d\varphi = 2\pi \int\limits_{z_0}^{z_0+2b} \frac{1}{2} \left(R^2 - z^2 - (\rho+a)^2\right) dz$$

$$= \pi \left(R^2 - (\rho+a)^2\right) 2b - \frac{\pi}{3} \left((z_0 + 2b)^3 - z_0^3\right).$$

Wir eliminieren nun die Hilfsgröße z_0, indem wir den Lehrsatz des Pythagoras verwenden, nämlich $z_0 = \sqrt{R^2 - (\rho+a)^2} - 2b$. Aus dem obigen Resultat erhalten wir nach einigen elementaren Rechenschritten

$$V_2 = 4\pi b^2 \left(\sqrt{R^2 - (\rho+a)^2} - \frac{2}{3} b \right)$$

und somit das Gesamtvolumen

$$V = V_1 + V_2 = 2\pi b \left(a^2 + 2\rho a\right) + 4\pi b^2 \left(\sqrt{R^2 - (\rho+a)^2} - \frac{2}{3} b \right).$$

*Im **Sonderfall** $a = 0$ und $\rho = \sqrt{R^2 - b^2}$ wird ein symmetrischer Ring aus der Mittelschicht der Kugel geschnitten. Dessen Volumen beträgt*

$$V = \frac{4}{3} \pi b^3,$$

und das ist genau das Volumen einer Vollkugel vom Radius b.

Aufgaben

Aufgabe 3.20. Berechnen Sie das Dreifachintegral

$$I = \int_{x=0}^{\pi/2} \int_{y=0}^{\pi/2} \int_{z=0}^{1/2} \sin(x+y)\, e^{2z}\, dz\, dy\, dx.$$

Aufgabe 3.21. Welches Volumen hat der Körper, dessen Grundfläche in den ersten beiden Quadranten durch $y = \frac{1}{2}\sqrt{1-x^2}$ und $y = 0$ begrenzt wird und als Deckfläche die Ebene $z = 4 - x - y$ besitzt?

Aufgabe 3.22. Berechnen Sie mithilfe geeigneter Koordinaten das Volumen des Viviani-Körpers, welcher durch die Ausbohrung des Zylinders $x^2 + y^2 \leq 2x$ aus der Kugel $x^2 + y^2 + z^2 \leq 4$ entsteht.

Aufgabe 3.23. Aus der Einheitskugel $x^2 + y^2 + z^2 \leq 1$ wird der elliptische Bereich $x^2 + 4y^2 \leq 1$ ausgebohrt. Berechnen Sie das Restvolumen, wobei Sie bei der Integration nur kartesische Koordinaten verwenden.

3.6 Anwendungen der Bereichsintegrale

Mittels der Bereichsintegrale lassen sich Massen, Schwerpunkte und Momente von Körpern auf sehr einfache Art und Weise berechnen. Wir stellen diese Begriffe der Reihe nach vor.

1.) **Masse.** Sei F ein materielles Gebiet des $\mathbb{R}^2$ mit einer Massendichte $\varrho \in$ Abb $(\mathbb{R}^2, \mathbb{R})$. Dann wird durch

$$\boxed{\; M = \int_F \varrho(x,y)\, dF \;}$$

die *Masse* von F beschrieben.

Entsprechend erhalten wir für die Masse eines Körpers $V \subset \mathbb{R}^3$ mit Massendichte $\varrho \in$ Abb $(\mathbb{R}^3, \mathbb{R})$

$$\boxed{\; M = \int_V \varrho(x,y,z)\, dV. \;}$$

Anschaulich ist $\varrho(\mathbf{x})\,m(Q)$ die Masse eines kleinen Quaders Q mit $x \in Q \subset \mathbb{R}^n$, wobei m das Maß von Q bedeutet. Damit lassen sich Riemann-Summen konstruieren und gemäß Definition 3.8 obige Integrale herleiten.

Bei **konstanter** Dichte $\bar{\varrho}$ gilt die bekannte Formel

$$M = \bar{\varrho}\,m(F) \text{ bzw. } M = \bar{\varrho}\,m(V)$$

für Flächen- bzw. Volumeninhalte.

2.) Schwerpunkte. Sei $S = (\xi, \eta)$ der Schwerpunkt einer Fläche $F \subseteq \mathbb{R}^2$. In x-Richtung ist $\xi \in \mathbb{R}$ dadurch definiert, dass der Körper im Gleichgewicht ist, wenn er an der Stelle ξ angelegt wird. Dies ist gleichwertig mit

$$\int_F \varrho(x,y)(\xi - x)\,dF = 0,$$

wobei $\varrho \in \text{Abb}\,(\mathbb{R}^2, \mathbb{R})$ wieder die Dichte ist.

Da für die y-Richtung das gleiche Argument gilt, ist

$$\boxed{\xi = \frac{1}{M}\int_F x\,\varrho(x,y)\,dF, \quad \eta = \frac{1}{M}\int_F y\,\varrho(x,y)\,dF.}$$

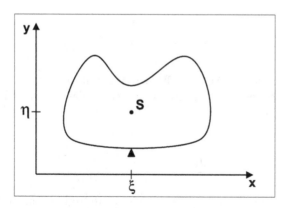

Mit gleicher Überlegung erhalten wir für den Schwerpunkt S eines Körpers $V \subset \mathbb{R}^3$ die Darstellung

$$\boxed{\xi_i = \frac{1}{M}\int_V x_i\,\varrho(x_1, x_2, x_3)\,dV, \quad i = 1, 2, 3.}$$

Beispiel 3.45 *Wir berechnen den Schwerpunkt einer halbkreisförmigen Schei-
be mit Radius R. Für diese gilt offenbar bei Massendichte $\varrho(x,y) \equiv 1$, dass*
$$M = \frac{1}{2}R^2\pi.$$

Für den Flächenschwerpunkt folgt daher

$$\xi = \frac{2}{R^2\pi} \int\limits_{-R}^{R} \int\limits_{0}^{\sqrt{R^2-x^2}} x\,dydx = 0,$$

$$\eta = \frac{2}{R^2\pi} \int\limits_{-R}^{R} \int\limits_{0}^{\sqrt{R^2-x^2}} y\,dydx = \frac{1}{R^2\pi} \int\limits_{-R}^{R} \left(R^2 - x^2\right) dx$$

$$= \frac{1}{R^2\pi} \left(2R^3 - \frac{2}{3}R^3\right) = \frac{4}{3}\frac{R}{\pi}.$$

Beispiel 3.46 *Wir kommen zum Schwerpunkt des Einheitsdreiecks. Dieses
wird begrenzt durch die Geraden $x = 0$, $y = 0$ und $x + y = 1$. Mit $M = 1/2$
erhalten wir*

$$\int\limits_{F} x\,dx = \int\limits_{0}^{1} \int\limits_{0}^{1-y} x\,dxdy = \int\limits_{0}^{1} \frac{1}{2}(1-y)^2\,dy = \frac{1}{6},$$

also

$$(\xi, \eta) = \left(\frac{1}{3}, \frac{1}{3}\right).$$

3.) Momente. Sei $r \in \text{Abb}\,(\mathbb{R}^3, \mathbb{R})$ der Abstand des Punktes $(x,y,z) \in V$
von einer vorgegebenen Drehachse, dann besitzt das Volumen V bzgl. dieser
Drehachse das Trägheitsmoment

$$\boxed{I = \int_V r^2(x,y,z)\,\varrho(x,y,z)\,dV.}$$

Im Einzelnen sind es also die Trägheitsmomente bzgl. der im Index angedeu-
teten Achsen

$$I_x = \int\limits_V (y^2 + z^2)\, \varrho(x,y,z)\, dV,$$

$$I_y = \int\limits_V (x^2 + z^2)\, \varrho(x,y,z)\, dV,$$

$$I_z = \int\limits_V (x^2 + y^2)\, \varrho(x,y,z)\, dV.$$

Beispiel 3.47 *Wir berechnen das Trägheitsmoment eines homogenen Zylinders mit dem Volumen*

$$V = \left\{ (x,y,z) \in \mathbb{R}^3 : x^2 + y^2 \le R^2,\ -\frac{h}{2} \le z \le \frac{h}{2} \right\}$$

mit $R, h > 0$ und konstanter Dichte $\bar{\varrho} > 0$. Wir erhalten

$$I_x = \bar{\varrho} \int\limits_{-R}^{R} \int\limits_{-\sqrt{R^2-x^2}}^{\sqrt{R^2-x^2}} \int\limits_{-h/2}^{h/2} (y^2 + z^2)\, dz\,dy\,dx = \bar{\varrho}\, \frac{\pi h R^2}{12} \left(3R^2 + h^2 \right).$$

Aufgaben

Aufgabe 3.24. Berechnen Sie den Schwerpunkt einer viertelkreisförmigen Tischplatte T mit Radius $1\,\mathrm{m}$ sowie deren Trägheitsmoment bei Rotation um eine Achse, die senkrecht zur Platte durch die Ecke des Tisches (Kreiszentrum) verläuft. Die Dichte kann dabei als konstant angenommen werden.

Aufgabe 3.25. Sei $\varrho(x,y) := xy$ die Dichte im Bereich

$$B := \{ (x,y) \in \mathbb{R}^2 : 1 \le x \le 2,\, 1 \le y \le x^2 \}.$$

Berechnen Sie die Masse und den Schwerpunkt von B.

Aufgabe 3.26. Sei $\varrho(x,y,z) := y$ die Dichte des Körpers

$$K := \left\{ (x,y,z) \in \mathbb{R}^3 : -2 \le x \le 2,\, 0 \le y \le \sqrt{4 - x^2},\, 0 \le z \le x^2 + y^2 \right\}.$$

Welche Masse hat K?

Aufgabe 3.27. Sei $x^2 + y^2 + z^2 \le R^2$ eine Kugel in $\mathbb{R}^3$ mit der Massendichte $\varrho(x,y,z) \equiv 1$. Wie lautet der Schwerpunkt desjenigen Teils der Kugel, welcher zwischen den Ebenen $z = h$ und $z = R$ mit $0 < h < R$ liegt?

Aufgabe 3.28. Gegeben sei die Zylinderschale mit konstanter Massendichte $\varrho(x, y, z) \equiv 1$, welche durch die Zylinder $x^2 + y^2 = 1$ und $x^2 + y^2 = 4$ von innen und außen, durch die Bodenfläche $z = -2$ und die Deckfläche $z = \sqrt{x^2 + y^2}$ von unten und oben begrenzt ist. Berechnen Sie den Schwerpunkt dieses Körpers.

3.7 Vektorwertige Integrale

Dieser kurze Abschnitt lässt sich in einem einzigen Satz wie folgt zusammenfassen:

Satz 3.48 *Das Integral über eine vektor- oder komplexwertige Funktion ist komponentenweise zu verstehen.*

Sei $V \subset \mathbb{R}^n$, dann bedeutet dies für eine vektorwertige Funktion $\mathbf{f} = (f_1, f_2, \ldots, f_m)^T \in \mathrm{Abb}\,(V, \mathbb{R}^m)$

$$\int_V \mathbf{f}(\mathbf{x})\, dV = \left(\int_V f_i(\mathbf{x})\, dV \right)_{i=1,2,\ldots,m} \in \mathbb{R}^m.$$

Für eine komplexwertige Funktion $f \in \mathrm{Abb}\,(V, \mathbb{C})$ schreiben wir $f(\mathbf{x}) = u(\mathbf{x}) + iv(\mathbf{x})$ und setzen entsprechend

$$\int_V f(\mathbf{x})\, dV = \int_V u(\mathbf{x})\, dV + i \int_V v(\mathbf{x})\, dV \in \mathbb{C}.$$

Dies führt manchmal zu eleganteren Darstellungen.

Beispiel 3.49 *Für einen Körper $V \subset \mathbb{R}^n$ mit Massendichte $\varrho \in \mathrm{Abb}\,(V, \mathbb{R})$ und $\mathbf{x} \in V$ gilt für die Masse M*

$$M = \int_V \varrho(\mathbf{x})\, dV \quad (\text{skalarwertig}),$$

und der Schwerpunkt S errechnet sich zu

$$S = \frac{1}{M} \int_V \mathbf{x}\, \varrho(\mathbf{x})\, dV \quad (\text{vektorwertig}).$$

Aufgaben

Aufgabe 3.29. Wie lautet der Real- und der Imaginärteil von

$$\text{a) } I_1 := \int\limits_0^{2\pi} e^{ix} dx, \quad \text{b) } I_2 := \int\limits_0^{\pi/2} e^{ix} dx?$$

Aufgabe 3.30. Sei $E := \{(x, y) \in \mathbb{R}^2 : x^2 + y^2 \leq 1, \ x, y \geq 0\}$ der obere halbe Halbkreis, $\mathbf{f}(x, y) = (x, x + y, y)^T$ und $\mathbf{g}(x, y) = (1, 2, 1)^T$. Berechnen Sie das Kreuz-, Skalar- und das dyadische Produkt von $\mathbf{f}$ und $\mathbf{g}$ sowie von $\mathbf{F} := \iint_E \mathbf{f}(x, y) \, d(x, y)$ und $\mathbf{G} := \iint_E \mathbf{g}(x, y) \, d(x, y)$.

Kapitel 4

Flächen und Flächenintegrale

Anschaulich ist eine Fläche im $\mathbb{R}^3$ ein zweidimensionales Gebilde. Damit sind diese Mengen, zumindest aus der Sicht eines dreidimensionalen Maßes, eine Menge vom Maße 0. Mit den zuletzt formulierten Bereichsintegralen im $\mathbb{R}^3$ besteht somit keine Chance, den Flächeninhalt solcher Mengen zu berechnen, weil sich damit eben für jede zweidimensionale Menge stets der Wert 0 ergibt. In diesem Kapitel stellen wir Ihnen daher Methoden vor, Flächen zu beschreiben und deren Inhalte mithilfe eigens dazu formulierter Integrale zu berechnen.

4.1 Darstellungen von Flächen im $\mathbb{R}^3$

Wir formulieren im weiteren Verlauf drei Arten, eine Fläche darzustellen. Wir unterscheiden dabei streng zwischen der *Fläche* als geometrisches Objekt, bestehend aus Punkten im $\mathbb{R}^3$, und der *Flächendarstellung* durch eine mathematische Abbildung.

An eine glatte Fläche $F \subset \mathbb{R}^3$ lässt sich in jedem Punkt $\mathbf{x} \in F$ ein *Normaleneinheitsvektor* $\mathbf{n} \in \mathrm{Abb}\,(\mathbb{R}^3, \mathbb{R}^3)$, mit der euklidischen Vektornorm $\|\mathbf{n}\| \equiv 1$, finden. Dieser kann nach oben oder nach unten zeigen, d. h. als $+\mathbf{n}$ oder $-\mathbf{n}$ gewählt werden, wodurch eine Orientierungsmöglichkeit der Fläche gegeben ist.

1.) **Implizite Darstellung.** Das Nullstellengebilde einer Funktion $f : \mathbb{R}^3 \to \mathbb{R}$ ist i. Allg. eine Fläche der Form

$$\boxed{F = \{\mathbf{x} \in \mathbb{R}^3 \,:\, f(\mathbf{x}) = 0\}.}$$

Bei dieser Darstellung lassen sich Punkte auf der Fläche jedoch schwierig angeben. Da der *Gradient* ∇f in Richtung des stärksten Anstiegs von f zeigt, erhalten wir eine Normale durch

$$\boxed{\mathbf{n}(\mathbf{x}) = \frac{\nabla f(\mathbf{x})}{\|\nabla f(\mathbf{x})\|}.} \qquad (4.1)$$

An f stellen wir daher die Forderung $f \in C^1\left(\mathbb{R}^3\right)$ mit $\nabla f(\mathbf{x}) \neq 0$ für alle $\mathbf{x} \in F$.

2.) Explizite Darstellung. Einem Bereich $B \subset \mathbb{R}^2$ und einer Funktion $f : B \to \mathbb{R}$ lässt sich der *Graph von f* zuordnen als

$$F = \left\{ (x,y,z)^T \in \mathbb{R}^3 : z = f(x,y), \; (x,y) \in B \right\}.$$

Hier lassen sich die Flächenpunkte sofort angeben, allerdings können wir – außer durch Hilfskonstruktionen – keine Flächen darstellen, bei denen zu einem einzigen $(x,y) \in B$ mehrere Punkte auf der Fläche F angehören. Eine Normale ist gegeben durch

$$\boxed{\mathbf{n}(x,y) = \frac{1}{\sqrt{1 + |f_x(x,y)|^2 + |f_y(x,y)|^2}} \begin{pmatrix} -f_x(x,y) \\ -f_y(x,y) \\ 1 \end{pmatrix}.} \qquad (4.2)$$

Die Darstellung (4.2) ergibt sich in Analogie zur oben formulierten impliziten Darstellung, wenn wir den Gradienten von

$$g(x,y) := z - f(x,y) = 0$$

dabei verwenden.

3.) Parameterdarstellung. Zu einer vektorwertigen Funktion $\mathbf{x} : B \to \mathbb{R}^3$, $B \subset \mathbb{R}^2$, gibt es eine Fläche

$$F = \left\{ \mathbf{x}(u,v) \in \mathbb{R}^3 : (u,v) \in B \right\},$$

die durch $\mathbf{x}(u,v) := \left(x(u,v), y(u,v), z(u,v)\right)^T$ *parametrisiert* wird. Wir können $\mathbf{x}$ als Schar von Kurven des $\mathbb{R}^3$ auffassen. Je nachdem, ob wir v oder u festhalten und nur die Abhängigkeit in der anderen Variablen betrachten, erhalten wir die u- und v-Linien der Fläche. Es gilt also

$$u \mapsto \mathbf{x}(u, v), \quad v = \text{konst},$$

$$v \mapsto \mathbf{x}(u, v), \quad u = \text{konst}.$$

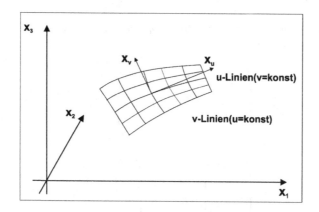

Die zugehörigen Tangentenvektoren entlang solcher Linien sind dann die partiellen Ableitungen $\mathbf{x}_u$ und $\mathbf{x}_v$, die im Punkt $\mathbf{x}(u, v) \in F$ die Tangentialebene in Parameterform

$$T(\lambda, \mu) := \mathbf{x}(u, v) + \lambda \mathbf{x}_u(u, v) + \mu \mathbf{x}_v(u, v), \quad \lambda, \mu \in \mathbb{R}, \tag{4.3}$$

aufspannt. Der normierte Normalenvektor auf T und damit auf F im Punkt $\mathbf{x}(u, v)$ ist

$$\boxed{\mathbf{n}(u, v) = \frac{\mathbf{x}_u(u, v) \times \mathbf{x}_v(u, v)}{\|\mathbf{x}_u(u, v) \times \mathbf{x}_v(u, v)\|}.} \tag{4.4}$$

Bei einer Fläche in Parameterform fordern wir daher, dass $\mathbf{x} \in \left[C^1(B)\right]^3$ und $\mathbf{x}_u \times \mathbf{x}_v \neq \mathbf{0}$ in B. Die Darstellung des Normalenvektors mithilfe des Kreuzproduktes gilt bekanntlich nur im $\mathbb{R}^3$.

Beispiel 4.1 *Die Kugeloberfläche des $\mathbb{R}^3$ mit Mittelpunkt im Ursprung und Radius R ist **implizit** gegeben durch*

$$x^2 + y^2 + z^2 = R^2$$

mit der Normalen

$$\mathbf{n}(x, y, z) = \frac{1}{2R} \begin{pmatrix} 2x \\ 2y \\ 2z \end{pmatrix} = \frac{1}{R} \mathbf{x}.$$

*Für die **explizite** Darstellung lösen wir nach z auf und erhalten für die obere bzw. für die untere Halbkugel (beide Halbkugeln lassen sich als Funktion ja* *nicht gleichzeitig darstellen) die Abbildungen*

$$z = \pm\sqrt{R^2 - x^2 - y^2}.$$

Für die Normale an die obere Halbkugel mit $z = \sqrt{R^2 - x^2 - y^2}$ ergibt sich dann die Darstellung

$$\mathbf{n}(x,y) = \begin{pmatrix} x(R^2 - x^2 - y^2)^{-1/2} \\ y(R^2 - x^2 - y^2)^{-1/2} \\ 1 \end{pmatrix} \cdot \left(\frac{R^2 - x^2 - y^2}{R^2} \right)^{1/2}$$

$$= \begin{pmatrix} xz^{-1} \\ yz^{-1} \\ 1 \end{pmatrix} \cdot \frac{z}{R} = \frac{1}{R} \begin{pmatrix} x \\ y \\ z \end{pmatrix} = \frac{1}{R}\mathbf{x},$$

wobei wir den Gradienten von $z - \sqrt{R^2 - x^2 - y^2} = 0$ verwendet haben.

Die Normale an die untere Halbkugel mit $-z = \sqrt{R^2 - x^2 - y^2}$ lautet entsprechend auch hier

$$\mathbf{n}(x,y) = \begin{pmatrix} x(R^2 - x^2 - y^2)^{-1/2} \\ y(R^2 - x^2 - y^2)^{-1/2} \\ -1 \end{pmatrix} \cdot \left(\frac{R^2 - x^2 - y^2}{R^2} \right)^{1/2}$$

$$= \begin{pmatrix} -xz^{-1} \\ -yz^{-1} \\ -1 \end{pmatrix} \cdot \frac{-z}{R} = \frac{1}{R} \begin{pmatrix} x \\ y \\ z \end{pmatrix} = \frac{1}{R}\mathbf{x},$$

wobei wir den Gradienten von $-z - \sqrt{R^2 - x^2 - y^2} = 0$ verwendet haben.

Insgesamt ist dies natürlich identisch mit der aus der impliziten Darstellung resultierenden Normalen.

*Für die **Parametrisierung** der Kugeloberfläche verwenden wir die Kugelkoordinaten in der Darstellung gemäß Bemerkung 1.13 mit festem $r = R$, d. h. also*

$$x = x(\varphi, \theta) = R\cos\varphi\cos\theta,$$
$$y = y(\varphi, \theta) = R\sin\varphi\cos\theta,$$
$$z = z(\varphi, \theta) = R\sin\theta,$$

wobei $B = \left\{ (\varphi, \theta) \in \mathbb{R}^2 \; : \; (\varphi, \theta) \in [0, 2\pi) \times [-\pi/2, \pi/2] \right\}$.

Die φ-Linien sind nun die Breitenkreise und die θ-Linien die Höhenkreise. Für die Tangentenvektoren der φ- und θ-Linien erhalten wir mit $\mathbf{x} := (x, y, z)$ die Vektoren

$$\mathbf{x}_\varphi(\varphi, \theta) = R \begin{pmatrix} -\sin\varphi\cos\theta \\ \cos\varphi\cos\theta \\ 0 \end{pmatrix} \quad und \quad \mathbf{x}_\theta(\varphi, \theta) = R \begin{pmatrix} -\cos\varphi\sin\theta \\ -\sin\varphi\sin\theta \\ \cos\theta \end{pmatrix}.$$

Daraus resultiert

$$\mathbf{x}_\varphi(\varphi, \theta) \times \mathbf{x}_\theta(\varphi, \theta) = R^2 \det \begin{pmatrix} -\sin\varphi\cos\theta & -\cos\varphi\sin\theta & e_1 \\ \cos\varphi\cos\theta & -\sin\varphi\sin\theta & e_2 \\ 0 & \cos\theta & e_3 \end{pmatrix}$$

$$= R^2 \cos\theta \begin{pmatrix} \cos\varphi\cos\theta \\ \sin\varphi\cos\theta \\ \sin\theta \end{pmatrix} = R\cos\theta \begin{pmatrix} x \\ y \\ z \end{pmatrix}. \quad (4.5)$$

Die Normale lautet damit nach Normierung einfach wieder

$$\mathbf{n}(x, y, z) = \frac{1}{R}\,\mathbf{x}.$$

Bemerkung 4.2 *Ist die Fläche in **Parameterform** gegeben, so sind die Vektoren $\mathbf{x}_u, \mathbf{x}_v$ linear unabhängig wegen $\mathbf{x}_u \times \mathbf{x}_v \neq \mathbf{0}$ und wir können die Tangentialebene sofort in Parameterform gemäß (4.3) angeben.*

Ist die Normale $\mathbf{n}$ im Punkt $\mathbf{x} \in F$ bekannt, so erhalten wir zudem mit der Hesse-Normalenform die Gleichung der Tangentialebene TE an die Fläche im Punkt $\mathbf{x}_0 \in F$ durch

$$TE(\mathbf{x}) := \left\{ \mathbf{x} \in \mathbb{R}^n \; : \; (\mathbf{x} - \mathbf{x}_0) \cdot \mathbf{n} = 0 \right\}.$$

Erinnerung. Die *Tangentialflächengleichung* an den Graphen einer Funktion wurde in Definition 1.113 beschrieben.

Im Folgenden betrachten wir nur *orientierbare* Flächen, bei denen eine stetige Normalenfunktion $\mathbf{n} : F \to \mathbb{R}^3$ überhaupt erst definiert werden kann. Wenn F, wie beispielsweise die Kugeloberfläche, einen Körper berandet, so ist diese

Fläche automatisch orientierbar, weil etwa die äußere Normale ausgezeichnet werden kann.

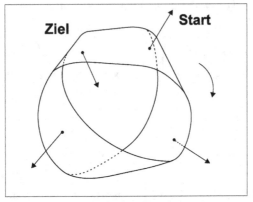

Möbius-Band

Das Möbius-Band, ein Streifen, der nach einer halben Drehung verdreht wieder zusammengeklebt wird, ist das einfachste Beispiel für eine *nichtorientierbare* Fläche. Wie Sie sich leicht überzeugen können, besteht das Möbius-Band aus nur einer Kante und einer Seite. Wenn man in einem Punkt eine Normalenrichtung festlegt und mit dieser das Band einmal umrundet, so zeigt die Normale dann in die entgegengesetzte Richtung. Eine stetige Normalenfunktion gibt es daher nicht.

Aufgaben

Aufgabe 4.1. Berechnen Sie den äußeren Einheitsnormalenvektor an den Einheitskreis im $\mathbb{R}^2$, indem Sie von der impliziten bzw. expliziten Darstellung sowie einer Parameterdarstellung des Kreises ausgehen.

Aufgabe 4.2. Im $\mathbb{R}^3$ sei die Fläche F gegeben durch

$$\mathbf{x}(u,v) = \begin{pmatrix} u\cos v \\ u\sin v \\ v \end{pmatrix} \quad \text{mit } 0 \le u \le 1,\ 0 \le v \le 2\pi.$$

Um welche Fläche handelt es sich hier und wie lautet die Einheitsnormale auf F?

4.2 Flächenelement und Flächeninhalt

Wir wollen den Flächeninhalt einer in Parameterform dargestellten Fläche F bestimmen. Dazu sei B zunächst das Einheitsquadrat in $\mathbb{R}^2$, und $\mathbf{x} : B \to \mathbb{R}^3$ parametrisiere die Fläche.

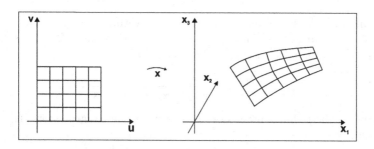

Wir überziehen B mit einem orthogonalen, äquidistanten Netz der Maschenweite $\varepsilon > 0$. Ein Teilquadrat $Q \subset B$ des Netzes mit Eckpunkten

$$\big\{ (u_0, v_0),\ (u_0 + \varepsilon, v_0),\ (u_0 + \varepsilon,\ v_0 + \varepsilon),\ (u_0, v_0 + \varepsilon) \big\}$$

wird durch $\mathbf{x} \in \big[C^2(B) \big]^3$ – bis auf einen Fehler der Ordnung $O(\varepsilon^2)$ – auf ein Parallelogramm im $\mathbb{R}^3$ abgebildet. Mit den Eckpunkten gilt

$$\big\{ \mathbf{x}_0,\ \mathbf{x}_0 + \varepsilon\mathbf{x}_u(u_0, v_0),\ \mathbf{x}_0 + \varepsilon\mathbf{x}_u(u_0, v_0) + \varepsilon\mathbf{x}_v(u_0, v_0),\ \mathbf{x}_0 + \varepsilon\mathbf{x}_v(u_0, v_0) \big\},$$

wobei $\mathbf{x}_0 := \mathbf{x}(u_0, v_0)$ gesetzt wurde.

Der Flächeninhalt dieses Parallelogramms stimmt mit demjenigen überein, das von den Vektoren $\varepsilon\mathbf{x}_u(u_0, v_0)$ und $\varepsilon\mathbf{x}_v(u_0, v_0)$ erzeugt wird, also

$$m(\mathbf{x}(Q)) = \varepsilon^2 \|\mathbf{x}_u(u_0, v_0) \times \mathbf{x}_v(u_0, v_0)\| + O(\varepsilon^3)$$

$$= \|\mathbf{x}_u(u_0, v_0) \times \mathbf{x}_v(u_0, v_0)\|\, m(Q) + O(\varepsilon^3).$$

Somit ist die lokale *Flächenverzerrung* der Abbildung $\mathbf{x} : B \to \mathbb{R}^3$ gegeben durch die Größe $\|\mathbf{x}_u \times \mathbf{x}_v\|$, in welcher wir hier und im Folgenden aus Platzgründen auf die Argumente $(u, v) \in \mathbb{R}^2$ verzichten. Damit haben wir

Definition 4.3 *Als Flächeninhalt eines durch die stetig differenzierbare Parametrisierung* $\mathbf{x} : B \to \mathbb{R}^3$ *gegebenen Flächenstückes* $F \subset \mathbb{R}^3$ *definieren wir als*

$$m(F) = \int_F d\sigma := \int_B \|\mathbf{x}_u \times \mathbf{x}_v\|\, d(u, v).$$

Der symbolische Ausdruck

$$d\sigma = \|\mathbf{x}_u \times \mathbf{x}_v\| \, d(u, v)$$

heißt Flächenelement.

So ganz symbolisch ist das Flächenelement natürlich nicht gemeint. Aus der obigen Herleitung ist ja klar, dass das Bild eines kleinen Quadrats Q mit $(u, v) \in Q$ ungefähr den Flächeninhalt $d\sigma \, m(Q)$ besitzt.

Mit

$$\|\mathbf{x}_u \times \mathbf{x}_v\| = \sqrt{\|\mathbf{x}_u\|^2 \|\mathbf{x}_v\|^2 - (\mathbf{x}_u \cdot \mathbf{x}_v)^2}$$

können wir die Definition der GAUSSschen Fundamentalgrößen wie folgt motivieren:

$$E = \|\mathbf{x}_u\|^2, \quad F = \mathbf{x}_u \cdot \mathbf{x}_v, \quad G = \|\mathbf{x}_v\|^2.$$

Es gilt dann

$$d\sigma = \sqrt{EG - F^2} \, d(u, v).$$

Speziell gilt

Definition 4.4 *Bei einer Parametrisierung* $\mathbf{x} : B \to \mathbb{R}^3$ *einer Fläche F mit* $\mathbf{x}_u \cdot \mathbf{x}_v = 0$ *heißt die Parametrisierung* orthogonal.

Ein Beispiel für eine orthogonale Parametrisierung hatten wir bei der Darstellung der Kugeloberfläche durch Kugelkoordinaten kennengelernt.

Nun bestimmen wir die Flächenelemente für die explizite Darstellung. Die durch $f : B \to \mathbb{R}^3$ gegebene Fläche lässt sich parametrisieren durch

$$x = u, \quad y = v, \quad z = f(u, v),$$

sodass

$$E = 1 + f_u^2, \quad F = f_u f_v, \quad G = 1 + f_v^2$$

und damit

$$d\sigma = \sqrt{1 + f_u^2 + f_v^2} \, d(u, v) \tag{4.6}$$

gilt.

Der Flächeninhalt bestimmt sich durch

$$m(F) = \int_B \sqrt{1 + f_u^2(u, v) + f_v^2(u, v)} \, d(u, v). \tag{4.7}$$

Beispiel 4.5 *Auf* $D = \left\{ (\varphi, \theta) \in \mathbb{R}^2 : 0 \le \varphi \le 2\pi, \ -\dfrac{\pi}{2} \le \theta \le \dfrac{\pi}{2} \right\}$ *wird durch*

$$\mathbf{x}(\varphi, \theta) := \begin{pmatrix} R \cos\varphi \cos\theta \\ R \sin\varphi \cos\theta \\ R \sin\theta \end{pmatrix}$$

wieder die Kugelfläche F *mit Radius* $R > 0$ *definiert. Nach (4.5) gilt dann*

$$\sqrt{EG - F^2} = R^2 \cos\theta,$$

und für den Flächeninhalt

$$m(F) = \int\limits_0^{2\pi} \int\limits_{-\pi/2}^{\pi/2} R^2 \cos\theta \, d\theta d\varphi = 2\pi R^2 \sin\theta \Big|_{-\pi/2}^{\pi/2} = 4\pi R^2 \,.$$

Beispiel 4.6 *Für* $0 \le \varphi \le \theta, \ 0 \le R_1 \le r \le R_2$ *ergibt*

$$\mathbf{x}(r, \varphi) = \begin{pmatrix} r \cos\varphi \\ r \sin\varphi \\ c\varphi \end{pmatrix}$$

eine Schraubenfläche S *mit Ganghöhe* $c > 0$. *Da*

$$\mathbf{x}_r(r, \varphi) = \begin{pmatrix} \cos\varphi \\ \sin\varphi \\ 0 \end{pmatrix}, \quad \mathbf{x}_\varphi(r, \varphi) = \begin{pmatrix} -r \sin\varphi \\ r \cos\varphi \\ c \end{pmatrix},$$

sind die Fundamentalgrößen $E = 1$, $F = 0$ *und* $G = r^2 + c^2$ *und der Flächeninhalt*

$$m(S) = \int\limits_0^{\theta} \int\limits_{R_1}^{R_2} \sqrt{r^2 + c^2} \, dr \, d\varphi$$

$$= \frac{\theta}{2} \left\{ R_2 \sqrt{R_2^2 + c^2} - R_1 \sqrt{R_1^2 + c^2} + c^2 \ln \frac{R_2 + \sqrt{R_2^2 + c^2}}{R_1 + \sqrt{R_1^2 + c^2}} \right\}.$$

Aufgaben

Aufgabe 4.3. Über dem Einheitskreis $x^2 + y^2 \leq 1$ betrachten wir die Fläche $z(x, y) = y^2 - x^2$. Berechnen Sie deren Flächeninhalt.

Aufgabe 4.4. Berechnen Sie die Oberfläche einer dreidimensionalen Kugel mit Radius $R > 0$ mithilfe geeigneter Koordinaten, ohne jedoch Kugelkoordinaten zu verwenden.

Aufgabe 4.5. Sei $x^2 + y^2 + z^2 \leq R^2$ eine Kugel in $\mathbb{R}^3$ mit Radius $R > 0$. Berechnen Sie die Oberfläche desjenigen Teils der Kugel, welcher zwischen den Ebenen $z = h$ und $z = R$ mit $0 < h < R$ liegt.

Aufgabe 4.6. Berechnen Sie die Fläche des Zylindermantels, gegeben durch $0 \leq z \leq x^2|y|$ für $x^2 + y^2 = 4$.
Wie lautet das Oberflächenintegral (ohne es auszuwerten) der Fläche, gegeben durch $z = x^2|y|$ für $x^2 + y^2 \leq 4$, und um welches Integral handelt es sich hierbei?

Aufgabe 4.7. Wie lautet die Oberfläche des Körpers im $\mathbb{R}^3$, begrenzt von der Punktmenge $x^2 + y^2 \leq 4$ und $0 \leq z \leq |xy|$?

4.3 Flächenintegrale erster und zweiter Art

Wir können das Flächenintegral erster Art interpretieren mit der Vorstellung einer massebehafteten Fläche mit Massendichte f. Dann gibt $\int_F f(x)\, d\sigma$ die Gesamtmasse der Fläche an. Dazu gilt

---

Definition 4.7 *Es sei F eine Fläche, die durch $\mathbf{x} : B \to \mathbb{R}^3$, $B \subset \mathbb{R}^2$, parametrisiert ist. Weiter sei $f : F \to \mathbb{R}$ eine skalare stetige Funktion. Dann heißt*

$$\int_F f(\mathbf{x})\, d\sigma = \int_B f(\mathbf{x}(u,v))\, \|\mathbf{x}_u(u,v) \times \mathbf{x}_v(u,v)\|\, d(u,v) \qquad (4.8)$$

Flächenintegral erster Art von f über F.

Ähnlich wie bei der Herleitung des Flächeninhalts können wir B in kleine Quadrate Q zerlegen. Bilden wir entsprechende Riemannsche Summen, so konvergieren diese gegen das Integral auf der rechten Seite von (4.8). Aus dieser Veranschaulichung wird auch klar, dass der Wert des Flächenintegrals unabhängig von der gewählten Parametrisierung ist.

Wenn die Fläche explizit durch eine Funktion $z(\cdot, \cdot)$ über den Bereich $B \subset \mathbb{R}^2$ gegeben ist, so erhalten wir wiederum

$$\int_F f(\mathbf{x}) \, d\sigma = \int_B f\big(u, v, z(u,v)\big) \sqrt{1 + z_u^2(u,v) + z_v^2(u,v)} \, d(u,v).$$

Das Flächenintegral zweiter Art, das auch *orientiertes* Flächenintegral genannt wird, unterscheidet sich vom Integral erster Art hauptsächlich dadurch, dass eine Normalenorientierung festgelegt werden muss.

Definition 4.8 *Sei die Fläche F durch die Parametrisierung $\mathbf{x} : B \to \mathbb{R}^3$ gegeben und sei $\mathbf{f} : F \to \mathbb{R}^3$ ein stetiges Vektorfeld auf F. Dann heißt*

$$\int_F \mathbf{f}(\mathbf{x}) \cdot d\boldsymbol{\sigma} = \int_F \mathbf{f}(\mathbf{x}) \cdot \mathbf{n} \, d\sigma = \int_B \mathbf{f}\big(\mathbf{x}(u,v)\big) \cdot \big(\mathbf{x}_u(u,v) \times \mathbf{x}_v(u,v)\big) \, d(u,v)$$

$$(4.9)$$

Flächenintegral zweiter Art von $\mathbf{f}$ über F. Der Ausdruck

$$d\boldsymbol{\sigma} = \big(\mathbf{x}_u(u,v) \times \mathbf{x}_v(u,v)\big) \, d(u,v) = \mathbf{n} \, d\sigma$$

wird als vektorielles Flächenelement bezeichnet.

Wegen der Darstellung $\int_F \mathbf{f}(\mathbf{x}) \cdot \mathbf{n} \, d\sigma$ des Flächenintegrals zweiter Art ist klar, dass der Wert des Integrals bei unterschiedlichen Parametrisierungen sich höchstens im Vorzeichen unterscheiden kann.

Physikalisch lässt sich das Flächenintegral zweiter Art anhand einer Strömung deuten. Sei $\mathbf{u}(\mathbf{x}) \in \mathbb{R}^3$ der Geschwindigkeitsvektor des Teilchens, das sich gerade am Ort $\mathbf{x} \in \mathbb{R}^3$ befindet. Wir nehmen an, dass die Strömung *stationär* ist, der Geschwindigkeitsvektor also nur vom Ort $\mathbf{x} \in \mathbb{R}^3$, aber nicht von der Zeit t abhängt. Für eine Fläche F ist $(\mathbf{u}(\cdot) \cdot \mathbf{n})$ der Anteil der Strömung, der durch die Fläche hindurchfließt, daher ist $\int_F \mathbf{u}(\mathbf{x}) \cdot \mathbf{n} \, d\sigma$ der **Fluss** durch die Fläche in einer Zeiteinheit.

Beispiel 4.9 *Wir betrachten die obere Halbkugel*

$$F : \mathbf{x}(\varphi, \theta) = \begin{pmatrix} R \cos\varphi \cos\theta \\ R \sin\varphi \cos\theta \\ R \sin\theta \end{pmatrix}, \quad 0 \le \varphi < 2\pi \ \ 0 \le \theta \le \frac{\pi}{2},$$

und den Geschwindigkeitsvektor

$$\mathbf{u}(x,y) = \begin{pmatrix} y\alpha(r) \\ -x\alpha(r) \\ \beta(r) \end{pmatrix}, \quad r = \sqrt{x^2 + y^2},$$

mit vorgegebenen Funktionen $\alpha, \beta : \mathbb{R} \to \mathbb{R}$. In (4.5) hatten wir bereits berechnet, dass

$$\mathbf{x}_\varphi(\varphi, \theta) \times \mathbf{x}_\theta(\varphi, \theta) = R^2 \cos\theta \begin{pmatrix} \cos\varphi\cos\theta \\ \sin\varphi\cos\theta \\ \sin\theta \end{pmatrix},$$

sodass die Normale nach oben gerichtet ist. Daher wird mit $\int_F \mathbf{u}(\mathbf{x}) \cdot d\underline{\sigma}$ der Fluss von unten nach oben berechnet.

Wir schreiben $\mathbf{u}$ in Kugelkoordinaten und erhalten mit $r = R\cos\theta$ und

$$\mathbf{u}(\varphi, \theta) = \begin{pmatrix} R\sin\varphi\cos\theta\,\alpha(R\cos\theta) \\ -R\cos\varphi\cos\theta\,\alpha(R\cos\theta) \\ \beta(R\cos\theta) \end{pmatrix}$$

für den Fluss $I := \int_F \mathbf{u}(\mathbf{x}) \cdot d\underline{\sigma}$

$$I = \int_0^{\pi/2} \int_0^{2\pi} \begin{pmatrix} R\sin\varphi\cos\theta\,\alpha(R\cos\theta) \\ -R\cos\varphi\cos\theta\,\alpha(R\cos\theta) \\ \beta(R\cos\theta) \end{pmatrix} \cdot \begin{pmatrix} \cos\varphi\cos\theta \\ \sin\varphi\cos\theta \\ \sin\theta \end{pmatrix} R^2 \cos\theta \, d\varphi d\theta$$

$$= \int_0^{\pi/2} \int_0^{2\pi} R^2 \cos\theta \sin\theta\, \beta(R\cos\theta)\, d\varphi d\theta$$

$$= 2\pi R^2 \int_0^{\pi/2} \cos\theta \sin\theta\, \beta(R\cos\theta)\, d\theta.$$

Mit der Substitution $r = R\cos\theta$ lässt sich dieses Integral noch etwas vereinfachen, denn $-R\sin\theta\, d\theta = dr$, also

$$\int_F \mathbf{u}(\mathbf{x}) \cdot d\underline{\sigma} = -2\pi \int_R^0 r\, \beta(r)\, dr = 2\pi \int_0^R r\, \beta(r)\, dr.$$

Wenn wir den Fluss von **u** *durch die ganze Kugeloberfläche* F' *berechnen wollen, so erhalten wir salopp formuliert*

$$\int_{F'} \mathbf{u}(\mathbf{x}) \cdot d\underline{\sigma} = \int_{obere\ Hälfte} \mathbf{u}(\mathbf{x}) \cdot d\underline{\sigma} + \int_{untere\ Hälfte} \mathbf{u}(\mathbf{x}) \cdot d\underline{\sigma} = 0,$$

weil die Normale in der unteren Hälfte entgegengesetzt gerichtet ist und der Integrand nur von r *abhängt.*

Aufgaben

Aufgabe 4.8. Der Mantel S eines Torus hat die Darstellung

$$\mathbf{x}(u,v) = \begin{pmatrix} (R + a\sin v)\cos u \\ (R + a\sin v)\sin u \\ a\cos v \end{pmatrix}, \quad 0 \le u, v \le 2\pi, \ 0 < a < R.$$

Berechnen Sie dessen Oberfläche, das Trägheitsmoment um die z-Achse und den Fluss von $\mathbf{v}(\mathbf{x}) = \frac{1}{3}\mathbf{x}$ durch S.

Aufgabe 4.9. Es sei S der Teil der Ebene $x + y + z = 1$ mit $x, y, z \ge 0$. Berechnen Sie $\int_S x^2 d\sigma$ und den Fluss $\int_S \mathbf{v}(\mathbf{x}) \cdot d\boldsymbol{\sigma}$ von $\mathbf{v}(\mathbf{x}) = (-y, y - x, z)^T$ durch S.

Aufgabe 4.10. Im $\mathbb{R}^3$ ist durch $\mathbf{v}(x, y, z) = \begin{pmatrix} x\left(x^2 + 3y^2\right) \\ y\left(y^2 + 3x^2\right) \\ 2\left(x^2 + 3y^2\right) \end{pmatrix}$ ein Vektorfeld

gegeben. Berechnen Sie für den räumlichen Bereich, der vom Kreiszylinder $x^2 + y^2 = a^2$ und den Ebenen $z = 0$ und $z = 1$ begrenzt wird, das Oberflächenintegral 2. Art $\int_O \mathbf{v}(\mathbf{x}) \cdot d\boldsymbol{\sigma}$.

Aufgabe 4.11. Im $\mathbb{R}^3$ sei die Schraubenfläche F gegeben durch

$$\mathbf{x}(u,v) = \begin{pmatrix} u\cos v \\ u\sin v \\ v \end{pmatrix}, \quad 0 \le u \le 1, \ 0 \le v \le 2\pi.$$

Berechnen Sie das Oberflächenintegral 2. Art $\int_S \mathbf{v}(\mathbf{x}) \cdot d\boldsymbol{\sigma}$ mit dem Vektorfeld $\mathbf{v}(\mathbf{x}) = (y, -x, 0)^T$.

4.4 Kurvenintegral

Integrale entlang von Kurven stehen noch aus. Dazu gilt

Definition 4.10 *Im euklidischen Vektorraum $\mathbb{R}^n$ heißt eine Punktmenge*

$$C := \left\{ \mathbf{x} := \boldsymbol{\gamma}(t) \in \mathbb{R}^n : \boldsymbol{\gamma}(t) = (\gamma_1(t), \ldots, \gamma_n(t))^T, \; t \in [a,b], \; a,b \in \mathbb{R} \right\}$$

eine räumliche Kurve, wenn $\boldsymbol{\gamma}$ stetig und stückweise differenzierbar ist, die einen Anfangspunkt $\boldsymbol{\gamma}(a)$ und einen Endpunkt $\boldsymbol{\gamma}(b)$ besitzt, damit also eine Orientierung hat.

Wir sagen, dass $\boldsymbol{\gamma}$ die Kurve C regulär parametrisiert.

Der Wert des Integrals

$$L_\gamma := \int_a^b \sqrt{\gamma_1'(t)^2 + \cdots + \gamma_n'(t)^2} \, dt$$

heißt Bogenlänge der Kurve $\boldsymbol{\gamma} = (\gamma_1, \ldots, \gamma_n)^T$. Dabei bezeichnet γ_i', $i = 1, \ldots, n$, die Ableitung nach $t \in (a,b)$. Wir schreiben den Integranden auch als

$$\|\boldsymbol{\gamma}'(t)\| = \sqrt{(\boldsymbol{\gamma}'(t) \cdot \boldsymbol{\gamma}'(t))}.$$

Mit

$$ds = \|\boldsymbol{\gamma}'(t)\| \, dt$$

können wir das *Kurvenintegral* einer skalaren Funktion $f : C \to \mathbb{R}$ festlegen durch

---

Definition 4.11 *Sei C eine durch $\boldsymbol{\gamma} : [a,b] \to \mathbb{R}^n$ regulär parametrisierte Kurve und $f : C \to \mathbb{R}$ eine stetige skalare Funktion. Dann heißt*

$$\int_C f(\mathbf{x}) \, ds := \int_a^b f(\boldsymbol{\gamma}(t)) \, \|\boldsymbol{\gamma}'(t)\| \, dt$$

*skalares Kurvenintegral (oder auch **Kurvenintegral erster Art**), wobei*

$$ds = \|\boldsymbol{\gamma}'(t)\| \, dt$$

skalares Kurvenelement genannt wird.

Nach Kenntnis des Oberflächenintegrals können wir die obige rechte Seite auch derart interpretieren, dass die Funktionswerte von f zusammen mit der

Längenverzerrung, die $\boldsymbol{\gamma}$ auf das Intervall $[a, b]$ ausübt, aufsummiert werden und dann der Grenzwert gebildet wird.

Die anschauliche Bedeutung des Kurvenintegrals ist für $n = 2$ und $f(x) \geq 0$ für $x \in [a, b]$ genau die gleiche wie beim gewöhnlichen Integral, nämlich der Flächeninhalt, den f oberhalb der Kurve mit dieser einschließt.

Es sei an die Bedingung der *regulären* Parametrisierung $\boldsymbol{\gamma}'(t) \neq 0$ als Grundvoraussetzung erinnert, die garantiert, dass wir mit

$$\mathbf{t} = \frac{\boldsymbol{\gamma}'}{\|\boldsymbol{\gamma}'\|} \in \mathbb{R}^n \qquad (4.10)$$

die *Einheitstangente* der Kurve bestimmen können.

Definition 4.12 *Sei C eine durch $\boldsymbol{\gamma} : [a, b] \to \mathbb{R}^n$ regulär parametrisierte Kurve und $\mathbf{u} : C \to \mathbb{R}^n$ ein stetiges Vektorfeld. Dann heißt*

$$\int_C \mathbf{u}(\mathbf{x}) \cdot d\underline{s} := \int_a^b \mathbf{u}\left(\boldsymbol{\gamma}(t)\right) \cdot \boldsymbol{\gamma}'(t)\, dt$$

vektorielles Kurvenintegral (oder auch **Kurvenintegral zweiter Art***), wobei*

$$d\underline{s} = \boldsymbol{\gamma}'(t)\, dt$$

vektorielles Kurvenelement genannt wird.

Mit (4.10) können wir das vektorielle Kurvenelement auch in der Form

$$d\underline{s} = \mathbf{t}\, ds$$

schreiben.

Wenn wir die zur Kurve C entgegengesetzt orientierte Kurve mit $-C$ bezeichnen, so gilt nach Definition des Integrals in salopper Formulierung

$$\int_C = -\int_{-C}. \qquad (4.11)$$

Weiter ist das Integral über Teilstücke der Kurve additiv, d. h.

$$\int_{C_1} + \int_{C_2} = \int_{C_1 + C_2}. \qquad (4.12)$$

Aus den Eigenschaften (4.11) und (4.12) folgt das sog. **Zerlegungsprinzip** für Kurvenintegrale. So kann beispielsweise das Integral $\int_{C_1} + \int_{C_2}$ über zwei

geschlossene, sich nicht schneidende Kurven C_1 und C_2 auch das Integral
über die gesamte geschlossene Kurve, die zwangsläufig über die beliebige
bereitzustellende Verbindungslinie $\gamma \subset \mathbb{R}^n$ führt, berechnet werden.

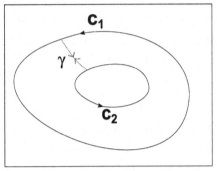

Verbindungslinie $\gamma \subset \mathbb{R}^n$

Beispiel 4.13 *Die skalare Funktion*

$$f(x_1, x_2, x_3) := x_1^2 + x_2^2 + x_3^3$$

soll entlang der Schraubenlinie

$$\gamma(t) = (\cos t,\ \sin t,\ t)^T,\ \ t \in [0, 2\pi],$$

integriert werden, d. h., wir berechnen $\int_C f(\mathbf{x})\, ds$ wie folgt:

Mit

$$f\big(\gamma(t)\big) = \cos^2(t) + \sin^2(t) + t^3 = 1 + t^3$$

und

$$\|\gamma'(t)\| = \sqrt{\sin^2(t) + \cos^2(t) + 1} = \sqrt{2}$$

ergibt sich

$$\int\limits_C f(x)\, ds = \int\limits_0^{2\pi} f\big(\gamma(t)\big)\, \|\gamma'(t)\|\, dt = \int\limits_0^{2\pi} \big(1 + t^3\big)\, \sqrt{2}\, dt = 2\sqrt{2}\,\big(\pi + 2\pi^4\big).$$

Beispiel 4.14 *Das Vektorfeld*

$$\mathbf{u}(x) := (x_1 x_2,\ x_2 x_3,\ x_2)^T$$

soll längs der Schraubenlinie

$$\gamma(t) = (\cos t,\ \sin t,\ t)^T,\ \ t \in [0, 2\pi],$$

integriert werden. Mit

$$ds = (-\sin t, \cos t, 1)^T\, dt$$

erhalten wir

$$\int\limits_C \mathbf{u} \cdot d\underline{s} = \int\limits_0^{2\pi} \begin{pmatrix} \cos t \sin t \\ t \sin t \\ \sin t \end{pmatrix} \cdot \begin{pmatrix} -\sin t \\ \cos t \\ 1 \end{pmatrix} dt$$

$$= \int\limits_0^{2\pi} \left(\sin t + t \sin t \cos t - \cos t \sin^2 t \right) dt$$

$$= \left(-\cos t + \frac{1}{2}\left(\frac{\sin 2t}{4} - \frac{t \cos 2t}{2} \right) - \frac{1}{3}\sin^3 t \right)\Big|_0^{2\pi} = -\frac{\pi}{2}.$$

Physikalisch lässt sich das **vektorielle** Kurvenintegral anhand der Bewegung eines Massenpunktes in einem Kraftfeld $\mathbf{K} : \mathbb{R}^3 \to \mathbb{R}^3$ deuten. Wenn das Kraftfeld konstant ist, so gilt die bekannte Formel für die Arbeit W

$$\text{Arbeit} = \text{Kraft} \times \text{Weg}$$

oder

$$W = \mathbf{K} \cdot \big(\boldsymbol{\gamma}(b) - \boldsymbol{\gamma}(a) \big),$$

wenn das Teilchen gradlinig vom Punkt $\boldsymbol{\gamma}(a)$ nach $\boldsymbol{\gamma}(b)$ im $\mathbb{R}^3$ bewegt wird. Für kleinere Teilstrecken ist diese Formel auch bei variablem $\mathbf{K}$ ungefähr richtig, sodass wir für die geleistete Arbeit über einer Kurve C durch einen Grenzübergang schließlich

$$\boxed{ W = \int_C K(\mathbf{x}) \cdot d\underline{s} }$$

erhalten.

Aufgaben

Aufgabe 4.12. Bestimmen Sie für die Zykloide

$$K : \mathbf{x}(t) = \begin{pmatrix} x(t) \\ y(t) \end{pmatrix} = \begin{pmatrix} t - \sin(t) \\ 1 - \cos(t) \end{pmatrix}, \quad t \in [0, 2\pi]$$

das Kurvenintegral $\int_K y \, ds$.

Aufgabe 4.13. Eine Kurve K hat die Parameterdarstellung

$$K : \mathbf{x}(t) = \begin{pmatrix} x(t) \\ y(t) \end{pmatrix} = \begin{pmatrix} \cos(t)/t \\ \sin(t)/t \end{pmatrix}, \quad 0 < t < 1.$$

Berechnen Sie das Kurvenintegral $\int_K \left(x^2 + y^2 \right)^{-3/2} ds$.

Aufgabe 4.14. Berechnen Sie das Linienintegral $\int_C \mathbf{v}(\mathbf{x}) \cdot d\mathbf{x}$, wobei C die Randkurve der Ellipse

$$E : \left\{ (x, y) \in \mathbb{R}^2 : \frac{x^2}{a^2} + \frac{y^2}{b^2} < 1 \right\}$$

ist und $\mathbf{v}(\mathbf{x}) = \left(xy^2, \, x^2 y \right)^T$ das vorgelegte Vektorfeld.

Aufgabe 4.15. Berechnen Sie für das Feld

$$\mathbf{E}(\mathbf{x}) = \frac{q}{\|\mathbf{x}\|^3} \, \mathbf{x}$$

einer Punktladung q im Ursprung die Linienintegrale $I_k := \int_{C_k} \mathbf{E}(\mathbf{x}) \cdot d\mathbf{x}$, $k = 1, 2$, längs der Kurven

$$C_1 : \mathbf{x}(t) = \begin{pmatrix} \cos t \\ \sin t \\ t \end{pmatrix} \quad \text{und} \quad C_2 : \mathbf{x}(t) = \begin{pmatrix} 1 \\ 0 \\ t \end{pmatrix},$$

jeweils für $0 \leq t \leq 2\pi$.

Kapitel 5

Stammfunktionen und Wegunabhängigkeit von Kurven- und Flächenintegralen

Die Grundlage im aktuellen Kapitel sind **einfach** und **mehrfach zusammenhängende** Gebiete. Dazu gilt

---

Definition 5.1 $G \subset \mathbb{R}^n$, $n = 2, 3$, *heißt Gebiet, wenn es offen und zusammenhängend ist. Ein Gebiet heißt einfach zusammenhängend, wenn sich jede geschlossene Kurve in G auch innerhalb von G auf einen Punkt zusammenziehen lässt, andernfalls heißt G mehrfach zusammenhängend. Die Definition bleibt auch für glatte Flächen des $\mathbb{R}^3$ gültig.*

Ein *ebenes* Gebiet, das Löcher enthält, ist nicht einfach zusammenhängend, denn eine das Loch umschließende Kurve lässt sich innerhalb von G ja nicht zusammenziehen.

Beispiel 5.2 $\mathbb{R}^2 \setminus \{0\}$ *ist nicht einfach zusammenhängend, dagegen $\mathbb{R}^3 \setminus \{0\}$ schon.*

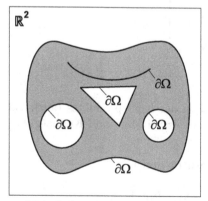

Mehrfach zusammenhängende
Teilmenge

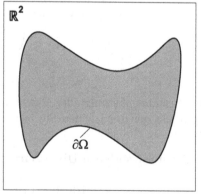

Einfach zusammenhängende
Teilmenge

5.1 Rotationsoperator

In diesem Abschnitt formulieren wir neben dem Rotationsoperator verschiedene andere Differentialoperatoren und verzichten dabei aus Platz- und auch aus Übersichtsgründen auf die Argumente in den Funktionen.

Für **drei**dimensionale Vektorfelder existiert der Rotationsoperator und ist wie folgt gegeben:

Definition 5.3 *Sei* $\mathbf{u} = (u_1, u_2, u_3)^T : \mathbb{R}^3 \to \mathbb{R}^3$ *ein stetig differenzierbares Vektorfeld auf einem Gebiet* $G \subseteq \mathbb{R}^3$. *Dann heißt der Operator*

$$\operatorname{rot} \mathbf{u} = \begin{pmatrix} \partial_2 u_3 - \partial_3 u_2 \\ \partial_3 u_1 - \partial_1 u_3 \\ \partial_1 u_2 - \partial_2 u_1 \end{pmatrix}$$

***Rotation** von* $\mathbf{u}$. *Manchmal wird* $\operatorname{rot} \mathbf{u}$ *auch als* Wirbelvektor *bezeichnet.*

Die Rotation kann formal als das Kreuzprodukt

$$\boxed{\operatorname{rot} \mathbf{u} = \nabla \times \mathbf{u}}$$

gedeutet werden. Denn setzen wir den Nabla-Operator

$$\nabla := (\partial_1, \partial_2, \partial_3)^T$$

als formalen Vektor an, so gilt

$$\nabla \times \mathbf{u} = \det \begin{pmatrix} \mathbf{e}_1 & \mathbf{e}_2 & \mathbf{e}_3 \\ \partial_1 & \partial_2 & \partial_3 \\ u_1 & u_2 & u_3 \end{pmatrix} = \operatorname{rot} \mathbf{u}.$$

Eine Zusammenfassung aller Eigenschaften des Kreuzproduktes (auch Vektorprodukt genannt) finden Sie beispielsweise bei Merz und Knabner 2013, S. 352 ff.

Definieren wir noch den **Divergenzoperator** durch

$$\boxed{\operatorname{div} \mathbf{u} = \partial_1 u_1 + \partial_2 u_2 + \partial_3 u_3}$$

oder mithilfe des Nabla-Operators $\nabla \cdot \mathbf{u}$, dann lassen sich aus obiger Darstellung – vorausgesetzt die in Betracht kommenden Abbildungen erfüllen die geforderten Differenzierbarkeitseigenschaften – nachstehende Rechenregeln beweisen bzw. einfach nur nachrechnen:

Rechenregeln 5.4 *Für $\varphi \in \mathrm{Abb}\,(\mathbb{R}^3, \mathbb{R})$ und $\mathbf{u}, \mathbf{v} \in \mathrm{Abb}\,(\mathbb{R}^3, \mathbb{R}^3)$ gelten für alle $\alpha, \beta \in \mathbb{R}$:*

1. $\mathrm{rot}\,(\alpha \mathbf{u} + \beta \mathbf{v}) = \alpha\,\mathrm{rot}\,\mathbf{u} + \beta\,\mathrm{rot}\,\mathbf{v}$,

2. $\mathrm{rot}\,(\varphi \mathbf{u}) = \nabla\varphi \times \mathbf{u} + \varphi\,\mathrm{rot}\,\mathbf{u}$,

3. $\mathrm{div}\,\mathrm{rot}\,\mathbf{u} = 0$,

4. $\mathrm{rot}\,\nabla\varphi = 0$,

5. $\mathrm{div}\,(\alpha\mathbf{u} + \beta\mathbf{v}) = \alpha\,\mathrm{div}\,\mathbf{u} + \beta\,\mathrm{div}\,\mathbf{v}$,

6. $\mathrm{div}\,(\varphi\,\mathbf{u}) = \nabla\varphi \cdot \mathbf{u} + \varphi\,\mathrm{div}\,\mathbf{u}$.

Wir rechnen die 3. Regel nach. Es gilt

$$\mathrm{div}\,(\mathrm{rot}\,\mathbf{u}) = \mathrm{div} \begin{pmatrix} \partial_2 u_3 - \partial_3 u_2 \\ \partial_3 u_1 - \partial_1 u_3 \\ \partial_1 u_2 - \partial_2 u_1 \end{pmatrix}$$

$$= \partial_1\,(\partial_2 u_3 - \partial_3 u_2) + \partial_2\,(\partial_3 u_1 - \partial_1 u_3) + \partial_3\,(\partial_1 u_2 - \partial_2 u_1)$$

$$= \partial_1\partial_2 u_3 - \partial_1\partial_3 u_2 + \partial_2\partial_3 u_1 - \partial_2\partial_1 u_3 + \partial_3\partial_1 u_2 - \partial_3\partial_2 u_1$$

$$= \underbrace{\partial_1\partial_2 u_3 - \partial_2\partial_1 u_3}_{=0} + \underbrace{\partial_3\partial_1 u_2 - \partial_1\partial_3 u_2}_{=0} + \underbrace{\partial_2\partial_3 u_1 - \partial_3\partial_2 u_1}_{=0},$$

da nach der Regel von SCHWARZ die Reihenfolge der partiellen Ableitungen vertauscht werden darf.

Die 6. Regel lohnt sich auch nachzurechnen. Mit der Produktregel gilt

$$\mathrm{div}\,(\varphi\,\mathbf{u}) = \partial_1\,(\varphi\,\mathbf{u}_1) + \partial_2\,(\varphi\,\mathbf{u}_2) + \partial_3\,(\varphi\,\mathbf{u}_3)$$

$$= (\partial_1\varphi)\,\mathbf{u}_1 + \varphi\,(\partial_1\mathbf{u}_1) + (\partial_2\varphi)\,\mathbf{u}_2 + \varphi\,(\partial_2\mathbf{u}_2) + (\partial_3\varphi)\,\mathbf{u}_3 + \varphi\,(\partial_3\mathbf{u}_3)$$

$$= (\partial_1\varphi)\,\mathbf{u}_1 + (\partial_2\varphi)\,\mathbf{u}_2 + (\partial_3\varphi)\,\mathbf{u}_3 + \varphi\,(\partial_1\mathbf{u}_1 + \partial_2\mathbf{u}_2 + \partial_3\mathbf{u}_3)$$

$$= \nabla\varphi \cdot \mathbf{u} + \varphi\,\mathrm{div}\,\mathbf{u}.$$

Wir definieren nun den LAPLACE-Operator

$$\Delta\,\varphi := (\nabla \cdot \nabla)\,\varphi = \operatorname{div}\nabla\varphi = \sum_{k=1}^{3}\partial_{kk}^{2}\varphi$$

und stellen für genügend oft differenzierbare Abbildungen weitere Rechenregeln zusammen:

Rechenregeln 5.5 *Seien* $\varphi, \psi \in \operatorname{Abb}(\mathbb{R}^3, \mathbb{R})$ *und* $\mathbf{u}, \mathbf{v} \in \operatorname{Abb}(\mathbb{R}^3, \mathbb{R}^3)$, *dann gelten folgende Aussagen:*

1. $\nabla\operatorname{div}\mathbf{u} = \Delta\mathbf{u} + \operatorname{rot}\operatorname{rot}\mathbf{u}$,

2. $\operatorname{rot}\operatorname{rot}\mathbf{u} = \nabla\operatorname{div}\mathbf{u} - \Delta\mathbf{u}$,

3. $\nabla(\varphi\psi) = \varphi\nabla\psi + \nabla\varphi\,\psi$,

4. $\nabla(\mathbf{u} \cdot \mathbf{v}) = \mathbf{u} \times \operatorname{rot}\mathbf{v} + \mathbf{v} \times \operatorname{rot}\mathbf{u} + (\mathbf{v} \cdot \nabla)\mathbf{u} + (\mathbf{u} \cdot \nabla)\mathbf{v}$,

5. $\operatorname{div}(\mathbf{u} \times \mathbf{v}) = \mathbf{v} \cdot \operatorname{rot}\mathbf{u} - \mathbf{u} \cdot \operatorname{rot}\mathbf{v}$,

6. $\operatorname{rot}(\mathbf{u} \times \mathbf{v}) = \mathbf{u}\operatorname{div}\mathbf{v} - \mathbf{v}\operatorname{div}\mathbf{u} + (\mathbf{u} \cdot \nabla)\mathbf{v} - (\mathbf{v} \cdot \nabla)\mathbf{u}$.

Beispiel 5.6 *Für ein kugelsymmetrisches Vektorfeld* $\varphi(r)\mathbf{x}$ *mit* $r = \|\mathbf{x}\|$, $\mathbf{x} \in \mathbb{R}^3$ *und stetig differenzierbarem* $\varphi \in \operatorname{Abb}(\mathbb{R}^3, \mathbb{R})$ *liefert Rechenregel 5.4, 6., dass*

$$\operatorname{div}\big(\varphi(r)\,\mathbf{x}\big) = \nabla\varphi(r) \cdot \mathbf{x} + 3\,\varphi(r),$$

denn $\operatorname{div}\mathbf{x} = \partial_1 x_1 + \partial_2 x_2 + \partial_3 x_3 = 3$.

Aufgaben

Aufgabe 5.1. Nennen Sie verschiedene dreidimensionale Gebiete, die nicht einfach zusammenhängend sind.

Aufgabe 5.2. Sei $\mathbf{u} \in \operatorname{Abb}(\mathbb{R}^3, \mathbb{R}^3)$ zweimal stetig differenzierbar. Zeigen Sie die Gültigkeit von

$$\nabla\operatorname{div}\mathbf{u} = \Delta\mathbf{u} + \operatorname{rot}\operatorname{rot}\mathbf{u}.$$

Aufgabe 5.3. Bestimmen Sie für das Vektorfeld

$$\mathbf{v}(\mathbf{x}) = \|\mathbf{x}\|^2\,\mathbf{a} + (\mathbf{a} \cdot \mathbf{x})\,\mathbf{x}, \quad \mathbf{x}, \mathbf{a} \in \mathbb{R}^3,$$

die Größen $\operatorname{div} \mathbf{v}$, $\operatorname{rot} \mathbf{v}$, $\operatorname{rot}\operatorname{rot} \mathbf{v}$ und $\Delta \mathbf{v}$.

Aufgabe 5.4. Gegeben sei das Vektorfeld

$$\mathbf{v}(x,y,z) = \frac{1}{x^2+y^2}\begin{pmatrix} -y \\ x+x^2+y^2 \\ 0 \end{pmatrix} \text{ für } x^2+y^2 \neq 0.$$

Berechnen Sie $\operatorname{rot} \mathbf{v}$.

5.2 Gradientenfelder

Gegeben seien ein Gebiet $G \subseteq \mathbb{R}^n$, $n = 2,3$, und ein stetiges Vektorfeld $\mathbf{u} : G \to \mathbb{R}^n$. Wann existiert eine skalare Funktion $\varphi \in C^1(G)$ mit

$$\mathbf{u}(\mathbf{x}) = \nabla\varphi(\mathbf{x}) \tag{5.1}$$

in G?

Für $u : G \subseteq \mathbb{R} \to \mathbb{R}$ läuft diese Frage auf die Bildung der Stammfunktion $\varphi(x) = \int u(x)\,dx$ hinaus. Im $\mathbb{R}^n$ für $n \geq 2$ dagegen muss es nicht zu jedem Feld $\mathbf{u} : G \to \mathbb{R}^n$ eine Stammfunktion geben.

Definition 5.7 *Das stetige Vektorfeld* $\mathbf{u} \in \operatorname{Abb}(\mathbb{R}^n, \mathbb{R}^n)$ *heißt* konservatives Vektorfeld, *wenn die Beziehung (5.1) für ein* $\varphi \in \operatorname{Abb}(\mathbb{R}^n, \mathbb{R})$ *erfüllt ist. In diesem Fall wird* φ *auch* Potential *genannt.*

Bemerkung 5.8 *Alternativ wird die Bedingung (5.1) oft auch als*

$$\mathbf{u}(\mathbf{x}) = -\nabla\varphi(\mathbf{x}) \tag{5.2}$$

formuliert.

Beispiel 5.9 *Wenn* $\varphi = \varphi(r)$, $r = \|\mathbf{x}\|$, *rotationssymmetrisch ist, so ergibt sich wegen*

$$\frac{\partial}{\partial x_i}\|\mathbf{x}\| = \|\mathbf{x}\|^{-1}x_i = \frac{1}{r}x_i, \ i = 1,\ldots,n,$$

als Gradient

$$\nabla\varphi(r) = \frac{1}{r}\partial_r\varphi(r)\,\mathbf{x}$$

ein kugelsymmetrisches Feld.

Vektorfelder der Form $\mathbf{u}(\mathbf{x}) = h(r)\,\mathbf{x}$ *sind also konservativ und besitzen das Potential* $\varphi(r) = \int r\,h(r)\,dr$.

Beispiel 5.10 *Im* $\mathbb{R}^2$ *hat das Vektorfeld* $\mathbf{u}(x,y) = (y, -x)^T$ *kein Potential, denn die vorgegebenen Beziehungen*

$$\partial_x\varphi(x,y) = y, \quad \partial_y\varphi(x,y) = -x$$

führen mit einer Abbildung $c \in \text{Abb}(\mathbb{R},\mathbb{R})$, *je nachdem, ob nach* x *oder* y *integriert wird, auf*

$$\varphi(x,y) = yx + c(y), \quad \varphi(x,y) = -xy + c(x)$$

und damit zu einem Widerspruch.

Wenn es also ein Potential $\varphi \in \text{Abb}(\mathbb{R}^n,\mathbb{R})$ zu einem stetigen Vektorfeld $\mathbf{u} \in \text{Abb}(\mathbb{R}^n,\mathbb{R}^n)$ gibt, so ist dieses bis auf eine Konstante $c \in \mathbb{R}$ eindeutig bestimmt, denn aus $\nabla\varphi_1(\mathbf{x}) = \mathbf{u}(\mathbf{x})$ und $\nabla\varphi_2(\mathbf{x}) = \mathbf{u}(\mathbf{x})$ folgt $\nabla\big(\varphi_1(\mathbf{x}) - \varphi_2(\mathbf{x})\big) = 0$, was auf der zusammenhängenden Menge $G \subseteq \mathbb{R}^n$ zu $\varphi_1(\mathbf{x}) = \varphi_2(\mathbf{x}) + c$ führt.

Für ein stetig differenzierbares ebenes Vektorfeld $\mathbf{u} \in \text{Abb}(\mathbb{R}^2,\mathbb{R}^2)$ können wir die Beziehungen

$$\mathbf{u}_1(x,y) = \partial_x\varphi(x,y), \quad \mathbf{u}_2(x,y) = \partial_y\varphi(x,y)$$

differenzieren und erhalten aus dem bekannten Satz von Schwarz für die **Rotation eines zweidimensionalen Feldes**

$$\boxed{\text{rot}\,\mathbf{u}(x,y) := \partial_x u_2(x,y) - \partial_y u_1(x,y) = 0.}$$

Im dreidimensionalen Fall lässt sich auf jedes Paar der drei Beziehungen $\mathbf{u}(x,y,z) = \nabla\varphi(x,y,z)$ das gleiche Argument anwenden. Also gilt hier

---

Satz 5.11 *Für die Existenz eines Potentials für ein stetig differenzierbares Vektorfeld* $\mathbf{u} \in \text{Abb}(\mathbb{R}^n,\mathbb{R}^n)$, $n = 2,3$, *ist*

$$\text{rot}\,\mathbf{u}(\mathbf{x}) = \mathbf{0}, \quad \mathbf{x} \in \mathbb{R}^n,$$

eine notwendige Bedingung.

Wir wollen die Untersuchung, wann die Rotationsfreiheit eines Feldes auch *hinreichend* für die Existenz eines Potentials ist, verknüpfen mit einer anderen Aufgabenstellung. Zunächst gilt

---

Definition 5.12 *Sei* **u** : $G \to \mathbb{R}^n$, $n = 2,3$, *ein auf einem Gebiet* $G \subseteq \mathbb{R}^n$ *definiertes stetiges Vektorfeld. Das orientierte Kurvenintegral* $\int_C \mathbf{u}(\mathbf{x}) \cdot d\underline{s}$ *heißt wegunabhängig, wenn sein Wert nur vom Anfangs- und Endpunkt der Kurve* $C \subset \mathbb{R}^n$, *und nicht vom sonstigen Verlauf von* $C \subset G$ *abhängt.*

Offenbar ist die Wegunabhängigkeit des Kurvenintegrals eine Eigenschaft von **u** : $G \to \mathbb{R}^n$, hängt aber auch – wie Sie gleich sehen werden – von der Wahl des Definitionsbereichs G ab.

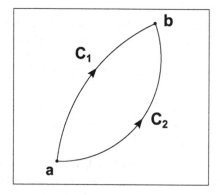

Starten wir an einem Punkt $\mathbf{a} \in \mathbb{R}^n$ und gehen auf zwei verschiedenen Wegen C_1 und C_2 zum gemeinsamen Punkt $\mathbf{b} \in \mathbb{R}^n$, so ergibt sich ein äquivalentes Kriterium für die Wegunabhängigkeit. Denn wenn $\int_{C_1} = \int_{C_2}$, so folgt $\int_{C_1 - C_2} = 0$, damit also

Bemerkung 5.13 *Die Wegunabhängigkeit ist äquivalent dazu, dass das Kurvenintegral über geschlossene Kurven verschwindet.*

Satz 5.14 *Sei* $G \subseteq \mathbb{R}^n$, $n = 2,3$, *ein einfach zusammenhängendes Gebiet und* $\mathbf{u} \in \mathbb{R}^n$ *ein stetig differenzierbares Vektorfeld in* G. *Dann sind nachstehende Aussagen äquivalent:*

a) $\operatorname{rot} \mathbf{u}(\mathbf{x}) = 0$, $\mathbf{x} \in G$.

b) Es existiert ein Potential $\varphi \in C^2(G)$ *zu* $\mathbf{u}$, *das sich berechnen lässt mit*

$$\varphi(\mathbf{x}) = \int_C \mathbf{u}(\mathbf{x}) \cdot d\underline{s}, \tag{5.3}$$

---

wobei C eine beliebige Kurve ist mit Anfangspunkt $\mathbf{x}_0 \in G$ und Endpunkt $\mathbf{x} \in G$. Dabei hat φ dann die zusätzliche Eigenschaft $\varphi(\mathbf{x}_0) = 0$. Für dieses φ gilt

$$\int_C \mathbf{u}(\mathbf{x}) \cdot d\underline{s} = \varphi\big(\boldsymbol{\gamma}(b)\big) - \varphi\big(\boldsymbol{\gamma}(a)\big) \tag{5.4}$$

für alle Kurven $C \subset G$, wobei $\boldsymbol{\gamma} : [a, b] \to \mathbb{R}^n$ die Parametrisierung der Kurve bezeichnet. Insbesondere ist das Kurvenintegral wegunabhängig, und sein Wert lässt sich durch Auswerten von φ in den Endpunkten der Kurve bestimmen.

Beweis. Wir zeigen den Fall $n = 3$. Der ebene Fall kann auf diesen zurückgeführt werden, wenn für $\mathbf{u}(x, y) = (u_1(x, y), u_2(x, y))$ gesetzt wird und

$$v_3(x, y, z) = 0, \quad v_i(x, y, z) = u_i(x, y), \quad i = 1, 2.$$

Jede geschlossene Kurve kann mithilfe des Zerlegungsprinzips (siehe Abschn. 4.4) so in einfachere geschlossene Kurven C unterteilt werden, dass für die einfacheren Kurven Folgendes gilt:

Zu $C \subset G$ gibt es eine einfach zusammenhängende Fläche $F \subset G$ mit $\partial F = C$. Der Integralsatz von Stokes (darauf kommen wir in Kürze ausführlichst zu sprechen!) lautet dann

$$\int_F \operatorname{rot} \mathbf{u}(\mathbf{x}) \cdot d\underline{\sigma} = \int_C \mathbf{u}(\mathbf{x}) \cdot d\underline{s}. \tag{5.5}$$

Daher verschwindet das Kurvenintegral für konservative Felder über geschlossene Kurven.

Wenn umgekehrt eine Komponente von $\operatorname{rot} \mathbf{u}$ – sagen wir die erste – in $\mathbf{x}_0 \in G$ nicht verschwindet, so gilt für diese $(\operatorname{rot} \mathbf{u})_1(\mathbf{x}) \neq 0$ auch in einer Umgebung von $\mathbf{x}_0$. Wir wählen für F ein kleines Flächenstück in dieser Umgebung, das parallel zur (x_2, x_3)-Ebene liegt. Dann gilt für die Normale $\mathbf{n} = \mathbf{e}_1$, und nach (5.5) verschwindet das Kurvenintegral über ∂F nicht. Wir haben gezeigt:

$$\operatorname{rot} \mathbf{u}(\mathbf{x}) = 0 \iff \text{Das Kurvenintegral ist wegunabhängig.}$$

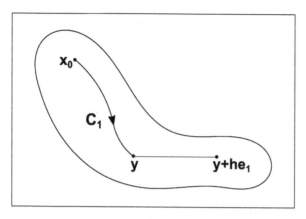

In diesem Fall ist (5.3) jedenfalls eine sinnvolle Definition und stellt eine eindeutig bestimmte Funktion $\varphi \,:\, \mathbb{R}^3 \to \mathbb{R}$ dar. Zu einem Punkt $\mathbf{y} \in G$ können wir eine beliebige Kurve C_1 wählen, die $\mathbf{x}_0$ und $\mathbf{y}$ verbindet und durch $\boldsymbol{\gamma} : [a, b] \to \mathbb{R}^3$ parametrisiert wird. An diese heften wir die Kurve $\boldsymbol{\gamma} : [b, b+h] \to \mathbb{R}^3$, $\boldsymbol{\gamma}(t) = \mathbf{y} + (t-b)\mathbf{e}_1$, sodass $\boldsymbol{\gamma}(b) = \mathbf{y}$, $\boldsymbol{\gamma}(b+h) = \mathbf{y} + h\mathbf{e}_1$ gilt siehe obige Grafik). Also erhalten wir

$$\varphi(\mathbf{y} + h\mathbf{e}_1) - \varphi(\mathbf{y}) = \int\limits_b^{b+h} \mathbf{u}\big(\boldsymbol{\gamma}(t)\big) \cdot \boldsymbol{\gamma}'(t)\, dt = \int\limits_b^{b+h} u_1\big(\boldsymbol{\gamma}(t)\big)\, dt = h u_1(\xi),$$

wobei nach dem Mittelwertsatz ξ ein Punkt auf der Strecke zwischen $\mathbf{y}$ und $\mathbf{y} + h\mathbf{e}_1$ ist. Division durch h und Grenzübergang $h \to 0$ liefert $\partial_1\varphi(\mathbf{y}) = u_1(\mathbf{y})$. Analog erhält man $\nabla\varphi = \mathbf{u}$.

Formel (5.4) resultiert aus der Kettenregel:

$$\int\limits_C \mathbf{u}(\mathbf{x}) \cdot d\underline{\mathbf{s}} = \int\limits_a^b \mathbf{u}\big(\boldsymbol{\gamma}(t)\big) \cdot \boldsymbol{\gamma}'(t)\, dt = \int\limits_a^b \nabla\varphi\big(\boldsymbol{\gamma}(t)\big) \cdot \boldsymbol{\gamma}'(t)\, dt$$

$$= \int\limits_a^b \frac{d}{dt}\varphi\big(\boldsymbol{\gamma}(t)\big)\, dt = \varphi\big(\boldsymbol{\gamma}(b)\big) - \varphi\big(\boldsymbol{\gamma}(a)\big).$$

qed

Bemerkung 5.15 *Wählen Sie für die praktische Berechnung des Potentials eine einfache Kurve, deren Teilstücke in Richtung der Koordinatenachsen verlaufen und direkt über der jeweiligen Koordinatenachse parametrisiert werden. In drei Dimensionen liefert die Vorgehensweise*

$$\varphi(x,y,z) = \int_{x_0}^{x} u_1(\xi, y_0, z_0)\, d\xi + \int_{y_0}^{y} u_2(x, \xi, z_0)\, d\xi + \int_{z_0}^{z} u_3(x, y, \xi)\, d\xi\,.$$

In diesem Fall ist $\varphi(x_0, y_0, z_0) = 0$.

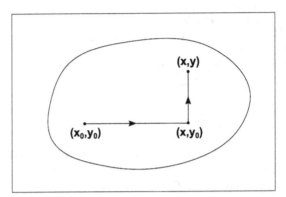

Integrationsweg

Beispiel 5.16 *Sei* $n = 2$. *Das orientierte Kurvenintegral soll für*

$$C\ :\ \gamma(t) = \begin{pmatrix} x(t) \\ y(t) \end{pmatrix} := \begin{pmatrix} \sin^{100}(t) \\ \cos(t) \end{pmatrix},\ t \in \left[0, \frac{\pi}{2}\right],$$

und das Vektorfeld $\mathbf{u} := (u_1, u_2)^T$ *mit*

$$u_1(x,y) = 2x - y^2,\ u_2(x,y) = -2xy$$

bestimmt werden. Die direkte Berechnung ist hier sehr aufwändig. Daher untersuchen wir die Rotation und erhalten

$$\operatorname{rot}\mathbf{u}(x,y) = \partial_x u_2(x,y) - \partial_y u_1(x,y) = -2y + 2y = 0.$$

Wir können nun eine Stammfunktion bestimmen und bekommen

$$\varphi(x,y) = \int_{0}^{x} (2\xi - 1)\, d\xi + \int_{1}^{y} (-2x\xi)\, d\xi = x^2 - xy^2.$$

Für das Kurvenintegral folgt dann

$$\int_C \mathbf{u}(\mathbf{x}) \cdot d\underline{s} = \varphi\left(\sin^{100}\left(\frac{\pi}{2}\right), \cos\left(\frac{\pi}{2}\right)\right) - \varphi\left(\sin^{100}(0), \cos(0)\right) = 1 - 0 = 1.$$

Beispiel 5.17 *Wir betrachten das ebene Vektorfeld* $\mathbf{u} := (u_1, u_2)^T$ *mit*

$$u_1(x,y) = -\left(x^2 + y^2\right)^{-1} y, \quad u_2(x,y) = \left(x^2 + y^2\right)^{-1} x$$

im Definitionsbereich $G = \mathbb{R}^2 \setminus \{0\}$. *Wegen*

$$\text{rot } \mathbf{u} = \left(x^2 + y^2\right)^{-1} - 2\left(x^2 + y^2\right)^{-2} y^2 + \left(x^2 + y^2\right)^{-1} - 2\left(x^2 + y^2\right)^{-2} x^2 = 0$$

ist dieses zwar rotationsfrei, aber für das Kurvenintegral über dem Einheitskreis erhalten wir

$$\int_C \mathbf{u}(\mathbf{x}) \cdot d\underline{s} = \int_0^{2\pi} \begin{pmatrix} -\sin(\varphi) \\ \cos(\varphi) \end{pmatrix} \cdot \begin{pmatrix} -\sin(\varphi) \\ \cos(\varphi) \end{pmatrix} d\varphi = 2\pi.$$

Das letzte Beispiel zeigt, dass bei mehrfach zusammenhängenden Gebieten das Kurvenintegral für rotationsfreie Vektorfelder nicht wegunabhängig zu sein braucht. Umschließt jedoch eine geschlossene Kurve einen Teilbereich von G, so lässt sich G so weit verkleinern, dass die Kurve über einem einfach zusammenhängenden Bereich verläuft und das Kurvenintegral verschwinden muss. Zusammen mit dem Zerlegungsprinzip (siehe Abschn. 4.4) folgern wir aus dieser Betrachtung, dass – bei rotationsfreien Feldern – allein die Anzahl der Umläufe um ein Loch den Wert des Kurvenintegrals bestimmt. In der nebenstehenden Abbildung erhalten wir $\int_{C_1} = \int_{C_2}$.

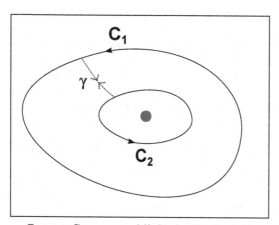

$C_1 + \gamma + C_2 - \gamma$ **umschließt das Loch nicht**

Aufgaben

Aufgabe 5.5. Sei $\mathbf{F} : \mathbb{R}^3 \to \mathbb{R}^3$ gegeben durch

$$\mathbf{F}(x,y,z) = \begin{pmatrix} 2xy + z^3 \\ x^2 + 3z \\ 3y + 3xz^2 \end{pmatrix}.$$

Warum besitzt $\mathbf{F}$ ein Potential? Berechnen Sie dieses und bestimmen Sie damit das Kurvenintegral $K = \int_{\mathbf{x}_0}^{\mathbf{x}_1} \mathbf{F}(\mathbf{x}) \cdot d\mathbf{s}$, wobei $\mathbf{x}_0 := (1,1,1)$ und $\mathbf{x}_1 := (3,4,5)$ gesetzt wurde.

Aufgabe 5.6. Berechnen Sie das Kurvenintegral $I = \int\limits_{(0,0)}^{(1,1)} \{y\,dx - (y-x)\,dy\}$ entlang der Kurven

a) $x = t$, $y = t$,

b) $x = t^2$, $y = t$,

c) $y = x^n$.

Aufgabe 5.7. Die Kurve C verbinde die Punkte $\mathbf{x}_0 := (0,0)$ und $\mathbf{x}_1 := (0,2)$ und bestehe aus den Teilstücken

$$C_1 : y = 0 \qquad \text{für } 0 \le x \le 3,$$

$$C_2 : y = x - 3 \qquad \text{für } 3 \le x \le 5,$$

$$C_3 : y = \sqrt{29 - x^2} \quad \text{für } 5 \ge x \ge 2,$$

$$C_4 : y = \frac{4}{3}x^2 - \frac{1}{3} \quad \text{für } 2 \ge x \ge 1,$$

$$C_5 : y = -x + 2 \quad \text{für } 1 \ge x \ge 0.$$

Berechnen Sie das Kurvenintegral $\int_C \mathbf{v}(\mathbf{x}) \cdot d\mathbf{s}$ mit dem Vektorfeld

$$\mathbf{v}(x,y) = \begin{pmatrix} x^2 y \cos x + 2xy \sin x + y^2 e^x \\ x^2 \sin x + 2y e^x \end{pmatrix}.$$

Aufgabe 5.8. Gegeben sei das Vektorfeld

$$\mathbf{v}(x,y,z) = \begin{pmatrix} 2x \sin(yz) \\ x^2 u(y,z) \\ w(x,y,z) \end{pmatrix}.$$

Bestimmen Sie die Funktionen u und w derart, dass $\mathbf{v}$ ein Potential besitzt und dass $\mathbf{v}(0,0,z) = (0,0,z)^T$ für alle $z \in \mathbb{R}$ gilt. Berechnen Sie das Potential.

Aufgabe 5.9. Gegeben sei das Vektorfeld

$$\mathbf{v}(\mathbf{x}) = \begin{pmatrix} \alpha x y^2 z \\ \alpha x^2 y z \\ x^2 y^2 \end{pmatrix}.$$

Berechnen Sie das Kurvenintegral $I = \int_C \mathbf{v}(\mathbf{x}) \cdot d\mathbf{s}$ auf den Wegen

a) $\mathbf{x}(t) = t(1, 1, 1)^T$, $0 \le t \le 1$,

b) $\mathbf{x}(t) = (t^2, t, t^3)^T$, $0 \le t \le 1$,

c) $\mathbf{x}(t) = (\sin(\pi t), \sin(\pi t), 2t)^T$, $0 \le t \le 1/2$.

Für $\alpha = 2$ in $\mathbf{v}$ haben alle Integrale denselben Wert. Warum?

Aufgabe 5.10. Zeigen Sie, dass das Vektorfeld

$$\mathbf{v}(x, y, z) = \begin{pmatrix} 2x^2 \\ -2yz \\ -(y^2 + 3) \end{pmatrix}$$

wirbelfrei ist, und bestimmen Sie ein Potential zu $\mathbf{v}$.

5.3 Vektorpotentiale

Im Gebiet $G \subseteq \mathbb{R}^3$ sei ein Vektorfeld $\mathbf{u} : G \to \mathbb{R}^3$ gegeben. Gesucht ist ein Vektorfeld $\mathbf{A} : G \to \mathbb{R}^3$ mit

$$\operatorname{rot} \mathbf{A}(\mathbf{x}) = \mathbf{u}(\mathbf{x}).$$

$\mathbf{A}$ heißt dann *Vektorpotential* von $\mathbf{u}$. Die Frage der Eindeutigkeit des Vektorpotentials klärt man ähnlich wie in Abschn. 5.2. Wenn

$$\operatorname{rot} \mathbf{A}_1(\mathbf{x}) = \operatorname{rot} \mathbf{A}_2(\mathbf{x}) = \mathbf{u}(\mathbf{x})$$

für zwei Vektorpotentiale $\mathbf{A}_1$ und $\mathbf{A}_2$, so folgt $\operatorname{rot} (\mathbf{A}_1(\mathbf{x}) - \mathbf{A}_2(\mathbf{x})) = 0$, und $\mathbf{A}_1 - \mathbf{A}_2$ ist konservativ. Auf einfach zusammenhängendem Gebiet liefert Satz 5.14 a) den Zusammenhang

$$\mathbf{A}_1 = \mathbf{A}_2 + \nabla \varphi$$

für ein skalares Feld $\varphi : G \to \mathbb{R}$. Diese Gleichung zeigt, dass wir im Gegensatz zum Potential über eine große Freiheit bei der Wahl von $\mathbf{A}$, falls es existiert, verfügen. Eine Normierung von φ erreichen wir beispielsweise mit der **Forderung** $\operatorname{div} \mathbf{A}_1(\mathbf{x}) = 0$, d. h. $\Delta\varphi(\mathbf{x}) = -\operatorname{div} \mathbf{A}_2(\mathbf{x})$.

Satz 5.18 *Sei $G \subseteq \mathbb{R}^3$ ein **Quader**. Dann existiert zu einem stetig differenzierbaren Vektorfeld* $\mathbf{u} : G \to \mathbb{R}^3$ *genau dann ein Vektorpotential $\mathbf{A}$, wenn* $\operatorname{div} \mathbf{u}(\mathbf{x}) = 0$ *in G gilt. In diesem Fall lässt sich $\mathbf{A} = (A_1, A_2, A_3)^T$ durch die Formeln*

$$A_3(x, y, z) = 0,$$

$$A_1(x, y, z) = \int_{z_0}^{z} u_2(x, y, \xi)\, d\xi - \int_{y_0}^{y} u_3(x, \xi, z_0)\, d\xi,$$

$$A_2(x, y, z) = -\int_{z_0}^{z} u_1(x, y, \xi)\, d\xi$$

berechnen, wobei $(x_0, y_0, z_0)^T$ ein beliebiger Punkt von G ist.

Beweis. Wegen $\operatorname{div}\operatorname{rot} \mathbf{A}(x, y, z) = 0$ ist die Bedingung $\operatorname{div} \mathbf{u}(x, y, z) = 0$ notwendig für die Existenz des Vektorpotentials. Mit den in der Behauptung angegebenen Formeln lässt sich $\mathbf{A}$ für jeden Punkt in G bestimmen. Es gilt

$$\operatorname{rot} \mathbf{A}(x, y, z) = \begin{pmatrix} -\partial_z A_2(x, y, z) \\ \partial_z A_1(x, y, z) \\ \partial_x A_2(x, y, z) - \partial_y A_1(x, y, z) \end{pmatrix} = \begin{pmatrix} u_1(x, y, z) \\ u_2(x, y, z) \\ v(x, y, z) \end{pmatrix}$$

mit

$$v(x, y, z) = -\int_{z_0}^{z} \left\{ \partial_x u_1(x, y, \xi) + \partial_y u_2(x, y, \xi) \right\} d\xi + u_3(x, y, z_0) =$$

$$= \int_{z_0}^{z} \partial_z u_3(x, y, \xi)\, d\xi + u_3(x, y, z_0) = u_3(x, y, z).$$

qed

Bemerkung 5.19 *Der letzte Satz gilt nicht nur für Quader, sondern auch für allgemeinere Gebiete, wenn dadurch auch Schwierigkeiten bei der Bestimmung von* **A** *auftreten können.*

Beispiel 5.20 *Das Coulomb-Feld ist durch* $\mathbf{u}(x) := \|x\|^{-3}x$ *gegeben. Mit*

$$\frac{\partial}{\partial x_i}\|\mathbf{x}\| = \|\mathbf{x}\|^{-1}x_i, \quad i = 1,2,3,$$

erhalten wir

$$\frac{\partial}{\partial x_i}u_i(\mathbf{x}) = \frac{\partial}{\partial x_i}\left(\|\mathbf{x}\|^{-3}x_i\right) = -3\|\mathbf{x}\|^{-4}\|\mathbf{x}\|^{-1}x_i^2 + \|\mathbf{x}\|^{-3}$$

und

$$\operatorname{div}\mathbf{u}(\mathbf{x}) = \sum_{i=1}^{3}\frac{\partial}{\partial x_i}u_i(\mathbf{x}) = -3\|\mathbf{x}\|^{-3} + 3\|x\|^{-3} = 0.$$

Damit ist das Coulomb-Feld in $\mathbb{R}^3 \setminus \{0\}$ *quellenfrei.*

Beispiel 5.21 *Für welche* **skalare** *Funktionen* $\alpha = \alpha(r)$, $r := \sqrt{x_1^2 + x_2^2}$, *und* $g = g(x_3)$ *ist das Vektorfeld*

$$\mathbf{u}(\mathbf{x}) = \frac{\alpha(r)}{r}\begin{pmatrix} x_2 \\ -x_1 \\ g(x_3) \end{pmatrix}, \quad \mathbf{x} = (x_1, x_2, x_3) \in \mathbb{R}^3,$$

quellenfrei? Wie im vorherigen Beispiel erhalten wir $\partial r/\partial x_i = r^{-1}x_i$, $i = 1, 2$, *und* $\partial r/\partial x_3 = 0$. *Daher gilt*

$$\nabla\frac{\alpha(r)}{r} = \frac{r\alpha'(r) - \alpha(r)}{r^3}\begin{pmatrix} x_1 \\ x_2 \\ 0 \end{pmatrix}$$

und nach den bekannten Rechenregeln

$$\operatorname{div}u(\mathbf{x}) = \frac{r\alpha'(r) - \alpha(r)}{r^3}(x_1x_2 - x_2x_1) + \frac{\alpha(r)}{r}g'(x_3) = \frac{\alpha(r)}{r}g'(x_3).$$

Für $\alpha(r) \neq 0$ *verschwindet die rechte Seite genau dann, wenn* $g(x_3) = \text{const.}$

Aufgaben

Aufgabe 5.11. Das Magnetfeld eines auf der z-Achse liegenden Stromleiters ist die Abbildung $\mathbf{B} : \mathbb{R}^3 \to \mathbb{R}^3$, gegeben durch

$$\mathbf{B}(\mathbf{x}) = \frac{1}{x^2 + y^2} \begin{pmatrix} -y \\ x \\ 0 \end{pmatrix}.$$

Zeigen Sie, dass $\operatorname{div} \mathbf{B}(\mathbf{x}) = 0$ gilt, und berechnen Sie ein Vektorpotential $\mathbf{A} : \mathbb{R}^3 \to \mathbb{R}^3$ zu $\mathbf{B}$.

Aufgabe 5.12. Wir betrachten das Vektorfeld $\mathbf{v} : \mathbb{R}^3 \to \mathbb{R}^3$, gegeben durch

$$\mathbf{v}(\mathbf{x}) = \begin{pmatrix} xy \sin z \\ xy \sin z \\ (x + y) \cos z \end{pmatrix}.$$

Zeigen Sie, dass $\operatorname{div} \mathbf{v}(\mathbf{x}) = 0$ gilt, und bestimmen Sie ein Vektorpotential $\mathbf{A} : \mathbb{R}^3 \to \mathbb{R}^3$ zu $\mathbf{v}$.

Kapitel 6

Integralsätze von Gauß und Stokes

Bisher haben Sie drei verschiedene Arten von Integralen kennengelernt: Volumen-, Oberfächen- und Kurvenintegrale. Die nachfolgenden Integralsätze stellen nun eine Beziehung zwischen diesen Integralen her. Diese Zusammenhänge lassen sich auch physikalisch erklären und erleichtern bisweilen auch die Berechnung bestimmter Integrale.

6.1 Integralsatz von Gauß für räumliche Bereiche

Ein stetig differenzierbares Vektorfeld $\mathbf{u} : G \subseteq \mathbb{R}^3 \to \mathbb{R}^3$ wollen wir uns als stationäre Strömung einer Flüssigkeit oder eines Gases vorstellen, wobei $\mathbf{u}(\mathbf{x}) = \big(u_1(\mathbf{x}), u_2(\mathbf{x}), u_3(\mathbf{x})\big)^T \in \mathbb{R}^3$ den Geschwindigkeitsvektor des Teilchens bezeichnet, welches sich am Ort $\mathbf{x} \in G$ befindet.

Nun betrachten wir einen achsenparallelen Quader $Q \subseteq G$ und wollen untersuchen, wie die Bilanz der in den Quader in einer Zeiteinheit ein- bzw. ausfließenden Teilchen aussieht. Dazu legen wir die Normale $\mathbf{n}$ auf ∂Q als *äußere* Normale fest. Nach Abschn. 4.3 gilt dann für den Fluss φ durch Q in einer Zeiteinheit

$$I := \int_{\partial Q} \mathbf{u}(\mathbf{x}) \cdot \mathbf{n} \, d\sigma \,, \tag{6.1}$$

wobei das Integral über ∂Q als die Summe der Integrale über die sechs Seitenflächen zu interpretieren ist. Die Normale ist ja auf den Kanten des Quaders, einer Menge vom Maße 0, nicht definiert.

Wir wollen (6.1) mithilfe des Hauptsatzes der Differential- und Integralrechnung in ein Volumenintegral umformen. Dazu ist zu beachten, dass im Integranden von (6.1) bei gegenüberliegenden Flächen nur eine Komponente von $\mathbf{u}$ zum Zuge kommt, weil der Normalenvektor in den beiden anderen Komponenten verschwindet. Bezeichnen wir die orthogonal zur x_1-Achse gelegenen Seitenflächen mit

$$F := \{x \in \mathbb{R}^3 \; : \; x_1 = a_1 \text{ und } (x_2, x_3) \in Q'\},$$

$$G := \{x \in \mathbb{R}^3 \; : \; x_1 = b_1 \text{ und } (x_2, x_3) \in Q'\},$$

wobei Q' ein Rechteck

$$Q' := [a_2, b_2] \times [a_3, b_3]$$

des $\mathbb{R}^2$ ist. Aus dem Hauptsatz der Integralrechnung folgt, dass

$$\int\limits_{F+G} \mathbf{u}(\mathbf{x}) \cdot \mathbf{n}\, d\sigma = \int\limits_{G} u_1(x_1, x_2, x_3)\, d\sigma - \int\limits_{F} u_1(x_1, x_2, x_3)\, d\sigma$$

$$= \int\limits_{Q'} \{u_1(b_1, x_2, x_3) - u_1(a_1, x_2, x_3)\}\, d(x_2, x_3)$$

$$= \int\limits_{a_3}^{b_3} \int\limits_{a_2}^{b_2} \{u_1(b_1, x_2, x_3) - u_1(a_1, x_2, x_3)\}\, dx_2 dx_3$$

$$= \int\limits_{a_3}^{b_3} \int\limits_{a_2}^{b_2} \int\limits_{a_1}^{b_1} \partial_1 \mathbf{u}(x_1, x_2, x_3)\, dx_1 dx_2 dx_3 = \int\limits_{Q} \partial_1 \mathbf{u}(\mathbf{x})\, dV.$$

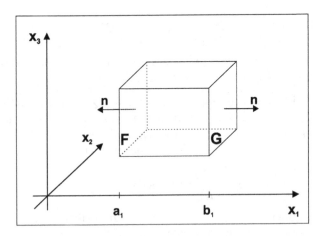

Da die anderen beiden Komponenten genauso bearbeitet werden können, ergibt sich schließlich

$$\boxed{\int_{\partial Q} \mathbf{u}(\mathbf{x}) \cdot \mathbf{n}\, d\sigma = \int_{Q} \operatorname{div} \mathbf{u}(\mathbf{x})\, dV.}$$ (6.2)

Formel (6.2) ist schon der Gaußsche Integralsatz für quaderförmige Grundgebiete. Wir betrachten nun Quader Q_h mit Kantenlänge h und $\mathbf{x} \in Q_h$. Da $\operatorname{div} u$ stetig ist, folgt

$$\operatorname{div} \mathbf{u}(\mathbf{x}) = \lim_{h \to 0} \frac{1}{m(Q_h)} \int\limits_{Q_h} \operatorname{div} \mathbf{u}(\mathbf{x})\, dV.$$

Zusammen mit (6.2) können wir diese Gleichung so interpretieren, dass $\operatorname{div} \mathbf{u}$ die *Quellenstärke* (oder auch negative Senkenstärke) der Strömung $\mathbf{u}$ angibt. Wenn Q ein kleiner Quader mit $\mathbf{x} \in Q$ ist, so fließt in einer Zeiteinheit ungefähr $\operatorname{div} \mathbf{u}(\mathbf{x}) m(Q)$ Masse aus Q aus oder – wenn $\operatorname{div} \mathbf{u}(\mathbf{x}) < 0$ – in Q hinein. Als Spezialfall haben wir die inkompressiblen Flüssigkeiten, die, wenn keine echten Quellen oder Senken vorliegen, die Gleichung

$$\operatorname{div} \mathbf{u} = 0$$

erfüllen. Wir sprechen in diesem Fall von *divergenzfreien* Flüssigkeiten. Bei gasförmigen Fluiden kann dagegen Materie durch Verdünnung in Q austreten.

Wir wollen zeigen, dass die Formel (6.2) auch für allgemeine räumliche Gebiete richtig bleibt und genauso interpretiert werden kann wie in Abschn. 5.3. Dazu muss das Gebiet G so beschaffen sein, dass man dem Ausdruck

$$\int\limits_{\partial G} \mathbf{u}(\mathbf{x}) \cdot \mathbf{n}\, d\sigma$$

einen Sinn geben kann. Insbesondere muss der Normalenvektor $\mathbf{n}$ „fast überall" auf ∂G existieren.

Erinnert sei an den Satz, dass der Rand einer ebenen messbaren und kompakten Menge messbar ist und das Maß 0 besitzt. Dieser Satz bleibt natürlich auch für glatte Flächen richtig. Daher kann $\mathbf{u} \cdot \mathbf{n}$ auf Rändern integriert werden, die aus glatten Flächen zusammengesetzt sind; nur an den Nahtstellen ist dann $\mathbf{n}$ undefiniert.

Weil diese Nahtstellen Nullmengen sind, kann das Oberflächenintegral als Summe über die glatten Teilflächen interpretiert werden. Es gilt nun der so berühmte

Satz 6.1 (Integralsatz von Gauß) *Sei* $\mathbf{u} : \overline{G} \to \mathbb{R}^3$ *stetig differenzierbar auf dem beschränkten Gebiet G mit stückweise glattem Rand ∂G, wobei $\overline{G} := G \cup \partial G$ gesetzt wurde. Dann gilt*

$$\int_{\partial G} \mathbf{u}(\mathbf{x}) \cdot \mathbf{n}\, d\sigma = \int_{\partial G} \mathbf{u}(\mathbf{x}) \cdot d\varrho = \int_G \operatorname{div} \mathbf{u}(\mathbf{x})\, dV, \qquad (6.3)$$

> *wobei die Normale* **n** *nach außen gerichtet ist.*

Beim Beweis des Satzes von Gauß wird vom sog. *Zerlegungsprinzip* für Oberflächenintegrale zweiter Art Gebrauch gemacht.

Wenn G in zwei stückweise glatte Teilbereiche G_1 und G_2 zerlegt wird, mit gemeinsamen Rand Γ, so sind beide Seiten des Gaußschen Integralsatzes additiv, wenn **n** die äußere Normale auch der beiden Teilgebiete bezeichnet, also

$$\int\limits_G \operatorname{div} \mathbf{u}(\mathbf{x})\, dV = \int\limits_{G_1} \operatorname{div} \mathbf{u}(\mathbf{x})\, dV + \int\limits_{G_2} \operatorname{div} \mathbf{u}(\mathbf{x})\, dV,$$

$$\int\limits_{\partial G} \mathbf{u}(\mathbf{x}) \cdot \mathbf{n}\, d\sigma = \int\limits_{\partial G_1} \mathbf{u}(\mathbf{x}) \cdot \mathbf{n}\, d\sigma + \int\limits_{\partial G_2} \mathbf{u}(\mathbf{x}) \cdot \mathbf{n}\, d\sigma,$$

denn die Flächenintegrale über den gemeinsamen Rand Γ der beiden Teilgebiete heben sich aufgrund der entgegengesetzten Normalenrichtungen auf Γ auf. Es genügt also, den Satz von Gauß für „einfache" Gebiete zu zeigen.

Beispiel 6.2 *Sei G die Kugelschale, die durch die Kugeln mit Radien $0 < R_1 < R_2$ begrenzt wird. Das Vektorfeld sei $\mathbf{u}(\mathbf{x}) = \left(0, 0, x_3\right)^T \in \mathbb{R}^3$. Dann gilt $\operatorname{div} u(\mathbf{x}) = 1$ und*

$$\int\limits_G \operatorname{div} \mathbf{u}(\mathbf{x})\, dV = m(G) = \frac{4}{3}\pi \left(R_2^3 - R_1^3\right).$$

In Kugelkoordinaten sind die Randstücke durch

$$\mathbf{x}(\varphi, \theta) = R_i \begin{pmatrix} \cos\varphi\,\cos\theta \\ \sin\varphi\,\cos\theta \\ \sin\theta \end{pmatrix}, \quad i = 1, 2,$$

gegeben, für die wir in (4.5) die dritte Komponente

$$\left(\mathbf{x}_\varphi(\varphi, \theta) \times \mathbf{x}_\theta(\varphi, \theta)\right)_3 = R_i^2 \cos\theta\,\sin\theta$$

bereits bestimmt hatten. Mit der dritten Komponente $u_3(\varphi, \theta) = R_i \sin\theta$ und in Anbetracht der Tatsache, dass die äußere Normale für die Innenkugel nach innen gerichtet ist, erhalten wir

$$\int_{\partial G} \mathbf{u}(\mathbf{x}) \cdot \mathbf{n} \, d\sigma = \int_{-\pi/2}^{\pi/2} \int_{0}^{2\pi} R_2 \sin\theta \, R_2^2 \cos\theta \sin\theta \, d\varphi d\theta$$

$$- \int_{-\pi/2}^{\pi/2} \int_{0}^{2\pi} R_1 \sin\theta \, R_1^2 \cos\theta \sin\theta \, d\varphi d\theta$$

$$= \int_{-\pi/2}^{\pi/2} \int_{0}^{2\pi} \sin^2\theta \cos\theta \left(R_2^3 - R_1^3 \right) d\varphi d\theta$$

$$= 2\pi \left(R_2^3 - R_1^3 \right) \left[\tfrac{1}{3} \sin^3\theta \right]_{-\pi/2}^{\pi/2} = \frac{4}{3} \pi \left(R_2^3 - R_1^3 \right).$$

Aufgaben

Aufgabe 6.1. Bestätigen Sie den Satz von Gauß anhand des Vektorfeldes $\mathbf{u} : \mathbb{R}^3 \to \mathbb{R}^3$, gegeben durch $\mathbf{u}(x, y, z) = \|\mathbf{x}\| \mathbf{x}$, und der Kugel in $\mathbb{R}^3$ mit Radius $R > 0$.

Aufgabe 6.2. Gegeben sei das Vektorfeld $\mathbf{v} : \mathbb{R}^3 \to \mathbb{R}^3$ durch

$$\mathbf{v}(\mathbf{x}) = z(1 - z) \begin{pmatrix} x \\ y \\ z \end{pmatrix}$$

und der Zylinder $Z := \{(x, y, z)^T \in \mathbb{R}^3 : x^2 + y^2 \leq 1, \ 0 \leq z \leq 1\}$. F sei die Randfläche von Z. Berechnen Sie

$$I = \int_F \mathbf{v}(\mathbf{x}) \cdot d\boldsymbol{\sigma}$$

a) ohne den Satz von Gauß,

b) mit dem Satz von Gauß.

Aufgabe 6.3. Gegeben sei das Vektorfeld $\mathbf{v} : \mathbb{R}^3 \to \mathbb{R}^3$ durch

$$\mathbf{v}(\mathbf{x}) = \begin{pmatrix} 2y \\ 0 \\ x + z \end{pmatrix}$$

und der Zylinder $Z := \{(x, y, z) \in \mathbb{R}^3 : x^2 + z^2 \leq 1, \; -2 \leq y \leq 2\}$ mit der Randfläche F. Berechnen Sie

$$I = \int\limits_F \mathbf{v}(\mathbf{x}) \cdot d\boldsymbol{\sigma}$$

a) ohne den Satz von Gauß,

b) mit dem Satz von Gauß.

Aufgabe 6.4. Sei F die Oberfläche des Körpers, der von den Flächen $y = 1 + x^2$, $y = 2$, $z = 0$ und $z = 5$ begrenzt wird. Berechnen Sie das Oberflächenintegral

$$I = \int\limits_F \mathbf{u}(\mathbf{x}) \cdot \mathbf{n} \, d\sigma.$$

Dabei sei $\mathbf{n}$ die äußere Einheitsnormale an F und

$$\mathbf{u}(x, y, z) = \left(4x^2 - 2yz, \; (x - 2y)/\cos^2 z, \; 3y + 2\tan z - 3xz\right)^T.$$

6.2 Integralsatz von Gauß in der Ebene

Ein ebenes Gebiet $G \subset \mathbb{R}^2$ sei wie in der nachstehenden Zeichnung durch $\partial G := L_1 \cup L_2 \cup L_3$ berandet:

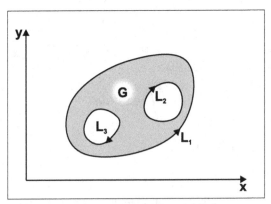

Zusammengesetzter Rand ∂G des Bereichs G

Der äußere Rand werde durch eine im Gegenuhrzeigersinn verlaufende Kurve beschrieben, die Löcher seien im Uhrzeigersinn orientiert. Für den Rand, dargestellt durch die Randkurve $\boldsymbol{\gamma}(t) := \big(x(t), y(t)\big)^T$, $t \in [a, b]$, ist das Linienelement gegeben durch

$$ds = \sqrt{|x'(t)|^2 + |y'(t)|^2}\, dt, \qquad (6.4)$$

und die nach außen gerichtete Normale lautet

$$\mathbf{n} = \Big(|x'(t)|^2 + |y'(t)|^2\Big)^{-1/2} \begin{pmatrix} y'(t) \\ -x'(t) \end{pmatrix}. \qquad (6.5)$$

Wir setzen voraus, dass die Parametrisierung regulär, also die Beziehung $\boldsymbol{\gamma}'(t) = \big(x'(t), y'(t)\big)^T \neq \mathbf{0}$, $t \in [a, b]$, erfüllt ist.

Für ein zweidimensionales Vektorfeld $\mathbf{u}(x, y) = \big(u_1(x, y), u_2(x, y)\big)$ gilt für das Kurvenintegral

$$I := \int_C \mathbf{u}(x, y) \cdot \mathbf{n}\, ds$$

wieder das Zerlegungsprinzip, denn die in (6.5) definierte Normale liegt immer rechts, wenn wir längs der Orientierung der Kurve gehen. Damit verschwindet das Teilintegral über Kurvenstücke, die in beiden Richtungen durchlaufen werden. Also hat $\mathbf{n}\, ds$ die gleichen Eigenschaften wie $\mathbf{n}\, d\sigma$ in drei Raumdimensionen.

Mit dem zweidimensionalen Divergenzoperator

$$\operatorname{div} \mathbf{u} = \partial_x u_1 + \partial_y u_2$$

gilt der

Satz 6.3 (Gaußsche Integralsatz in der Ebene) *Sei $G \subset \mathbb{R}^2$ durch stückweise glatte Kurven berandet. Dann gilt auf $\overline{G} := G \cup \partial G$ für stetig differenzierbare Vektorfelder $\mathbf{u} : \overline{G} \to \mathbb{R}^2$ die Beziehung*

$$\int_{\partial G} \mathbf{u}(\mathbf{x}) \cdot \mathbf{n}\, ds = \int_G \operatorname{div} \mathbf{u}(\mathbf{x})\, dF.$$

In parametrischer Form lässt sich der Integralsatz noch vereinfachen. Wenn $G \subset \mathbb{R}^2$ einfach zusammenhängend ist, also ∂G im Gegenuhrzeigersinn durch eine Kurve $C : \gamma = (x, y)^T : [a, b] \to \mathbb{R}^2$ parametrisiert wird, so folgt aus (6.4) und (6.5) die Beziehung

$$\int_{\partial G} \mathbf{u}(\mathbf{x}) \cdot \mathbf{n} \, ds = \int_a^b \Big\{ u_1\big(x(t), y(t)\big) \, y'(t) - u_2\big(x(t), y(t)\big) \, x'(t) \Big\} \, dt.$$

Beispiel 6.4 *Der Gaußsche Integralsatz lässt sich auch zur Berechnung des Flächeninhalts von $G \subset \mathbb{R}^2$ heranziehen, wenn G durch eine Kurve $\big(x(t), y(t)\big)^T : [a, b] \to \mathbb{R}^2$ berandet ist. Wegen $\partial_x x = 1$, $\partial_y y = 1$, erhalten wir die Formel*

$$m(G) = \frac{1}{2} \int\limits_a^b \Big\{ x(t) y'(t) - y(t) x'(t) \Big\} \, dt.$$

Für eine Ellipse E gilt $x(t) = c \cos t$ und $y(t) = d \sin t$, also

$$m(E) = \frac{1}{2} \int\limits_0^{2\pi} \Big\{ cd \cos^2 t + cd \sin^2 t \Big\} \, dt = \pi cd.$$

Aufgaben

Aufgabe 6.5. Berechnen Sie den Fluss $\int_F \{ v_1(\mathbf{x}) \, dy - v_2(\mathbf{x}) \, dx \}$ des Vektorfeldes

$$\mathbf{v}(\mathbf{x}) = (x + e^{\sin y}, \cos(e^x) + y)^T$$

durch die Randkurve der Ellipse E : $\{ (x, y) \in \mathbb{R}^2 : x^2 + 4y^2 = 4 \}$.

Aufgabe 6.6. Sei $\mathbf{u} : \mathbb{R}^2 \to \mathbb{R}^2$ gegeben durch

$$\mathbf{u}(x, y) = (x + e^y, \cos x + y)^T.$$

Sei $G \subset \mathbb{R}^2$ die Kreisscheibe um den Nullpunkt mit Radius $r = 1$ und Rand ∂G. Weiter bezeichne $\mathbf{n} = \mathbf{n}(x, y)$ das an ∂G nach außen gerichtete Einheitsnormalenfeld. Berechnen Sie a) mit und b) ohne den Satz von Gauß in der Ebene das Kurvenintegral $I = \int_{\partial G} \mathbf{u}(x, y) \cdot \mathbf{n} \, ds$.

Aufgabe 6.7. Das Gebiet $G \subset \mathbb{R}^2$ liegt im ersten Quadranten und wird begrenzt durch die Geraden $x = 0$ und $y = x$ sowie durch die Parabel $y = 2 - x^2$. Berechnen Sie das Gebietsintegral $\int_G x \, dxdy$ als Doppelintegral und danach als Kurvenintegral.

6.3 Folgerungen aus dem Integralsatz

Im Folgenden sei $G \subset \mathbb{R}^n$, $n = 2, 3$, stets ein Gebiet mit stückweise glattem Rand.

Satz 6.5 (Partielle Integration) *Seien $f, g : \overline{G} \to \mathbb{R}$ stetig differenzierbar auf $\overline{G} := G \cup \partial G$. Dann gilt für $i = 1, \ldots, n$:*

$$\int_G \partial_i f(\mathbf{x}) g(\mathbf{x}) \, dV = -\int_G f(\mathbf{x}) \partial_i g(\mathbf{x}) \, dV + \int_{\partial G} f(\mathbf{x}) g(\mathbf{x}) \, n_i \, d\sigma.$$

Wir verwenden jetzt die Ableitung einer Funktion in Richtung der äußeren Normalen

$$\partial_n \varphi := \nabla \varphi \cdot \mathbf{n}.$$

Damit haben wir

Satz 6.6 (Greensche Formeln) *Für $\varphi, \psi \in C^2(\overline{G})$ gilt*

$$\int_G \left\{ \varphi(\mathbf{x}) \Delta \psi(\mathbf{x}) + \nabla \varphi(\mathbf{x}) \cdot \nabla \psi(\mathbf{x}) \right\} dV = \int_{\partial G} \varphi(\mathbf{x}) \, \partial_n \psi(\mathbf{x}) \, d\sigma,$$

$$\int_G \left\{ \varphi(\mathbf{x}) \Delta \psi(\mathbf{x}) - \psi(\mathbf{x}) \Delta \varphi(\mathbf{x}) \right\} dV = \int_{\partial G} \left\{ \varphi(\mathbf{x}) \, \partial_n \psi(\mathbf{x}) - \psi(\mathbf{x}) \, \partial_n \varphi(\mathbf{x}) \right\} d\sigma.$$

Den Beweis dieser Formeln finden Sie in der nächsten Zeile im Aufgabenteil.

Aufgaben

Aufgabe 6.8. Beweisen Sie die Greenschen Formeln.

Aufgabe 6.9. Bestätigen Sie die Greensche Formel

$$\int_G \left\{ \varphi(\mathbf{x}) \Delta \psi(\mathbf{x}) + \nabla \varphi(\mathbf{x}) \cdot \nabla \psi(\mathbf{x}) \right\} dV = \int_{\partial G} \varphi(\mathbf{x}) \, \partial_n \psi(\mathbf{x}) \, d\sigma$$

am Beispiel des Körpers, der von den Flächen $y = 1 + x^2$, $y = 2$, $z = 0$ und $z = 5$ begrenzt wird mit den Abbildungen $\varphi(\mathbf{x}) := \psi(\mathbf{x}) := 2x + 2y + 2z$.

6.4 Integralsatz von Stokes

Sei $F \subset \mathbb{R}^3$ eine Fläche mit stückweise glattem Rand ∂F und stetiger Normalenfunktion $\mathbf{n} : F \to \mathbb{R}^3$. Wir sagen, die Randkurve, die den Rand ∂F parametrisiert, ist *positiv orientiert*, wenn beim Durchlaufen der Kurve das Gebiet linker Hand liegt. Diese Vereinbarung stimmt mit der bisherigen Orientierung der Teilflächen des $\mathbb{R}^2$ überein, wenn man davon ausgeht, dass der Normalenvektor in Richtung der z-Achse zeigt.

Erinnert sei an das vektorielle Flächen- bzw. Kurvenelement in parametrischer Form

$$d\underline{\sigma} = \mathbf{n}\, d\sigma = \mathbf{x}_u \times \mathbf{x}_v\, d(u,v) \quad \text{und} \quad d\underline{s} = \boldsymbol{\gamma}'(t)\, dt.$$

Damit gilt

Satz 6.7 (Integralsatz von Stokes) *Sei $F \subset \mathbb{R}^3$ eine Fläche mit positiv orientierter Randkurve C und $\mathbf{w} : \overline{F} \to \mathbb{R}^3$ ein stetig differenzierbares Vektorfeld, wobei $\overline{F} = F := F \cup \partial F$ gesetzt wurde. Dann gilt*

$$\int_F \operatorname{rot} \mathbf{w}(\mathbf{x}) \cdot d\underline{\sigma} = \int_C \mathbf{w}(\mathbf{x}) \cdot d\underline{s}.$$

Beweis. Sei F einfach zusammenhängend und durch $\mathbf{x} : (u,v) \to \mathbb{R}^2$ über $B \subset \mathbb{R}^2$ parametrisiert. Dann gilt

$$\int_F \operatorname{rot} \mathbf{w}\big(\mathbf{x}(u,v)\big) \cdot d\underline{\sigma} = \int_B \big(\nabla_{\mathbf{x}} \times \mathbf{w}(\mathbf{x})\big) \cdot \big(\mathbf{x}_u(u,v) \times \mathbf{x}_v(u,v)\big)\, d(u,v).$$

Nun gilt für Vektoren $\mathbf{a}, \mathbf{b}, \mathbf{c}, \mathbf{d} \in \mathbb{R}^3$ die Formel

$$(\mathbf{a} \times \mathbf{b}) \cdot (\mathbf{c} \times \mathbf{d}) = (\mathbf{a} \cdot \mathbf{c})(\mathbf{b} \cdot \mathbf{d}) - (\mathbf{a} \cdot \mathbf{d})(\mathbf{b} \cdot \mathbf{c}).$$

Angewendet auf den Integranden (den wir ab hier **ohne** Argumente schreiben) ergibt

$$\big(\nabla_{\mathbf{x}} \times \mathbf{w}\big) \cdot \big(\mathbf{x}_u \times \mathbf{x}_v\big) = \mathbf{x}_u \cdot \big(\nabla_{\mathbf{x}} \mathbf{w}\big)^T \mathbf{x}_v - \mathbf{x}_v \cdot \big(\nabla_{\mathbf{x}} \mathbf{w}\big)^T \mathbf{x}_u.$$

Wir können $\nabla_{\mathbf{x}}$ mit derhilfe der Kettenregel beseitigen:

$$\mathbf{x}_u \cdot \big(\nabla_{\mathbf{x}} \mathbf{w}\big)^T \mathbf{x}_v = \nabla_{\mathbf{x}} \mathbf{w}\, \mathbf{x}_u \cdot \mathbf{x}_v = \partial_u \mathbf{w} \cdot \mathbf{x}_v,$$

$$\mathbf{x}_v \cdot \left(\nabla_{\mathbf{x}} \mathbf{w} \right)^T \mathbf{x}_u = \nabla_{\mathbf{x}} \mathbf{w} \, \mathbf{x}_v \cdot \mathbf{x}_u = \partial_v \mathbf{w} \cdot \mathbf{x}_u$$

und erhalten mit dem Gaußschen Integralsatz

$$\int_F \operatorname{rot} \mathbf{w} \cdot d\underline{\sigma} = \int_B \left(\partial_u \mathbf{w} \cdot \mathbf{x}_v - \partial_v \mathbf{w} \cdot \mathbf{x}_u \right) d(u, v)$$

$$= \int_B \left\{ \partial_u \left(\mathbf{w} \cdot \mathbf{x}_v \right) - \partial_v \left(\mathbf{w} \cdot \mathbf{x}_u \right) \right\} d(u, v)$$

$$= \int_{\partial B} \left\{ \mathbf{w} \cdot \mathbf{x}_u \, du + \mathbf{w} \cdot \mathbf{x}_v \, dv \right\}.$$

Als Parametrisierung der Randkurve von ∂F können wir $\mathbf{x}\big(u(t), v(t)\big)$, $t \in [a, b]$, nehmen, wobei $\big(u(t), v(t)\big)^T$ eine Parametrisierung von ∂B ist. Dann gilt

$$d\underline{s} = \boldsymbol{\gamma}'(t) \, dt = \left(\mathbf{x}_u u'(t) + \mathbf{x}_v v'(t) \right) dt,$$

d. h., auf der rechten Seite steht das gewünschte Kurvenintegral über ∂F. Für mehrfach zusammenhängende Flächen lässt sich wieder das Zerlegungsprinzip verwenden. qed

Bemerkung 6.8 *Für den Spezialfall einer geschlossenen Fläche* F, *also* $\partial F = \emptyset$, *liefert der Satz*

$$\int_F \operatorname{rot} \mathbf{w}(\mathbf{x}) \cdot d\underline{\sigma} = 0,$$

was sofort aus dem Gaußschen Integralsatz resultiert, denn

$$\int_F \operatorname{rot} \mathbf{w}(\mathbf{x}) \cdot d\underline{\sigma} = \int_V \operatorname{div} \operatorname{rot} \mathbf{w}(\mathbf{x}) \, dV = 0,$$

wobei $V \subset \mathbb{R}^3$ *mit* $\partial V = F$.

Beispiel 6.9 *Für die Zirkulation des Vektorfeldes*

$$\mathbf{w}(x, y, z) = (-y, x, -z)^T$$

längs des Kreises $C : \boldsymbol{\gamma}(t) = (\cos t, \sin t, 0)^T$, $0 \le t \le 2\pi$, *erhält man*

$$\int_C \mathbf{w}(\mathbf{x}) \cdot d\underline{s} = \int_0^{2\pi} (-\sin t, \cos t, 0) \begin{pmatrix} -\sin t \\ \cos t \\ 0 \end{pmatrix} dt = 2\pi.$$

(Geschlossene Kurvenintegrale, wie es hier der Fall ist, schreiben wir auch in der Form $\oint_C w \cdot d\underline{s}$.)

Weiter gilt $\operatorname{rot} \mathbf{w}(x, y, z) = (0, 0, 2)^T$. **Wählen** *wir nun als von der Kurve* γ *berandete Fläche die obere Kugelhälfte mit Einheitsradius, dann erhalten wir mit Kugelkoordinaten die bekannte Darstellung*

$$\int\limits_F \operatorname{rot} \mathbf{w}(\mathbf{x}) \cdot d\underline{s} = \int\limits_0^{\pi/2} \int\limits_0^{2\pi} (0, 0, 2) \begin{pmatrix} \cos\varphi \cos\psi \\ \sin\varphi \cos\psi \\ \sin\psi \end{pmatrix} \cos\psi \, d\varphi d\psi = 2\pi \, .$$

Auch hier sind wieder solche Strömungen von besonderem Interesse, bei denen längs *jeder* geschlossenen Kurve die Zirkulation 0 ist und somit wegen des Stokeschen Integralsatzes auch die Wirbeldichte überall verschwindet. Eine solche Strömung heißt *wirbelfrei*. Sie ist durch das Bestehen der Gleichung $\operatorname{rot} \mathbf{u}(\mathbf{x}) = 0$ charakterisiert.

Zum Abschluss dieses Abschnitts rufen wir uns Beispiel 5.20 nochmals ins Gedächtnis.

Beispiel 6.10 *Das Coulomb-Feld* $\mathbf{u}(\mathbf{x}) = \|\mathbf{x}\|^{-3}\mathbf{x}$ *ist in* $\mathbb{R}^3 \setminus \{0\}$ *divergenzfrei. Hätte nun dieses Vektorfeld ein Vektorpotential, was aufgrund der Divergenzfreiheit zu vermuten wäre, dann hätten wir mit dem Integralsatz nach Stokes die Beziehung*

$$\int\limits_F \mathbf{u}(\mathbf{x}) \cdot d\underline{s} = \int\limits_F \operatorname{rot} \mathbf{A}(\mathbf{x}) \cdot d\underline{\sigma} = \int\limits_C \mathbf{A}(\mathbf{x}) \cdot d\underline{s} \, .$$

Das Flächenintegral hängt also nur von der Randkurve ab; insbesondere verschwindet das Integral über geschlossene Flächen, wenn es auf der Fläche ein Vektorpotential gibt.

Nun gilt aber für die Einheitssphäre F *in Kugelkoordinaten, dass*

$$\int\limits_F \mathbf{u}(\mathbf{x}) \cdot d\underline{s} = \int\limits_0^{2\pi} \int\limits_{-\pi/2}^{\pi/2} \cos\psi \, d\psi \, d\varphi = 4\pi \, .$$

Daher existiert aufgrund der **Singularität** *im Ursprung kein Vektorpotential.*

Aufgaben

Aufgabe 6.10. Berechnen Sie das Kurvenintegral

$$\int_C \left((x^2 + y)\, dx + (x - y^2)\, dy \right)$$

über die geschlossene Kurve C : $\begin{cases} y = x & \text{von } (0,0) \text{ nach } (1,1), \\ y^3 = x & \text{von } (1,1) \text{ nach } (0,0) \end{cases}$

a) direkt,

b) mithilfe des Stokesschen Integralsatzes und

c) mithilfe des Gaußschen Integralsatzes.

Aufgabe 6.11. Gegeben sei das Vektorfeld $\mathbf{v} : \mathbb{R}^3 \to \mathbb{R}^3$ durch

$$\mathbf{v}(\mathbf{x}) = \begin{pmatrix} x^3 y \\ y^2 + 4 \\ 0 \end{pmatrix}$$

und die halbe Kugelschale

$$F := \left\{ (x, y, z) \in \mathbb{R}^3 : x^2 + y^2 \leq a^2,\ z = \sqrt{a^2 - x^2 - y^2},\ a > 0 \right\}.$$

Die Normale von F sei nach außen orientiert.

a) Bestimmen Sie $I = \int_F \operatorname{rot} \mathbf{v}(\mathbf{x}) \cdot d\boldsymbol{\sigma}$ ohne den Stokesschen Satz.

b) Bestimmen Sie das gleiche Integral mit dem Stokesschen Satz durch Berechnung eines geeigneten Kurvenintegrals.

Aufgabe 6.12. Verifizieren Sie den Satz von Stokes am Beispiel des Vektorfeldes

$$\mathbf{v}(\mathbf{x}) = \begin{pmatrix} (1 - x)z \\ (1 - y)x \\ (1 - z)y \end{pmatrix}$$

und der Halbkugelfläche

$$S = \{ (x, y, z) : x^2 + y^2 + z^2 = 1,\ z > 0 \}.$$

Aufgabe 6.13. Es sei

$$\mathbf{B}(\mathbf{x}) = \frac{1}{x^2 + y^2} \begin{pmatrix} -y \\ x \end{pmatrix}$$

das Magnetfeld eines geraden Stromleiters und C der Einheitskreis.

a) Berechnen Sie $\int_C \mathbf{B}(\mathbf{x}) \cdot d\mathbf{s}$.

b) Berechnen Sie $\partial_x B_2 - \partial_y B_1$.

c) Stehen die Ergebnisse von a) und b) im Widerspruch zum Satz von Stokes? Begründen Sie Ihre Aussage!

Aufgabe 6.14. Sei

$$S := \left\{ (x, y, z) \in \mathbb{R}^3 : 0 \leq x \leq 1,\ 0 \leq y \leq 1,\ z = 1 - y^2 \right\}$$

ein Flächenstück im $\mathbb{R}^3$. Dieses sei so orientiert, dass der Normalenvektor eine positive z-Komponente hat.

a) Bestimmen Sie das Kurvenintegral $I = \int_C \mathbf{v}(\mathbf{x}) \cdot d\boldsymbol{\sigma}$ für die Randkurve C von S und dem Vektorfeld

$$\mathbf{v}(\mathbf{x}) = \begin{pmatrix} -\cos(\pi z) \\ z \\ y + \pi x z \end{pmatrix}.$$

Hinweis. Die Anwendung des Satzes von Stokes ist hilfreich.

b) Bestimmen Sie für das Vektorfeld

$$\mathbf{w}(\mathbf{x}) = \begin{pmatrix} -\cos(\pi z) \\ z \\ y + \pi x \sin(\pi z) \end{pmatrix}$$

die Rotation rot $\mathbf{w}$ sowie das Kurvenintegral $\int_{C_1} \mathbf{w}(\mathbf{x}) \cdot d\boldsymbol{\sigma}$ über denjenigen Teil C_1 der Randkurve C, der von $(0, 0, 1)^T$ über $(1, 0, 1)^T$, $(1, 1, 0)^T$ nach $(0, 1, 0)^T$ verläuft.

Aufgabe 6.15. Gegeben sei das Vektorfeld $\mathbf{v} : \mathbb{R}^3 \to \mathbb{R}^3$ durch

$$\mathbf{v}(x, y, z) = \begin{pmatrix} x + z \\ \beta x + y + z \\ x + y \end{pmatrix}, \quad \beta \in \mathbb{R}.$$

Berechnen Sie mit dem Satz von Stokes das Integral

$$I = \int_C \mathbf{v}(x, y, z) \cdot d\mathbf{s},$$

wobei die positiv orientierte Randkurve C durch den Schnitt des Zylinders $x^2 + y^2 = 1$ mit der Ebene $x + y + z = 1$ gegeben ist.

Für welche $\alpha \in \mathbb{R}$ hat das Vektorfeld

$$\mathbf{w}(x, y, z) = \begin{pmatrix} 2xy + z^3 \\ \alpha\, x^2 + 3z \\ 3y + 3xz^2 \end{pmatrix}$$

ein Potential?

Kapitel 7

Gewöhnliche Differentialgleichungen

7.1 Vorbetrachtungen, Aufgabenstellung

In Abschn. 2.4 wurden Gleichungen $\mathbf{F}(\mathbf{x}, \mathbf{y}) = \mathbf{0}$ untersucht, die unter geeigneten Auflösbarkeitsbedingungen implizit eine Funktion $\mathbf{y} = \mathbf{y}(\mathbf{x})$ definieren. Treten dann in der Gleichung $\mathbf{F}(x, y(x)) = 0$ außer der gesuchten Funktion $\mathbf{y}$ auch noch deren Ableitungen z. B. bis zur Ordnung n nach der Koordinate x auf, so heißt die Gleichung

$$\mathbf{F}\left(x, y(x), y'(x), \ldots, y^{(n)}\right) = \mathbf{0}$$

gewöhnliche Differentialgleichung (kurz GDG), mit welcher wir uns in diesem Kapitel ausgiebig beschäftigen wollen.

GDGn entstehen, wenn Änderungen einer Größe im Bezug zu dieser stehen. Insofern sind Differentialgleichungen (kurz DGln) universelle Modelle für Prozesse in Natur, Technik oder Ökonomie. GDGn entstehen, wenn nur die Veränderung entlang einer Raumkurve, insbesondere einer Strecke, unabhängig von der Zeit, oder nur abhängig von der Zeit und unabhängig vom Ort beschrieben wird. Wir beginnen mit zwei sehr einfachen und sehr wichtigen Beispielen.

Beispiel 7.1 *Gesucht ist* $y : \mathbb{R} \to \mathbb{R}$, $y = y(x)$, *sodass*

$$y'(x) = \alpha y(x) \ \ auf \ \mathbb{R} \tag{7.1}$$

gilt. Dabei ist $\alpha \in \mathbb{R}$ *ein fester Parameter. Durch Einsetzen überprüft man, dass alle Funktionen*

$$y(x) = Ce^{\alpha x}, \ \ C \in \mathbb{R}, \tag{7.2}$$

Lösungen sind. Äquivalent lässt sich diese Lösung auch schreiben als

$$y(x) = y_0 e^{\alpha(x-x_0)}, \quad x_0, y_0 \in \mathbb{R},$$

wodurch also zu $x_0, y_0 \in \mathbb{R}$ eine Lösung existiert, die die zusätzliche Anfangsvorgabe

$$y(x_0) = y_0 \tag{7.3}$$

erfüllt.

Vereinbarung. In einer Differentialgleichung wird die gesuchte Funktion traditionell **ohne** Argument geschrieben, andere darin auftretende Funktionen dagegen schon. Somit lautet die in (7.1) formulierte Aufgabenstellung, dass eine Funktion $y : \mathbb{R} \to \mathbb{R}$, $y = y(x)$, gesucht ist mit

$$y' = \alpha y.$$

Zur Eingewöhnung werden wir die Argumente anfangs immer wieder dazuschreiben.

Später werden wir sehen, dass durch die Anfangsvorgabe die Lösung auch eindeutig wird, in (7.2) ist also die Gesamtzahl aller Lösungen, genannt *Lösungsmenge*, gegeben. Soll eine GDG und eine Anfangsvorgabe erfüllt sein, spricht man von einer **Anfangswertaufgabe** (kurz AWA). Für $\alpha > 0$ beschreibt Gleichung (7.1) *exponentielles Wachstum*, wie es vereinfacht z. B. bei Bakterienpopulationen angenommen wird. Analog ergibt sich für $\alpha < 0$ ein exponentieller Abbau, wie beim radioaktiven Zerfall.

Bei GDGn werden die gesuchten Funktionen mit $y = y(x)$ bezeichnet, die Ableitungen üblicherweise mit

$$y'(x) := \frac{dy}{dx}(x), \ y''(x) := \frac{d^2y}{dx^2}(x), \ \ldots, y^{(n)}(x) := \frac{d^ny}{dx^n}(x), \ n \in \mathbb{N}_0,$$

wobei

$$y^{(0)}(x) = y(x).$$

Ist die unabhängige Variable als Zeit zu interpretieren – oft als t geschrieben – dann wird ein Punkt anstatt eines Striches für die Ableitungen verwendet. Für $x = x(t)$ gilt damit

$$\dot{x}(t), \ \ddot{x}(t), \ \ldots.$$

Handelt es sich um ein System von GDGn für n Funktionen $y_1, \ldots, y_n$, dann werden diese zu einer vektorwertigen Funktion

$$\mathbf{y} = (y_1, \ldots, y_n)^T : \mathbb{R} \to \mathbb{R}^n \tag{7.4}$$

zusammengefügt und die Ableitungen sind komponentenweise zu interpretieren.

GDGn werden auf einem *Intervall* $I \subset \mathbb{R}$ betrachtet, wobei weitere Spezifikationen erlaubt sind (beschränkte, unbeschränkte, abgeschlossene, offene, halboffene Intervalle) und $\bar{I}$ stets als **abgeschlossenes** Intervall bezeichnet wird.

Im Folgenden werden die Funktionsräume $C^m(I)$ für die auf I m-fach stetig differenzierbaren Funktionen verwendet.

Beispiel 7.2 *Gesucht ist* $x : \mathbb{R} \to \mathbb{R}$, $x = x(t)$, *sodass*

$$\ddot{x} = \lambda x \ \text{auf} \ \mathbb{R}$$

gilt. Dabei ist $\lambda \in \mathbb{R}$ *ein fester Parameter. Abhängig vom Vorzeichen von* λ *haben die Lösungen unterschiedliche Gestalt. Für* $\lambda < 0$ *sehen Sie durch direktes Einsetzen, dass*

$$x(t) = \alpha_1 \sin(\mu t) + \alpha_2 \cos(\mu t) \tag{7.5}$$

für $\alpha_1, \alpha_2 \in \mathbb{R}$ *und* $\mu := \sqrt{-\lambda}$ *Lösungen sind. Für den Fall* $\lambda > 0$ *bekommen wir*

$$x(t) = \alpha_1 \exp(\nu t) + \alpha_2 \exp(-\nu t), \tag{7.6}$$

wobei $\alpha_1, \alpha_2 \in \mathbb{R}$ *und* $\nu := \sqrt{\lambda}$ *ist, was wieder durch direktes Nachrechnen bestätigt werden kann. Dies führt schließlich für* $\lambda = 0$ *zur Lösung*

$$x(t) = \alpha_1 + \alpha_2 t. \tag{7.7}$$

Bei Vorgabe von $t_0, x_0, \dot{x}_0 \in \mathbb{R}$ *lassen sich die Parameter* α_1, α_2 *so anpassen, dass*

$$x(t_0) = x_0, \quad \dot{x}(t_0) = \dot{x}_0 \tag{7.8}$$

gilt (Anfangspostition und Geschwindigkeit sind vorgegeben). Später werden wir sehen, dass eine Lösung zu (7.8) auch eindeutig ist, sodass (7.5) bis (7.7) die jeweilige Lösungsmenge darstellen.

Definition 7.3 *Wir haben es mit folgenden Erscheinungsformen gewöhnlicher Differentialgleichungen zu tun:*

a) *Ist* $F \in \text{Abb}(\mathbb{R}^{n+2}, \mathbb{R})$ *eine gegebene skalare Funktion, so heißt die Gleichung*

$$F(x, y, y', \ldots, y^{(n)}) = 0 \tag{7.9}$$

implizite DGl *n-ter Ordnung für eine gesuchte Funktion* $y = y(x)$.

b) *Ist* $f \in \text{Abb}(\mathbb{R}^{n+1}, \mathbb{R})$ *eine gegebene skalare Funktion, so heißt die Gleichung*

$$y^{(n)} = f(x, y, y', \ldots, y^{(n-1)}) \tag{7.10}$$

> **explizite DGl n-ter Ordnung** *für die gesuchte Funktion* $y = y(x)$.
>
> c) *Ist* $\mathbf{F} \in \mathrm{Abb}\left(\mathbb{R} \times \mathbb{R}^{m(n+1)}, \mathbb{R}^l\right)$ *eine gegebene vektorwertige Funktion, so heißt die Gleichung*
>
> $$\mathbf{F}\left(x, \mathbf{y}, \mathbf{y}', \ldots, \mathbf{y}^{(n)}\right) = \mathbf{0} \qquad (7.11)$$
>
> **implizites DGl-System n-ter Ordnung** *für eine gesuchte Vektorfunktion* $\mathbf{y} = \mathbf{y}(x) \in \mathrm{Abb}(\mathbb{R}, \mathbb{R}^m)$. *Ganz analog spricht man bei Gleichungen der Form*
>
> $$\mathbf{y}^{(n)} = \mathbf{f}\left(x, \mathbf{y}, \mathbf{y}', \ldots, \mathbf{y}^{(n-1)}\right) \qquad (7.12)$$
>
> *von einem* **expliziten DGl-System n-ter Ordnung** *für die gesuchte Funktion* $\mathbf{y} = \mathbf{y}(x)$.

Beispiel 7.2 ist das einfachste Modell für das ungedämpfte Schwingen einer Punktmasse.

In der klassischen Theorie der gewöhnlichen DGln wird der folgende Lösungsbegriff zugrunde gelegt:

> **Definition 7.4** *Eine Funktion* $y = y(x)$ *heißt auf einem Intervall* $I \subset \mathbb{R}$ **klassische Lösung** *der gewöhnlichen DGl (7.9) bzw. (7.10), wenn* $y \in C^n(I)$ *gilt und wenn die Gleichungen (7.9) bzw. (7.10) nach Einsetzen von* $y(x), y'(x), \ldots, y^{(n)}(x)$, $n \in \mathbb{N}$, *für alle* $x \in I$ *erfüllt sind.*

Bemerkung 7.5

a) *Die Bestimmung aller Lösungen einer DGl heißt* **Integration der GDG**.

b) *Eine DGl ist i. Allg. nicht eindeutig lösbar. So kann gefordert werden, dass die gesuchte Lösung* $y = y(x)$ *an einer Anfangsstelle* $a \in I$ *die* n **Anfangswerte**

$$y(a) = C_1, \ y'(a) = C_2, \ldots, y^{(n-1)}(a) = C_n \qquad (7.13)$$

annimmt. Diese Nebendingungen sind mit der expliziten DGl (7.10) kompatibel, weil nämlich aus (7.10) eine Bestimmungsgleichung $y^{(n)}(a) := f(a, C_1, \ldots, C_n)$ *für den Funktionswert* $y^{(n)}(a)$ *folgt.*

Die Lösungsgesamtheit einer expliziten DGl n-ter Ordnung verfügt also über n sog. **Freiheitsgrade**, also n Werte, die Sie selbst bestimmen dürfen.

Definition 7.6 *Eine Lösung* $y = y(x, C_1, \ldots, C_n)$ *heißt* **allgemeine Lösung** *der DGl n-ter Ordnung (7.9) oder (7.10), wenn jede spezielle Lösung durch geeignete Wahl der Konstanten* $C_1, C_2, \ldots, C_n \in \mathbb{R}$ *aus der Lösung* $y = y(x, C_1, \ldots, C_n)$ *konstruiert werden kann.*

Jede Lösung, die auf diese Weise für spezielle Werte der freien Konstanten $C_1, C_2, \ldots, C_n \in \mathbb{R}$ *aus der allgemeinen Lösung gewonnen wurde, heißt* **partikuläre Lösung** *der DGl.*

Die explizite DGl (7.10) hat unter sehr allgemeinen Voraussetzungen an die Funktion f stets eine allgemeine Lösung. Dies wird noch zu zeigen sein. Darüber hinaus schränken wir unsere Betrachtungen auf einige spezielle Typenklassen ein, für die eine vollständige Lösungstheorie existiert.

In einem konkreten Anwendungsfall ist man in der Regel nur an partikulären Lösungen der relevanten DGln interessiert, die z. B. durch den Anfangszustand eines physikalischen Systems aus der allgemeinen Lösung selektiert werden.

Definition 7.7 *Unter einer* **Anfangswertaufgabe (AWA)** *verstehen wir folgende Aufgabenstellung: Zu festem* $a \in I \subset \mathbb{R}$ *und zu vorgegebenen Zahlen* $y_0, y_1, \ldots, y_{n-1}$ *ist eine Lösung* $y \in C^n(I)$ *gesucht mit*

$$y^{(n)} = f\big(x, y, y', \ldots, y^{(n-1)}\big) \text{ für } x \in I \text{ und}$$

$$y(a) = y_0, \ y'(a) = y_1, \ \ldots \ , \ y^{(n-1)}(a) = y_{n-1}.$$

GDGn können auf verschiedenen Intervallen I betrachtet werden, sofern F bzw. f dort definiert ist. So existiert die Lösung einer AWA bei Beispiel 7.1 auf $I = \mathbb{R}$, aber natürlich auch auf jedem $I \subset \mathbb{R}$. Solche Einschränkungen von Lösungen sollen nicht unterschieden werden, sondern es soll immer das *maximale* Lösungsintervall I betrachtet werden. In Beispiel 7.1 ist also $I = \mathbb{R}$. In einem solchen Fall existiert die Lösung *global*. Dies muss nicht immer der Fall sein.

Beispiel 7.8 *Die AWA*

$$x'(t) = x^2(t), \ x(0) = x_0 \neq 0 \tag{7.14}$$

hat die Lösung

$$x(t) = \frac{x_0}{1 - x_0 t}$$

und damit das maximale Existenzintervall

$$I = (-\infty, 1/x_0) \quad \textit{für} \quad x_0 > 0,$$

$$I = (1/x_0, +\infty) \quad \textit{für} \quad x_0 < 0.$$

Die Lösung kann hier nicht auf ganz $\mathbb{R}$ fortgesetzt werden, was nicht daran liegt, dass $f(t, x) = x^2$ dort nicht definiert ist, sondern x für $t \to 1/x_0$ (von links bzw. von rechts) beliebig groß wird. Die Lösung existiert also nur lokal.

Die zentralen Fragen, die im Kontext von Anfangswertaufgaben zu beantworten sind, lauten:

1. Existiert eine Lösung?

2. Ist diese Lösung eindeutig?

3. Hängt die Lösung stetig von den Anfangsdaten ab?

4. Wie bestimmt man die Lösung?

Aufgabenstellungen, bei denen die ersten drei Fragen bejaht werden können, heißen **korrekt gestellt**. Oft gelingt es, die allgemeine Lösung einer DGl explizit zu bestimmen. Dann können alle vier Fragestellungen simultan beantwortet werden. Dieser einfache Fall soll im nächsten Abschn. 7.2 behandelt werden.

Aufgaben

Aufgabe 7.1. Welche der nachfolgenden Gleichungen sind gewöhnliche Differentialgleichungen für $y = y(x)$?

a) $y'(x) = x^2 y(x)$,

b) $y'(x) = x\,y^2(x)$,

c) $\ln\big(y'(x)\big) + \ln\big(e/y'(x)\big) = xy(x)$,

d) $y'(x) = \displaystyle\int_{s=0}^{1} e^{-xs} x\, y(x)\, ds$,

e) $y'(x) = \displaystyle\int_{s=0}^{1} e^{-xs} y(s)\, ds$.

Aufgabe 7.2. Überprüfen Sie, dass $y(x) = C/\sqrt{|1 - x^2|}$, $C \in \mathbb{R}$, die allgemeine Lösung der GDG $y'(x)\big(1 - x^2\big) = x\,y(x)$ ist.

Aufgabe 7.3. Überprüfen Sie, dass $y(x) = \ln\big(x^3 + C\big)$, $C \in \mathbb{R}$, die allgemeine Lösung der GDG $y'(x) = 3x^2/e^{y(x)}$ ist. Wie lautet C, wenn $y(0) = 1$ gelten soll?

Aufgabe 7.4. Wie lautet das maximale Lösungsintervall $I \subset \mathbb{R}$, auf dem allein die Funktion $x(t) = (a/2)(t - C)^2$, $a > 0$, $C \in \mathbb{R}$, die GDG $\dot{x}(t) = -\sqrt{2a\,x(t)}$ erfüllt?

Aufgabe 7.5. Gegeben sei die Anfangswertaufgabe

$$y'' = y \cdot y' + e^x \text{ mit } y(0) = y'(0) = 1.$$

Bestimmen Sie das Taylor-Polynom vierten Grades T_4 für y um den Entwicklungspunkt $x_0 = 0$.

7.2 Lösungsverfahren für explizite Differentialgleichungen erster Ordnung

Die explizite DGl erster Ordnung für die gesuchte Funktion $y = y(x)$ hat die allgemeine Form

$$\boxed{y' = f(x, y).} \tag{7.15}$$

Im vorliegenden Abschnitt beschränken wir uns auf spezielle rechte Seiten $f(x, y)$. Wir stellen Ihnen jetzt verschiedene Typen von gewöhnlichen Differentialgleichungen vor, für die es spezielle Lösungsmethoden gibt. Wir beginnen mit dem einfachsten Typ einer Differentialgleichung.

Typ (A) Differentialgleichungen mit getrennten Veränderlichen. Es seien stetige Funktionen $f, g \in \mathrm{Abb}\,(\mathbb{R}, \mathbb{R})$ gegeben, die jeweils nur von **einer** der beiden Variablen $x, y \in \mathbb{R}$ abhängen. Zur Lösung der daraus resultierenden DGl

$$\boxed{y' = f(x) \cdot g(y)} \tag{7.16}$$

verwenden wir stets die wichtige Lösungsmethode der **Trennung der Veränderlichen** (TdV). Dazu setzen wir in (7.16)

$$\frac{dy}{dx} := y'$$

und trennen formal nach Funktionen in der Variablen y bzw. in der Variablen x allein, also ergibt unbestimmte Integration

$$\boxed{\frac{dy}{g(y)} = f(x)\,dx \implies \int \frac{dy}{g(y)} = \int f(x)\,dx + C,} \tag{7.17}$$

wobei $C \in \mathbb{R}$. Daraus lässt sich für die AWA mit $y(x_0) = y_0$ die implizite Lösungsdarstellung

$$G\big(y(x)\big) := \int\limits_{y_0}^{y(x)} \frac{dt}{g(t)} = \int\limits_{x_0}^{x} f(s)\, ds =: F(x) \qquad (7.18)$$

angeben. Wenn die Funktionen F und G stetig differenzierbar existieren und G invertierbar ist, liegt tatsächlich eine Lösung vor, denn

$$y(x_0) = G^{-1}\big(F(x_0)\big) = G^{-1}(0) = y_0$$

und

$$y'(x) = \frac{d}{dx}(G^{-1}(F(x)) = \frac{1}{G'\big(G^{-1}(F(x))\big)} \cdot F'(x)$$

$$= g\big(G^{-1}(F(x))\big) \cdot f(x) = f(x) \cdot g\big(y(x)\big).$$

Folgerung 7.9 *Auf Intervallen I mit $g(y) \neq 0 \ \forall\, y \in I$ sind die Lösungen der DGl (7.16) implizit durch die Relation (7.17) bestimmt.*

Beweis. $F \in C^1(I)$, wenn $f \in C(I)$, und mit $G(y) := \int \frac{dy}{g(y)}$ liegt eine Funktion $G \in C^1(I)$ vor, die die Bedingung $G'(y) = \frac{1}{g(y)} \neq 0$ erfüllt. Somit ist G streng monoton, und es existiert die Umkehrfunktion, welche gemäß (7.17) gegeben ist durch

$$y(x) = G^{-1}\left(\int f(x)\, dx + C \right), \quad C \in \mathbb{R},$$

und eine C^1-Funktion auf I ist.   qed

Beispiel 7.10 *Die DGl*

$$\boxed{y' = \frac{y}{x}}$$

ist vom Typ (7.16) mit $f(x) := \frac{1}{x}$, $x \neq 0$, und $g(y) := y$. Für $y \neq 0$ erhalten wir durch TdV:

$$\frac{dy}{y} = \frac{dx}{x} \quad \Longrightarrow \quad \ln|y| = \int \frac{dy}{y} = \int \frac{dx}{x} + C =: \ln|x| + \ln|C^*|, \quad C^* \neq 0,$$

und somit die allgemeine Lösung

$$\boxed{y(x) = C^* x, \quad C^* \neq 0.}$$

Die Lösungskurven sind Geradenbüschel durch den Ursprung; man verifiziert noch, dass auch $y(x) = 0$ eine Lösung ist. Lediglich die Koordinatenachse $x = 0$ gehört nicht zur Lösungsschar. Durch jeden Punkt (x_0, y_0), $x_0 \neq 0$, verläuft somit genau eine Lösungskurve, und die Anfangswertaufgabe

$$y(x_0) = y_0, \quad x_0 \neq 0,$$

hat stets die eindeutige Lösung

$$y(x) = \frac{y_0}{x_0}\, x.$$

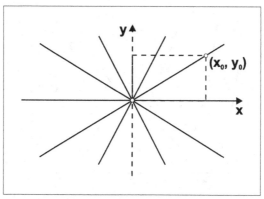

Lösungsschar der DGl $y' = \frac{y}{x}$

Allgemein gilt für die DGl (7.16) der folgende Existenzsatz:

Satz 7.11 *Es seien stetige Funktionen $f, g \in \mathrm{Abb}\,(\mathbb{R}, \mathbb{R})$ sowie ein innerer Punkt $y_0 \in D_g$ mit $g(y_0) \neq 0$ gegeben. Dann hat die AWA*

$$y' = f(x) \cdot g(y), \quad y(x_0) = y_0 \tag{7.19}$$

für jeden Punkt $x_0 \in D_f$ stets genau eine Lösung y, welche implizit durch (7.18) definiert ist.

Beweis. Da aus Stetigkeitsgründen $g(y) \neq 0$ in einer Umgebung von y_0 gilt, folgt die Behauptung unmittelbar aus (7.18). Es gibt (lokal in x) eindeutig eine Funktion, die (7.18) erfüllt und damit eine Lösung ist, und jede Lösung muss (7.18) erfüllen.   qed

Beispiel 7.12 *Die DGl*

$$y' = 2x\sqrt{y}$$

ist ebenfalls vom Typ (7.16) mit $f(x) := 2x$ und $g(y) := \sqrt{y}$, $y > 0$. Beide Funktionen sind stetig, und somit folgt durch TdV:

$$\frac{dy}{\sqrt{y}} = 2x\,dx \implies 2\sqrt{y} = \int \frac{dy}{\sqrt{y}} = \int 2x\,dx + C = x^2 + C, \quad C \in \mathbb{R}.$$

Da die linke Gleichungsseite positiv sein muss, resultiert die allgemeine Lösung

$$\boxed{y(x) = \tfrac{1}{4}\,(x^2 + C)^2, \quad x^2 + C \geq 0.}$$

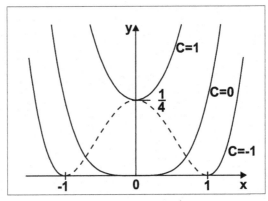

Lösungsschar der DGl $y' = 2x\sqrt{y}$

*Der in der obigen Skizze gestrichelt gezeichnete Kurventeil gehört **nicht** zur Lösungsschar. Denn dann wäre z. B. die Lösung der AWA $y(0) = \tfrac{1}{4}$ **nicht eindeutig**, im Widerspruch zu Satz 7.11. Die eindeutige Lösung bestimmt man jedoch nach der Vorschrift des Satzes 7.11 gemäß*

$$2\sqrt{y} - 2\sqrt{\frac{1}{4}} = \int_{\frac{1}{4}}^{y} \frac{dt}{\sqrt{t}} = \int_{0}^{x} 2s\,ds = x^2 \implies y(x) = \frac{1}{4}\,(x^2 + 1)^2.$$

Beispiel 7.13 *Auch die DGl*

$$\boxed{y' = 1 + y^2}$$

ist vom Typ (7.16) mit $f(x) := 1$ und $g(y) := 1 + y^2$. Beide Funktionen sind stetig, und somit folgt durch TdV:

$$\frac{dy}{1 + y^2} = dx \implies \arctan y = \int \frac{dy}{1 + y^2} = \int dx + c = x + c.$$

Daraus resultiert

$$y(x) = \tan(x + c), \quad c \in \mathbb{R}.$$

Da die Pole des tan *bei* $\pm\pi/2$ *liegen, ergibt sich aus* $x + c = \pm\pi/2$ *das lokale Existenzintervall*

$$x \in \left(-\frac{\pi}{2} - c, \frac{\pi}{2} - c\right).$$

Aus der Anfangsbedingung $y(0) = 0$ *folgt*

$$\tan c \overset{!}{=} y(0) = 0 \iff c = \arctan 0 = 0.$$

Für $x \geq 0$ *lautet also die lokale Lösung*

$$y(x) = \tan x, \quad x \in [0, \pi/2).$$

Bemerkung 7.14

a) *Lösungen der AWA (7.19) sind in der Regel* **lokale Lösungen**. *Sie existieren lediglich auf einem Intervall* $I(x_0)$ *in der Umgebung des Anfangspunktes* x_0, *nämlich dort, wo*

$$g\big(y(x)\big) \neq 0 \ \forall \, x \in I(x_0)$$

gilt. In den seltensten Fällen hat man $I(x_0) = \mathbb{R}$ *vorliegen.*

b) *Was passiert mit der AWA (7.19) im Ausnahmefall* $g(y_0) = 0$? *Offensichtlich ist in diesem Fall eine* **Lösung** *der AWA durch die konstante Funktion* $y^*(x) := y_0$ *gegeben. Existieren Berührungspunkte* (x, y_0) *der Geraden* $y^*(x)$ *mit den Lösungskurven (7.17) – also Punkte mit gemeinsamer Tangente –, so kann man in* (x, y_0) *von dieser Geraden stetig differenzierbar in eine andere Lösungskurve überwechseln. Die AWA ist* **mehrdeutig lösbar**. *Ein solcher Fall tritt im letzten Beispiel 7.12 auf. Es gilt dort* $g(y_0) = 0$ *genau für* $y_0 = 0$. *Die Gerade* $y^*(x) := 0$ *hat Berührungspunkte* $\big(x_C := \pm\sqrt{|C|}, 0\big)$ *mit jeder der Lösungskurven* $y(x) = \frac{1}{4}(x^2 + C)^2$, $C \leq 0$. *Das heißt, die AWA* $y(x_0) = 0$ *ist in jedem Anfangspunkt* x_0 *unendlich vieldeutig. Der mathematische Grund liegt in der Tatsache, dass das uneigentliche Integral*

$$\lim_{\varepsilon \to 0\pm} \int_{y_0+\varepsilon}^{y} \frac{dt}{g(t)} \quad \left(= \int_{x_0}^{x} f(s)\,ds\right)$$

existiert. Dessen Nichtexistenz ist ein **hinreichendes Eindeutigkeitskriterium**.

Satz 7.15 *Gegeben seien stetige Funktionen $f, g \in \mathrm{Abb}\,(\mathbb{R}, \mathbb{R})$ sowie ein Punkt $y_0 \in D_g$ mit $g(y_0) = 0$. Hinreichend für die eindeutige Lösbarkeit der AWA (7.19) ist, dass das uneigentliche Integral*

$$\lim_{\varepsilon \to 0\pm} \int_{y_0+\varepsilon}^{y} \frac{dt}{g(t)}$$

nicht existiert.

Hinreichend für die Divergenz bei Integralen ist die lokale Lipschitz-Stetigkeit von g, d. h., die Existenz eines $L > 0$ mit

$$|g(y) - g(y_0)| = |g(y)| \leq L|y - y_0|,$$

sofern g nahe bei y_0 auf einer Seite von $g(y_0) = 0$ bleibt, etwa $g(y) > 0$ für kleine $y > y_0$, da dann z. B. für $y > y_0$ und $\varepsilon > 0$ klein genug das Folgende gilt:

$$\int_{y_0+\varepsilon}^{y} \frac{dt}{g(t)} = \int_{\varepsilon}^{y-y_0} \frac{dt}{|g(t+y_0)|} \geq \int_{\varepsilon}^{y-y_0} \frac{dt}{Lt} \to \infty \ \text{für} \ \varepsilon \to 0.$$

Dies findet sich auch in den allgemeinen Eindeutigkeitsaussagen im späteren Abschn. 7.8 wieder.

Beispiel 7.16 *Es sei $y' = \frac{y}{x}$ die DGl aus Beispiel 7.10. Hier gilt $g(y) := y$ und somit $g(y_0) = 0$ genau für $y_0 = 0$. Das uneigentliche Integral $\lim_{\varepsilon \to 0} \int_{\varepsilon}^{y} \frac{dt}{t}$ existiert nicht, in Übereinstimmung mit der Tatsache, dass die AWA im Punkt $(x_0, 0)$, $x_0 \neq 0$, die eindeutige Lösung $y(x) := 0$ besitzt.*

Die folgenden DGln vom Typ (B) und (C) lassen sich durch Transformation auf den Typ (7.16) einer DGl mit getrennten Variablen zurückführen.

Typ (B) Homogene Differentialgleichung. Das ist die DGl

$$\boxed{y' = g\left(\frac{y}{x}\right), \ x \neq 0,} \tag{7.20}$$

worin $g \in \mathrm{Abb}\,(\mathbb{R}, \mathbb{R})$ eine **stetige** Funktion sei. Die homogene DGl (7.20) wird stets mit dem **Ansatz**

$$\boxed{y(x) =: x \cdot u(x), \ y'(x) = x \cdot u'(x) + u(x) \ \Longrightarrow \ u' = \frac{g(u) - u}{x}, \ x \neq 0,}$$

in eine DGl mit getrennten Variablen für die neue Funktion u transformiert.

Bemerkung 7.17 *Zur Erläuterung der Bezeichnung definieren wir Folgendes:*

a) Eine skalare Funktion $f \in \mathrm{Abb}\,(\mathbb{R}^n, \mathbb{R})$ *heißt* **homogen vom Grade** $p \in \mathbb{R}$*, wenn*

$$f(\lambda \mathbf{x}) = \lambda^p f(\mathbf{x}) \ \forall\, 0 \neq \lambda \in \mathbb{R} \ \forall \mathbf{x} \in D_f$$

gilt. Ist $f \in \mathrm{Abb}\,(\mathbb{R}^2, \mathbb{R})$ *homogen vom Grade 0, so gilt also* $f(x,y) = f(\lambda x, \lambda y) \ \forall \lambda \neq 0$*. Für eine solche Funktion heißt die DGl* $y' = f(x,y)$ **homogene Differentialgleichung.** *Mit der Spezifikation* $\lambda := \frac{1}{x}$*,* $x \neq 0$*, resultiert* $f(x,y) = f\left(1, \frac{y}{x}\right) =: g\left(\frac{y}{x}\right)$*. Deshalb heißt die DGl (7.20) auch* **Normalform** *einer homogenen Differentialgleichung.*

b) Eine Variablentransformation $z := \lambda x$*,* $\lambda \neq 0$*, führt auf*

$$\frac{dy}{dz}(z) = \frac{d}{dx}\left(\frac{1}{\lambda} y(\lambda x)\right) = g\left(\frac{\frac{1}{\lambda} y(\lambda x)}{x}\right).$$

Das heißt, ist $y_1(x)$ *eine Lösung der DGl (7.20), so trifft dies auch auf die Funktion* $y_2(x) := \frac{1}{\lambda} y_1(\lambda x)$ *für jedes* $\lambda \neq 0$ *zu.*

Die allgemeine Lösung $y(x,C) := \frac{1}{C} y_p(Cx)$ *gewinnt man somit aus jeder beliebigen partikulären Lösung* $y_p(x)$*.*

Beispiel 7.18 *Die Normalform der homogenen DGl*

$$x^2 y' = a^2 x^2 + y^2 + xy, \ x \neq 0 \neq a,$$

erhält man nach Division durch x^2 *als*

$$y' = a^2 + \left(\frac{y}{x}\right)^2 + \frac{y}{x}.$$

Eine Transformation auf die neue Variable $u := \frac{y}{x}$ *führt über die Relation* $y' = xu' + u$ *auf eine DGl mit getrennten Variablen der Form*

$$u' = \frac{a^2 + u^2}{x}.$$

Wir integrieren mit dem Verfahren der TdV und erhalten

$$\frac{du}{a^2 + u^2} = \frac{dx}{x} \implies \frac{1}{a} \arctan \frac{u}{a} = \int \frac{du}{a^2 + u^2} = \int \frac{dx}{x} = \ln|x| + \ln|C|,$$

wobei $C \neq 0$*.*

Wir lösen explizit nach u *auf, und durch Rücktransformation* $y(x) = xu(x)$ *lautet die allgemeine Lösung*

$$y(x) = a \cdot x \cdot \tan\left(a \ln|Cx|\right), \quad x \neq 0, \ C \neq 0,$$

die tatsächlich die oben prognostizierte Form $y(x,C) = \frac{1}{C} y_p(Cx)$ hat, wenn
$y_p(x) := a \cdot x \cdot \tan\left(a \ln|x|\right)$ *definiert wird.*

Beispiel 7.19 *Zu bestimmen ist die Lösung der AWA*

$$y' = \frac{y}{x} - \left(\frac{y}{x}\right)^2, \quad x \neq 0, \ y(1) = y_0.$$

Da hier die Normalform einer homogenen DGl vorliegt, stellen wir wieder mit der Transformation $u = \frac{y}{x}$ eine DGl mit getrennten Variablen her:

$$u' = -\frac{u^2}{x} =: f(x) \cdot g(u).$$

Die Anfangsbedingung wird gemäß $u(1) = y_0$ transformiert.

Wir haben $g(y_0) = 0$ genau für $y_0 = 0$, sodass dieser Anfangswert gesonderter Aufmerksamkeit bedarf. Das uneigentliche Integral

$$\lim_{\varepsilon \to 0} \int_{\varepsilon}^{u} \frac{dt}{g(t)} = \infty$$

ist jedoch divergent, sodass die AWA auch für den Anfangswert $y_0 = 0$ eine eindeutige Lösung besitzt, nämlich die Lösung $y(x) \equiv 0$.

Für $y_0 \neq 0$ integrieren wir mit dem Verfahren der TdV und erhalten

$$\frac{du}{u^2} = -\frac{dx}{x} \implies \frac{1}{y_0} - \frac{1}{u} = \int_{y_0}^{u} \frac{dt}{t^2} = -\int_{1}^{x} \frac{ds}{s} = -\ln|x|, \quad x \neq 0.$$

Wir können nach u auflösen und finden somit durch Rücktransformation $y(x) = xu(x)$ die gesuchte Lösung der AWA als

$$y(x) = \begin{cases} \dfrac{y_0 x}{1 + y_0 \ln|x|} & \text{für } y_0 \neq 0, \\[2ex] 0 & \text{für } y_0 = 0. \end{cases}$$

Typ (C) Für feste Zahlen $a, b, c \in \mathbb{R}$, $b \neq 0$, und für eine stetige Funktion $f \in \text{Abb}\,(\mathbb{R}, \mathbb{R})$ betrachten wir die DGl

$$y' = f(ax + by + c),$$ (7.21)

die mithilfe des **Ansatzes**

$$u(x) := ax + by(x) + c, \quad u'(x) = a + by'(x) \implies u' = a + bf(u)$$

in eine DGl mit getrennten Variablen transformiert wird.

Beispiel 7.20 *Zu bestimmen ist die Lösung der AWA*

$$y' = (x - y)^2, \quad y(0) = y_0.$$

Der obige Ansatz hat hier die Form $u(x) = x - y(x)$ und führt auf die AWA

$$u' = 1 - u^2 =: g(u), \quad u(0) = -y_0.$$

Wegen $g(y_0) = 0$ genau für $y_0 = \pm 1$, müssen die beiden Anfangswerte $y_0 = \pm 1$ wieder einer gesonderten Betrachtung unterzogen werden.

Das uneigentliche Integral

$$\lim_{\varepsilon \to 0} \int_{\mp 1 + \varepsilon}^{u} \frac{dt}{1 - t^2}$$

ist jedoch divergent; zu diesen Anfangswerten gibt es eindeutig bestimmte Lösungen $u(x) = \mp 1$ bzw. $y(x) = x \pm 1$.

Im Fall $y_0 \neq \pm 1$ integrieren wir wiederum mit dem Verfahren der TdV:

$$\frac{du}{1 - u^2} = dx \implies x = \int_{0}^{x} ds = \int_{-y_0}^{u} \frac{dt}{1 - t^2}$$

$$= \begin{cases} \operatorname{Ar\,tanh} u + \operatorname{Ar\,tanh} y_0 & : \ |y_0| < 1, \\ \operatorname{Ar\,coth} u + \operatorname{Ar\,coth} y_0 & : \ |y_0| > 1. \end{cases}$$

Hieraus gewinnen wir die Lösung in der expliziten Form

$$y(x) = \begin{cases} x - \tanh(x - C_1) & : \ C_1 = \operatorname{Ar\,tanh} y_0, \quad |y_0| < 1, \\ x - \coth(x - C_2) & : \ C_2 = \operatorname{Ar\,coth} y_0, \quad |y_0| > 1, \\ x \pm 1 & : \ y_0 = \pm 1. \end{cases}$$

Typ (D) Inhomogene lineare Differentialgleichung erster Ordnung.
Für stetige Funktionen $p, q \in \mathrm{Abb}(\mathbb{R}, \mathbb{K})$ betrachten wir die DGl

$$\boxed{y' + p(x)\, y = q(x).}$$

(7.22)

Wir verwenden die Bezeichnung

$$L_1 y := y' + p(x)\, y = \left(\frac{d}{dx} + p(x)\right) y.$$

Damit lassen sich diese Gleichungen, in enger Analogie zu linearen Gleichungssystemen $A\mathbf{x} = \mathbf{b}$, in der Form

$$L_1 y = q(x)$$

schreiben. Auch hier gilt der aus der linearen Algebra bekannte Struktursatz, welcher besagt, dass sich die allgemeine Lösung dieser inhomogenen linearen Gleichung aus einer speziellen Lösung y_p und dem Kern des linearen Operators L_1, also allen Lösungen der homogenen Gleichung $L_1 y = 0$, zusammensetzt. Es gilt

---

Satz 7.21 *Gegeben seien ein Intervall $I \subset \mathbb{R}$ und Funktionen $p, q \in \mathrm{Abb}(\mathbb{R}, \mathbb{K})$ mit $p, q \in C(I)$.*

a) Die Lösungen $y_h \in C^1(I)$ der homogenen DGl $L_1 y = 0$ bilden einen Unterraum $\mathrm{Kern}\, L_1 \subset C^1(I)$, d.h.

$$L_1 y_1 = 0 = L_1 y_2 \implies L_1(\lambda\, y_1 + \mu\, y_2) = 0 \ \ \forall\, \lambda, \mu \in \mathbb{K}.$$

b) Ist $y_p \in C^1(I)$ eine partikuläre Lösung der inhomogenen DGl $L_1 y = q(x)$, so ist die allgemeine Lösung der DGl (7.22) der affine Unterraum

$$y_p + \mathrm{Kern}\, L_1 = \left\{ y \in C^1(I) : y(x) = y_p(x) + y_h(x), \ \ y_h \in \mathrm{Kern}\, L_1 \right\}.$$

Der Satz gibt uns die Information, dass die Lösungskonstruktion für die DGl (7.22) in die folgenden zwei Teilaufgaben (H) und (P) zerfällt:

(H) Bestimmen Sie den Unterraum $\mathrm{Kern}\, L_1 \subset C^1(I)$, d.h. die **Lösungsgesamtheit** der homogenen DGl

$$L_1 y := y' + p(x)\, y = 0.$$

(P) Bestimmen Sie eine **partikuläre** Lösung $y_p \in C^1(I)$ der inhomogenen DGl

$$L_1 y := y' + p(x)\, y = q(x).$$

Satz 7.22 *Für gegebenes $p \in C(I)$ hat die homogene DGl $L_1 y = 0$ genau die allgemeine Lösung*

$$y_h(x) := C e^{-P(x)} \text{ mit } P(x) := \int p(x)\, dx, \quad C \in \mathbb{R}, \quad x \in I, \qquad (7.23)$$

in Übereinstimmung mit (7.2).

Beweis. Da die Funktion $e^{P(\cdot)}$ auf dem Intervall I nullstellenfrei ist, gilt äquivalent mit der Gleichung $L_1 y = 0$, dass

$$0 = e^{P(x)} L_1 y(x) = e^{P(x)}\big(y'(x) + p(x)\, y\big) = \frac{d}{dx}\Big(e^{P(x)} y(x)\Big), \quad x \in I.$$

Es gilt $e^{P(x)} y(x) = C = const \ \forall\, x \in I$, und dies führt schon auf die behauptete Relation (7.23).   qed

Bemerkung 7.23 *Die Teilaufgabe (H) hat also genau die Lösung (7.23). Wir erhalten diese in gleicher Weise mit dem Verfahren der TdV:*

$$\frac{dy}{y} = -p(x)\, dx \implies \ln|y| = \int \frac{dy}{y} = -\int p(x)\, dx + \ln|C|.$$

Auflösen nach $y = y(x)$ ergibt wiederum (7.23).

Die **Teilaufgabe (P)** ist bei Kenntnis der allgemeinen Lösung y_h der homogenen DGl stets konstruktiv lösbar mithilfe des D'Alembertschen Verfahrens der **Variation der Konstanten** (VdK). Dazu wird in der Darstellung (7.23) die Integrationskonstante C als **differenzierbare Funktion von** x aufgefasst (also $C = C(x)$) und führt mit diesem Ansatz auf

$$
\left.
\begin{aligned}
y_p(x) &= C(x) e^{-\int p(x)\, dx} & &\cdot p(x)\\
y_p'(x) &= C'(x) e^{-\int p(x)\, dx} - C(x) p(x) e^{-\int p(x)\, dx} & &\cdot 1
\end{aligned}
\right\} (+).
$$

Durch Einsetzen in die DGl (7.22) resultiert eine Differentialgleichung für die jetzt Unbekannte $C(\cdot)$, nämlich

$$C'(x)e^{-\int p(x)\,dx} = C'(x)e^{-P(x)} = q(x),$$

die aber sofort direkt integriert werden kann, mit dem Ergebnis

$$C(x) = \int q(x)e^{P(x)}\,dx, \quad x \in I.$$

Daraus erhalten wir eine partikuläre Lösung der inhomogenen DGl (7.22) in der Form

$$\boxed{y_p(x) = e^{-P(x)} \int q(x)e^{P(x)}\,dx, \quad x \in I.} \qquad (7.24)$$

Die Integrationskonstante darf hier 0 gesetzt werden, weil wir ja nur **eine** spezielle Lösung benötigen. Jede andere Wahl einer Integrationskonstanten wäre natürlich auch gestattet, würde allerdings die Berechnungen ggf. unnötig erschweren!

Wir fassen die beiden Teilaufgaben zusammen und erhalten

Satz 7.24 *Gegeben seien ein Intervall $I \subset \mathbb{R}$ und Funktionen $p, q \in$ Abb$(\mathbb{R}, \mathbb{K})$ mit $p, q \in C(I)$. Es sei $P(x) := \int p(x)\,dx$ eine Stammfunktion von p. Dann hat die lineare DGL*

$$L_1 y := y' + p(x)\,y = q(x), \quad x \in I,$$

die allgemeine Lösung

$$y(x) = y_h(x) + y_p(x) = e^{-P(x)}\left(C + \int q(x)e^{P(x)}\,dx\right), \quad C \in \mathbb{R}, \ x \in I.$$

Die Anfangswertaufgabe

$$L_1 y = q(x), \quad x \in I, \ y(x_0) = y_0 \ \text{mit} \ x_0 \in I$$

ist stets eindeutig lösbar mit der Lösung

$$y(x) = e^{-P_0(x)}\left(y_0 + \int_{x_0}^{x} q(t)e^{P_0(t)}\,dt\right), \quad x \in I, \ P_0(x) := \int_{x_0}^{x} p(s)\,ds.$$

Beachten Sie. Wir haben in den obigen Ausführungen die DGl in der Form

$$y' + p(x)\,y = q(x)$$

geschrieben. Häufig finden Sie auch die Formulierung

$$y' = p(x)\,y + q(x).$$

Damit drehen sich die Vorzeichen im Argument der Exponentialfunktion in den obigen Formeln um!

Genau an dieser Stelle bietet sich die Einführung der Ungleichung von Gronwall an, welche in bestimmten Bereichen bei DGln – hier bei Existenz- und Eindeutigkeitsresultaten sowie bei Stabilitätsaussagen in späteren Abschn. 7.8 und 7.9 – Anwendung findet. Es gilt

---

Satz 7.25 (Ungleichung von Gronwall) *Sei $I := [x_0, \infty)$ und $y \in C^1(I)$ mit*

$$y'(x) \le p(x)\, y(x), \quad p \in C(I).$$

Dann gilt die Abschätzung

$$y(x) \le y(x_0) e^{\int_{x_0}^x p(s)\, ds} \quad \forall x \in I.$$

Beweis. Wir setzen $u(x) := y(x) e^{-\int_{x_0}^x p(s)\, ds}$, dann gilt $u(x_0) = y(x_0)$ und

$$u'(x) = e^{-\int_{x_0}^x p(s)\, ds} \left(y'(x) - p(x) y(x) \right) \le 0$$

nach Voraussetzung, also ist u monoton fallend. Integration liefert

$$\int_{x_0}^x u'(s)\, ds = u(x) - u(x_0) \le 0.$$

Daraus folgt schließlich $u(x) \le u(x_0) = y(x_0)$, also die Behauptung

$$y(x) \le y(x_0) e^{\int_{x_0}^x p(s)\, ds}.$$

$$\text{qed}$$

Bemerkung 7.26 *Der letzte Satz 7.25 gestattet einige Verallgemeinerungen. Es gelten folgende Aussagen:*

1. Erfüllt $y \in C^1(I)$ die Ungleichung (Differentialform)

$$y'(x) \le p(x)\, y(x) + q(x), \quad p, q \in C(I),$$

dann gilt die Abschätzung

$$y(x) \le y(x_0) e^{\int_{x_0}^x p(t)\, dt} + \int_{x_0}^x q(t) e^{\int_t^x p(s)\, ds} dt \quad \forall x \in I.$$

2. Erfüllt $y \in C^1(I)$ die Ungleichung (Integralform)

$$y(x) \le \int_{x_0}^{x} p(s)\, y(s)\, ds + q(x), \quad p, q \in C(I),$$

dann gilt die Abschätzung

$$y(x) \le \int_{x_0}^{x} p(s)\, q(s) e^{\int_s^x p(t)\, dt} ds + q(x) \ \forall\, x \in I.$$

3. *Gilt speziell*

$$y(x) \le \alpha + \beta \int_{x_0}^{x} y(s)\, ds,$$

wobei $\alpha, \beta \in \mathbb{R}$ *mit* $\alpha \ge 0$ *und* $\beta > 0$, *dann gilt*

$$y(x) \le \alpha e^{\beta(x-x_0)} \ \forall\, x \in I.$$

Aufgaben dazu finden Sie in Abschn. 7.8.

Beispiel 7.27 *In der linearen DGl erster Ordnung*

$$y' - 2\left(x + \frac{1}{x}\right) y = 1, \ \ I := (0, +\infty)$$

gilt mit der Spezifikation

$$p(x) := -2\left(x + \frac{1}{x}\right) \ \ und \ \ q(x) := 1$$

sicher $p, q \in C(I)$. *Somit besitzt* p *eine Stammfunktion, nämlich*

$$P(x) = \int p(x)\, dx = -\left(x^2 + \ln x^2\right),$$

und wir erhalten gemäß Satz 7.22 die allgemeine Lösung der homogenen DGl

$$y_h(x) = C e^{x^2 + \ln x^2} = C x^2 e^{x^2}, \ \ C \in \mathbb{R}, \ x \in I.$$

Die Formel (7.24) liefert eine partikuläre Lösung der inhomogenen DGl. Mit partieller Integration erhalten wir zunächst

$$\tilde{y}_p(x) = x^2 e^{x^2} \int \frac{1}{x^2} e^{-x^2}\, dx = -x^2 e^{x^2} \left(\frac{1}{x} e^{-x^2} + 2 \int e^{-x^2}\, dx\right)$$

$$= -x - x^2 e^{x^2} \sqrt{\pi}\left(\frac{2}{\sqrt{\pi}} \int e^{-x^2}\, dx\right).$$

Als spezielle Lösung wählen wir dann

$$y_p(x) := -x - x^2 e^{x^2} \sqrt{\pi} \left(\frac{2}{\sqrt{\pi}} \int_0^x e^{-t^2}\, dt \right).$$

Hier tritt das Gausssche Fehlerintegral

$$\mathrm{erf}\,(x) := \frac{2}{\sqrt{\pi}} \int_0^x e^{-t^2}\, dt, \ \ x \geq 0,$$

auf, das genau dokumentiert vorliegt, für das aber eine Stammfunktion nicht explizit berechnet werden kann. Somit resultiert die allgemeine Lösung

$$\boxed{y(x) = y_h(x) + y_p(x) = -x + x^2 e^{x^2} \left(C - \sqrt{\pi}\,\mathrm{erf}\,(x) \right), \ \ x \in I.}$$

Beispiel 7.28 *Ein Kapital wird in gleicher Höhe K_0 sowohl bei der Stadt- und Kreissparkasse zum festen Jahreszins $z_1 := 0.75\,\%$ als auch bei der Deutschen Bank bei laufender Verzinsung zum Zinssatz $z_2 := 0.7\,\%$ angelegt. Welche Anlageform hat nach einem Jahr den höheren Ertrag gebracht?*

(A) Feste Verzinsung*: Das Kapital K beträgt nach einem Jahr*

$$K = K_0 + z_1 K_0 = 1.0075\, K_0.$$

(B) Laufende Verzinsung*: Das Kapital K erhält man als Lösung der AWA*

$$\frac{dK}{dt} = z_2 K, \ \ K(0) = K_0$$

zum Zeitpunkt $t = 1$. Da diese AWA eindeutig durch $K(t) = K_0 e^{z_2 t}$ gelöst wird, resultiert

$$K = K(1) = e^{0.007} \cdot K_0 \doteq 1.0070246\, K_0.$$

Das heißt, die Anlageform (A) erweist sich als die günstigere nach einem Jahr. Erst nach 20 Jahren kehrt sich der Effekt um, denn

$$1 + 20 z_1 = 1.15 \ \text{bei (A) und} \ \exp(20 z_2) = 1.15027 \ \text{bei (B)}.$$

Beispiel 7.29 *Beim unten skizzierten RC-Glied – der Hintereinanderschaltung von Ohmschem Widerstand R und Kapazität C – ist die Spannung am Kondensator $u_C(\cdot)$ in Abhängigkeit von der Eingangsspannung $u(\cdot)$ zu bestimmen.*

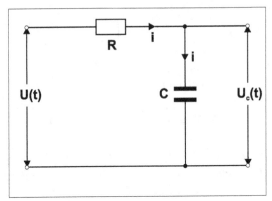

**RC-Glied, bestehend aus einem
Widerstand R und einer Kapazität C**

Nach den Kirchhoffschen Gesetzen hat man

$$u = u_R + u_C, \quad u_R = iR, \quad u_C = \frac{Q}{C}, \quad i = \frac{dQ}{dt}.$$

Darin bezeichnet Q die Ladung am Kondensator. Durch Elimination von Q, u_R und i erhalten wir die lineare inhomogene DGl erster Ordnung mit konstanten Koeffizienten

$$\dot{u}_C + \frac{1}{RC} u_C = \frac{1}{RC} u(t).$$

*Der in der Lösung der **homogenen DGl***

$$\boxed{u_h(t) = u_h(0)e^{-t/T}, \quad T := RC,}$$

*auftretende Faktor $T = RC$ heißt die **Zeitkonstante** des RC-Gliedes, das ist diejenige Zeit, in der die Spannung $u_C(t) := u_h(t)$ ohne äußeren Einfluss auf den Bruchteil e^{-1} abfällt:*

$$\frac{u_C(t + T)}{u_C(t)} = e^{-1}.$$

*Als **Sonderfälle** der **inhomogenen** DGl betrachten wir*

*a) **Ladevorgang des Kondensators** bei konstanter Eingangsspannung $u(t) := u_1 = const.$*

Da $u_p(t) := u_1$ eine partikuläre Lösung der inhomogenen DGl ist, wird die AWA bei $t = 0$ zum Anfangswert $u_C(0) = u_0$ eindeutig durch folgende Funktion gelöst:

$$\boxed{u_C(t) = u_1 + (u_0 - u_1)e^{-t/T}.}$$

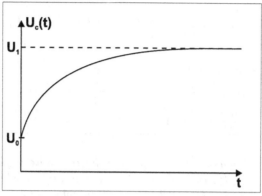

Ladevorgang eines Kondensators

b) **Wirkung als Integrierglied** *gegenüber periodischer Eingangsspannung* $u(t) = u(t + \omega)$.

Wir bestimmen eine partikuläre Lösung $u_p(t)$ *mit dem Ansatz der VdK:*

$$\left. \begin{array}{ll} u_p(t) = K(t)e^{-t/T} & \bigg| \cdot \frac{1}{T} \\[2mm] u'_p(t) = K'(t)e^{-t/T} - K(t)\frac{1}{T}e^{-t/T} & \bigg| \cdot 1 \end{array} \right\} (+).$$

Durch Einsetzen in die inhomogene DGl erhält man $K'(t) = \frac{1}{T}e^{t/T}u(t)$ *und somit*

$$u_p(t) = \frac{1}{T}\int_0^t e^{(s-t)/T}u(s)\,ds.$$

Wir zeigen nun, dass aus der allgemeinen Lösung

$$u_C(t) = Ke^{-\frac{t}{T}} + \frac{1}{T}\int_0^t e^{(s-t)/T}u(s)\,ds$$

eine ω-*periodische partikuläre Lösung* $u_\omega(t)$ *konstruiert werden kann, sofern* $\omega \neq T$ *gilt. Dazu muss* **notwendig** $u_\omega(0) = u_\omega(\omega)$ *erfüllt sein:*

$$K = Ke^{-\omega/T} + \frac{1}{T}\int_0^\omega e^{(s-\omega)/T}u(s)\,ds \implies$$

$$K = \frac{1}{T(1 - e^{-\omega/T})}\int_0^\omega e^{(s-\omega)/T}u(s)\,ds.$$

Es resultiert nach einigen elementaren Rechenschritten

$$u_\omega(t) = \frac{e^{-t/T}}{T(1 - e^{-\omega/T})} \left(\int\limits_t^\omega e^{(s-\omega)/T} u(s)\, ds + \int\limits_0^t e^{s/T} u(s)\, ds \right)$$

und schließlich durch Substitution $s - \omega \mapsto s$ im ersten Integral

$$u_\omega(t) = \frac{1}{T(1 - e^{-\omega/T})} \int_{t-\omega}^t e^{(s-t)/T} u(s)\, ds.$$

*Dass die Bedingung $u_\omega(0) = u_\omega(\omega)$ auch **hinreichend** für die ω-Periodizität $u_\omega(t + \omega) = u_\omega(t)$ war, überprüft man nun durch Rechnung an der konstruierten Lösung. Die DGl hat somit die folgende allgemeine Lösung*

$$u_C(t) = u_h(t) + u_\omega(t) = K e^{-t/T} + \frac{1}{T(1 - e^{-\omega/T})} \int_{t-\omega}^t e^{(s-t)/T} u(s)\, ds.$$

Für $t \gg 1$ verhält sich diese Lösung asymptotisch wie $u_\omega(t)$

$$u_\infty(t) \approx u_\omega(t) = \frac{1}{T(1 - e^{-\omega/T})} \int\limits_{-\omega}^0 e^{s/T} u(s + t)\, ds.$$

Wird noch $\omega/T \ll 1$ angenommen, so gelten die beiden Näherungen

$$1 - e^{-\omega/T} \approx \omega/T \quad und \quad e^{s/T} \approx 1.$$

Es folgt

$$u_\omega(t) \approx \frac{1}{\omega} \int_{-\omega}^0 u(s + t)\, ds, \quad \frac{\omega}{T} \ll 1.$$

Wegen

$$\frac{d}{dt} \int\limits_{-\omega}^0 u(s + t)\, ds = \int\limits_{-\omega}^0 u'(s + t)\, ds = u(s + t)\Big|_{s=-\omega}^0 = u(t) - u(t - \omega) = 0,$$

ist das Integral nun von t unabhängig, sodass schließlich

$$u_\infty(t) \approx \frac{1}{\omega} \int\limits_{-\omega}^0 u(s + \omega)\, ds = \frac{1}{\omega} \int\limits_0^\omega u(s)\, ds, \quad \frac{\omega}{T} \ll 1, \quad t \gg 1.$$

*Am Kondensator stellt sich also näherungsweise der **Integralmittelwert** der Eingangsspannung $u(\cdot)$ ein, wenn eine hinreichend lange Zeitspanne* *verstrichen ist. Daher heißt das RC-Glied manchmal auch* **Integrier-glied.**

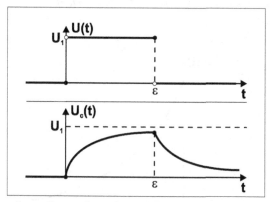

Sprungimpuls und Response an einem *RC***-Glied**

c) **Sprungimpuls.** *Es sei* $u(\cdot)$ *als zeitbegrenzter Sprungimpuls*

$$
u_\varepsilon(t) := \begin{cases} 0 & : t \le 0, \\ u_1 & : 0 < t \le \varepsilon, \\ 0 & : t > \varepsilon \end{cases}
$$

vorgegeben. Aus der Lösung unter a) erhalten wir dann

$$
u_C(t) = u_1\big(1 - e^{-t/T}\big) \text{ für } 0 \le t \le \varepsilon.
$$

Daraus gewinnt man den Funktionswert $u_C(\varepsilon) = u_1\big(1 - e^{-\frac{\varepsilon}{T}}\big)$ *und somit für* $t > \varepsilon$ *die Lösung*

$$
u_C(t) = u_C(\varepsilon)\, e^{-(t-\varepsilon)/T} = u_1\big(e^{\varepsilon/T} - 1\big)\, e^{-t/T}, \ t > \varepsilon.
$$

Wird speziell $u_1 := U/\varepsilon$ *angenommen, so erfährt der Kondensator einen maximalen Spannungsstoß*

$$
u_{C\,\text{max}} = u_C(\varepsilon) = \frac{U}{\varepsilon}\left(1 - e^{-\varepsilon/T}\right) \le \frac{U}{T}, \ \varepsilon > 0,
$$

und es existiert der Grenzwert

$$
\lim_{\varepsilon \to 0+} u_C(t) = \frac{U}{T}\, e^{-t/T}, \ t > 0,
$$

obwohl der Grenzwert der Eingangsspannung

$$\lim_{\varepsilon \to 0+} u_\varepsilon(t)$$

im Funktionensinn **nicht** *existiert. Man spricht von einem* **Dirac-Impuls** *der Intensität U.*

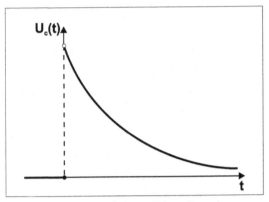

Response auf einen Dirac-Impuls

Typ (E) Bernoulli-Differentialgleichung. Das ist die DGl

$$y' + p(x)\,y = q(x)\,y^r, \ \ y \geq 0, \tag{7.25}$$

worin $p, q \in \mathrm{Abb}\,(\mathbb{R}, \mathbb{R})$ stetige Funktionen seien und $0 \neq r \neq 1$ gelte, anderenfalls läge eine Gleichung vom Typ (D) vor. Für ganzzahliges r können auch Lösungen $y < 0$ sinnvoll sein. Die Bernoulli-DGl (7.25) wird stets mit dem **Ansatz**

$$z(x) := y^{1-r}(x) \implies z'(x) = (1-r)y^{-r}(x) \cdot y'(x)$$

in eine lineare DGl erster Ordnung der Form

$$z' + (1-r)p(x)\,z = (1-r)q(x)$$

für die neue Funktion $z = z(x)$ transformiert.

Beispiel 7.30 *Zu bestimmen ist die Lösung der AWA*

$$y' + \frac{2x}{1+x^2}\,y = \frac{2x}{\sqrt{1+x^2}}\,\sqrt{|y|}\,\mathrm{sign}\,y, \ \ y(2) = \frac{9}{20}.$$

Fall (A). *Der Anfangswert* $y_0 := \frac{9}{20}$ *liegt im Bereich* $y > 0$. *Wir suchen also Lösungen* $y > 0$ *der Bernoulli-DGl*

$$y' + \frac{2x}{1+x^2}\, y = \frac{2x}{\sqrt{1+x^2}}\, y^r, \quad r := \frac{1}{2},$$

zum Anfangswert $y(2) = y_0$. *Wir stellen mit der Transformation* $z(x) :=$ $\sqrt{y(x)}$ *eine AWA für eine lineare DGl erster Ordnung her:*

$$z' + \frac{x}{1+x^2}\, z = \frac{x}{\sqrt{1+x^2}}, \quad z(2) = \frac{3}{10}\sqrt{5}.$$

Zunächst lösen wir die homogene DGl mit dem Verfahren der TdV:

$$\frac{dz}{z} = -\frac{x\,dx}{1+x^2} \;\Longrightarrow\; \ln|z| = \int \frac{dz}{z} = -\int \frac{x\,dx}{1+x^2} = -\frac{1}{2}\ln(1+x^2) + \ln|C|.$$

Es resultiert die Lösung

$$z_h(x) = \frac{C}{\sqrt{1+x^2}}, \quad x \in \mathbb{R}.$$

Eine partikuläre Lösung der inhomogenen DGl ermitteln wir mit dem Ansatz der VdK

$$\left.\begin{array}{ll} z_p(x) = \dfrac{C(x)}{\sqrt{1+x^2}} & \quad \cdot \dfrac{x}{1+x^2} \\[3mm] z_p'(x) = \dfrac{C'(x)}{\sqrt{1+x^2}} - \dfrac{xC(x)}{(1+x^2)^{3/2}} & \quad \cdot 1 \end{array}\right\} (+).$$

Durch Einsetzen in die inhomogene DGl erhält man $C'(x) = x$ *und somit* $z_p(x) = \frac{x^2}{2\sqrt{1+x^2}}$. *Die allgemeine Lösung der transformierten DGl lautet nun*

$$z(x) = z_h(x) + z_p(x) = \frac{C^* + x^2}{2\sqrt{1+x^2}}, \quad x \in \mathbb{R}, \; C^* := 2C.$$

Bei der Rücktransformation $z(x) = \sqrt{y(x)}$ *muss jedoch auf die Bedingung* $z(x) \geq 0$ *oder äquivalent* $x^2 \geq -C^*$ *geachtet werden. Deshalb resultiert*

$$y(x) = \frac{(C^* + x^2)^2}{4(1+x^2)}, \quad x^2 \geq -C^*,$$

und die Lösung der AWA erfordert

$$z(2) = \frac{1}{10}\sqrt{5}(C^* + 4) \stackrel{!}{=} \frac{3}{10}\sqrt{5},$$

also $C^* = -1$. *Somit lautet die gesuchte Lösung der AWA*

$$\boxed{\; y(x) = \frac{(x^2 - 1)^2}{4(x^2 + 1)}, \quad x^2 \geq 1. \;}$$

Fall (B). *Lösungen $y < 0$ der DGl sind für die gestellte AWA zwar nicht relevant, sie existieren aber. Setzt man nämlich $u(x) := -y(x)$, $u > 0$, so gilt für u dieselbe Bernoulli-DGl wie in (A):*

$$u' + \frac{2x}{1+x^2}\, u = \frac{2x}{\sqrt{1+x^2}}\, u^r, \quad r := \frac{1}{2}.$$

Wir erhalten somit die Lösungsschar

$$\boxed{y(x) = -\frac{(C^* + x^2)^2}{4(1+x^2)}, \quad x^2 \geq -C^*.}$$

Typ (F) Riccati-Differentialgleichung. Das ist die DGl

$$\boxed{y' + p(x)\, y + q(x)\, y^2 = r(x),} \qquad (7.26)$$

worin $p, q, r \in \mathrm{Abb}\,(\mathbb{R}, \mathbb{R})$ **stetige** Funktionen seien. Abgesehen von Spezialfällen – z. B. liegt für $r(x) := 0$ eine Bernoulli-DGl vor – ist die Riccati-DGl (7.26) i. Allg. **nicht** geschlossen lösbar.

In einigen Fällen kann jedoch eine partikuläre Lösung geraten werden. Mit dieser Kenntnis ist es dann möglich, die allgemeine Lösung wie folgt anzugeben:

Satz 7.31 *Gegeben seien ein Intervall $I \subset \mathbb{R}$ und Funktionen p, q, $r \in C(I)$. Ist $y_1 \in C^1(I)$ eine partikuläre Lösung der Riccati-DGl (7.26), so findet man ihre allgemeine Lösung mithilfe des Ansatzes*

$$y(x) = y_1(x) + u(x) \qquad (7.27)$$

und durch Integration der Bernoulli-DGl

$$u' + \big(p(x) + 2q(x)y_1(x)\big)\, u = -q(x)\, u^2. \qquad (7.28)$$

Diese überführt man mittels der Transformation $z(x) := 1/u(x)$ in die folgende lineare DGl erster Ordnung für die gesuchte Funktion $z = z(x)$:

$$z' - \big(p(x) + 2q(x)y_1(x)\big)\, z = q(x). \qquad (7.29)$$

Beispiel 7.32 *Wir betrachten die Riccati-DGl*

$$y' + 4x^3 y - 2xy^2 = 2x(x^4 + 1).$$

Nehmen Sie als Daumenregel *zur Ermittlung einer partikulären Lösung einen Ansatz der Form*

$$y_1(x) = \beta x^\alpha,$$

da die rechte Seite nur x-Potenzen enthält. Daraus resultiert

$$\beta \alpha x^{\alpha-1} + 4\beta x^{\alpha+3} - 2\beta^2 x^{2\alpha+1} \overset{!}{=} 2x^5 + 2x.$$

Das Paar $\alpha = 2$, $\beta = 1$ führt zum gewünschten Erfolg. Das heißt, die gegebene Riccati-DGl hat eine partikuläre Lösung

$$y_1(x) = x^2,$$

was eine Probe bestätigt. Wir können somit die lineare DGl (7.29) aufstellen als

$$z' - \underbrace{\left(4x^3 - 4x \cdot x^2\right)}_{=0} z = -2x.$$

Die elementar bestimmbare Lösung $z(x) = C - x^2$ führt nun für $x^2 \neq C$ auf die Funktion

$$u(x) := \frac{1}{z(x)} = \frac{1}{C - x^2},$$

und vermöge (7.27) erhalten wir die allgemeine Lösung in der Form

$$\boxed{y(x) = x^2 + \frac{1}{C - x^2}, \quad x^2 \neq C.}$$

Beachten Sie, dass die partikuläre Lösung $y_1(x) = x^2$ im Limes $C \to \infty$ aus der allgemeinen Lösung folgt.

Aufgaben

Aufgabe 7.6. Lösen Sie nachfolgende gewöhnliche Differentialgleichungen durch Trennung der Variablen:

a) $y' = x^2 y$,   b) $y' = xy^2$,   c) $y' = (1 - e^{-x}) y$,

d) $y' = xy/(1 - x^2)$,   e) $y' = 3x^2/e^y$,   f) $y' = y^2 - 1$.

Aufgabe 7.7. Untersuchen Sie, für welchen Anfangswert $y(0) = a$ die Differentialgleichung $y' = e^x y^2$ eine Lösung hat, und berechnen Sie diese.

Aufgabe 7.8. Bestimmen Sie die Lösung der Anfangswertaufgabe

$$y'y = e^x, \quad y(0) = 2.$$

Aufgabe 7.9. Bestimmen Sie die Lösung der Anfangswertaufgabe

$$2x^2 y' = y^2, \quad y(1) = 4.$$

Aufgabe 7.10. Sei $y' = \tan(x+y) - 1$. Lösen Sie die Anfangswertaufgaben

$$a)\ y(0) = \pi/6, \quad b)\ y(0) = 0$$

mit dem Ansatz $z := x + y$.

Aufgabe 7.11. Ein Tank enthalte 1000 l Wasser, in dem 50 kg Salz gelöst sind. Ab dem Zeitpunkt $t_0 = 0$ strömen pro Minute 10 l der Lösung aus dem Tank heraus sowie 10 l Wasser mit einem Salzgehalt von 2 kg hinzu. Ein Superrührgerät mischt die Lösung sofort vollständig.

a) Wie groß ist der Salzgehalt $u(t)$ für $t > 0$?

b) Anstelle 10 l Wasser pro Minute sollen nun 15 l Wasser pro Minute hinzufließen, und zwar mit einem Salzgehalt von 3 kg (d. h. derselben Konzentration wie in a)). Berechnen Sie wieder den Salzgehalt $u(t)$ für $t > 0$.

Aufgabe 7.12. Bestimmen Sie alle Lösungen der folgenden Differentialgleichungen:

a) $t\dot{x}(t) = x(t) + te^{x(t)/t}$,

b) $x^2 y'(x) = y(x)\big(x + y(x)\big)$,

c) $y' = \dfrac{y}{x}\big(\ln y - \ln x\big),\ x, y > 0$.

Aufgabe 7.13. Lösen Sie die Anfangswertaufgabe

$$x^2 y' = x^2 + xy + y^2, \quad y(-e) = -e \tan 1.$$

Aufgabe 7.14. Lösen Sie die Anfangswertaufgabe

$$y' = (x + y - 5)^2, \quad y(0) = 6.$$

Aufgabe 7.15. Bestimmen Sie alle Lösungen der inhomogenen Differentialgleichung erster Ordnung

$$y' = \sin x \, \big(y + \cos x\big).$$

Aufgabe 7.16. Untersuchen Sie, für welchen Anfangswert $y(0) = a$ die Differentialgleichung $y'(x) + xy(x) = x$ eine Lösung hat, und berechnen Sie diese.

Aufgabe 7.17. Für welche Anfangswerte $y(0) = a$ hat die Differentialgleichung

$$xy'(x) = y(x) + 2x^3$$

eine Lösung? Bestimmen Sie alle Lösungen.

Aufgabe 7.18. Lösen Sie die Bernoulli-Differentialgleichungen

$$\text{a) } y' = y - 3xy^4, \quad \text{b) } y' = xy + x^3y^3.$$

Aufgabe 7.19. Lösen Sie die Bernoulli-Differentialgleichung

$$x \ln x \cdot y' - y - x^2 y^2 \ln x = 0.$$

Aufgabe 7.20. Lösen Sie die Riccati-Differentialgleichungen, indem Sie zunächst durch geeignete Ansätze spezielle Lösungen für die nachfolgenden Gleichungen ermitteln:

a) $y' = (1 - x)y^2 + (2x - 1)y - x$,

b) $y' = e^{-x}y^2 + y - e^x$.

Aufgabe 7.21. Lösen Sie die Riccati-Differentialgleichungen, indem Sie zunächst durch geeignete Ansätze spezielle Lösungen für die nachfolgenden Gleichungen ermitteln:

a) $y' = y^2 - (2x + 1)y + 1 + x + x^2$,

b) $y' = y^2 + 1 - x^2$.

Aufgabe 7.22. Seien $\{a_n\}$, $\{b_n\}$ und $\{c_n\}$, $n \in \mathbb{N}_0$, drei Folgen nichtnegativer, reeller Zahlen und sei $\{c_n\}$ monoton wachsend. Weiterhin gelte $a_0 + b_0 \leq c_0$ und

$$a_n + b_n \leq c_n + \lambda \sum_{m=0}^{n-1} a_m \quad \text{für } n \geq 1, \ \lambda > 0.$$

Zeigen Sie, dass dann auch

$$a_n + b_n \leq c_n e^{\lambda n} \quad \text{für } n \geq 0$$

gilt (diskrete Gronwall-Ungleichung). Kann man die Forderung der Nichtnegativität an die Folgen $\{a_n\}$, $\{b_n\}$ und $\{c_n\}$ noch abschwächen?

Hinweis. Zeigen Sie zuerst mittels vollständiger Induktion, dass für alle $n \geq 0$ die Abschätzung $a_n + b_n \leq c_n(1 + \lambda)^n$ gilt.

7.3 Vollständige Differentialgleichung und integrierender Faktor

Ist $\tilde{y}$ Lösung einer DGl

$$y'(x) = f\big(x, y(x)\big), \quad x \in I \tag{7.30}$$

und ist $\tilde{y}'(x) \neq 0$ für alle $x \in I$, d. h., $\tilde{y}$ ist invertierbar, dann erfüllt auch

$$\tilde{x}(y) := \tilde{y}^{-1}(y) \text{ für } y \in \text{Bild}\,\tilde{y} \tag{7.31}$$

eine DGl, nämlich

$$\tilde{x}'(y) := \frac{d}{dy}\tilde{x}(y) = \frac{1}{\tilde{y}'(x)} = \frac{1}{f\big(\tilde{x}(y), y\big)}. \tag{7.32}$$

Bei der Herleitung der Formel (7.17) zur TdV wurde formal mit Differentialen operiert und die DGl in der Form (bei $f(x,y) = h(x)g(y)$)

$$\frac{dy}{g(y)} = h(x)dx \tag{7.33}$$

geschrieben. Die Lösungsformel liefert aber nur dann eine geschlossene Lösung, wenn die Inverse von G nach (7.18) explizit angegeben werden kann. Ist dies nicht möglich, aber für F, so ergibt sich eine explizite Darstellung von $x = x(y)$. Dies ist immer der Fall für autonome Gleichungen, d. h. für $F(x) = 1$. Entsprechend liefert (7.32) bei getrennten Variablen ebenfalls (7.33). Man kann also $\tilde{y} = \tilde{y}(x)$ und $\tilde{x} = \tilde{x}(y)$ als zwei Parametrisierungen einer (Lösungs-)Kurve auffassen. Im Allgemeinen werden nicht beide global oder auch keine von beiden global möglich sein.

Einer skalaren Funktion $y \in \text{Abb}\,(\mathbb{R}, \mathbb{R})$, die über einem Intervall $I \subset \mathbb{R}$ die Regularität $y \in C^1(I)$ besitzt, kann stets vermöge

$$\mathbf{x}(t) := \big(t, y(t)\big)^T, \quad \|\dot{\mathbf{x}}(t)\| = \sqrt{1 + (y')^2(t)} \geq 1, \quad t \in I,$$

eine ebene reguläre Parameterkurve $\mathbf{x} = \mathbf{x}(t)$ zugeordnet werden. Die Umkehrung gilt nicht: Nicht jede ebene reguläre Parameterkurve $\mathbf{x} = \mathbf{x}(t)$ lässt eine explizite Darstellung $y = y(x)$ mit $y \in C^1(I)$ zu. So gestattet beispielsweise die durch die Gleichung

$$F(x, y) := x^2 + y^2 - c^2, \quad c > 0, \tag{7.34}$$

implizit definierte Kreisschar sehr wohl eine reguläre Parameterdarstellung

$$\mathbf{x}(t) = \big(c\cos t, c\sin t\big)^T, \quad t \in [0, 2\pi),$$

während eine explizite Darstellung nur **lokal** für die zwei Halbkreise

$$y_\pm(x) = \pm\sqrt{c^2 - x^2}, \ x \in I := [-c, c],$$

möglich ist. Diese Darstellung ist nicht einmal auf dem ganzen Intervall I C^1-regulär; in den Intervallendpunkten $x = \pm c$ existieren keine endlichen Ableitungen. Als Ursache stellen wir fest, dass durch implizites Differenzieren der Gleichung (7.34) die Beziehung

$$0 = F_x(x, y) + F_y(x, y) \cdot y'(x) = 2x + 2y(x) \cdot y'(x)$$

resultiert und daraus die explizite DGl vom Typ (7.15)

$$y' = -\frac{x}{y} =: f(x, y), \tag{7.35}$$

in der sich die Singularität in der Ableitung der expliziten Darstellung bei $y = 0$ widerspiegelt. Da die Funktion $F(x, y)$ vollständig symmetrisch in den beiden Variablen x, y ist, erhält man durch Rollentausch ganz analog zu (7.35) die explizite DGl

$$x' = -\frac{y}{x} := \tilde{f}(x, y) \tag{7.36}$$

mit den Lösungskurven $x_\pm(y) = \pm\sqrt{c^2 - y^2}$. Diese sind in den Punkten $y = \pm c$ nicht mehr differenzierbar, also dort, wo $x = 0$ gilt, und somit, wo die DGl (7.36) singulär wird. Man vermeidet die offenbar nur von der Wahl der expliziten Darstellungen abhängigen Singularitäten in den DGln (7.35) und (7.36) durch Betrachten der symmetrischen Form

$$x \, dx + y \, dy = 0, \tag{7.37}$$

in der die Symmetrie der Funktion $F(x, y)$ in x und y angemessen berücksichtigt wird. Darüber hinaus wird durch (7.37) nicht **kanonisch** festgelegt, welche der Variablen als abhängig oder als unabhängig gelten soll. Die Gleichung (7.37) ist ein Spezialfall von

$$\boxed{P(x, y) \, dx + Q(x, y) \, dy = 0,} \tag{7.38}$$

worin $P, Q \in \text{Abb}(\mathbb{R}^2, \mathbb{R})$ **stetige** Funktionen seien.

Definition 7.33 *Die Gleichung (7.38) heißt* **Differentialform einer DGl**. *Eine Kurve* $x = x(t), y = y(t), t \in \tilde{I}$ *für ein Intervall* $\tilde{I} \subset \mathbb{R}$ *heißt Lösung von (7.38) auf* $\tilde{I}$, *wenn* $x, y \in C^1(\tilde{I}, \mathbb{R})$ *und*

$$P\big(x(t), y(t)\big) \, \dot{x}(t) + Q\big(x(t), y(t)\big) \, \dot{y}(t) = 0 \ \text{für alle } t \in \tilde{I} \tag{7.39}$$

> *gilt. Eine Lösung heißt regulär, wenn $(\dot{x}(t), \dot{y}(t)) \neq 0$ für alle $t \in \tilde{I}$.*

Bemerkungen 7.34

a) *Eine Lösung $y = \tilde{y}(x)$ von (7.17) ist also (mit der Parametrisierung $t = x$, $\tilde{I} = I$) eine reguläre Lösung der Differentialform einer DGl*

$$f(x, y)dx - dy = 0.$$

b) *Im Spezialfall $t = x \in I =: \tilde{I}$ gilt also bei (7.38)*

$$P\big(x, y(x)\big) + Q\big(x, y(x)\big) \frac{dy}{dx} = 0$$

und bei $Q(x, y(x)) \neq 0$ für $x \in I$

$$\frac{dy}{dx} = -\frac{P(x, y)}{Q(x, y)}.$$

Analog ergibt sich für $t = y \in \tilde{I}$

$$P(x(y), y) \frac{dx}{dy} + Q(x(y), y) = 0$$

und bei $P(x(y), y) \neq 0$ für $y \in \tilde{I}$

$$\frac{dx}{dy} = -\frac{Q(x, y)}{P(x, y)}.$$

*In Punkten (x_0, y_0) mit $P(x_0, y_0) = 0 = Q(x_0, y_0)$ kann der Differentialform (7.38) offenbar keine explizite DGl zugeordnet werden. Diese **singulären Punkte** werden noch Gegenstand weiterer Untersuchungen sein.*

c) *Ist $(\tilde{x}(t), \tilde{y}(t))$, $t \in \tilde{I}$, eine Lösungskurve von (7.38) und ist $(x(s), y(s))$, $s \in \hat{I}$, eine weitere Parametrisierung, dann ist auch diese eine Lösungskurve von (7.38). Denn es gibt dann ein stetig differenzierbares, bijektives $\psi : \hat{I} \to \tilde{I}$, sodass mit stetig differenzierbarem ψ^{-1}*

$$t = \psi(s), \quad \tilde{x}(t) = (\tilde{x} \circ \psi)(s) = x(s)$$

und damit wegen

$$\frac{d}{ds} x(s) = \dot{\tilde{x}}(t) \frac{d}{ds} \psi(s)$$

und analog für y

$$P\big(x(s),y(s)\big)\,\frac{d}{ds}x(s) + Q\big(x(s),y(s)\big)\,\frac{d}{ds}y(s) = 0.$$

d) Ist x, y Lösung der Differentialform einer DGl zu P und Q, dann auch zu λP, λQ für jedes stetige λ = λ(x, y). Ist λ$\big(x(t),y(t)\big)$ ≠ 0 für alle t ∈ Ĩ gilt auch die Umkehrrichtung. Bei getrennten Variablen f(x, y) = f(x)g(y) lautet die Differentialform

$$f(x)g(y)\,dx - dy = 0$$

bzw. bei g(y) ≠ 0 äquivalent

$$f(x)\,dx - \frac{1}{g(y)}\,dy = 0.$$

Hier sind also P(x, y) = f(x) und Q(x, y) = −1/g(y) so, dass eine Funktion F = F(x, y) explizit vorliegt mit

$$\frac{\partial}{\partial x}F(x,y) = P(x,y), \quad \frac{\partial}{\partial y}F(x,y) = Q(x,y),$$

nämlich

$$F(x,y) = \int f(x)\,dx - \int \frac{1}{g(y)}\,dy.$$

Dies gilt allgemein für P(x, y) = P(x), Q(x, y) = Q(y). Lösungen sind also durch die Niveauflächenbedingung

$$F(x,y) = c$$

bzw. bei einer AWA die durch F(x, y) = c =: F(x_0, y_0) definierten Kurven.

Die DGl in Differentialform lässt sich auch äquivalent als Differentialgleichungssystem schreiben, wie der folgende Satz aussagt:

Satz 7.35 *Es ist (x, y) eine reguläre Lösung von (7.38) genau dann, wenn eine Parametrisierung x = x(s), y = y(s), s ∈ Î, für ein Intervall Î existiert und wenn (x, y) Lösung des Differentialgleichungssystems*

$$\dot{x}(s) = Q\big(x(s),y(s)\big), \quad \dot{y}(s) = -P\big(x(s)y(s)\big)$$

ist und $(\dot{x}(s),\dot{y}(s)) \neq 0$ für s ∈ Î.

Beweis. Es müssen beide Richtungen gezeigt werden, wobei „⇐" sofort folgt. Wir kommen zu „⇒":

Sei $t \in \tilde{I}$ eine Parametrisierung nach Definition 7.33. Dann ist für jedes $t \in \tilde{I}$ $(\dot{x}(t), \dot{y}(t)) \neq 0$ orthogonal zu $(P(x(t), y(t)), Q(x(t), y(t)))$, d. h., es existiert ein $\lambda(t) \neq \mathbf{0}$, sodass

$$(\dot{x}(t), \dot{y}(t)) = \lambda(t)\Big(Q(\varphi(t)), -P(\varphi(t))\Big)$$

mit $\varphi(t) := (x(t), y(t))$. Damit ist auch $(Q(\varphi(t)), -P(\varphi(t))) \neq \mathbf{0}$ und damit $\lambda \in C(\tilde{I}, \mathbb{R} \setminus \{0\})$. Sei

$$\alpha(t) = \int\limits_{t_0}^{t} \lambda(\tau) d\tau \qquad (7.40)$$

für $t_0 \in \tilde{I}$, $\hat{I} := \alpha(\tilde{I})$ und $x(s) := x(\alpha^{-1}(s))$, $y(s) := y(\alpha^{-1}(s))$, $s = \alpha(t) \in \hat{I}$, dann

$$(\dot{x}(s), \dot{y}(s)) = \frac{1}{\dot{\alpha}(t)} (\dot{x}(t), \dot{y}(t)) = \frac{1}{\lambda(t)} \lambda(t)(Q(\varphi(t)), -P(\varphi(t)))$$

$$= (Q(x(s), y(s)), -P(x(s), y(s)))$$

und damit die Behauptung.   qed

Andererseits lehrt das Beispiel der Kreisgleichung, dass Kurven in einer Niveaufläche $F(x, y) = c$ einer differenzierbaren Funktion $F \in \text{Abb}(\mathbb{R}^2, \mathbb{R})$ der folgenden Differentialform genügen:

$$F_x(x, y) \, dx + F_y(x, y) \, dy \equiv dF = 0, \qquad (7.41)$$

denn aus $F(x(t), y(t)) = c$ folgt mit der Kettenregel

$$0 = \frac{d}{dt} F(x(t), y(t)) = F_x(x(t), y(t)) \, \dot{x}(t) + F_y(x(t), y(t)) \, \dot{y}(t). \qquad (7.42)$$

Da hier das **vollständige Differential** dF der Funktion F auftritt, erklärt sich die folgende

---

Definition 7.36 *Die Differentialform (7.38) heißt **vollständige DGl**, wenn es eine **stetig differenzierbare Funktion** $F \in \text{Abb}(\mathbb{R}^2, \mathbb{R})$ gibt mit*

$$F_x(x, y) = P(x, y), \quad F_y(x, y) = Q(x, y). \qquad (7.43)$$

Das heißt, in diesem Fall ist das Vektorfeld $(P, Q)^T$ ein Potentialfeld mit dem Potential F.

*Eine stetig differenzierbare Funktion $F \in \text{Abb}(\mathbb{R}^2, \mathbb{R})$ heißt **Stamm-***

funktion der Differentialform (7.38), wenn es eine Hilfsfunktion $\lambda(x,y) > 0$ gibt mit

$$F_x(x,y) = \lambda(x,y)\,P(x,y), \quad F_y(x,y) = \lambda(x,y)\,Q(x,y). \tag{7.44}$$

Die Funktion λ heißt dann **integrierender Faktor** oder **Eulerscher Multiplikator** der Differentialform (7.38).

Folgerung 7.37 Ist $F \in \text{Abb}\,(\mathbb{R}^2, \mathbb{R})$ eine Stammfunktion der Differentialform (7.38) und $C \in \mathbb{R}$ eine Konstante. Dann ist die **allgemeine Lösung** von (7.38) implizit durch folgende Gleichung gegeben:

$$\boxed{F(x,y) = C.} \tag{7.45}$$

Beweis. Aus (7.45) folgt für eine Kurve $(x,y)^T \subset \mathbb{R}^2$, die $F\big(x(t),y(t)\big) = C$ erfüllt, dass

$$0 = \lambda\big(x(t),y(t)\big)\big(P(x(t),y(t))\,\dot{x}(t) + Q(x(t),y(t))\,\dot{y}(t)\big),$$

und wegen $\lambda(x,y) > 0$ muss nun (7.38) gelten.

Ist andererseits $(x,y)^T$ eine Lösungskurve von (7.38), dann zeigt die Rechnung (7.42), dass

$$\frac{d}{dt}F\big(x(t),y(t)\big) = 0$$

und damit $F\big(x(t),y(t)\big) = C$ für eine Konstante $C \in \mathbb{R}$.

qed

Bemerkung 7.38 DGln mit getrennten Variablen, d. h.,

$$h(x)g(y)dx - dy = 0,$$

sind also nicht vollständig (wie jede explizite DGl, sofern f nicht konstant ist), haben aber für $g(y) \neq 0$ eine Stammfunktion mittels des integrierenden Faktors $\lambda(x,y) = 1/g(y)$ und $F(x,y) = \int h(x)dx - \int \frac{1}{g(y)}dy$.

Beispiel 7.39 Wir betrachten für $a,b > 0$ die Funktion

$$F(x,y) := a^2x^2 + b^2y^2.$$

Wegen $F_x(x,y) = 2a^2x$ und $F_y(x,y) = 2b^2y$ ist sie Stammfunktion der vollständigen DGl

$$2a^2 x\, dx + 2b^2 y\, dy = 0,$$

deren allgemeine Lösung somit die **Ellipsenschar**

$$F(x,y) = a^2 x^2 + b^2 y^2 = C \geq 0$$

ist.

Stammfunktionen $F : \mathbb{R}^2 \to \mathbb{R}$ der Differentialform (7.38) existieren immer, wenn eine vollständige DGl vorliegt. Ihre Bestimmung wirft zwei Fragen auf:

(A) Welches Kriterium gibt **ohne** Kenntnis der (Stamm-)Funktion F aus (7.43) an, dass die Differentialform vollständig ist?

(B) Welche Konstruktionsvorschrift gestattet die Bestimmung von Stammfunktionen einer vollständigen DGl?

Satz 7.40 *Es sei $\Omega \subset \mathbb{R}^2$ ein* **einfach zusammenhängendes** *Gebiet (siehe Definition 5.1), und es seien Funktionen $P, Q \in C^1(\Omega)$ gegeben. Genau dann ist die Differentialform (7.38) vollständig, wenn*

$$P_y(x,y) = Q_x(x,y) \ \ \forall\, (x,y) \in \Omega. \tag{7.46}$$

Eine Stammfunktion F ist in diesem Fall gemäß

$$F(x,y) := \int_{x_0}^{x} P(s,y)\, ds + \int_{y_0}^{y} Q(x_0,t)\, dt, \ \ (x,y) \in \Omega, \tag{7.47}$$

definiert, worin $(x_0, y_0) \in \Omega$ ein beliebiger Punkt ist und die Strecken $\overline{x_0 x}$ und $\overline{y_0 y}$ ganz in Ω verlaufen müssen.

Beweis. Ist die Differentialform (7.38) vollständig, so existiert eine Funktion $F \in C^1(\Omega)$ mit $F_x(x,y) = P(x,y)$ und $F_y(x,y) = Q(x,y)$. Da nun $P, Q \in C^1(\Omega)$ gelten, muss sogar $F \in C^2(\Omega)$ vorliegen, und aus dem Schwarzschen Vertauschungssatz (Satz 1.77) resultiert die Bedingung (7.46), d. h.

$$P_y(x,y) = F_{xy}(x,y) = F_{yx}(x,y) = Q_x(x,y) \ \ \forall\, (x,y) \in \Omega.$$

Ist umgekehrt die Relation (7.46) wahr, so sei F durch (7.47) definiert. Sicher gilt $F \in C^1(\Omega)$ sowie in jedem Punkt $(x,y) \in \Omega$:

$$F_x(x,y) = P(x,y),$$

$$F_y(x,y) = \int_{x_0}^{x} P_y(s,y)\,ds + Q(x_0,y) \overset{(7.46)}{=} \int_{x_0}^{x} Q_x(s,y)\,ds + Q(x_0,y)$$

$$= Q(x,y) - Q(x_0,y) + Q(x_0,y) = Q(x,y).$$

Also ist die Differentialform (7.38) vollständig.

qed

Beispiel 7.41 *In der Differentialform*

$$\left(2y^2 + 6xy - x^2\right) dx + \left(y^2 + 4xy + 3x^2\right) dy = 0$$

gelten mit $P(x,y) := 2y^2 + 6xy - x^2$ und $Q(x,y) := y^2 + 4xy + 3x^2$ sicher die Regularitätseigenschaften $P, Q \in C^2(\mathbb{R}^2)$. Wegen

$$P_y(x,y) = 4y + 6x = Q_x(x,y)$$

liegt also eine vollständige Differentialform vor, und eine Stammfunktion F kann gemäß (7.47) berechnet werden. Wir wählen $(x_0, y_0) = (0, 0)$ und erhalten

$$F(x,y) = \int_{0}^{x} (2y^2 + 6sy - s^2)\,ds + \int_{0}^{y} (t^2 + 0 \cdot t + 0)\,dt = 2y^2x + 3x^2y - \frac{x^3}{3} + \frac{y^3}{3}.$$

Die allgemeine Lösung ist nun implizit durch die Gleichung

$$F(x,y) = C =: C^*/3$$

gegeben, also durch

$$\boxed{F^*(x,y) := y^3 + 6y^2x + 9x^2y - x^3 = C^*.}$$

Um zu prüfen, ob hier tatsächlich eine Funktion $y = f(x)$ oder $x = g(y)$ implizit definiert wird, können die Voraussetzungen zum Satz über implizite Funktionen, Satz 2.41, verifiziert werden.

Als Zahlenbeispiel testen wir die Umgebung des Punktes $(1,1)$. Es gilt

$$F^*(1,1) = 15 =: C^*, \quad F_y^*(1,1) = 24 \neq 0, \quad F_x^*(1,1) = 21 \neq 0.$$

Das heißt, in der Umgebung des Punktes $(1,1)$ existiert ein eindeutig bestimmter Zweig der Äquipotentiallinie $F^*(x,y) = 15$, der sowohl eine explizite Darstellung $y = f(x)$ als auch eine explizite Darstellung $x = g(y)$ gestattet.

Bemerkung 7.42 *Der Punkt $(x_0, y_0) \in \Omega$ liegt offenbar auf der Äquipotentiallinie $F(x,y) = 0$ der durch (7.47) definierten Funktion F. Gilt die Voraussetzung (7.46) sowie die Zusatzbedingung*

$$P^2(x,y) + Q^2(x,y) > 0 \ \forall\, (x,y) \in \Omega, \tag{7.48}$$

so hat die Anfangswertaufgabe

„Finden Sie diejenige ebene Lösungskurve Γ der Differentialform (7.38), die durch den Punkt $(x_0, y_0) \in \Omega$ verläuft,"

genau eine Lösung, *nämlich $F(x,y) = 0$. Da wegen (7.48) nicht beide Funktionen $F_x(x,y) = P(x,y)$ und $F_y(x,y) = Q(x,y)$ gleichzeitig verschwinden können, gestattet die Gleichung $F(x,y) = 0$ in einer Umgebung des Punktes (x_0, y_0) eine eindeutige Auflösung in der Form $y = f(x)$, falls $Q(x_0, y_0) \neq 0$ bzw. $x = g(y)$, falls $P(x_0, y_0) \neq 0$ mit $y_0 = f(x_0)$ bzw. $x_0 = g(y_0)$.*

Beispiel 7.43 *Zu bestimmen ist die ebene Lösungskurve Γ der Differentialform*

$$18x\, dx - 8y\, dy = 0$$

durch den Punkt $(x_0, y_0) := (2, 0)$.

Hier gelten $P(x,y) = 18x$ und $Q(x,y) = 8y$, sodass wegen

$$P_y(x,y) = 0 = Q_x(x,y)$$

eine vollständige Differentialform auf $\Omega := \mathbb{R}^2$ vorliegt. Die Bedingung (7.48)

$$P^2(x,y) + Q^2(x,y) = (18x)^2 + (8y)^2 > 0$$

ist nur im Punkt $(0,0) \neq (2,0)$ verletzt. Deshalb ist die gesuchte Lösung Γ durch die Funktion (7.47) implizit bestimmt als

$$0 = F(x,y) = \int\limits_{2}^{x} 18s\, ds - \int\limits_{0}^{y} 8t\, dt = 9x^2 - 4y^2 - 36.$$

Wegen $F_x(2,0) = 36 \neq 0$ kann diese Gleichung lokal nach $x = g(y)$ aufgelöst werden. Man erhält

$$\Gamma = \Big\{(x,y) \,:\, x = g(y) := +\frac{1}{3}\,\sqrt{36 + 4y^2},\ y \in \mathbb{R}\Big\},$$

und das ist der rechte Zweig der Hyperbel

$$\left(\frac{x}{2}\right)^2 - \left(\frac{y}{3}\right)^2 = 1.$$

Die Differentialform (7.38) ist nicht mehr vollständig, wenn die Bedingung (7.46) verletzt ist, das heißt, wenn $P_y(x,y) \neq Q_x(x,y)$ in mindestens einem Punkt $(x,y) \in \Omega$ gilt. In diesem Fall kann versucht werden, die Differentialform (7.38) mittels eines **integrierenden Faktors** auf eine vollständige Form zu bringen.

Gelten P, Q, $\lambda \in C^1(\Omega)$, so ist die Bedingung

$$(\lambda P)_y(x,y) = (\lambda Q)_x(x,y)$$

gemäß Satz 7.40 **notwendig und hinreichend** für die Vollständigkeit. Das heißt, ein integrierender Faktor $\lambda \in C^1(\Omega)$ muss Lösung einer sog. *partiellen Differentialgleichung* der Form

$$\boxed{P(x,y)\frac{\partial \lambda}{\partial y} - Q(x,y)\frac{\partial \lambda}{\partial x} = \left(Q_x(x,y) - P_y(x,y)\right)\lambda} \tag{7.49}$$

sein. Wie Sie sehen, hängt die gesuchte Funktion $\lambda : \mathbb{R}^2 \to \mathbb{R}$ im Gegensatz zu GDG von mehreren Variablen ab. Solche Gleichungen zu lösen, ist kein einfaches Anliegen und in den meisten Fällen nur numerisch möglich und soll deswegen hier nicht weiter vertieft werden. Bisweilen kann aber ein integrierender Faktor aus der Gleichung (7.49) mithilfe spezieller Ansätze gewonnen werden.

Wir stellen Ihnen zwei solcher Ansätze vor, welche zu einfachen trennbaren GDGn führen.

(A) Wir suchen λ als Funktion der Variablen x allein, also $\lambda = \lambda(x)$. Dazu muss wegen (7.49) die folgende Bedingung gelten, die dann auch zur expliziten Bestimmung von $\lambda = \lambda(x)$ führt:

$$\boxed{\frac{P_y(x,y) - Q_x(x,y)}{Q(x,y)} =: h(x) \quad \Longrightarrow \quad \lambda' = h(x)\,\lambda, \quad \lambda(x) = e^{\int h(x)\,dx}.}$$

(B) Wir suchen λ als Funktion der Variablen y allein, also $\lambda = \lambda(y)$. Dazu muss wegen (7.49) die folgende Bedingung gelten, die dann auch zur expliziten Bestimmung von $\lambda = \lambda(y)$ führt:

$$\boxed{\frac{Q_x(x,y) - P_y(x,y)}{P(x,y)} =: g(y) \quad \Longrightarrow \quad \lambda' = g(y)\,\lambda, \quad \lambda(y) = e^{\int g(y)\,dy}.}$$

Weitere Ansätze wie $\lambda = \lambda(x+y)$ oder $\lambda = \lambda(xy)$ können unter ähnlichen Überlegungen zum Erfolg führen.

Beispiel 7.44 *Der erste Hauptsatz der Wärmelehre hat für ein ideales Gas die spezielle Form*

$$dQ = nc_v \, dT + \frac{nRT}{V} \, dV.$$

*In der Physik ist bekannt, dass dQ **kein** vollständiges Differential der Wärmemenge Q ist. Das heißt, die Differentialform*

$$nc_v \, dT + \frac{nRT}{V} \, dV = 0$$

*ist **nicht vollständig**.*

Ein integrierender Faktor kann mit dem Ansatz $\lambda = \lambda(T)$ bestimmt werden. Mit $P(T,V) := nc_v$ und $Q(T,V) := nRT/V$ prüfen wir die obige Bedingung (A). Es gilt

$$\frac{P_V(T,V) - Q_T(T,V)}{Q(T,V)} = -\frac{nR/V}{nRT/V} = -\frac{1}{T} =: h(T).$$

Somit ist ein integrierender Faktor durch

$$\lambda(T) = e^{-\int \frac{dT}{T}} = \frac{1}{T}$$

explizit bestimmt, und wir erhalten das vollständige Differential einer Funktion $S = S(T,V)$ durch

$$dS := \frac{dQ}{T} = \frac{nc_v}{T} \, dT + \frac{nR}{V} \, dV.$$

*Diese Funktion heißt in der Physik **Entropie** eines idealen Gases.*

Beispiel 7.45 *Für gegebene Funktionen $P(x,y) := xy^3$ und $Q(x,y) := 1 + 2x^2y^2$ ist diejenige Kurvenschar zu bestimmen, die senkrecht zu den Feldlinien des Vektorfeldes $\mathbf{f}(x,y) := \big(P(x,y), Q(x,y)\big)^T$ verläuft.*

Ist also $\mathbf{x}(t) := \big(x(t), y(t)\big)^T$ eine Parameterdarstellung der gesuchten Kurvenschar, so muss der Tangentenvektor $\dot{\mathbf{x}}(\cdot)$ in $(x,y) = \big(x(t), y(t)\big)$ senkrecht auf dem Vektor $\mathbf{f}(\cdot, \cdot)$ stehen, d. h.

$$0 = \big\langle \mathbf{f}\big(x(t), y(t)\big), \dot{\mathbf{x}}(t) \big\rangle = P\big(x(t), y(t)\big) \, \frac{dx}{dt} + Q\big(x(t), y(t)\big) \, \frac{dy}{dt}.$$

Da diese Gleichung unabhängig in jedem Punkt $\mathbf{x}(t)$ erfüllt sein soll, erhält man für die gesuchte Orthogonalschar die Differentialform

$$\boxed{P(x,y) \, dx + Q(x,y) \, dy = 0,}$$

also (7.38). Sie ist wegen $P_y(x, y) = 3xy^2 \neq 4xy^2 = Q_x(x, y)$ *nicht vollständig.*

Da sich die Orthogonalitätsbedingung und somit auch die Lösungsschar nicht ändern, wenn das Vektorfeld **f** *mit einem Skalar* $\lambda > 0$ *multipliziert wird, verändern wir durch die Verwendung eines integrierenden Faktors nichts an der Aufgabenstellung. Ein solcher Faktor kann mit dem Ansatz* $\lambda = \lambda(y)$ *bestimmt werden, denn es gilt*

$$\frac{Q_x(x, y) - P_y(x, y)}{P(x, y)} = \frac{4xy^2 - 3xy^2}{xy^3} = \frac{1}{y} =: g(y).$$

Damit lautet der integrierende Faktor

$$\lambda(y) = e^{\int \frac{dy}{y}} = y.$$

Wir erhalten die vollständige Differentialform

$$xy^4 \, dx + (y + 2x^2 y^3) \, dy = 0,$$

und unter Verwendung von (7.47) ermitteln wir zum Anfangspunkt $(x_0, y_0) := (0, 0)$ *eine Stammfunktion*

$$F(x, y) = \int\limits_0^x sy^4 \, ds + \int\limits_0^y t \, dt = \frac{x^2 y^4}{2} + \frac{y^2}{2}.$$

Somit ist die gesuchte Orthogonalschar implizit durch die folgende Gleichung definiert:

$$\boxed{\frac{1}{2} y^2 (1 + x^2 y^2) = C \geq 0.}$$

Aufgaben

Aufgabe 7.23. Lösen Sie die exakten Differentialformen

a) $(2x - y) \, dx + (2y - x) \, dy = 0,$

b) $(x^2 + y^2) \, dx + 2xy \, dy = 0.$

Aufgabe 7.24. Lösen Sie folgende Differentialformen mithilfe eines geeigneten integrierenden Faktors:

a) $x(x^4 - x^2 y^2 + y^4 - 2x^2 + y^2) \, dx + y(x^2 - 2y^2) \, dy = 0,$

b) $(y \ln y + y^2 e^x) \, dx + (x + ye^x) \, dy = 0.$

Aufgabe 7.25. Berechnen Sie alle Lösungen der Differentialgleichung

$$2xy^2 + 2e^{2x} + 2x^2yy' = 0.$$

Hinweis. Zeigen Sie, dass es sich um eine vollständige Differentialgleichung handelt.

Aufgabe 7.26. Berechnen Sie die beiden mit Anfangswerten versehenen Differentialformen

a) $(y^2 - 2x - 2)\,dx + 2y\,dy = 0,\ y(1) = -1,$

b) $(3x - y + 4)\,dx - (x + 2y + 1)\,dy = 0,\ y(1) = 1.$

7.4 Lineare Differentialgleichungen und -systeme n-ter Ordnung

Es handelt sich dabei um Gleichungen gemäß

Definition 7.46 *Es sei* $L_n\ :\ C^n(X)\ \to\ C^0(X),\ a_j\ \in\ C^0(X),\ j\ =\ 0,\cdots,n-1,\ mit$

$$L_n := \sum_{j=0}^{n-1} a_j(x)D^j + D^n$$

ein linearer gewöhnlicher Differentialoperator n-ter Ordnung, und ist $f \in C^0(X)$, $x \in X \subset \mathbb{R}$, gegeben, so heißt eine Gleichung der Form

$$L_n y = f(x) \qquad\qquad (7.50)$$

lineare gewöhnliche DGl *n-ter Ordnung für eine gesuchte Funktion y.*

Ist $f(x) = 0$, so heißt die Gleichung (7.50) **homogen**, *sonst* **inhomogen**. *Eine Funktion $y \in C^n(X)$ heißt auf der Definitionsmenge $X \subset \mathbb{R}$* **Lösung** *der DGl (7.50), wenn*

$$L_n y(x) = f(x)\ \forall\, x \in X.$$

Beispiel 7.47 *Auf der Menge*

$$X := \mathbb{R} \setminus \left\{ \pm \frac{1}{2}\sqrt{2} \right\}$$

ist der lineare Differentialoperator zweiter Ordnung $L_2 : C^2(X) \to C^0(X)$ in der folgenden Weise erklärt:

$$L_2 := D^2 + \frac{2x(1 + 2x^2)}{1 - 2x^2} D - \frac{2(1 + 2x^2)}{1 - 2x^2},$$

also

$$L_2 y = y'' + \frac{2x(1 + 2x^2)}{1 - 2x^2} y' - \frac{2(1 + 2x^2)}{1 - 2x^2} y.$$

Durch Einsetzen prüfen wir sehr einfach nach, dass die beiden Funktionen

$$y_1(x) := x \quad und \quad y_2(x) := e^{x^2}$$

Lösungen der homogenen Gleichung $L_2 y = 0$ sind.

Bisher wurden keine Systeme von DGln, wie sie in (7.12) formal vorgestellt wurden, betrachtet. Wir beschränken uns auf lineare Systeme der Ordnung $n = 1$ gemäß

Definition 7.48 *Sei $X \subset \mathbb{R}$, $A : X \to \mathbb{R}^{(m,m)}$, $A(x) = \big(a_{ij}(x)\big)_{i,j=1,\dots,m}$ und $a_{ij} \in C(X)$, kurz $A \in C(X)$, und mit*

$$L\mathbf{y} := \mathbf{y}' - A(x)\mathbf{y}$$

ein linearer gewöhnlicher (vektorieller) Differentialoperator erster Ordnung (speziell dafür schreiben wir L anstatt L_1) und $\mathbf{f} \in C(X)$ gegeben, so heißt

$$L\mathbf{y} = \mathbf{f}(x) \qquad (7.51)$$

System linearer gewöhnlicher DGLn erster Ordnung für die gesuchte Funktion $\mathbf{y} : X \to \mathbb{R}^m$. Eine Funktion $\mathbf{y} \in C^1(X)$ heißt auf X Lösung des DGL-Systems (7.51), wenn

$$L\mathbf{y}(x) = \mathbf{f}(x) \ \forall x \in X.$$

Beispiel 7.49 *Wie Sie leicht nachrechnen, löst*

$$\mathbf{y}(x) = C \begin{pmatrix} x^2 \\ x^3 \end{pmatrix}, \quad C \in \mathbb{R},$$

die homogene Gleichung

$$\mathbf{y}' = A(x)\,\mathbf{y} \ \ mit \ \ A(x) := \begin{pmatrix} \dfrac{1}{x} & \dfrac{1}{x^2} \\[2mm] 1 & \dfrac{2}{x} \end{pmatrix}.$$

Ebenso gilt, dass

$$\mathbf{y}(x) = \begin{pmatrix} x^2 \\ x^3 \end{pmatrix}$$

eine spezielle Lösung der folgenden inhomogenen Gleichung ist:

$$\mathbf{y}' = A(x)\,\mathbf{y} + \mathbf{f}(x) \ \ mit \ \ A(x) := \begin{pmatrix} \dfrac{1}{x} & \dfrac{1}{x^2} \\[2mm] 1 & \dfrac{1}{x} \end{pmatrix} \ \ und \ \ \mathbf{f}(x) := \begin{pmatrix} 0 \\ x^2 \end{pmatrix}.$$

Entsprechende Systeme höherer Ordnung sind

$$\mathbf{y}^{(n)}(x) - \sum_{i=0}^{n-1} A^{(i)}(x)\mathbf{y}^{(i)}(x) = \mathbf{f}(x)$$

mit matrixwertigen Funktionen $A^{(i)}$ und der Kurzschreibweise $\mathbf{y}^{(i)} := \frac{d^i}{dx^i}\mathbf{y}$, $i = 1, \ldots, n-1$. Solche linearen Systeme lassen sich **immer** in ein lineares DGl-System erster Ordnung, mit $n \cdot m$ statt m Komponenten, überführen.

Wir demonstrieren diesen Sachverhalt für $m = 1$, d.h. an einer skalaren Gleichung n-ter Ordnung. Sei also

$$y^{(n)} + a_{n-1}(x)y^{(n-1)} + \cdots + a_1(x)y' + a_0(x)y = f(x)$$

gegeben. Wir setzen

$$u_{i+1} := y^{(i)}, \ \ i = 0, \ldots, n, \tag{7.52}$$

d.h.

$$u_1 := y, \ \ u_2 := y', \ \ \ldots, \ \ u_n := y^{(n-1)}.$$

Damit ergibt sich

$$u_1' = y' = u_2,$$
$$u_2' = y'' = u_3,$$
$$\vdots$$
$$u_n' = y^{(n)} = -a_0(x)u_1 - a_1(x)u_2 - \ldots - a_{n-1}(x)u_n + f(x).$$

Wir schreiben dies in geschlossener Form

$$\mathbf{u}' = A(x)\mathbf{u} + \mathbf{f}(x),$$

worin

$$\mathbf{f}(x) = \begin{pmatrix} 0 \\ \vdots \\ 0 \\ f(x) \end{pmatrix} \qquad (7.53)$$

und

$$A(x) = \begin{pmatrix} 0 & 1 & 0 & \cdots & 0 \\ \vdots & \ddots & \ddots & \ddots & \vdots \\ \vdots & & \ddots & \ddots & 0 \\ \vdots & & & \ddots & 1 \\ -a_0(x) & \cdots & \cdots & \cdots & -a_{n-1}(x) \end{pmatrix}. \qquad (7.54)$$

Die Matrixfunktion $A : \mathbb{R} \to \mathbb{R}^{(n,n)}$ heißt auch *Begleitmatrix* zu (7.50). In diesem Sinn reicht es, nur noch Systeme gemäß (7.51) zu betrachten und eventuell auf (7.50) zu spezifizieren. Daher verwenden wir ab jetzt für die Dimension auch bei einem allgemeinen DGl-System erster Ordnung die Bezeichnung n anstatt m, also i. Allg. $A \in \mathbb{R}^{(n,n)}$.

Wir kommen zu AWAn. Sei dazu $I := [a, b]$ und $\mathbf{y_0} \in \mathbb{R}^n$. Gesucht ist $\mathbf{y} \in C^1(I)$, sodass

$$L\mathbf{y} = \mathbf{f}(x) \text{ mit } \mathbf{y}(a) = \mathbf{y}_0. \qquad (7.55)$$

Für die umgeschriebene Gleichung n-ter Ordnung entspricht dies genau der Vorgabe von $y(a), \ldots, y^{(n-1)}(a)$ nach Definition (7.7). Selbst wenn die DGln reellwertig formuliert sind, empfiehlt es sich, auch komplexwertige Lösungen und Koeffizienten, also den Körper $\mathbb{K}$ zu betrachten.

Die allgemeine Aufgabe besteht **immer** in der Bestimmung **aller** Lösungen der inhomogenen DGl $Ly = f(x)$. Da der Operator L eine *lineare* Abbildung ist, können Aussagen der linearen Algebra auf die hier vorliegenden linearen DGln übertragen werden. Analog zum skalaren Fall in Satz 7.21 gilt auch hier bei Systemen der aus der linearen Algebra bekannte Struktursatz:

Satz 7.50 *Sei L ein linearer gewöhnlicher Differentialoperator erster Ordnung. Dann gelten folgende Aussagen:*

a) *Die Lösungen $y_h \in C^n$ der homogenen DGl $Ly = 0$ bilden den Unterraum Kern L von C^1 mit*

$$Ly_1 = 0 = Ly_2 \implies L(\lambda y_1 + \mu y_2) = 0 \; \forall \lambda, \mu \in \mathbb{K}.$$

b) *Ist $y_p \in C^1(I)$ eine partikuläre Lösung der inhomogenen DGl $Ly = f(x)$, so ist die Lösungsgesamtheit der DGl $Ly = f(x)$ der affine Unterraum*

$$y_p + \text{Kern } L = \left\{ y \in C^1 : y = y_p + y_h \; \text{mit } y_h \in \text{Kern } L \right\}.$$

Wir betrachten nochmals das Beispiel 7.47. Gemäß Satz 7.50 ist

$$y_h(x) := C_1 x + C_2 e^{x^2}$$

für beliebige $C_j \in \mathbb{K}$, $j = 1, 2$, ebenfalls Lösung der homogenen DGl $Ly = 0$. Also gilt span$\{x, e^{x^2}\} \subseteq \text{Kern } L$.

Es bleibt die Frage zu beantworten, welche *Dimension* der Lösungsraum Kern L der homogenen DGl $Ly = 0$ hat. Hierzu ist es erforderlich, die **lineare Abhängigkeit** von Funktionen über einer Definitionsmenge $X \subset \mathbb{R}$ zu untersuchen. Es ist nicht immer einfach, über die lineare Abhängigkeit (**LA**) eines Funktionensystems $\mathbf{f}_1, \mathbf{f}_2, \ldots, \mathbf{f}_n$ bzw. über dessen lineare Unabhängigkeit (**LU**) eine Aussage zu treffen.

Der Test auf LU, angewendet auf ein Funktionensystem $\mathbf{f}_1, \mathbf{f}_2, \ldots, \mathbf{f}_n$ mit Definitionsbereich X, bedeutet die Gültigkeit von

$$\sum_{j=1}^{n} C_j \mathbf{f}_j(x) = \mathbf{0} \; \forall x \in X \; \overset{!}{\implies} \; C_1 = \ldots = C_n = 0. \tag{7.56}$$

Wenn also für **ein** $x_0 \in X$ das **Vektorsystem** $\mathbf{f}_1(x_0), \mathbf{f}_2(x_0), \ldots, \mathbf{f}_n(x_0)$ in $\mathbb{K}^n$ LU ist, dann ist auch das **Funktionensystem** LU, i. Allg. aber nicht umgekehrt.

Beispiel 7.51 *Die Funktionen*

$$f_1(x) := \sin^2 x \; \text{und} \; f_2(x) := \cos^2 x$$

*sind **LU** auf ganz $\mathbb{R}$. Denn aus*

$$C_1 \sin^2 x + C_2 \cos^2 x = 0 \ \forall \ x \in \mathbb{R}$$

folgt $C_1 = 0$, wenn $x = \pi/2$ gesetzt wird, und $C_2 = 0$, wenn $x = 0$ gesetzt wird. Die Zahlen $\{f_1(x_0), f_2(x_0)\}$ z. B. für $x_0 = 0$ sind aber nicht linear unabhängig im Vektorraum $\mathbb{R}$.

Um weiterzukommen, müssen allgemeine Aussagen über die Existenz und Eindeutigkeit von Lösungen von (7.55) für beliebige $y_0 \in \mathbb{K}^m$ bekannt sein. Dazu kommen wir noch und können jetzt schon sagen, dass beides hier gilt.

Wir konzentrieren uns vorerst auf *homogene* DGl-Systeme, d. h. die Untersuchung von Kern L.

Der Raum der Anfangsvorgaben $\mathbb{K}^n$ ist n-dimensional, diesen können wir mit einer Basis $y_0^{(1)}, \ldots, y_0^{(n)}$ ausschöpfen und die Lösungen $y_i^{(n)}$ von (7.55) für $f(x) = 0$, $i = 1, \ldots, n$, dazu betrachten. Nach der Vorüberlegung ist dieses Funktionensystem LU, da sogar $\{y_1^{(1)}(a), \ldots, y_n^{(n)}(a)\}$ LU ist, und damit ist dim Kern $L \geq n$. Tatsächlich lässt sich jede Lösung $y_n \in$ Kern L mit $y^{(1)}, \ldots, y^{(n)}$ darstellen, diese bilden also eine Basis des Lösungsraums. Sei $y_n(a) =: y_0 = \sum_{j=1}^n C_j y_0^{(j)}$ und $\hat{y} := \sum_{j=1}^n C_j y_0^{(j)}$. Dann ist nach Satz 7.50 $\hat{y} \in$ Kern L, und zwar löst es genau die AWA zu y_0. Eine Lösung dazu ist aber schon y_n, und da die Lösung *eindeutig* ist, muss gelten: $y_n = \sum_{j=1}^n C_j y_j^{(j)}$. Damit wurde gezeigt

---

Satz 7.52 *Es sei $X \subset \mathbb{R}$ ein Intervall. Sind Koeffizientenfunktionen $a_{ij} \in C(X)$, $1 \leq i, j \leq n$, gegeben, so hat die **homogene** lineare DGl*

$$Ly = 0$$

*auf dem Intervall X **genau** n **linear unabhängige** Lösungen $y \in C^1(X)$. Die allgemeine Lösung der homogenen DGl $Ly = 0$ hat die Form*

$$y_h(x) = C_1 y_1(x) + \cdots + C_n y_n(x), \quad C_j \in \mathbb{K}.$$

Das heißt, es gilt

$$\text{Kern } L = span\{y_1(x), y_2(x), \ldots, y_n(x)\}.$$

*Dabei heißt $\{y_1, \ldots, y_n\}$ **Fundamentallösung** von $Ly = 0$ und wird auch in Matrixnotation als*

$$Y(x) = (y_1(x), \ldots, y_n(x)) \in \mathbb{K}^{(n,n)}$$

geschrieben, d. h., $y_i(t)$ ist die i-te Spalte von $Y(t)$.

> *Zu gegebener rechter Seite* $\mathbf{f} \in C(X)$ *existiert stets* ***eine*** *partikuläre Lösung* $y_p \in C^n(X)$ *der inhomogenen DGl* $L\mathbf{y} = \mathbf{f}(x)$, *und die* ***allgemeine*** *Lösung der* ***inhomogenen*** *DGl* $L\mathbf{y} = \mathbf{f}(x)$ *ist gegeben durch*
>
> $$\mathbf{y}(x) = \mathbf{y}_p(x) + \mathbf{y}_h(x) = \mathbf{y}_p(x) + C_1\mathbf{y}_1(x) + C_2\mathbf{y}_2(x) + \cdots + C_n\mathbf{y}_n(x),$$
>
> *wobei* $x \in X$ *und* $C_j \in \mathbb{K}$, $j = 1, \cdots, n$.

Beispiel 7.53 *In Beispiel 7.47 gilt* $n = 2$. *Also bilden die zwei Funktionen*

$$y_1(x) := x \quad und \quad y_2(x) := e^{x^2}$$

auf jedem der Teilintervalle

$$X_1 := \left(-\infty, -\frac{1}{2}\sqrt{2}\right), \ X_2 := \left(-\frac{1}{2}\sqrt{2}, \frac{1}{2}\sqrt{2}\right), \ X_3 := \left(\frac{1}{2}\sqrt{2}, +\infty\right)$$

bereits eine Basis für den Lösungsraum $\operatorname{Kern} L_2$ *der homogenen linearen DGl zweiter Ordnung*

$$L_2 y := y'' + \frac{2x(1 + 2x^2)}{1 - 2x^2}\, y' - \frac{2(1 + 2x^2)}{1 - 2x^2}\, y = 0.$$

Die allgemeine Lösung der homogenen DGl hat somit die Form

$$y_h(x) = C_1 x + C_2 e^{x^2}.$$

Die spezielle Funktion $y_p(x) := -1/2$ *ist eine partikuläre Lösung der inhomogenen DGl*

$$L_2 y = \frac{1 + 2x^2}{1 - 2x^2}, \ x \in X_j, \ j = 1, 2, 3,$$

und somit hat diese DGl nach dem vorherigen Satz die allgemeine Lösung

$$y(x) = C_1 x + C_2 e^{x^2} - \frac{1}{2}, \ x \in X_j, \ C_1, C_2 \in \mathbb{K}.$$

Es gilt also bei komponentenweiser Definition der Ableitung, d. h. mit

$$Y'(x) := (\mathbf{y}_1'(x), \cdots, \mathbf{y}_n'(x)) \in \mathbb{K}^{(n,n)},$$

die Darstellung

$$Y'(x) = A(x)\, Y(x), \ x \in [a, b]$$

und

$$Y(a) = Y_0 := \left(\mathbf{y}_0^{(1)}, \ldots, \mathbf{y}_0^{(n)}\right).$$

Ein Fundamentalsystem ist also dadurch gekennzeichnet, dass Y_0 eine invertierbare Matrix ist. Das Fundamentalsystem wird besonders übersichtlich, wenn

$$Y_0 = E_n. \tag{7.57}$$

Betrachtet man für $x_1 \in [a, b]$ die Abbildung

$$\Phi_{x_1} : \mathbb{K}^n \to \operatorname{Kern} L \tag{7.58}$$
$$\mathbf{y}_0 \mapsto \left(\mathbf{x} \mapsto \mathbf{y}(x)\right), \ \mathbf{y}(x_1) = \mathbf{y}_0,$$

so ist diese Abbildung wohldefiniert, da die AWA durch Vorgabe bei $x = x_1$ lösbar ist, wegen der Eindeutigkeit der Lösung auch injektiv, nach Definition auch surjektiv und nach Satz 7.50 linear. Womit also insbesondere linear unabhängige Mengen hin und her übertragen werden. Somit gilt

---

Satz 7.54 *Es gelten die Voraussetzungen von Satz 7.52. Seien $x_1, x_2 \in [a, b]$, $Y_i = (\mathbf{y}_1, \ldots, \mathbf{y}_n)$ n Lösungen des homogenen Systems, dann gelten folgende Aussagen:*

1. Es sind äquivalent:

i) $Y(x_1)$ ist invertierbar,

ii) $Y(x_2)$ ist invertierbar.

Liegt einer der Fälle vor, dann ist Y ein Fundamentalsystem.

2. Sei
$$W(x) := \det Y(x)$$
die Wrosnki-Determinante *von $\mathbf{y}_1, \ldots, \mathbf{y}_n$, dann sind äquivalent:*

i) $W(x_1) \neq 0$,

ii) $W(x_2) \neq 0$.

3. Seien Y und $\tilde{Y}$ Fundamentalsysteme, dann gibt es eine invertierbare Matrix C, sodass

$$Y(x) = \tilde{Y}(x)\, C \ \ \forall x \in X$$

und ein $\alpha \in \mathbb{K}$, sodass für die zugehörigen Wronski-Determinanten gilt:

$$W(x) = \alpha \tilde{W}(x) \quad \forall x \in X.$$

Beweis. Der 2. Teil folgt sofort unmittelbar aus dem 1. Teil.

Für 1. ist nur i) $\Rightarrow$ ii) zu zeigen, da die Rollen von x_1 und x_2 gleichwertig sind. Betrachten Sie dazu Φ_{x_1}, Φ_{x_2} aus (7.58). Wegen i) ist

$$\{\Phi_{x_1}(\mathbf{y}_i(x_1)) : i = 1, \ldots, n\} = \{\mathbf{y}_i : i = 1, \ldots, n\}$$

linear unabhängig und damit auch

$$\{\mathbf{y}_i(x_2) : i = 1, \ldots, n\} = \{\Phi_{x_2}^{-1}(\mathbf{y}_i) : i = 1, \ldots, n\}.$$

Für eine quadratische Matrix ist aber Invertierbarkeit bekanntlich gleichbedeutend mit der linearen Unabhängigkeit der Spalten.

Um 3. zu zeigen, wählen wir ein festes $x_1 \in X$. Es gilt

$$Y(x_1) = \tilde{Y}(x_1)\, C$$

mit $C = \tilde{Y}(x_1)^{-1} Y(x_1)$. Betrachten Sie die Matrixfunktion $\hat{Y} := \tilde{Y}C$, die also $\hat{Y}(x_1) = Y(x_1)$ erfüllt. Die Spalten sind Linearkombinationen der Spalten von $\tilde{Y}$, also in Kern L, und da $\hat{Y}(x_1)$ invertierbar ist, ist $\hat{Y}$ auch ein Fundamentalsystem. Wegen der Übereinstimmung mit Y bei x_1 und der Eindeutigkeit der Lösung der AWA, muss also überall $Y = \hat{Y} = \tilde{Y}C$ gelten.

qed

Bemerkungen 7.55 *Wir wenden die Ergebnisse auf die DGln n-ter Ordnung an.*

1. *Die dem Funktionensystem $f_1, \ldots, f_n \in C^{n-1}(X)$ zugeordnete Wronski-Determinante hat die Gestalt*

$$W(x) := \det \begin{pmatrix} f_1(x) & f_2(x) & \cdots & f_n(x) \\ f_1'(x) & f_2'(x) & \cdots & f_n'(x) \\ f_1''(x) & f_2''(x) & \cdots & f_n''(x) \\ \vdots & \vdots & \ddots & \vdots \\ f_1^{(n-1)}(x) & f_2^{(n-1)}(x) & \cdots & f_n^{(n-1)}(x) \end{pmatrix}, \quad x \in X. \quad (7.59)$$

2. *Seien $y_1, \ldots, y_n \in C^n(X)$ Lösungen der homogenen DGl n-ter Ordnung, dann sind folgende Aussagen äquivalent:*

i) Die Funktionen $\{y_1, \ldots, y_n\}$ bilden ein Fundamentalsystem.

ii) Für die Deteminante (7.59) gilt $W(x_0) \neq 0$ für ein $x_0 \in X$.

iii) Die Funktionen $\{y_1, \ldots, y_n\}$ sind linear unabhängig.

Dabei folgt i) $\Longleftrightarrow$ ii) direkt aus Satz 7.54. Der Begriff „Fundamentalsystem" bedeutet hier wegen der Umschreibung in ein System erster Ordnung die lineare Unabhängigkeit der vektorwertigen Funktionensysteme

$$\left\{ \begin{pmatrix} y_1 \\ y_1' \\ \vdots \\ y_1^{(n-1)} \end{pmatrix}, \ldots, \begin{pmatrix} y_n \\ y_n' \\ \vdots \\ y_n^{(n-1)} \end{pmatrix} \right\}.$$

Dieses folgt sofort aus iii). Ist andererseits das obige System LU, dann gilt auch iii), denn

$$\sum_{j=0}^{n} C_j y_j = 0 \implies \sum_{j=0}^{n} C_j y_j^{(k)} = 0$$

für $k = 0, \ldots, n-1$ und damit nach Voraussetzung $C_1 = \ldots = C_n = 0$.

Wegen der geometrischen Bedeutung von

$$\left| \mathbf{a}^{(1)}, \ldots, \mathbf{a}^{(n)} \right|$$

als dem vorzeichenbehafteten Volumen des von den Vektoren $\mathbf{a}^{(1)}, \ldots, \mathbf{a}^{(n)}$ aufgespannten Parallelepipeds, beschreibt also W' die Volumenänderung für das von den Vektoren der Fundamentallösung aufgespannte Parallelepiped.

Es gilt

Satz 7.56 *Unter den Voraussetzungen des Satzes 7.52 erfüllt die Wronski-Determinante für ein Fundamentalsystem die Differentialgleichung*

$$W'(x) = \text{Spur}\left(A(x)\right) W(x) \quad \forall x \in X. \tag{7.60}$$

Beweis. Sei $\overline{x} \in X$ beliebig und fest gewählt. Da sich die Wronski-Determinanten nach Satz 7.54, 3. nur um eine Konstante unterscheiden, reicht es ein spezielles, „zu $\overline{x}$ passendes" Fundamentalsystem Y zu betrachten, und zwar das mit

$$Y(\overline{x}) = E_n \implies W(\overline{x}) = 1 \qquad (7.61)$$

für die zugehörige Wronski-Determinante. Die Determinante ist bekanntlich linear in jeder Matrixspalte (Merz und Knabner 2013, S. 333 ff), daher

$$
\begin{aligned}
W'(x) &= \frac{d}{dx} \det \big(\mathbf{y}_1(x), \ldots, \mathbf{y}_n(x)\big) \\
&= \sum_{j=1}^{n} \det \big(\mathbf{y}_1(x), \ldots, \mathbf{y}'_j(x), \ldots, \mathbf{y}_n(x)\big) \\
&= \sum_{j=1}^{n} \det \big(\mathbf{y}_1(x), \ldots, (A\mathbf{y})_j(x), \ldots, \mathbf{y}_n(x)\big).
\end{aligned}
$$

Speziell für $x = \overline{x}$ bedeutet dies nach (7.61) mit den Basisvektoren $\mathbf{e}_i$, $i = 1, \ldots, n$, des $\mathbb{R}^n$, dass

$$
\begin{aligned}
W'(\overline{x}) &= \sum_{j=1}^{n} \big|\mathbf{e}_1, \ldots, A\mathbf{e}_j, \ldots, \mathbf{e}_n\big|, \\
&= \left(\sum_{j=1}^{n} a_{jj}\right) \cdot 1 = \operatorname{Spur}(A)\, W(\overline{x})
\end{aligned}
$$

durch Entwicklung jeweils nach der j-ten Spalte. Da $\overline{x} \in X$ beliebig ist, ergibt sich die Behauptung.   qed

Bemerkungen 7.57

1. *Gilt also* $\operatorname{Spur} A(x) = 0 \ \forall x \in X$, *bleiben die beschriebenen Volumina konstant.*

2. *Für ein DGl-System n-ter Ordnung gilt für die Begleitmatrix nach (7.54), dass*

$$\operatorname{Spur} A(x) = -a_{n-1}(x),$$

d. h., (7.60) hat die Gestalt

$$W'(x) = -a_{n-1}(x) W(x) \ \forall x \in X.$$

Volumenerhaltung liegt bei

$$a_{n-1}(x) = 0 \ \forall x \in X$$

vor.

Echtes Problem. Für allgemeine lineare DGln $L_n y = f(x)$, $x \in X$, gibt es, bis auf wenige Ausnahmen, **keine** allgemeinen analytischen Lösungsverfahren, weder zur Bestimmung der Lösungsgesamtheit der homogenen DGl noch zum Auffinden einer partikulären Lösung der inhomogenen DGl.

Aufgaben

Aufgabe 7.27. Bestimmen Sie ein lineares Differentialgleichungssystem $\dot{\mathbf{x}} = A(t)\mathbf{x}$, welches

$$\mathbf{x}_1(t) = \begin{pmatrix} e^t \\ t \end{pmatrix} \quad \text{und} \quad \mathbf{x}_2(t) = \begin{pmatrix} t \\ e^t \end{pmatrix}$$

als Lösung hat.

Aufgabe 7.28. Das homogene System $\dot{\mathbf{y}} = A(t)\,\mathbf{y}$ hat als Lösung das Fundamentalsystem

$$\mathbf{y}_1(t) = \begin{pmatrix} t^2 \\ -t \end{pmatrix} \quad \text{und} \quad \mathbf{y}_2(t) = \begin{pmatrix} -t^2 \ln t \\ t + t \ln t \end{pmatrix}.$$

a) Bestimmen Sie $A(t)$.

b) Lösen Sie das inhomogene System $\dot{\mathbf{y}} = A(t)\mathbf{y} + \mathbf{b}(t)$ mit $\mathbf{b}(t) = \left(t, -t^2\right)^T$ durch Variation der Konstanten.

Aufgabe 7.29. Lösen Sie das Differentialgleichungssystem $\dot{\mathbf{x}} = A(t)\mathbf{x} + \mathbf{f}(t)$, gegeben durch

$$\dot{x} = (3t - 1)x - (1 - t)y - te^{t^2},$$
$$\dot{y} = -(t + 2)x + (t - 2)y - e^{t^2},$$

auf folgende Weise:

a) Suchen Sie eine Lösung der homogenen Differentialgleichung durch den Ansatz $y = -x$.

b) Bestimmen Sie det $W(t)$ (dabei ist $W(t)$ die Wronski-Matrix) und damit eine weitere Lösung der homogenen Differentialgleichung.

c) Lösen Sie nun die inhomogene Gleichung durch Variation der Konstanten.

Aufgabe 7.30. Lösen Sie das inhomogene System von Differentialgleichungen

$$\dot{\mathbf{x}} = \begin{pmatrix} 0 & -1 \\ 1 & 0 \end{pmatrix} \mathbf{x} + \begin{pmatrix} 0 \\ t \end{pmatrix}$$

mithilfe der Variation der Konstanten.

Hinweis. Das Fundamentalsystem des homogenen Anteils der Gleichung lässt sich leicht erraten.

Aufgabe 7.31. Machen Sie aus dem Differentialgleichungssystem

$$\dot{\mathbf{x}} = \begin{pmatrix} 1 & 2 \\ 3 & 4 \end{pmatrix} \mathbf{x} + \begin{pmatrix} 0 \\ 5 \end{pmatrix}$$

im $\mathbb{R}^2$ eine äquivalente Differentialgleichung zweiter Ordnung für x_1, wobei $\mathbf{x} := (x_1, x_2)$. Führen Sie anschließend eine Probe durch.

Aufgabe 7.32. Gegeben sei die inhomogene lineare Anfangswertaufgabe zweiter Ordnung

$$y'' + \frac{x}{1+x} y' - \frac{1}{1+x} y = (1+x) e^{-x} \quad \text{für } x \geq 0$$

mit $y(0) = 0$ und $\lim_{x \to \infty} y(x) = 0$.

a) Bestimmen Sie ein Fundamentalsystem (y_1, y_2) von der homogenen Gleichung mit den Ansätzen

   a. $y_1(x) := e^{ax}$ und bestimmen Sie dazu $a \in \mathbb{R}$,

   b. $y_2 := y_1 \cdot u$ und bestimmen Sie dazu $u : \mathbb{R} \to \mathbb{R}$.

b) Lösen Sie die inhomogene Gleichung durch Variation der Konstanten.

7.5 Lineare Differentialgleichung mit konstanten Koeffizienten

Für lineare Differentialgleichungen mit **konstanten Koeffizienten** kann die Lösungsgesamtheit stets mit algebraischen Mitteln bestimmt werden. Man verwendet hier mit großem Erfolg die Methode des $e^{\lambda x}$-Ansatzes, die wir nachfolgend erklären.

Wir beginnen mit der homogenen Gleichung und hier mit einem DGl-System erster Ordnung mit konstanter Koeffizientenmatrix, d. h.

$$\mathbf{y}'(x) = A\mathbf{y}(x) \quad \forall x \in X \tag{7.62}$$

für eine feste Matrix $A \in \mathbb{K}^{(n,n)}$. Für die Lösung machen wir den Ansatz

$$\mathbf{y}(x) = e^{\lambda x}\mathbf{y}_0, \quad x \in \mathbb{R}, \tag{7.63}$$

mit noch unbekannten $\lambda \in \mathbb{C}$, $\mathbf{y}_0 \in \mathbb{K}^n$. Einsetzen in (7.62) liefert die Bedingung

$$\lambda e^{\lambda x}\mathbf{y}_0 = \mathbf{y}'(x) = A\mathbf{y}(\mathbf{x}) = e^{\lambda x}A\mathbf{y}_0 \iff A\mathbf{y}_0 = \lambda\mathbf{y}_0,$$

d. h., λ muss Eigenwert von A und $\mathbf{y}_0$ Eigenvektor dazu sein. Um auf diese Weise eine Basis des Lösungsraums, d. h. ein Fundamentalsystem zu erhalten, müssen n Eigenwerte λ_i, $i = 1, \ldots, n$, gefunden werden (die nicht paarweise verschieden sein müssen) und dazu n Eigenvektoren $\mathbf{y}_0^{(i)}$, sodass die Lösungen

$$y_i(x) := e^{\lambda_i x}\mathbf{y}_0^{(i)}, \quad x \in \mathbb{R},$$

LU sind, was nach Satz 7.54, 1) äquivalent dazu ist, dass die vektoriellen Werte für ein festes $\bar{x}$ LU sind, d. h. für $\bar{x} = 0$ also die Eigenvektoren $\{\mathbf{y}_0^{(1)}, \ldots, \mathbf{y}_0^{(n)}\}$.

Die Eigenwerte sind genau die Nullstellen des charakteristischen Polynoms n-ten Grades

$$P_n(\lambda) = \det(A - \lambda\,\mathrm{Id}),$$

wobei i. Allg. aber nur Nullstellen $\lambda_1, \ldots, \lambda_m \in \mathbb{C}$, $m \leq n$, vorliegen mit den *algebraischen Vielfachheiten* $k(\lambda_i)$, sodass $\sum_{i=1}^m k(\lambda_i) = n$. Die Eigenvektoren zu einem festen Eigenwert λ bilden zusammen mit dem Nullvektor einen Vektorraum, den Eigenraum zu λ mit Dimension $\rho(\lambda)$, der *geometrischen Vielfachheit* von λ, für die aber i. Allg. nur

$$\rho(\lambda_i) \leq k(\lambda_i)$$

gilt.

Da Eigenräume zu verschiedenen Eigenwerten bekanntlich eine direkte Summe bilden, erhalten wir so maximal $\sum_{i=1}^m \rho(\lambda_i)$ linear unabhängige Eigenvektoren, d. h. genau im Fall

$$\rho(\lambda_i) = k(\lambda_i), \quad i = 1, \ldots, n,$$

n Stück, diese also eine Basis bilden. Da immer $\rho(\lambda_i) \geq 1$ ist, ist dies sicher erfüllt, wenn n verschiedene Eigenwerte existieren ($m = n$), somit immer $k(\lambda_i) = 1$ ist.

Die Existenz einer Eigenvektorbasis ist gerade die Diagonalisierbarkeit der Matrix A (Merz und Knabner 2013, S. 369 ff.). Sie bedeutet also die Invertierbarkeit der Modalmatrix

$$T = (\mathbf{y}_0^{(1)}, \ldots, \mathbf{y}_0^{(n)})$$

und damit

$$AT = T\Lambda \quad \text{bzw.} \quad T^{-1}AT = \Lambda$$

mit der Spektralmatrix

$$\Lambda = \operatorname{diag}(\lambda_1, \ldots, \lambda_m),$$

wobei die Eigenwerte gemäß ihrer algebraischen Vielfachheit mehrfach auftreten. Damit ist die Variablentransformation

$$\mathbf{z}(x) := T^{-1}\mathbf{y}(x) \tag{7.64}$$

möglich, die überführt in

$$\mathbf{z}'(x) = T^{-1}AT\mathbf{z}(x) = \Lambda\mathbf{z}(x),$$

d. h. in n entkoppelte DGln erster Ordnung. Wenn also A diagonalisierbar ist, dann lautet das zu den Eigenwerten

$$\underbrace{\lambda_1, \ldots, \lambda_1}_{k(\lambda_1)\text{-mal}}, \lambda_2, \ldots, \lambda_2, \ldots, \underbrace{\lambda_m, \ldots, \lambda_m}_{k(\lambda_m)\text{-mal}}$$

und der zugehörigen Eigenvektorbasis T gebildete Fundamentalsystem gemäß (7.63)

$$Y(x) = T \operatorname{diag}\left(e^{\lambda_i(x-a)}\right).$$

Die Lösung der AWA mit $\mathbf{y}(a) = \mathbf{y}_0$ ist dann

$$\mathbf{y}(x) = Y(x)\boldsymbol{\alpha},$$

wobei $\boldsymbol{\alpha} \in \mathbb{K}^n$ Lösung des LGS

$$T\boldsymbol{\alpha} = \mathbf{y}_0$$

ist. Die Lösungsdarstellung ist also

$$\mathbf{y}(x) = T \operatorname{diag}\left(e^{\lambda_i(x-a)}\right)T^{-1}\mathbf{y}_0.$$

Dafür soll als kompakte Abkürzung

$$\mathbf{y}(x) = e^{A(x-a)}\mathbf{y}_0 \tag{7.65}$$

geschrieben werden. Alternativ kann man für $B = (b_{ij}) \in \mathbb{K}^{(n,n)}$ auch

$$e^B := \sum_{i=0}^{\infty} \frac{1}{i!} B^i$$

definieren, wobei die Konvergenz in $\mathbb{K}^{(n,n)}$, d.h. komponentenweise zu verstehen ist, aber *nicht* als $e^B = (e^{b_{ij}})_{ij=1,...,n}$. Dabei ist dann Ax für $x \in \mathbb{K}$ einfach das skalare Vielfache der Matrix, das üblicherweise als xA geschrieben und der Buchstabe x eigentlich auch nicht verwendet wird.

Es gilt also (für beliebige $A \in \mathbb{K}^{(n,n)}$) die Rechenregel

$$\frac{d}{dx} \left(e^{A(x-x_0)} \mathbf{y}_0 \right) = A e^{A(x-x_0)} \mathbf{y}_0. \tag{7.66}$$

Die Rechenregel $e^{x+y} = e^x e^y$ überträgt sich entsprechend auf $A, B \in \mathbb{K}^{(n,n)}$ mit $AB = BA$ zu

$$e^{A+B} = e^A e^B = e^B e^A. \tag{7.67}$$

Beispiel 7.58 *Wir modellieren bei Wiederkäuern – beispielsweise bei Rindern – den Weg vom grünen Gras bis hin zum Kuhfladen.*

Frisch gefressenes, unverdautes Gras gelangt zunächst in den Pansen, von wo es vorverdaut in den Netzmagen gelangt. Grob zerkleinerte Nahrung gelangt von dort nochmals in den Mundraum und wird wiedergekäut in den Netzmagen zurückgeführt. Endgültig zerkaut geht sie durch den Blättermagen schließlich in den birnenförmigen Labmagen, worin sie endgültig verdaut wird.

Seien nun $r = r(t)$ die Futtermenge im Pansen und $u = u(t)$ die entsprechende Futtermenge im Labmagen jeweils zum Zeitpunkt t. Damit resultiert das System

$$\begin{aligned} \dot{r} &= -k_1 r, \ \ r(0) = r_0, \\ \dot{u} &= k_1 r - k_2 u, \ \ u(0) = 0, \end{aligned} \tag{7.68}$$

mit den Raten $k_1, k_2 > 0$ und $k_1 \neq k_2$ bzw. in Matrixform geschrieben

$$\begin{pmatrix} \dot{r} \\ \dot{u} \end{pmatrix} = \begin{pmatrix} -k_1 & 0 \\ k_1 & -k_2 \end{pmatrix} \begin{pmatrix} r \\ u \end{pmatrix}$$

mit $r(0) = r_0$ und $u(0) = 0$.

Die totale Futtermenge, die in den Zwölffingerdarm gelangt, bezeichnen wir mit $v = v(t)$ und die Menge des späteren Kuhfladen mit $w = w(t)$. Da der Zwölffingerdarm genau dieselbe Menge erhält, die den Labmagen verlässt, gilt

$$\dot{v} = k_2 u \qquad (7.69)$$

mit $v(0) = 0$. *Nach einer gewissen Zeitverzögerung – unter Vernachlässigung der entzogenen Nährstoffe – wird die Menge im Zwölffingerdarm als Kuhfladen ausgeschieden, d. h.*

$$w(t) = v(t - \tau), \quad t > \tau. \qquad (7.70)$$

Wir lösen zunächst (7.68) *und können damit dann die Gleichungen* (7.69) *und* (7.70) *lösen.*

Die Eigenwerte der Dreiecksmatrix

$$A := \begin{pmatrix} -k_1 & 0 \\ k_1 & -k_2 \end{pmatrix}$$

sind die Diagonalelemente $\lambda_1 = -k_1$ *und* $\lambda_2 = -k_2$. *Die entsprechenden Eigenvektoren sind z. B.*

$$\mathbf{v}_1 = \begin{pmatrix} \frac{(k_2 - k_1)}{k_1} \\ 1 \end{pmatrix} \quad und \quad \mathbf{v}_2 = \begin{pmatrix} 0 \\ 1 \end{pmatrix}.$$

Die allgemeine Lösung von (7.68) *lautet damit*

$$\begin{pmatrix} r(t) \\ u(t) \end{pmatrix} = c_1 \mathbf{v}_1 e^{-k_1 t} + c_2 \mathbf{v}_2 e^{-k_2 t}, \quad c_1, c_2 \in \mathbb{R}.$$

Die Anfangswerte $r(0) = r_0$, $u(0) = 0$ *liefern die eindeutigen Lösungen*

$$r(t) = r_0 e^{-k_1 t},$$

$$u(t) = r_0 \frac{k_1}{k_2 - k_1} \left(e^{-k_1 t} - e^{-k_2 t} \right).$$

Wir bestimmen schließlich v *aus* (7.69) *durch die Integration*

$$v(t) = k_2 \int_0^t u(s)\, ds$$

$$= r_0 - \frac{r_0}{k_2 - k_1} \left(k_2 e^{-k_1 t} - k_1 e^{-k_2 t} \right).$$

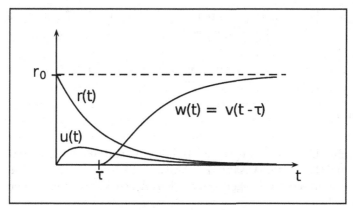

Vom grünen Gras zum Kuhfladen

Wenden wir jetzt die vor dem Beispiel geführten Überlegungen auf DGln n-ter Ordnung an, so ist erst das charakteristische Polynom der Begleitmatrix nach (7.54) zu bestimmen. Entwicklung nach der n-ten Zeile ergibt

$$P_n(\lambda) = (-1)^n \sum_{k=0}^{n} a_k \lambda^k$$

mit $a_n = 1$. Da die Nullstellen gleich sind, wird (mit gleicher Bezeichnung) auch

$$P_n(\lambda) = \sum_{k=0}^{n} a_k \lambda^k \tag{7.71}$$

charakteristisches Polynom genannt. Sei λ eine Nullstelle, also ein Eigenwert, dann ergibt sich der Eigenraum dazu als

$$\text{span}\left\{ \left(1, \lambda, \cdots, \lambda^{n-1}\right)^T \right\},$$

also immer für die geometrische Vielfachheit $\rho(\lambda) = 1$, und damit kann Diagonalisierbarkeit der Begleitmatrix nur vorliegen, wenn alle Eigenwerte $\lambda_1, \ldots, \lambda_n$ paarweise verschieden sind.

Wir betrachten jetzt für gegebene Koeffizienten $a_0, a_1, \ldots, a_n \in \mathbb{K}$ die homogene lineare gewöhnliche DGl n-ter Ordnung. Wir suchen also Lösungen $y \in C^n(\mathbb{R})$ der Form

$$\boxed{y(x) = e^{\lambda x}, \quad x \in \mathbb{R},} \tag{7.72}$$

mit unbekanntem Exponenten $\lambda \in \mathbb{C}$. Setzen wir (7.72) in die Gleichung (7.50) mit $f(x) = 0$ ein, woraus dann

$$L_n y = e^{\lambda x} \left(\sum_{k=0}^{n} a_k \lambda^k \right) =: e^{\lambda x} P_n(\lambda) \overset{!}{=} 0 \qquad (7.73)$$

resultiert.

Offenbar bestimmen wegen (7.73) die **Nullstellen** des charakteristischen Polynoms P_n den im Ansatz (7.72) gesuchten Exponenten λ. Wir treffen hier zwei Fallunterscheidungen gemäß dem Auftreten *einfacher* oder *mehrfacher* Nullstellen.

Fall I. Das charakteristische Polynom P_n hat n **einfache** Nullstellen.

Aus dem Ansatz (7.72) resultiert in diesem Fall ein Funktionensystem von n linear unabhängigen Lösungen:

$$y_1(x) := e^{\lambda_1 x}, \; y_2(x) := e^{\lambda_2 x}, \ldots, y_n(x) := e^{\lambda_n x}, \; x \in \mathbb{R}.$$

Diese spannen den Lösungsraum der homogenen DGl $L_n y = 0$ auf. Mit $C_i \in \mathbb{R}$, $i = 1, \ldots, n$, lautet die allgemeine Lösung

$$\boxed{y_h(x) = C_1 e^{\lambda_1 x} + C_2 e^{\lambda_2 x} + \cdots + C_n e^{\lambda_n x}, \; x \in \mathbb{R}.}$$

Beispiel 7.59 *Beachten Sie im folgenden Beispiel den formalen Übergang von der Differentialgleichung zum charakteristischen Polynom:*

$$DGl: L_4 y := \quad y^{(4)} + y''' - 7y'' - y' + 6y = 0,$$

$$\downarrow \quad \downarrow \quad \downarrow \quad \downarrow \quad \downarrow$$

$$charak.\ Polynom: P_4(\lambda) := \quad \lambda^4 + \lambda^3 - 7\lambda^2 - \lambda + 6 = 0.$$

Die beiden Nullstellen $\lambda_1 = 1$ und $\lambda_2 = -1$ des charakteristischen Polynoms sind leicht zu erraten. Wir spalten die Linearfaktoren $(\lambda - 1)$ und $(\lambda + 1)$ mithilfe des Horner-Schemas ab und erhalten

$$
\begin{array}{c|ccccc}
 & 1 & 1 & -7 & -1 & 6 \\
\lambda = 1 & * & 1 & 2 & -5 & -6 \\
\hline
 & 1 & 2 & -5 & -6 & \boxed{0} \\
\lambda = -1 & * & -1 & -1 & 6 & \\
\hline
 & 1 & 1 & -6 & \boxed{0} &
\end{array}
$$

Wir erhalten nun die Linearfaktorzerlegung

$$P_4(\lambda) = (\lambda - 1)(\lambda + 1)(\lambda^2 + \lambda - 6) = (\lambda - 1)(\lambda + 1)(\lambda - 2)(\lambda + 3),$$

und aus ihr resultiert die allgemeine Lösung

$$\boxed{y_h(x) = C_1 e^x + C_2 e^{-x} + C_3 e^{2x} + C_4 e^{-3x}, \quad x \in \mathbb{R},}$$

mit Konstanten $C_1, \dots, C_4 \in \mathbb{R}.$

Beispiel 7.60 *Wir verfahren nach dem gleichen Schema:*

$$DGl: \ L_4 y := \ 4y^{(4)} + 3y'' - y = 0,$$

$$\downarrow \quad\quad \downarrow \quad\quad \downarrow$$

charakt. Polynom: $P_4(\lambda) := \ 4\lambda^4 + 3\lambda^2 - 1 = 0.$

Die beiden Nullstellen $\lambda_1 = i$ *und* $\lambda_2 = -i$ *des charakteristischen Polynoms sind leicht zu erraten. Wir spalten die Linearfaktoren* $(\lambda - i)$ *und* $(\lambda + i)$ *mithilfe des Horner-Schemas ab:*

$$
\begin{array}{c|ccccc}
 & 4 & 0 & 3 & 0 & -1 \\
\lambda = i & * & 4i & -4 & -i & 1 \\
\hline
 & 4 & 4i & -1 & -i & \boxed{0} \\
\lambda = -i & * & -4i & 0 & i & \\
\hline
 & 4 & 0 & -1 & \boxed{0} &
\end{array}
$$

Wir erhalten nun die Linearfaktorzerlegung

$$P_4(\lambda) = (\lambda - i)(\lambda + i)(4\lambda^2 - 1) = 4(\lambda - i)(\lambda + i)(\lambda - \frac{1}{2})(\lambda + \frac{1}{2}),$$

und aus ihr resultiert wegen der echt komplexen Eigenwerte die allgemeine Lösung

$$y_h(x) = C_1 e^{ix} + C_2 e^{-ix} + C_3 e^{x/2} + C_4 e^{-x/2}, \quad x \in \mathbb{R},$$

mit Konstanten $C_1, \ldots, C_4 \in \mathbb{K}$.

*Wegen $e^{\pm ix} = \cos x \pm i \sin x$ können wir die allgemeine Lösung auch in **reeller** Form darstellen. Wählen wir in der obigen Darstellung*

$$C_1 := \frac{1}{2}(A - iB) \quad und \quad C_2 := \frac{1}{2}(A + iB) \quad mit \ A, B \in \mathbb{R},$$

dann erhalten wir

$$y_h(x) = A \cos x + B \sin x + C_3 e^{x/2} + C_4 e^{-x/2}, \quad x \in \mathbb{R},$$

wobei jetzt auch $C_3, C_4 \in \mathbb{R}$.

Bemerkung 7.61 *Dass im vorangegangenen Beispiel 7.60 neben dem Eigenwert $\lambda = i$ auch $\lambda = -i$ auftritt, ist kein Zufall. Hat ein Polynom P mit reellen Koeffizienten die Nullstelle λ, dann hat es auch die konjugiert komplexe Nullstelle $\bar{\lambda}$. Die komplexen Lösungen $y_\lambda, y_{\bar\lambda}$ zu den Eigenwerten λ und $\bar\lambda$ sind also zu ersetzen durch zwei reelle, die den gleichen Raum aufspannen. Dies ist durch Übergang zu Real- und Imaginärteil möglich, da dies gerade einer Linearkombination der Form*

$$Re\, y_n = \frac{1}{2}(y_\lambda + y_{\bar\lambda}), \quad Im\, y_n = \frac{1}{2i}(y_\lambda - y_{\bar\lambda})$$

entspricht.

Fall II. Das charakteristische Polynom P_n hat **mehrfache** Nullstellen.

Zunächst stellt man durch Vergleich der beiden Darstellungen (7.50) mit $f(x) = 0$ und (7.72) fest, dass die Differentialgleichung (7.50) formal in der Form

$$L_n y \equiv P_n(D) y = 0 \tag{7.74}$$

geschrieben werden kann. Es seien jetzt $\lambda_1, \lambda_2, \ldots, \lambda_m$ die paarweise verschiedenen Nullstellen von P_n mit Vielfachheiten $k_1, k_2, \ldots, k_m \in \mathbb{N}$. Dann gilt $k_1 + k_2 + \cdots + k_m = n$ sowie

$$P_n(\lambda) = a_n (\lambda - \lambda_1)^{k_1} (\lambda - \lambda_2)^{k_2} \cdots (\lambda - \lambda_m)^{k_m}. \tag{7.75}$$

In genau derselben Weise kann der Differentialoperator $L_n = P_n(D)$ faktorisiert werden, sodass

$$L_n y = P_n(D)y = a_n(D - \lambda_1)^{k_1}(D - \lambda_2)^{k_2} \cdots (D - \lambda_m)^{k_m} y = 0. \qquad (7.76)$$

Hierbei kommt es wegen der Vertauschungsregel

$$(D - \lambda_p)^{k_p}(D - \lambda_q)^{k_q} = (D - \lambda_q)^{k_q}(D - \lambda_p)^{k_p}$$

auf die Reihenfolge der Faktoren **nicht** an. Offensichtlich sind alle Lösungen $y \in C^n(\mathbb{R})$ der DGl

$$\boxed{(D - \lambda_q)^{k_q} y = 0} \qquad (7.77)$$

auch Lösungen der Differentialgleichung (7.76). Zur Lösung der DGl (7.77) setzen wir an:

$$\boxed{y(x) = e^{\lambda_q x} \cdot \varphi(x), \quad x \in \mathbb{R}.}$$

Es folgt unter Verwendung der Identität $(D - \lambda_q)\big(e^{\lambda_q x} \cdot \varphi(x)\big) = e^{\lambda_q x} \cdot \varphi'(x)$ durch Einsetzen in die Gleichung (7.77):

$$(D - \lambda_q)^{k_q} y(x) = e^{\lambda_q x} \cdot \varphi^{(k_q)}(x) \overset{!}{=} 0.$$

Da die Exponentialfunktion im Endlichen nicht verschwindet, muss folglich $\varphi^{(k_q)}(x) = 0$ gelten, und dies führt auf die polynomiale Lösung

$$\varphi(x) = C_1 + C_2 x + \cdots + C_{k_q} x^{k_q - 1}, \quad x \in \mathbb{R}.$$

Das Funktionensystem

$$e^{\lambda_q x}, \, x e^{\lambda_q x}, \ldots, x^{k_q - 1} e^{\lambda_q x}$$

ist **LU**, sodass dieses System den k_q-dimensionalen Lösungsraum der DGl (7.77) aufspannt. In ganz analoger Weise verfährt man mit den weiteren Wurzeln des charakteristischen Polynoms. Wir fassen zu folgender Aussage zusammen:

Satz 7.62 *Es seien* $\lambda_1, \lambda_2, \ldots, \lambda_m \in \mathbb{K}$, $m \leq n$, *die paarweise verschiedenen Nullstellen des charakteristischen Polynoms* P_n *mit Vielfachheiten* $k_1, k_2, \ldots, k_m$. *Ist* $\lambda_q \in \mathbb{K}$, $1 \leq q \leq m$, *eine* **einfache** *Wurzel, so ist durch sie eine Lösung*

$$y_q(x) = A_q e^{\lambda_q x}, \quad x \in \mathbb{R},$$

der homogenen DGl $L_n y = 0$ *bestimmt. Ist* λ_q, $1 \leq q \leq m$, *eine* k_q-**fache** *Wurzel, so ist durch sie eine Lösung*

$$y_q(x) = \Big(C_{q1} + C_{q2} x + \cdots + C_{qk_q} x^{k_q - 1}\Big) e^{\lambda_q x}, \quad x \in \mathbb{R},$$

der homogenen *DGl* $L_n y = 0$ bestimmt. Dabei sind A_q bzw. C_{qj} frei
wählbare (komplexe) Konstanten.

Die allgemeine Lösung der homogenen *DGl* $L_n y = 0$ ist dann in der
Form

$$y_h(x) = y_1(x) + y_2(x) + \cdots + y_m(x)$$

gegeben.

Beispiel 7.63 *Wir betrachten folgende Differentialgleichung:*

$$DGl:\ L_5 y := \quad y^{(5)} - y^{(4)} + 2y''' - 2y'' + y' - y = 0,$$

$$\downarrow \quad \downarrow \quad \downarrow \quad \downarrow \quad \downarrow \quad \downarrow$$

$$charakt.\ Polynom:\ P_5(\lambda) := \quad \lambda^5 - \lambda^4 + 2\lambda^3 - 2\lambda^2 + \lambda - 1 = 0.$$

Wir erraten hier die Nullstelle $\lambda_1 = 1$, *und nach Abspalten des Linearfaktors*
$(\lambda - 1)$ *verbleibt ein Restpolynom* $\lambda^4 + 2\lambda^2 + 1 = (\lambda^2 + 1)^2 = (\lambda + i)^2 (\lambda - i)^2$. *Es
liegen somit die Nullstellen* $\lambda_1 = 1$ *(einfach),* $\lambda_2 = i$ *(doppelt) und* $\lambda_3 = -i$
(doppelt) vor. Gemäß Satz 7.62 hat die homogene DGl $L_5 y = 0$ *die allgemeine
Lösung*

$$y_h(x) = C_1 e^x + (C_2 + C_3 x)e^{ix} + (C_4 + C_5 x)e^{-ix}, \quad x \in \mathbb{R}.$$

Zusammenfassend erkennen wir, dass die gesamte Problematik bei linearen
gewöhnlichen DGln im Auffinden der Nullstellen des charakteristischen Polynoms P_n besteht, also eine *rein algebraische Angelegenheit* vorliegt.

Fall III. Wir bestimmen eine **reelle** Lösungsgesamtheit.

Hat der lineare Differentialoperator $L_n := P_n(D) = \sum_{k=0}^{n} a_k D^k$, $a_n \neq 0$,
ausschließlich **reelle Koeffizienten** $a_k \in \mathbb{R}$, so treten komplexe Nullstellen
des charakteristischen Polynoms $P_n(\lambda)$ stets nur als *konjugiert komplexe* Paa-
re auf; mit $\lambda_q := \alpha_q + i\beta_q$, $\beta_q \neq 0$, ist auch $\bar{\lambda}_q = \alpha_q - i\beta_q$ Nullstelle. Hat λ_q
die Vielfachheit k_q, so sind die komplexwertigen Funktionen

$$x^j e^{\lambda_q x}, \ x^j e^{\bar{\lambda}_q x}, \ j = 0, 1, \ldots, k_q - 1,$$

Lösungen der homogenen DGl $L_n y = 0$. Durch Zerlegung in Real- und Imaginärteil erhält man dazu äquivalente Paare **reeller** Funktionen, nämlich

$$x^j e^{\alpha_q x} \cdot \cos \beta_q x, \ x^j e^{\alpha_q x} \cdot \sin \beta_q x, \ j = 0, 1, \ldots, k_q - 1.$$

Wir folgern hieraus

Satz 7.64 *Die Koeffizienten a_k der linearen homogenen DGl*

$$L_n y := P_n(D)y = \sum_{k=0}^{n} a_k D^k y = 0, \; a_n \neq 0,$$

*seien ausschließlich **reell**. Dann wird die Lösungsgesamtheit dieser DGl von reellen Funktionen aufgespannt, und zwar von den Funktionen*

$$e^{\alpha x}, \; x\,e^{\alpha x}, \ldots, x^{k-1}\,e^{\alpha x}, \; x \in \mathbb{R},$$

*falls $\lambda = \alpha \in \mathbb{R}$ eine **k-fache reelle** Nullstelle des charakteristischen Polynoms $P_n(\lambda)$ ist, beziehungsweise von den Funktionen*

$$e^{\alpha x} \cdot \cos\beta x, \; x\,e^{\alpha x} \cdot \cos\beta x, \ldots, x^{k-1}\,e^{\alpha x} \cdot \cos\beta x,$$

$$e^{\alpha x} \cdot \sin\beta x, \; x\,e^{\alpha x} \cdot \sin\beta x, \ldots, x^{k-1}\,e^{\alpha x} \cdot \sin\beta x,$$

*$x \in \mathbb{R}$, falls $\lambda = \alpha \pm i\,\beta$ ein Paar **konjugiert komplexer Nullstellen** der **Vielfachheit** k ist.*

Beispiel 7.65 *Wir betrachten die folgende lineare homogene Differentialgleichung:*

$$DGl: P_4(D)y := \left(D^4 - 4D^3 + 15D^2 - 22D + 10\right)y = 0,$$

$$\downarrow \qquad \downarrow \qquad \downarrow \qquad \downarrow \qquad \downarrow$$

$$\text{charakt. Polynom: } P_4(\lambda) := \quad \lambda^4 - 4\lambda^3 + 15\lambda^2 - 22\lambda + 10 = 0.$$

Man kann die doppelte Nullstelle $\lambda_1 = 1$ des charakteristischen Polynoms leicht erraten. Wir spalten den Linearfaktor $(\lambda - 1)^2$ mithilfe des Horner-Schemas ab:

		1	−4	15	−22	10
$\lambda = 1$	*		1	−3	12	−10
		1	−3	12	−10	$\boxed{0}$
$\lambda = 1$	*		1	−2	10	
		1	−2	10	$\boxed{0}$	

Wir erhalten nun die Linearfaktorzerlegung

$$P_4(\lambda) = (\lambda - 1)^2(\lambda^2 - 2\lambda + 10) = (\lambda - 1)^2(\lambda - 1 - 3i)(\lambda - 1 + 3i),$$

und aus ihr resultiert die allgemeine Lösung in der komplexen *Form*

$$y_h(x) = (C_1 + C_2 x)e^x + C_3 e^{(1+3i)x} + C_4 e^{(1-3i)x}.$$

Hierzu äquivalent ist die reelle *Form*

$$y_h(x) = e^x \left(C_1 + C_2 x + \tilde{C}_3 \cos 3x + \tilde{C}_4 \sin 3x \right).$$

Wir diskutieren jetzt ein anwendungsorientiertes Beispiel in aller Ausführlichkeit.

Beispiel 7.66 *Schwingungsdifferentialgleichung. Ein RCL-Kreis ist ein elektrischer Schaltkreis, bestehend aus der Hintereinanderschaltung eines Ohmschen Widerstandes R, einer Induktivität L und eines Kondensators C. Dieser Schaltkreis sei an eine Wechselspannung $U = U(t)$ angeschlossen. Gemäß den Kirchhoffschen Gesetzen der Elektrodynamik gelten die folgenden Gesetze für die zeitliche Veränderung der Teilspannungen $U_R(t)$, $U_L(t)$, $U_C(t)$ und des Stromes $I(t)$, wenn auf den Kondensator die Ladung $Q(t)$ aufgebracht wird:*

(i) $U = U_R + U_L + U_C,$ (ii) $U_R = R \cdot I,$ $U_L = L\dfrac{dI}{dt},$ $U_C = \dfrac{Q}{C}.$

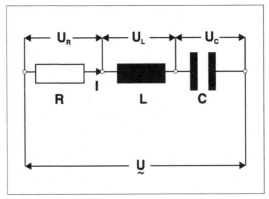

RCL-Kreis an einer Wechselspannung

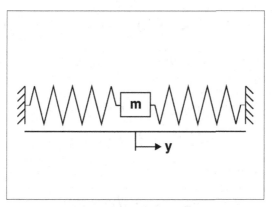

**Feder-Masse-Schwinger als
mechanisches Analogon**

Unter Berücksichtigung der Relation $I(t) = \frac{dQ(t)}{dt}$ gelangt man durch Differenzieren der Gleichung (i) und Einsetzen von (ii) zu einer linearen gewöhnlichen Differentialgleichung mit konstanten Koeffizienten, nämlich zu

$$L\,\frac{d^2 I}{dt^2} + R\,\frac{dI}{dt} + \frac{1}{C}\,I = \frac{dU}{dt}. \tag{7.78}$$

Bei gegebener Spannung $U = U(t)$ ist dies die Bestimmungsgleichung für die Stromstärke $I = I(t)$. Ist $U = const$ eine Gleichspannung, *so resultiert die lineare homogene DGl:*

$$\boxed{\left(L\,D^2 + R\,D + \frac{1}{C}\right) I := L\,\frac{d^2 I}{dt^2} + R\,\frac{dI}{dt} + \frac{1}{C}\,I = 0.} \tag{7.79}$$

Nach Division dieser DGl durch $L \neq 0$ und Verwendung neuer Bezeichnungen $y(t) := I(t)$, $\rho := R/2L$, $\omega_0^2 := 1/LC$, gelangen wir zu einer linearen homogenen DGl vom Typ

$$\boxed{\ddot{y} + 2\rho\,\dot{y} + \omega_0^2\,y = 0.} \tag{7.80}$$

Diese lineare homogene DGl heißt **Differentialgleichung der freien Schwingung**. *Die Größe $\rho > 0$ heißt* **Dämpfungskonstante** *und die Größe ω_0* **Kenn-Frequenz** *oder* **Eigenfrequenz** *der Schwingung.*

Ebenso beschreibt die DGl (7.80) die Bewegung einer Masse m zwischen zwei Federn, deren Rückstellkraft $K = -k^2 y$ proportional zur zeitlichen Auslenkung y ist. Dabei wirkt eine geschwindigkeitsproportionale Reibung mit der Reibungskraft $R = -r\dot{y}$. Dieses Gebilde nennt man mechanischen Feder-Masse-Schwinger. Aus dem Newtonschen Kraftgesetz folgt

$$m\ddot{y} = K + R = -(r\,\dot{y} + k^2\,y) \quad oder \quad \ddot{y} + \frac{r}{m}\,\dot{y} + \frac{k^2}{m}\,y = 0.$$

Man erhält hieraus mit den Größen $\rho := r/2m$, $\omega_0^2 := k^2/m$ wieder die DGl (7.80).

Zur Lösung der DGl (7.80) stellen wir ihr charakteristisches Polynom

$$P_2(\lambda) := \lambda^2 + 2\rho\,\lambda + \omega_0^2$$

auf, dessen Nullstellen durch

$$\lambda_\pm := -\rho \pm \sqrt{\rho^2 - \omega_0^2}$$

gegeben sind. Die allgemeine Lösung hat somit die Form

$$y_h(t) = \begin{cases} e^{-\rho t}\left(A\,e^{t\,\sqrt{\rho^2 - \omega_0^2}} + B\,e^{-t\,\sqrt{\rho^2 - \omega_0^2}}\right) & : \rho > \omega_0, \\[2mm] e^{-\rho t}\left(A + B\,t\right) & : \rho = \omega_0, \\[2mm] e^{-\rho t}\left(A\,\cos t\,\sqrt{\omega_0^2 - \rho^2} + B\,\sin t\,\sqrt{\omega_0^2 - \rho^2}\right) & : \rho < \omega_0. \end{cases} \qquad (7.81)$$

*Durch die Vorgaben von **Anfangsbedingungen***

$$y(0) = y_0, \ \dot{y}(0) = y_1$$

lassen sich die Konstanten A, B in eindeutiger Weise bestimmen. Im Fall des RCL-Kreises müssten also $I(0)$ und $\dot{I}(0)$ vorgegeben werden. Die Lösungen (7.81) können in diesem Fall interpretiert werden als das Nachschwingen des Schaltkreises, wenn man zum Zeitpunkt $t = 0$ die Spannung U abschaltet. Entsprechend den drei verschiedenen Lösungsformen (7.81) klassifizieren wir das zeitliche Verhalten der freien Schwingung $y(\cdot)$ in der folgenden Weise:

$\boxed{\text{1.Fall:}}$ **Aperiodischer Kriechfall.** *Dieser Fall liegt bei der Parameterkonstellation $\rho > \omega_0$ vor. Er entspricht dem Auftreten einer **starken Dämpfung**, also im RCL-Kreis der Vorgabe eines großen Ohmschen Widerstandes R. Die Lösung $y_h(t) = A e^{t\,\lambda_+} + B e^{t\,\lambda_-}$ hat die beiden* negativen *Exponenten*

$$\lambda_\pm := -\rho \pm \omega_2 < 0, \ \omega_2 := \sqrt{\rho^2 - \omega_0^2}.$$

Es gilt $\lim\limits_{t \to +\infty} y_h(t) = 0$ für jede Wahl der Konstanten A, B. Gibt man die Anfangsbedingungen $y(0) = y_0$ und $\dot{y}(0) = y_1$ vor, so hat die Lösung die beiden folgenden äquivalenten Darstellungen:

$$y_h(t) = \begin{cases} e^{-\rho t}\Big(A\,e^{t\omega_2} + B\,e^{-t\omega_2}\Big), \\[2mm] e^{-\rho t}\Big(D\,\cosh t\omega_2 + E\,\sinh t\omega_2\Big), \end{cases}$$

mit den Konstanten

$$A := \frac{y_0(\rho + \omega_2) + y_1}{2\omega_2}, \quad B := -\frac{y_0(\rho - \omega_2) + y_1}{2\omega_2},$$

$$D := y_0, \qquad\qquad E := \frac{\rho\,y_0 + y_1}{\omega_2}.$$

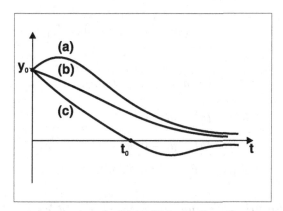

Aperiodische Kriechfall

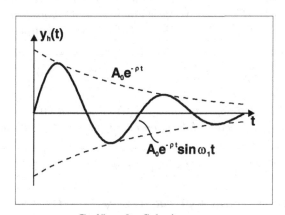

Gedämpfte Schwingung

Ist wenigstens eine der Konstanten A, B von null verschieden, so tritt eine Nullstelle $y_h(t_0) = 0$ nur dann auf, wenn $A\,e^{2t_0\omega_2} = -B$ gilt. Im Endlichen *kann dies für höchstens ein t_0 eintreten. Durch Diskussion der Parameter A und B erhält man den oben skizzierten zeitlichen Lösungsverlauf mit den folgenden Spezifikationen:*

$$Kurve\ (a)\ :\ y_1 > 0,$$

$$Kurve\ (b)\ :\ y_1 \leq 0\ \ und\ \ -y_1 < y_0(\rho + \omega_2),$$

$$Kurve\ (c)\ :\ y_1 \leq 0\ \ und\ \ -y_1 > y_0(\rho + \omega_2).$$

2.Fall: **Aperiodischer Grenzfall.** *Dieser liegt im Fall $\rho = \omega_0$ vor. Im RCL-Kreis muss $R^2 = 4L/C$ gelten. Die Lösung hat die Form $y_h(t) = (A + Bt)\,e^{-\rho t}$, und es gilt wiederum ein zeitliches Abklingen $\lim_{t \to \infty} y_h(t) = 0$. Mit den Anfangsbedingungen $y(0) = y_0$, $\dot{y}(0) = y_1$ erhält die Lösung die Gestalt*

$$y_h(t) = \Big(y_0 + (\rho\,y_0 + y_1)t\Big)\,e^{-\rho t}.$$

Es liegt ein ähnlicher zeitlicher Lösungsverlauf wie im aperiodischen Kriechfall vor, jedoch mit den folgenden Spezifikationen:

$$Kurve\ (a)\ :\ y_1 > 0,$$

$$Kurve\ (b)\ :\ y_1 \leq 0\ \ und\ \ -y_1 < \rho\,y_0,$$

$$Kurve\ (c)\ :\ y_1 \leq 0\ \ und\ \ -y_1 > \rho\,y_0.$$

3.Fall: **Gedämpfte Schwingung.** *Dieser Fall liegt bei der Parameterkonstellation $0 < \rho < \omega_0$ vor. Er entspricht dem Auftreten einer **kleinen Dämpfung**, also im RCL-Kreis der Vorgabe eines kleinen Ohmschen Widerstandes R. Die Lösung $y_h(t) = Ae^{t\lambda_+} + Be^{t\lambda_-}$ hat die beiden konjugiert komplexen Exponenten*

$$\lambda_\pm := -\rho \pm i\omega_1, \quad \omega_1 := \sqrt{\omega_0^2 - \rho^2} > 0.$$

Schreibt man die Anfangsbedingungen $y(0) = y_0$ und $\dot{y}(0) = y_1$ vor, so gibt es für die Lösung die beiden folgenden äquivalenten Darstellungen:

$$y_h(t) = \begin{cases} e^{-\rho t}\big(A\,\cos\omega_1 t + B\,\sin\omega_1 t\big)\ \ mit\ A := y_0,\ \ B := \dfrac{\rho\,y_0 + y_1}{\omega_1}, \\[2ex] A_0\,e^{-\rho t}\sin(\omega_1 t + \varphi)\ \ mit\ A_0 := \sqrt{A^2 + B^2},\ \ \varphi := \arctan_H \dfrac{A}{B}. \end{cases}$$

*Die Konstante A_0 heißt **Amplitude** und der Winkel $\varphi \in [-\frac{\pi}{2}, +\frac{\pi}{2}]$ **Nullphase** der gedämpften Schwingung. Für $\rho = 0$ – in diesem Fall liegt ein reiner*

LC-Kreis ohne Ohmschen Widerstand vor – schwingt der Schaltkreis ungedämpft in seinem angeregten Zustand mit der Eigenfrequenz $\omega_0 = 1/\sqrt{LC}$:

$$y_h(t) = y_0 \cos\omega_0 t + \frac{y_1}{\omega_0}\sin\omega_0 t.$$

*Der Vorgang heißt **ungedämpfte freie Schwingung**. Gilt jedoch $\rho > 0$, so haben wir wieder ein zeitliches Abklingverhalten $\lim_{t\to+\infty} y_h(t) = 0$. Die Lösung $y_h(t)$ schwingt mit zeitlich abnehmender Amplitude in der Frequenz $\omega_1 = \sqrt{\omega_0^2 - \rho^2}$. Der Vorgang heißt **gedämpfte Schwingung**.*

Der aperiodische Grenzfall (Fall 2) kann auch als Grenzwert $\omega_1 \to 0$ aus der gedämpften Schwingung abgeleitet werden. Mit der Regel von L'Hospital erhält man nämlich

$$\lim_{\omega_1 \to 0} = e^{-\rho t}\lim_{\omega_1 \to 0}\left(y_0\cos\omega_1 t + (\rho\,y_0 + y_1)\frac{\sin\omega_1 t}{\omega_1}\right)$$

$$= e^{-\rho t}\left(y_0 + (\rho\,y_0 + y_1)\lim_{\omega_1 \to 0}\frac{t\cos\omega_1 t}{1}\right)$$

$$= e^{-\rho t}\left(y_0 + (\rho\,y_0 + y_1)\,t\right).$$

Wir diskutieren jetzt die Frage, welchen Einfluss eine am RCL-Kreis anliegende Wechselspannung $U = U(t)$ auf das Lösungsverhalten der Differentialgleichung (7.78) hat. Wir nehmen zum Beispiel eine cosinusförmige Wechselspannung $U(t) := U_0\cos\omega t$ an. Dann tritt an die Stelle der Gleichung (7.78) die inhomogene DGl

$$L\frac{d^2 I}{dt^2} + R\frac{dI}{dt} + \frac{1}{C}I = -U_0\omega\,\sin\omega t$$

beziehungsweise an die Stelle der homogenen Schwingungsdifferentialgleichung (7.80) die inhomogene DGl

$$\ddot{y} + 2\rho\dot{y} + \omega_0^2\,y = p_0\,\sin\omega t, \tag{7.82}$$

mit $p_0 := -U_0\omega/L$ im Fall des RCL-Kreises.

Nach unseren bisherigen Erkenntnissen haben wir nur noch eine partikuläre *Lösung der inhomogenen DGl zu bestimmen, da wir die Lösungsgesamtheit der homogenen DGl bereits ausführlich diskutiert haben. Es ist physikalisch einleuchtend, dass die periodische Wechselspannung $U(t) = U_0\cos\omega t$ einen* *periodischen Stromverlauf $I_p(t)$ mit derselben Periode ω erzwingen wird. Diese Überlegung rechtfertigt einen **Ansatz von der Form der rechten Seite** der DGl (7.82), wobei eine Linearkombination der beiden ω-periodischen Funktionen $\sin \omega t$ und $\cos \omega t$ als Ansatzfunktion sicherlich eine kluge Wahl ist. Wir erhalten*

$$
\begin{array}{llll}
y_p(t) & = & A \cos \omega t + & B \sin \omega t \Big| \cdot \omega_0^2 \\[2mm]
\dot{y}_p(t) & = & -A\omega \sin \omega t + & B\omega \cos \omega t \Big| \cdot 2\rho \\[2mm]
\ddot{y}_p(t) & = & -A\omega^2 \cos \omega t - & B\omega^2 \sin \omega t \Big| \cdot 1
\end{array}
$$

$$
p_0 \sin \omega t \overset{!}{=} \Big(A(\omega_0^2 - \omega^2) + 2\rho\omega B \Big) \cos \omega t + \Big(B(\omega_0^2 - \omega^2) - 2\rho\omega A \Big) \sin \omega t.
$$

Durch Koeffizientenvergleich erhält man das folgende lineare Gleichungssystem für die Bestimmung der Konstanten A und B:

$$
\begin{aligned}
(\omega_0^2 - \omega^2)A + \quad 2\rho\omega B &= 0, \\
-2\rho\omega A + (\omega_0^2 - \omega^2)B &= p_0.
\end{aligned}
\tag{7.83}
$$

Die Determinante $D := 4\rho^2\omega^2 + (\omega_0^2 - \omega^2)^2$ der zugeordneten Koeffizientenmatrix kann im Fall $\rho > 0$ für keine Erregerfrequenz $\omega > 0$ verschwinden. Deshalb existieren in diesem Fall stets eindeutige Lösungen

$$
A = -\frac{1}{D} 2\rho\omega p_0, \quad B = \frac{1}{D}(\omega_0^2 - \omega^2)p_0.
$$

Der Ansatz liefert somit eine wohlbestimmte partikuläre Lösung $y_p(t)$ der inhomogenen DGl (7.82):

$$
\boxed{y_p(t) = \frac{p_0}{D}\Big((\omega_0^2 - \omega^2)\sin \omega t - 2\rho\omega \cos \omega t\Big).}
$$

Mit den Parametern des RCL-Kreises hat also die periodische Wechselspannung $U(t) = U_0 \cos \omega t$ einen periodischen Stromfluss $I_p(t)$ erzwungen, wobei

$$
\boxed{I_p(t) = \frac{p_0}{D}\Big((\omega_0^2 - \omega^2)\sin \omega t - 2\rho\omega \cos \omega t\Big) = -\frac{p_0}{\sqrt{D}}\cos(\omega t + \varphi),}
$$

wobei $\varphi := \text{arc tan}_H \frac{\omega_0^2 - \omega^2}{2\rho\omega}$.

*Der Strom $I_p(t)$ schwingt mit derselben Frequenz ω wie die Erregerspannung, jedoch mit einer **Phasenverschiebung** φ. Die Amplitude des Stroms ist*

$$I_0 = -\frac{p_0}{\sqrt{D}} = \frac{U_0\omega}{L\sqrt{4\rho^2\omega^2 + (\omega_0^2 - \omega^2)^2}} = \frac{U_0}{\sqrt{R^2 + \left(\omega L - \frac{1}{\omega C}\right)^2}}.$$

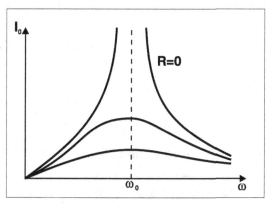

**Amplitudenporträt in Abhängigkeit
vom Ohmschen Widerstand R**

*Man erkennt sofort, dass die Amplitude I_0 ihren Maximalwert bei $\omega = \omega_0 = 1/\sqrt{LC}$ annimmt. Dort gilt $(I_0)_{\max} = U_0/R$. Wir haben ferner die Grenzwerte $\lim_{\omega \to 0+} I_0 = 0 = \lim_{\omega \to +\infty} I_0$. Für kleine Dämpfung $0 < R \ll 1$ wächst die Amplitude I_0 in der Nähe der Kennfrequenz ω_0 sehr stark an. Diesen Sachverhalt bezeichnet man als **Resonanzphänomen** oder kurz als **Resonanz**. Im dämpfungsfreien Fall $R = 0$ wächst I_0 unbeschränkt, wenn ω die Kennfrequenz ω_0 erreicht. Es kommt zur sogenannten **Resonanzkatastrophe**.*

Für $\rho = 0$ und $\omega = \omega_0$ führt der Ansatz mit den Funktionen $\sin\omega t$ und $\cos\omega t$ auf keine bestimmbaren Koeffizienten A und B. Denn wegen $D = 0$ ist das lineare Gleichungssystem (7.83) nicht mehr beständig lösbar. Der tiefere Grund ist in der Tatsache zu sehen, dass in diesem Fall auf der rechten Seite der inhomogenen DGl

$$L_2 y := \ddot{y} + \omega_0^2\, y = p_0 \sin \omega_0 t$$

*eine Lösung $y_h(t) := p_0 \sin\omega_0 t$ der homogenen DGl $L_2 y = 0$ steht. Es ist klar, dass Ansätze in der Form $A\cos\omega_0 t$ und $B\sin\omega_0 t$ lediglich die homogene DGl $L_2 y = 0$ erfüllen. Man wird jedoch durch einen sogenannten **Resonanzansatz** zum Erfolg geführt:*

$$y_p(t) \quad = \quad t(A \cos \omega_0 t + B \sin \omega_0 t) \qquad\qquad\qquad \Big| \cdot \omega_0^2$$

$$\dot{y}_p(t) \quad = t\omega_0(-A \sin \omega_0 t + B \cos \omega_0 t) + \qquad A \cos \omega_0 t + B \sin \omega_0 t \Big| \cdot 0$$

$$\ddot{y}_p(t) \quad = -t\omega_0^2(A \cos \omega_0 t + B \sin \omega_0 t) - 2A\omega_0 \sin \omega_0 t + 2B\omega_0 \cos \omega_0 t \Big| \cdot 1$$

$$p_0 \sin \omega_0 t \overset{!}{=} \qquad\qquad\qquad -2A\omega_0 \sin \omega_0 t + 2B\omega_0 \cos \omega_0 t.$$

Durch Koeffizientenvergleich erhalten wir

$$A = -\frac{p_0}{2\omega_0} = \frac{U_0}{2L}, \quad B = 0,$$

und hieraus resultiert die sog. **Resonanzlösung**

$$\boxed{y_p(t) = -\frac{p_0 t}{2\omega_0} \cos \omega_0 t \quad bzw. \quad I_p(t) = \frac{U_0 t}{2L} \cos \left(\frac{t}{\sqrt{LC}} \right).}$$

Im Resonanzfall erhält man eine mit der Zeit linear anwachsende Amplitude
$I_0 = U_0 t / 2L$.

Wir kehren zurück zum allgemeinen homogenen DGl-System erster Ordnung nach (7.62). Ist die Matrix $A \in \mathbb{K}^{(n,n)}$ nicht diagonalisierbar, d. h., gibt es keine Eigenvektor-Basis von K^n, liefert der Ansatz (7.63) zwar auch Lösungen, aber nur so viele wie es linear unabhängige Eigenvektoren gibt. Für mindestens einen Eigenwert λ gilt also

$$\rho(\lambda) < k(\lambda),$$

und die „Lücke" von $k(\lambda) - \rho(\lambda)$ fehlenden Lösungen muss anderweitig gefüllt werden. Dazu wird der Eigenvektorbegriff verallgemeinert.

Definition 7.67 *Sei* $A \in \mathbb{K}^{(n,n)}$, $\lambda \in \mathbb{C}$, $k \in \mathbb{N}$. *Ein Vektor* $\mathbf{v} \in \mathbb{K}^n$ *heißt* **Hauptvektor k-ter Stufe** *von A zu* λ, *wenn*

$$(A - \lambda E_n)^k \mathbf{v} = \mathbf{0} \quad und \quad (A - \lambda E_n)^{k-1} \mathbf{v} \neq \mathbf{0}$$

gilt.

Zur Abkürzung verwenden wir im Folgenden für festes $\lambda \in \mathbb{C}$ die Bezeichnung

$$A_\lambda := A - \lambda E_n.$$

Folgerung 7.68 *Ist* $\mathbf{v} \in \mathbb{R}^n$ *Hauptvektor k-ter Stufe von A zu $\lambda \in \mathbb{C}$, dann ist*

$$y(x) = e^{\lambda t} \sum_{n=0}^{k-1} \frac{1}{n!} A_\lambda^n \mathbf{v} x^n$$

eine Lösung von (7.62).

Bemerkungen 7.69 *Es gelten folgende Eigenschaften:*

1. *Eigenvektoren sind also gerade die Hauptvektoren erster Stufe, $\mathbf{0}$ ist nie Hauptvektor. Ist $\mathbf{v}$ ein Hauptvektor k-ter Stufe für $k \geq 2$, so ist $A_\lambda \mathbf{v}$ ein Hauptvektor $(k-1)$-ter Stufe, insbesondere ist $A_\lambda^{k-1} \mathbf{v}$ ein Eigenvektor. Wir sprechen auch von der Kette der Länge k:*

$$A_\lambda^{k-1} \mathbf{v}, \ldots, A_\lambda \mathbf{v}, \mathbf{v}. \tag{7.84}$$

2. *Sei $k \in \mathbb{N}$, $1 \leq \ell \leq n$, dann ist die Vereinigung aller Hauptvektoren ℓ-ter Stufe von A zu λ (zuzüglich $\mathbf{0}$) gerade*

$$H_\lambda^k := \operatorname{Kern} A_\lambda^k,$$

insbesondere ist H_λ^1 der Eigenraum von A zu λ. Es gilt

$$H_\lambda^k \subset H_\lambda^{k+1} \quad \forall k \in \mathbb{N},$$

die Dimension dieser Unterräume von $\mathbb{K}^n$ kann aber nicht beliebig zunehmen, daher muss es ein $\bar{k} = \bar{k}(\lambda) \in \mathbb{N}$ geben mit

$$H_\lambda^{\bar{k}} = H_\lambda^{\bar{k}+1}.$$

$H_\lambda := H_\lambda^{\bar{k}}$ *heißt Hauptraum von A zu λ. Er beinhaltet also alle möglichen Hauptvektoren (zuzüglich $\mathbf{0}$). Es gilt immer*

a) $\bar{k}(\lambda) \leq k(\lambda)$,

b) $\dim H_\lambda = k(\lambda)$,

c) die Summe der H_λ ist direkt und damit

$$H_{\lambda_1} \oplus \ldots \oplus H_{\lambda_m} = \mathbb{K}^n.$$

Für einen „diagonalisierbaren" Eigenwert, für den $\dim \operatorname{Kern} A_\lambda = k(\lambda)$ gilt, ist also i. Allg. $\bar{k}(\lambda) = 1 < k(\lambda)$.

Beispiel 7.70 *Wir lösen* $\mathbf{y}' = A\mathbf{y}$ *mit*

$$A := \begin{pmatrix} 1\,0\,1 \\ 0\,1\,1 \\ 0\,0\,1 \end{pmatrix}.$$

Das charakteristische Polynom liefert

$$P(\lambda) = (1 - \lambda)^3 \overset{!}{=} 0 \implies \lambda_{1,2,3} = 1.$$

Mit $A_1 := (A - 1 \cdot E)$ *ergeben sich aus*

$$A_1\mathbf{v} = \begin{pmatrix} 0\,0\,1 \\ 0\,0\,1 \\ 0\,0\,0 \end{pmatrix} \mathbf{v} = \mathbf{0}$$

beispielsweise die beiden Eigenvektoren (also Hauptvektoren erster Stufe)

$$\mathbf{v}_1 = (1,0,0)^T \ und \ \mathbf{v}_2 = (0,1,0)^T.$$

Aus der hier resultierenden 0-Matrix

$$A_1^2 = \begin{pmatrix} 0\,0\,0 \\ 0\,0\,0 \\ 0\,0\,0 \end{pmatrix}$$

ergeben sich nochmals die bereits berechneten Eigenvektoren und der weitere gewünschte, dazu linear unbhängige Hauptvektor zweiter Stufe, beispielsweise den Vektor

$$\mathbf{v}_3 = (0,0,1)^T.$$

Die allgemeine Lösung ist damit

$$\mathbf{y}(x) = c_1\mathbf{v}_1 e^x + c_2\mathbf{v}_2 e^x + (\mathbf{v}_3 + A_1\mathbf{v}_3\, x)\, e^x,$$

wobei $A_1\mathbf{v}_3 = (1,1,0)^T$ *und* $c_1, c_2, c_3 \in \mathbb{R}$.

Beispiel 7.71 *Wir lösen* $\mathbf{y}' = A\mathbf{y}$ *mit*

$$A := \begin{pmatrix} 1\,2\,-1 \\ 0\,2\,\ \ 0 \\ 0\,0\,\ \ 1 \end{pmatrix}.$$

Das charakteristische Polynom liefert

$$P(\lambda) = (1 - \lambda)^2(2 - \lambda) \overset{!}{=} 0 \implies \lambda_{1,2} = 1 \text{ und } \lambda_3 = 2.$$

Mit $A_3 := (A - 2 \cdot E)$ *ergibt sich zunächst aus*

$$A_3 \mathbf{v} = \begin{pmatrix} -1 & 2 & -1 \\ 0 & 0 & 0 \\ 0 & 0 & -1 \end{pmatrix} \mathbf{v} = \mathbf{0}$$

z. B. der zugehörige Eigenvektor

$$\mathbf{v}_3 = (2, 1, 0)^T.$$

Der doppelte Eigenwert $\lambda_{1,2} = 1$ *hat die geometrische Vielfachheit* $k(\lambda_{1,2}) = 1$, *wir erhalten nämlich aus*

$$A_1 \mathbf{v} = \begin{pmatrix} 0 & 2 & -1 \\ 0 & 1 & 0 \\ 0 & 0 & 0 \end{pmatrix} \mathbf{v} = \mathbf{0}$$

den einfachen Eigenvektor

$$\mathbf{v}_1 = (1, 0, 0)^T.$$

Da die geometrische Vielfachheit $k(\lambda_{1,2}) = 1$ *ist, bietet sich folgende Vorgehensweise zur Berechnung des noch fehlenden Haupvektors zweiter Stufe an:*

$$A_1 \mathbf{v}_2 = \mathbf{v}_1 \iff \begin{pmatrix} 0 & 2 & -1 \\ 0 & 1 & 0 \\ 0 & 0 & 0 \end{pmatrix} \mathbf{v} = \begin{pmatrix} 1 \\ 0 \\ 0 \end{pmatrix}.$$

Die Lösung dieses inhomogenen Gleichungssystems lautet

$$\mathbf{v}_2 = (0, 0, -1)^T.$$

Die Lösungsbasis zum doppelten Eigenwert ist damit

$$e^x \mathbf{v}_1, \; e^x (\mathbf{v}_2 + \mathbf{v}_1 x),$$

was mit Folgerung 7.68 übereinstimmt, wie Sie sich leicht überzeugen können.

Folgerung 7.72 *Die im letzten Beispiel vorgeführte Methode zur Berechnung des Hauptvektors zweiter Stufe $\mathbf{v}_2$ mithilfe des einfachen Eigenvektors $\mathbf{v}_1$ als Lösung eines inhomogenen Gleichungssystems*

$$A_\lambda \mathbf{v}_2 = \mathbf{v}_1$$

hat die Vorteile, dass das Potenzieren der Matrizen A_λ entfällt, bereits berechnete Hauptvektoren nicht mehr mitbestimmt werden müssen und dieses Verfahren verallgemeinert werden kann durch

$$A_\lambda \mathbf{v}_{k+1} = \mathbf{v}_k, \quad k = 1, \cdots, k(\lambda) - 1,$$

wobei die Hauptvektoren k-ter Stufe hier nur einfach sein dürfen.

Ist $\mathbf{v}_k \in \mathbb{K}^n$ Hauptvektor k-ter Stufe von A zu $\lambda \in \mathbb{C}$, dann ist

$$y(x) = e^{\lambda t} \sum_{n=0}^{k-1} \frac{1}{n!} \mathbf{v}_{k-n} x^n \tag{7.85}$$

eine Lösung von (7.62), wobei $\mathbf{v}_{k-n}$ Hauptvektoren $(k - n)$-ter Stufe, $k = 1, \cdots, k - 1$, sind.

Bemerkung 7.73 *Gibt es dagegen mehrere Hauptvektoren k-ter Stufe (sagen wir die s Vektoren $\mathbf{v}_{k,1}, \cdots, \mathbf{v}_{k,s}$), so lässt sich die zuvor beschriebene Methode zur Berechnung der Haupvektoren $(k + 1)$-ter Stufe nicht unbedingt anwenden. Auf der rechten Seite des inhomogenen Gleichungssystems wäre eine geeignete Linearkombination der bereits berechneten Hauptvektoren k-ter Stufe erforderlich, also*

$$A_\lambda \mathbf{v}_{k+1} = \sum_{i=1}^{s} \mu_i \mathbf{v}_{k,i}, \quad \mu_i \in \mathbb{C},$$

mit der u. U. schwer zu bestimmenden notwendigen Eigenschaft

$$\sum_{i=1}^{s} \mu_i \mathbf{v}_{k,i} \in \operatorname{Bild} A_\lambda = \left(\operatorname{Kern} A_\lambda^T \right)^{\perp}.$$

Beispiel 7.74 *Wir greifen nochmals Beispiel 7.70 auf und demonstrieren das eben Gesagte. Wir versuchen zunächst, die beiden inhomogenen Gleichungssysteme*

$$A_1 \mathbf{v} = \mathbf{v}_1 \quad und \quad A_1 \mathbf{v} = \mathbf{v}_2$$

zu lösen, und stellen sehr schnell fest, dass beide linearen Gleichungssysteme unlösbar sind. Jetzt bilden wir aus beiden Eigenvektoren eine Linearkombi-

nation und erhalten aus

$$A_1 \mathbf{v} = \mu_1 \mathbf{v}_1 + \mu_2 \mathbf{v}_2$$

nach einem Gauß-Schritt

$$\begin{pmatrix} 0\,0\,1 \mid \mu_1 \\ 0\,0\,1 \mid \mu_2 \\ 0\,0\,0 \mid 0 \end{pmatrix} \rightarrow \begin{pmatrix} 0\,0\,1 \mid \mu_1 \\ 0\,0\,0 \mid \mu_2 - \mu_1 \\ 0\,0\,0 \mid 0 \end{pmatrix}.$$

Daran erkennen Sie, dass für die Wahl $\mu_1 = \mu_2$ das System lösbar und beispielsweise für $\mu_1 = 1$ der Vektor

$$\mathbf{v}_3 = (0, 0, 1)^T$$

eine Lösung ist. Der Gauß-Algorithmus hat uns also Bedingungen für die Linearkombination geliefert. Bei größeren Systemen kann diese Herangehensweise allerdings extrem aufwendig werden.

Bemerkung 7.75 *Wir empfehlen bei mehrfachen Hauptvektoren bis zur k-ten Stufe doch auf die potenzierten Matrizen und damit verbunden auf einen höheren Rechenaufwand zurückzugreifen, also*

$$A_\lambda^{k+1} \mathbf{v} = \mathbf{0}$$

zu berechnen. Dies hat den Nachteil, dass alle bereits berechnete Hauptvektoren, beginnend mit den Hauptvektoren erster Stufe mit der Vielfachheit s_1 bis hin zur Stufe k mit der Vielfachheit s_k gegeben durch

$$\mathbf{v}_{1,1}, \cdots \mathbf{v}_{1,s_1}, \cdots\cdots, \mathbf{v}_{k,1}, \cdots \mathbf{v}_{k,s_k}$$

nochmals mitbestimmt werden.

Diese „Mehrfachbestimmung" kann durch einen einfachen Trick vermieden werden. Wir ergänzen das homogene Gleichungssystem durch die bereits bestimmten Vektoren und lösen somit das erweiterte homogene System

$$\begin{pmatrix} A_\lambda^{k+1} \\ \mathbf{v}_{1,1}^T \\ \vdots \\ \mathbf{v}_{k,s_k}^T \end{pmatrix} \mathbf{v} = \mathbf{0}.$$

Diese Vorgehensweise hat den Nebeneffekt, dass die neubestimmten Hauptvektoren orthogonal zu den bereits berechneten sind, da in den unteren Zeilen ja gerade $\langle \mathbf{v}_{i,s_i}, \mathbf{v} \rangle = 0$, $i = 1, \cdots, k$, *steht. Begründen lässt sich diese Berechnungsmethode durch die Teilmengenbeziehung*

$$H_\lambda^{k-1} \subset H_\lambda^k, \quad k \in \mathbb{N},$$

der Haupträume, wobei die Basis des kleineren Raumes beispielsweise durch dazu orthogonale Vektoren ergänzt werden dürfen, um eine Basis für den größeren Raum zu kreieren.

Beispiel 7.76 *Wir greifen wieder Beispiel 7.70 auf und erhalten*

$$\begin{pmatrix} A_1^2 \\ \mathbf{v}_1^T \\ \mathbf{v}_2^T \end{pmatrix} \mathbf{v} = \begin{pmatrix} 0\,0\,0 \\ 0\,0\,0 \\ 0\,0\,0 \\ 1\,0\,0 \\ 0\,1\,0 \end{pmatrix} \mathbf{v} = \mathbf{0}.$$

Als Lösung resultiert $\mathbf{v}_3 = \mu(0,0,1)^T$, $\mu \in \mathbb{R}$, *also z. B. wie gehabt*

$$\mathbf{v}_3 = (0,0,1)^T.$$

Aufgaben

Aufgabe 7.33. Berechnen Sie $e^{A \cdot t}$ mit der Matrix

$$A = \begin{pmatrix} 0 & -1 \\ 1 & 0 \end{pmatrix}.$$

Aufgabe 7.34. Gegeben seien

$$A = \begin{pmatrix} 5 & -1 & 1 \\ -1 & 3 & -1 \\ 1 & -1 & 3 \end{pmatrix}, \quad \mathbf{a}_1 = \begin{pmatrix} 0 \\ 1 \\ 1 \end{pmatrix} \quad \text{und} \quad \mathbf{a}_2 = \begin{pmatrix} 1 \\ 1 \\ -1 \end{pmatrix}.$$

Bestimmen Sie für $i = 1, 2$ die Vektoren $\mathbf{b}_i = A\mathbf{a}_i$ und lösen Sie das System von Differentialgleichungen

$$\dot{\mathbf{y}} = A\mathbf{y} + \mathbf{b}_1 + \mathbf{b}_2.$$

Aufgabe 7.35. Gegeben seien die Vektoren

$$\mathbf{b}_2 = \begin{pmatrix} 1 \\ 1 \\ 1 \end{pmatrix}, \quad \mathbf{b}_3 = \begin{pmatrix} 1 \\ -1 \\ 1 \end{pmatrix}, \quad \mathbf{c} = \begin{pmatrix} 5 \\ 1 \\ 1 \end{pmatrix}.$$

Von $A = A^T \in \mathbb{R}^{3,3}$ ist bekannt, dass $\lambda_1 = 2$ und $\lambda_2 = 6$ Eigenwerte sind, $\mathbf{b}_2$ und $\mathbf{b}_3$ sind Eigenvektoren, wobei $\mathbf{b}_2$ Eigenvektor zu λ_2 ist.

a) Warum ist $\lambda_2 = 6$ doppelter Eigenwert mit Eigenvektoren $\mathbf{b}_2$ und $\mathbf{b}_3$?

b) Bestimmen Sie A.

c) Lösen Sie das Differentialgleichungssystem $\dot{\mathbf{y}} = A\mathbf{y} + A\mathbf{c}$.

d) Lösen Sie auch $\dot{\mathbf{x}} = (A^2 + E)\mathbf{x}$, wobei $E \in \mathbb{R}^{3,3}$ die Einheitsmatrix ist.

Aufgabe 7.36. Bestimmen Sie ein reelles Fundamentalsystem von $\dot{\mathbf{x}} = A\mathbf{x}$, wobei

$$a) \ A = \begin{pmatrix} 11 & -2 & 1 \\ -2 & 8 & 2 \\ 1 & 2 & 11 \end{pmatrix}, \quad b) \ A = \begin{pmatrix} 1 & 0 & 0 \\ 3 & 1 & -2 \\ 2 & 2 & 1 \end{pmatrix}.$$

Aufgabe 7.37. Bestimmen Sie ein Fundamentalsystem für $\dot{\mathbf{y}} = A\mathbf{y}$ mit

$$A = \begin{pmatrix} 0 & 0 & 1 & 0 \\ 0 & 0 & 0 & 1 \\ -1 & 1 & -2 & 1 \\ 1 & -1 & 1 & -1 \end{pmatrix}.$$

(Die Eigenwerte von A lauten $\lambda_{1,2,3} = -1$ und $\lambda_4 = 0$.)

Aufgabe 7.38. Gegeben sei die Differentialgleichung $y^{(4)} - 4y = 0$.

a) Lösen Sie diese Gleichung mithilfe des zugehörigen charakteristischen Polynoms.

b) Wandeln Sie diese Differentialgleichung in ein System erster Ordnung im $\mathbb{R}^4$ um und lösen Sie es dann.

Aufgabe 7.39. Berechnen Sie die allgemeine komplexe und/oder reelle Lösung der folgenden Differentialgleichungen:

a) $y'' - 6y' + 34y = 0$,

b) $y'' - 2y' + y = 0$,

c) $y''' - 3y'' + 3y' - y = 0$,

d) $y'' + y = 0$.

Aufgabe 7.40. Wie lautet die allgemeine Lösung $\mathbf{x} = \mathbf{x}(t)$ von $\dot{\mathbf{x}} = A\mathbf{x}$, wobei

$$A = \begin{pmatrix} 0 & 1 & -1 \\ -2 & 3 & -1 \\ -1 & 1 & 1 \end{pmatrix}.$$

Aufgabe 7.41. Lösen Sie die AWA für $\mathbf{x} = \mathbf{x}(t)$, gegeben durch

$$\dot{\mathbf{x}} = \begin{pmatrix} 2 & 1 & 0 \\ 0 & 2 & 1 \\ 0 & 0 & 2 \end{pmatrix} \mathbf{x}, \quad \mathbf{x}(0) = \begin{pmatrix} 3 \\ 2 \\ 1 \end{pmatrix}.$$

7.6 Lineare Differentialgleichungen und spezielle Inhomogenitäten

Die Methode der Variation der Konstanten lässt sich auch auf ein allgemeines lineares DGl-System erster Ordnung (Definition 7.51) und damit auch auf eine allgemeine lineare DGL n-ter Ordnung (Definition 7.50) übertragen, auch wenn die Darstellung „abstrakt" bleibt. Was damit gemeint ist, soll für konstante Koeffizienten erläutert werden. Hier gilt im homogenen Fall die kompakte Darstellung (7.65). Man beachte aber, dass ihre Anwendung (auch nur für diagonalisierbares A) die Kenntnis aller Eigenwerte und einer Eigenvektorbasis erfordert. Dies berücksichtigend liefert genau die Vorgehensweise aus Abschn. 7.2, d.h. der Ansatz für die partikuläre Lösung

$$\mathbf{y}_p(x) := e^{A(x-a)} \mathbf{y}_0(x),$$

d.h., aus dem konstanten Vektor $\mathbf{y}_0$ wurde $\mathbf{y}_0(x)$ gemacht, und daraus folgte

$$\begin{aligned} \mathbf{y}_p'(x) &= A e^{A(x-a)} \mathbf{y}_0(x) + e^{A(x-a)} \mathbf{y}_0'(x) \\ &= A\mathbf{y}_p(x) + e^{A(x-a)} \mathbf{y}_0'(x) \\ &\overset{!}{=} A\mathbf{y}_p(x) + \mathbf{f}(x), \end{aligned}$$

also

$$\mathbf{y}_0(x) = \int_a^x e^{-A(s-a)} \mathbf{f}(s)\, ds.$$

Unter Beachtung von (7.65) (da $At \cdot As = As \cdot At$ für $s, t \in \mathbb{R}$) ergibt sich

$$\mathbf{y}_p(x) = \int_a^x e^{A(x-s)} \mathbf{f}(s)\, ds \qquad (7.86)$$

als Lösung der inhomogenen Gleichung zur Anfangsvorgabe $\mathbf{y}(a) = \mathbf{0}$. Man fasst also $\mathbf{f}(s)$ als Anfangsvorgabe für $x = s$ auf und „überlagert" die entstehende Lösung gemäß (7.86). Dies heißt auch *Duhamel-Prinzip*. Zusammen mit der Lösung der homogenen Gleichung ist die Lösungsdarstellung für die rechte Seite $\mathbf{f}$ und die Anfangsvorgabe $\mathbf{y}_0$ bei $x = a$ also

$$\mathbf{y}(x) = e^{A(x-a)} \mathbf{y}_0 + \int_a^x e^A (x - s) \mathbf{f}(s)\, ds. \qquad (7.87)$$

Wir betrachten jetzt **inhomogene** lineare gewöhnliche DGl mit konstanten Koeffizienten

$$\boxed{L_n y := P_n(D)y = \sum_{k=0}^n a_k D^k y = R(x),\ a_n = 1,\ x \in \mathbb{R}.} \qquad (7.88)$$

Zur Anwendung von (7.87) müssen also die Nullstellen $\lambda_1, \ldots, \lambda_n$ des charakteristischen Polynoms bekannt sein. Sind sie paarweise verschieden, dann lautet die sog. Modalmatrix

$$T = \begin{pmatrix} 1 & \cdots & 1 \\ \lambda_1 & \cdots & \lambda_n \\ \vdots & & \vdots \\ \lambda_1^{n-1} & \cdots & \lambda_n^{n-1} \end{pmatrix}$$

und die zu lösenden LGSe

$$T\boldsymbol{\alpha} = \mathbf{y}_0 \text{ und } T\boldsymbol{\beta}(x) = (0, \ldots, R(x)).$$

Die Lösung ist dann

$$y(x) = \sum_{i=1}^{n} \alpha_i e^{\lambda_i (x-a)} + \int_0^{x_0} \beta_i(s) e^{\lambda_i (x-s)} \, ds,$$

wobei $\boldsymbol{\alpha} := (\alpha_1, \ldots, \alpha_n)^T$ und $\boldsymbol{\beta} := (\beta_1, \ldots, \beta_n)^T$ gesetzt wurde.

Für spezielle rechte Seiten lassen sich direkte Lösungen ermitteln (ohne Berücksichtigung einer Anfangsvorgabe). R soll dabei zu einem der folgenden drei Typen gehören:

Typ I	$R_I(x) \quad := Q_m(x) = b_m x^m + b_{m-1} x^{m-1} + \cdots + b_1 x + b_0,$
Typ II	$R_{II}(x) \quad := e^{\alpha x} \cdot Q_m(x), \quad \alpha \in \mathbb{R},$
Typ III	$R_{III}(x) := Q_m(x) \cdot e^{\alpha x} \cos \beta x \ \text{ oder } \ Q_m(x) \cdot e^{\alpha x} \sin \beta x, \ \alpha, \beta \in \mathbb{R}.$

Wir hatten in Satz 7.64 festgestellt, dass Funktionen vom Typ R_I, R_{II}, R_{III} den Lösungsraum der *homogenen* DGl $L_n y = 0$ aufspannen. Andererseits beobachtet man, dass sich die Funktionen R_I, R_{II}, R_{III} bei Anwendung des Differentialoperators $P_n(D)$ *reproduzieren*. Dies stärkt die Hoffnung, dass partikuläre Lösungen der *inhomogenen* DGl

$$P_n(D)y = R(x)$$

bei Vorgabe einer der Inhomogenitäten R_I, R_{II}, R_{III} durch einen Ansatz *vom selben Typ* bestimmt werden können. Daher wird für den jeweiligen Typ ein **Direktansatz** von derselben Form, jedoch mit unbestimmten Koeffizienten, nahegelegt.

Durch Einsetzen in die DGl sollten sich genügend viele Bedingungen für die Bestimmung der freien Koeffizienten ergeben. Problematisch ist lediglich der **Resonanzfall**, wie das Beispiel 7.66 der Schwingungsdifferentialgleichung im Abschn. 7.5 gezeigt hat. Wir präzisieren wie folgt:

Definition 7.77 *Eine Inhomogenität vom Typ*

$$R(x) := Q_m(x) \cdot e^{\alpha x} \cos \beta x \ \textit{ oder } \ R(x) := Q_m(x) \cdot e^{\alpha x} \sin \beta x, \ \alpha, \beta \in \mathbb{R},$$

erzeugt eine k-fache Resonanz *in der DGl* $P_n(D)y = R(x)$*, wenn* $\lambda_0 := \alpha + i \beta \in \mathbb{C}$ *eine k-fache* **Nullstelle** *des charakteristischen Polynoms* $P_n(\lambda)$ *ist, wenn also*

$$P_n(\lambda) = (\lambda - \lambda_0)^k \, \tilde{P}(\lambda) \quad mit \quad \tilde{P}(\lambda_0) \neq 0.$$

Beachten Sie. Mit dieser Definition sind auch die Inhomogenitäten vom Typ I, d.h. für $\alpha = 0 = \beta$ und vom Typ II, d.h. für $\beta = 0$ erfasst.

Satz 7.78 *Sind Inhomogenitäten vom Typ*

$$R(x) := Q_m(x) \cdot e^{\alpha x} \cos \beta x \quad bzw. \quad R(x) := Q_m(x) \cdot e^{\alpha x} \sin \beta x, \ \alpha, \beta \in \mathbb{R},$$

gegeben, so führen die folgenden **Direktansätze** *immer zu einer partikulären Lösung y_p der inhomogenen DGl $P_n(D)y = R(x)$:*

a) Falls $\lambda_0 := \alpha + i\beta \in \mathbb{C}$ **keine Nullstelle** *des charakteristischen Polynoms $P_n(\lambda)$ ist (d. h. $P_n(\lambda_0) \neq 0$), so setzen wir*

$$S_m(x) := A_0 + A_1 x + A_2 x^2 + \cdots + A_m x^m,$$

$$T_m(x) := B_0 + B_1 x + B_2 x^2 + \cdots + B_m x^m, \qquad (7.89)$$

$$y_p(x) := e^{\alpha x} \left(S_m(x) \cdot \cos \beta x + T_m(x) \cdot \sin \beta x \right).$$

Die Koeffizienten A_j, B_j bestimmt man durch Koeffizientenvergleich nach Einsetzen des Ansatzes (7.89) in die DGl (7.88).

b) Liegt der **Resonanzfall** *vor, ist also $\lambda_0 := \alpha + i\beta \in \mathbb{C}$ eine k-fache* **Nullstelle** *des charakteristischen Polynoms P_n, so setzen wir*

$$y_p(x) := x^k \, e^{\alpha x} \left(S_m(x) \cdot \cos \beta x + T_m(x) \cdot \sin \beta x \right). \qquad (7.90)$$

Mit elementarer Rechnung kann verifiziert werden, dass o. g. Ansätze tatsächlich eine partikuläre Lösung der inhomogenen DGl $P_n(D)y = R(x)$ liefern.

Bemerkung 7.79 *Folgendes ist zu beachten:*

a) In den Ansätzen (7.89) und (7.90) sind **stets sowohl die Sinus- als auch die Cosinus-Terme** *mitzuführen, selbst wenn in der Inhomogenität R nur einer dieser beiden Terme auftritt.*

b) Die lineare inhomogene DGl (7.88) unterliegt dem **Superpositionsprinzip.** *Setzt sich die Inhomogenität R aus einer endlichen Linearkombination von Funktionen des Typs R_I, R_{II}, R_{III} zusammen, z. B. in der Form*

$$R(x) = C_1 R_I(x) + C_2 R_{II}(x) + C_3 R_{III}(x),$$

$C_1, C_2, C_3 \in \mathbb{R}$, *so gewinnt man eine partikuläre Lösung* y_p *durch* **Superposition** *der drei partikulären Lösungen von*

$$L_n y_{p_1} = R_I(x), \quad L_n y_{p_2} = R_{II}(x), \quad L_n y_{p_3} = R_{III}(x),$$

d. h. durch die Linearkombination

$$y_p(x) = C_1 y_{p_1}(x) + C_2 y_{p_2}(x) + C_3 y_{p_3}(x).$$

Beispiel 7.80 *Wir berechnen die allgemeine Lösung der linearen inhomogenen DGl*

$$L_3 y := y''' - y'' + y' - y = 2\cosh x + x\sin x + \cos x, \quad x \in \mathbb{R}.$$

Im ersten Schritt lösen wir die homogene Differentialgleichung. Es gilt

$$DGl: P_3(D)y := \left(D^3 - D^2 + D - 1 \right)y = 0,$$

$$\downarrow \quad\quad \downarrow \quad \downarrow \quad \downarrow$$

$$charakt.\ Polynom: P_3(\lambda) \quad := \quad \lambda^3 \ - \ \lambda^2 + \lambda - 1 \ = 0.$$

Die Nullstelle $\lambda_1 = 1$ *des charakteristischen Polynoms lässt sich leicht erraten. Wir spalten den Linearfaktor* $(\lambda - 1)$ *mithilfe des Horner-Schemas wie folgt ab:*

	1	−1	1	−1
$\lambda = 1$	∗	1	0	1
	1	0	1	$\boxed{0}$

Wir erhalten nun die Linearfaktorzerlegung

$$P_3(\lambda) = (\lambda - 1)(\lambda^2 + 1) = (\lambda - 1)(\lambda - i)(\lambda + i),$$

und aus ihr resultiert die allgemeine Lösung der homogenen DGl in der **reellen** *Form*

$$y_h(x) = C_1 e^x + C_2 \cos x + C_3 \sin x, \quad x \in \mathbb{R},$$

mit reellen Konstanten $C_1, C_2, C_3 \in \mathbb{R}$.

Im zweiten Schritt berechnen wir nach dem Superpositionsprinzip eine partikuläre Lösung der inhomogenen Differentialgleichung:

$$P_3(D)y = e^x + e^{-x} + x\,\sin x + \cos x =: R_1(x) + R_2(x) + R_3(x) + R_4(x), \quad x \in \mathbb{R}.$$

(a) Wir betrachten zuerst

$$P_3(D)y = R_1(x) := e^x.$$

*Da $\lambda_1 = 1$ eine einfache Nullstelle des charakteristischen Polynoms ist, erzeugt die Inhomogenität R_1 **einfache Resonanz**. Der folgende **Resonanzansatz** ist erforderlich:*

$$
\begin{array}{ll}
y_{p_1}(x) = A_0 x e^x & \cdot(-1) \\[4pt]
y_{p_1}'(x) = A_0 x e^x + A_0 e^x & \cdot 1 \\[4pt]
y_{p_1}''(x) = A_0 x e^x + 2A_0 e^x & \cdot(-1) \\[4pt]
y_{p_1}'''(x) = A_0 x e^x + 3A_0 e^x & \cdot 1 \\
\hline
\end{array}
$$

$$e^x \;\overset{!}{=}\; 2A_0 e^x \;\Longrightarrow\; A_0 = 1/2.$$

Wir erhalten eine Teillösung

$$\boxed{y_{p_1}(x) = \tfrac{1}{2}\,x e^x, \quad x \in \mathbb{R}.}$$

(b) Wir betrachten jetzt

$$P_3(D)y = R_2(x) := e^{-x}.$$

Die Inhomogenität R_2 erzeugt keine Resonanz. Der folgende Direktansatz ist erforderlich:

$$
\begin{array}{ll}
y_{p_2}(x) = A_0 e^{-x} & \cdot(-1) \\[4pt]
y_{p_2}'(x) = -A_0 e^{-x} & \cdot 1 \\[4pt]
y_{p_2}''(x) = A_0 e^{-x} & \cdot(-1) \\[4pt]
y_{p_2}'''(x) = -A_0 e^{-x} & \cdot 1 \\
\hline
\end{array}
$$

$$e^{-x} \;\overset{!}{=}\; -4A_0 e^{-x} \;\Longrightarrow\; A_0 = -1/4.$$

Wir erhalten als weitere Teillösung

$$\boxed{y_{p_2}(x) = -\tfrac{1}{4}\,e^{-x}, \quad x \in \mathbb{R}.}$$

(c) Wir betrachten schließlich

$$P_3(D)y = R_3(x) + R_4(x) := x\sin x + \cos x.$$

Da $\lambda_2 = i$ eine einfache Nullstelle des charakteristischen Polynoms ist, erzeugen beide Inhomogenitäten R_3, R_4 **einfache Resonanz.** *Die folgenden* **Resonanzansätze** *sind erforderlich:*

$$y_{p_3}(x) = x\Big((A_0 + A_1 x)\cos x + (B_0 + B_1 x)\sin x\Big),$$
$$y_{p_4}(x) = x\Big(A_0\cos x + B_0\sin x\Big).$$

Wir fassen diese beiden Ansätze zu einem einzigen Ansatz zusammen, nämlich zu

$$
\begin{aligned}
y_{p_3}(x) =\ & (A_0 x + A_1 x^2)\cos x + (B_0 x + B_1 x^2)\sin x && \cdot(-1)\\[4pt]
y_{p_3}'(x) =\ & -(A_0 x + A_1 x^2)\sin x + (B_0 x + B_1 x^2)\cos x + (A_0 + 2A_1 x)\cos x + (B_0 + 2B_1 x)\sin x && \cdot 1\\[4pt]
y_{p_3}''(x) =\ & -(A_0 x + A_1 x^2)\cos x - (B_0 x + B_1 x^2)\sin x - 2(A_0 + 2A_1 x)\sin x + 2(B_0 + 2B_1 x)\cos x\\
& \qquad\qquad\qquad\qquad\qquad + 2A_1\cos x + 2B_1\sin x && \cdot(-1)\\[4pt]
y_{p_3}'''(x) =\ & (A_0 x + A_1 x^2)\sin x - (B_0 x + B_1 x^2)\cos x - 3(A_0 + 2A_1 x)\cos x - 3(B_0 + 2B_1 x)\sin x\\
& \qquad\qquad\qquad\qquad\qquad - 6A_1\sin x + 6B_1\cos x && \cdot 1
\end{aligned}
$$

$$
\begin{aligned}
x\sin x + \cos x \overset{!}{=}\ & -4(A_1 + B_1)x\cos x + 4(A_1 - B_1)x\sin x\\
& -(2A_0 + 2B_0 + 2A_1 - 6B_1)\cos x + (2A_0 - 2B_0 - 6A_1 - 2B_1)\sin x.
\end{aligned}
$$

Durch Koeffizientenvergleich resultiert das lineare Gleichungssystem

A_0	A_1	B_0	B_1	1
0	1	0	1	0
0	4	0	-4	1
-2	-2	-2	6	1
2	-6	-2	-2	0

mit den Lösungen

$$A_0 = -\frac{3}{8}, \quad A_1 = \frac{1}{8}, \quad ,B_0 = -\frac{5}{8}, \quad B_1 = -\frac{1}{8}.$$

Hiermit erhalten wir eine Teillösung

$$y_{p_3}(x) = \frac{1}{8}\Big((x^2 - 3x)\cos x - (x^2 + 5x)\sin x\Big), \quad x \in \mathbb{R}.$$

Durch Superposition $y_p(x) := y_{p_1}(x) + y_{p_2}(x) + y_{p_3}(x)$ haben wir eine partikuläre Lösung der inhomogenen DGl gewonnen, und die allgemeine Lösung hat nun die Form

$$y(x) = y_h(x) + y_p(x) = \left(C_1 + \frac{x}{2}\right)e^x - \frac{1}{4}e^{-x} + \left(C_2 + \frac{x^2}{8} - \frac{3x}{8}\right)\cos x$$

$$+ \left(C_3 - \frac{x^2}{8} - \frac{5x}{8}\right)\sin x, \quad x \in \mathbb{R}.$$

Beispiel 7.81 *Wir berechnen hier die allgemeine Lösung der linearen inhomogenen DGl*

$$L_4 y := y^{(4)} - 4y''' + 4y'' = 2 + 6x + xe^{2x}, \quad x \in \mathbb{R}.$$

Im ersten Schritt lösen wir wiederum die homogene Differentialgleichung:

$$\text{DGl: } P_4(D)y := \left(D^4 - 4D^3 + 4D^2\right)y = 0,$$

$$\downarrow \qquad \downarrow \qquad \downarrow$$

$$\text{charakt. Polynom: } P_4(\lambda) := \lambda^4 - 4\lambda^3 + 4\lambda^2 = 0.$$

Wir erhalten die Linearfaktorzerlegung

$$P_4(\lambda) = \lambda^2(\lambda^2 - 4\lambda + 4) = \lambda^2(\lambda - 2)^2,$$

und aus ihr resultiert die allgemeine Lösung der homogenen DGl

$$y_h(x) = C_1 + C_2 x + (C_3 + C_4 x)e^{2x}, \quad x \in \mathbb{R},$$

mit reellen Konstanten C_1, C_2, C_3, $C_4 \in \mathbb{R}$.

Im zweiten Schritt berechnen wir wieder nach dem Superpositionsprinzip eine partikuläre Lösung der inhomogenen Differentialgleichung

$$P_4(D)y = (2 + 6x) + xe^{2x} =: R_1(x) + R_2(x), \quad x \in \mathbb{R}.$$

(a) Wir betrachten zuerst

$$P_4(D)y = R_1(x) := 2 + 6x.$$

*Da $\lambda_1 = 0$ eine doppelte Nullstelle des charakteristischen Polynoms ist, erzeugt die Inhomogenität R_1 **Doppelresonanz**. Der folgende **Resonanzansatz** ist erforderlich:*

$$y_{p_1}(x) = \quad A_0 x^2 + \ A_1 x^3 \ \Big| \cdot 0$$

$$y'_{p_1}(x) = \quad 2A_0 x + 3A_1 x^2 \ \Big| \cdot 0$$

$$y''_{p_1}(x) = \quad 2A_0 + \ 6A_1 x \ \Big| \cdot 4$$

$$y'''_{p_1}(x) = \quad 6A_1 \ \Big| \cdot (-4)$$

$$y^{(4)}_{p_1}(x) = \quad 0 \ \Big| \cdot 1$$

$$2 + 6x \overset{!}{=} 8A_0 - 24A_1 + 24A_1 x \ \Big| \implies A_0 = 1, \ A_1 = 1/4.$$

Wir erhalten eine Teillösung

$$\boxed{y_{p_1}(x) = x^2 + \tfrac{1}{4} x^3, \ x \in \mathbb{R}.}$$

(b) Wir betrachten jetzt

$$P_4(D)y = R_2(x) := xe^{2x}.$$

Da $\lambda_2 = 2$ ebenfalls eine doppelte Nullstelle des charakteristischen Polynoms ist, erzeugt die Inhomogenität R_2 wiederum **Doppelresonanz.** *Der folgende* **Resonanzansatz** *ist erforderlich:*

$$
\begin{aligned}
y_{p_2}(x) &= (A_0 x^2 + A_1 x^3)e^{2x} && && && & \Big| \cdot 0 \\
y'_{p_2}(x) &= 2(A_0 x^2 + A_1 x^3)e^{2x} + (2A_0 x + 3A_1 x^2)e^{2x} && && & \Big| \cdot 0 \\
y''_{p_2}(x) &= 4(A_0 x^2 + A_1 x^3)e^{2x} + 4(2A_0 x + 3A_1 x^2)e^{2x} + (2A_0 + 6A_1 x)e^{2x} && & \Big| \cdot 4 \\
y'''_{p_2}(x) &= 8(A_0 x^2 + A_1 x^3)e^{2x} + 12(2A_0 x + 3A_1 x^2)e^{2x} + 6(2A_0 + 6A_1 x)e^{2x} + 6A_1 e^{2x} & \Big| \cdot (-4) \\
y^{(4)}_{p_2}(x) &= 16(A_0 x^2 + A_1 x^3)e^{2x} + 32(2A_0 x + 3A_1 x^2)e^{2x} + 24(2A_0 + 6A_1 x)e^{2x} + 48A_1 e^{2x} & \Big| \cdot 1 \\
\hline
xe^{2x} &\overset{!}{=} && && 4(2A_0 + 6A_1 x)e^{2x} + 24A_1 e^{2x}.
\end{aligned}
$$

Durch Koeffizientenvergleich erhält man die Lösungen

$$A_0 = -\frac{1}{8}, \ A_1 = \frac{1}{24}.$$

Hieraus resultiert eine weitere Teillösung

$$\boxed{y_{p_2}(x) = \tfrac{1}{24}\left(x^3 - 3x^2\right)e^{2x}, \ x \in \mathbb{R}.}$$

Durch Superposition $y_p(x) := y_{p_1}(x) + y_{p_2}(x)$ haben wir eine partikuläre Lösung der inhomogenen DGl gewonnen, und die allgemeine Lösung hat nun die folgende Form:

$$y(x) = y_h(x) + y_p(x)$$

$$= C_1 + C_2x + x^2 + \frac{x^3}{4} + \left(C_3 + C_4x - \frac{x^2}{8} + \frac{x^3}{24}\right) e^{2x}, \quad x \in \mathbb{R}.$$

Aufgaben

Aufgabe 7.42. Sei $Ly = y''' - 3y'' + 3y' - y$. Bestimmen Sie die allgemeine Lösung von

$$Ly = 10 \cdot 9 \cdot 8x^7 - 3 \cdot (10 \cdot 9x^8) + 3 \cdot (10x^9) - x^{10}.$$

Aufgabe 7.43. Lösen Sie folgende gewöhnliche Differentialgleichungen:

a) $y''' - 3y'' + 3y' - y = e^x + e^{2x}$,

b) $y''' - 3y'' + 3y' - y = 117\cos(2x)$.

Aufgabe 7.44. Machen Sie aus dem Differentialgleichungssystem

$$\dot{x}_1 = x_1 + 2x_2 + 3x_3 \qquad (i)$$
$$\dot{x}_2 = x_1 + 2x_2 + x_3 + 2 \quad (ii)$$
$$\dot{x}_3 = \qquad x_2 + 3 \qquad (iii)$$

eine äquivalente skalare Differentialgleichung dritter Ordnung für x_2.

Aufgabe 7.45. Lösen Sie die Anfangswertaufgabe

$$\dot{\mathbf{x}} = \begin{pmatrix} -1 & -1 & -2 \\ 1 & 1 & 1 \\ 2 & 1 & 3 \end{pmatrix} \mathbf{x} + \begin{pmatrix} 1 \\ 0 \\ 0 \end{pmatrix} e^t, \quad \mathbf{x}(0) = \mathbf{0}.$$

Aufgabe 7.46. Lösen Sie die Anfangswertaufgabe

$$\dot{\mathbf{x}} = \begin{pmatrix} 0 & 1 & -1 \\ -2 & 3 & -1 \\ -1 & 1 & 1 \end{pmatrix} \mathbf{x} + \begin{pmatrix} -1 \\ 2 \\ -1 \end{pmatrix} e^{5t}, \quad \mathbf{x}(0) = \begin{pmatrix} 0 \\ 1 \\ 2 \end{pmatrix}.$$

Aufgabe 7.47. Lösen Sie für $\mathbf{x} = \mathbf{x}(t)$ die AWAn

a)

$$\dot{\mathbf{x}} = \begin{pmatrix} 6 & -1 \\ 4 & 2 \end{pmatrix} \mathbf{x} + \begin{pmatrix} 2 \\ 1 \end{pmatrix} e^{4t}, \quad \mathbf{x}(0) = \begin{pmatrix} -1 \\ -1 \end{pmatrix},$$

b)

$$\dot{\mathbf{x}} = \begin{pmatrix} -1 & 5 \\ -10 & -3 \end{pmatrix} \mathbf{x} + \begin{pmatrix} 1 \\ 0 \end{pmatrix} \sin 7t, \quad \mathbf{x}(0) = -\frac{7}{100} \begin{pmatrix} 1 \\ 5 \end{pmatrix},$$

c)

$$\dot{\mathbf{x}} = \begin{pmatrix} 3 & -4 \\ 1 & -1 \end{pmatrix} \mathbf{x} + \begin{pmatrix} 1 \\ 1 \end{pmatrix} e^{t}, \quad \mathbf{x}(0) = \begin{pmatrix} 0 \\ 0 \end{pmatrix}.$$

7.7 Eulersche Differentialgleichung

In einigen Spezialfällen gelingt es, die lineare gewöhnliche Differentialgleichung mit **nichtkonstanten** Koeffizienten

$$L_n y := \sum_{k=0}^{n} a_k(x) D_x^k y = f(x), \quad x \in X, \ a_n(x) \neq 0 \ \forall x \in X, \tag{7.91}$$

durch eine bijektive Variablentransformation

$$x = \varphi(t), \ t \in I \iff t = \varphi^{-1}(x) =: \psi(x), \ x \in X, \tag{7.92}$$

in eine Differentialgleichung mit **konstanten** Koeffizienten in der neuen Variablen t zu überführen. Dabei müssen die Ableitungen $D_x^k y$ umgerechnet werden auf die Ableitungen nach der neuen Variablen $t = \psi(x)$.

Wir ersetzen also x mit $\varphi(t)$ und fassen in der folgenden Analyse die Funktion $y(x) = y(\varphi(t))$ als Funktion der Variablen t auf (**ohne** das Funktionssymbol y zu ändern), so kann diese Umrechnung mithilfe der Kettenregel wie folgt bewerkstelligt werden:

$$\frac{dy}{dx} = \frac{dy}{dt} \cdot \frac{dt}{dx} = \frac{dy}{dt} \cdot \frac{d\psi}{dx}.$$

Wir setzen der Vollständigkeit halber voraus, dass $\varphi \in C^n(I)$ gelte sowie $(d/dt)\varphi(t) \neq 0 \ \forall t \in I$. Dann ist $\varphi : I \to X$ streng monoton. Die Umkehrfunktion $t = \psi(x)$ existiert, und es gilt $\psi \in C^n(X)$ sowie $dt/dx = 1/\dot{\varphi}(t)$. Hier bezeichne $\dot{\varphi} := (d/dt)\varphi$ die Ableitung nach der Variablen t. Wir erhalten nun damit durch wiederholte Anwendung der Kettenregel

$$\frac{dy}{dx} = \frac{dy}{dt} \cdot \frac{dt}{dx} \qquad\qquad = \dot{y}\,\frac{dt}{dx},$$

$$\frac{d^2y}{dx^2} = \frac{d}{dx}\left(\dot{y}\,\frac{dt}{dx}\right) \qquad\qquad = \ddot{y}\left(\frac{dt}{dx}\right)^2 + \dot{y}\,\frac{d^2t}{dx^2},$$

$$\frac{d^3y}{dx^3} = \frac{d}{dx}\left(\ddot{y}\left(\frac{dt}{dx}\right)^2 + \dot{y}\,\frac{d^2t}{dx^2}\right) = y^{(3)}\left(\frac{dt}{dx}\right)^3 + 3\ddot{y}\,\frac{d^2t}{dx^2}\cdot\frac{dt}{dx} + \dot{y}\,\frac{d^3t}{dx^3},$$

$$\vdots$$

$$(7.93)$$

Nach diesen allgemeinen Betrachtungen führen wir jetzt folgende spezielle Variablentransformation ein:

$$\varphi : \begin{cases} \mathbb{R} \to (0,+\infty), \\ t \mapsto x = \varphi(t) := e^t, \end{cases} \qquad \varphi^{-1} = \psi : \begin{cases} (0,+\infty) \to \mathbb{R}, \\ x \mapsto t = \psi(x) := \ln x. \end{cases} \qquad (7.94)$$

Es ist nicht schwierig, folgende Ableitungen zu ermitteln:

$$\frac{dt}{dx} = \frac{1}{x}, \quad \frac{d^2t}{dx^2} = -\frac{1}{x^2}, \quad \frac{d^3t}{dx^3} = \frac{2}{x^3}, \quad \cdots \quad \frac{d^nt}{dx^n} = (-1)^{n-1}\frac{(n-1)!}{x^n}.$$

Wir verwenden diese Identitäten in den Formeln (7.93) und bezeichnen dazu

$$D := \frac{d}{dt}.$$

Dann folgt

$$x\,\frac{dy}{dx} = \frac{x}{x}\,\dot{y} \qquad\qquad = Dy,$$

$$x^2\frac{d^2y}{dx^2} = x^2\left(\frac{1}{x^2}\ddot{y} - \frac{1}{x^2}\dot{y}\right) \qquad = \ddot{y} - \dot{y} = D(D-1)y,$$

$$x^3\frac{d^3y}{dx^3} = x^3\left(\frac{1}{x^3}D^3y - \frac{3}{x^3}\ddot{y} + \frac{2}{x^3}\dot{y}\right) = D^3y - 3\ddot{y} + 2\dot{y} = D(D-1)(D-2)y,$$

$$\vdots$$

Allgemein kann durch vollständige Induktion nach n gezeigt werden, dass

$$x^n\frac{d^ny}{dx^n} = D(D-1)(D-2)\cdots(D-n+1)y, \quad n \in \mathbb{N}, \; D := \frac{d}{dt}. \qquad (7.95)$$

Wegen dieser Relation gelingt es, die Differentialgleichung mit nichtkonstanten Koeffizienten

$$L_n y := \sum_{k=0}^{n} a_k x^k y^{(k)}$$
$$= a_n x^n y^{(n)} + a_{n-1} x^{n-1} y^{(n-1)} + \cdots + a_1 x y' + a_0 y \overset{!}{=} f(x), \qquad (7.96)$$
$$x > 0, \ a_n \neq 0, \ a_k \in \mathbb{K},$$

mithilfe der Transformation (7.94) in eine DGl mit konstanten Koeffizienten zu überführen.

Definition 7.82 *Die lineare gewöhnliche DGl (7.96) heißt Eulersche Differentialgleichung n-ter Ordnung. Mit der Variablentransformation $t := \ln x$, $x > 0$, transformiert man die Eulersche Differentialgleichung (7.96) in eine lineare gewöhnliche DGl mit konstanten Koeffizienten der Form*

$$P_n(D)y := \sum_{k=1}^{n} a_k D(D-1)\cdots(D-k+1)y(t) + a_0 y(t) = f(e^t), \ t \in \mathbb{R},$$

wobei $D := d/dt$ zu setzen ist.

Nach erfolgter Transformation behandelt man die Eulersche DGl mit den Methoden aus den beiden letzten Abschnitten.

Beispiel 7.83 *Es ist zweckmäßig, die Transformation einer gegebenen Eulerschen DGl nach folgendem Formalismus durchzuführen, den wir am Beispiel der DGl*

$$L_3 y := x^3 y''' - x^2 y'' + 6xy' - 10y = x^2 + \ln x^2, \ x > 0,$$

vorführen. Es gilt

$$DGl\!:\ L_3y \quad := \quad x^3y''' \quad - \quad x^2y'' \quad + 6xy' - \quad 10y \ = x^2 + \ln x^2,$$

$$\downarrow \qquad\qquad \downarrow \quad\ \downarrow \quad\ \downarrow$$

$$Transf.\!:\ x = e^t\!:\ P_3(D)y \ = \ \Big(D(D-1)(D-2) - D(D-1) + \ 6D \ - \ 10\Big)y = e^{2t} + 2t,$$

$$= \qquad \Big(D^3 \qquad - \quad 4D^2 \quad + 9D \ - \ 10\Big)y$$

$$\downarrow \qquad\qquad \downarrow \quad\ \downarrow \quad\ \downarrow$$

$$char.\ Polyn.\!:\ P_3(\lambda) \ = \qquad \lambda^3 \qquad - \quad 4\lambda^2 \quad + 9\lambda \ - \ 10 \ = 0.$$

Man kann die Nullstelle $\lambda_1 = 2$ des charakteristischen Polynoms leicht erraten. Wir spalten den Linearfaktor $(\lambda - 2)$ mithilfe des Horner-Schemas ab:

$$
\begin{array}{c|rrrr}
 & 1 & -4 & 9 & -10 \\
\lambda = 2 & * & 2 & -4 & 10 \\
\hline
 & 1 & -2 & 5 & \boxed{0}
\end{array}
$$

Wir erhalten nun die Linearfaktorzerlegung

$$P_3(\lambda) = (\lambda - 2)(\lambda^2 - 2\lambda + 5) = (\lambda - 2)(\lambda - 1 - 2i)(\lambda - 1 + 2i),$$

und aus ihr resultiert die allgemeine Lösung der homogenen DGl in der reellen Form

$$\boxed{y_h(t) = C_1\, e^{2t} + e^t\Big(C_2 \cos 2t + C_3 \sin 2t\Big), \quad t \in \mathbb{R}.}$$

Im nächsten Schritt berechnen wir eine partikuläre Lösung der inhomogenen Differentialgleichung $P_3(D)y = e^{2t} + 2t$. Da $\lambda_1 = 2$ eine einfache Nullstelle des charakteristischen Polynoms ist, erzeugt die Inhomogenität e^{2t} **einfache Resonanz**, während die Inhomogenität $2t$ resonanzfrei ist. Der folgende kombinierte **Resonanzansatz** ist erforderlich:

$$
\begin{array}{rclll}
y_p(t) & = & A_0 t e^{2t} + & B_0 + & B_1 t \ \big| \cdot(-10) \\[4pt]
Dy_p(t) & = & A_0(2t+1)e^{2t} & + & B_1 \ \big| \cdot 9 \\[4pt]
D^2 y_p(t) & = & A_0(4t+4)e^{2t} & & \big| \cdot(-4) \\[4pt]
D^3 y_p(t) & = & A_0(8t+12)e^{2t} & & \big| \cdot 1 \\
\hline
\end{array}
$$

$$e^{2t} + 2t \overset{!}{=} \quad 5A_0 e^{2t} - 10B_0 + B_1\big(9 - 10t\big).$$

Durch Koeffizientenvergleich erhält man

$$A_0 = \frac{1}{5}, \quad B_0 = -\frac{9}{50}, \quad B_1 = -\frac{1}{5},$$

und hieraus resultiert für $t \in \mathbb{R}$ die allgemeine Lösung

$$y(t) = y_h(t) + y_p(t) = e^{2t}\left(C_1 + \frac{1}{5}t\right) + e^t\left(C_2 \cos 2t + C_3 \sin 2t\right) - \frac{1}{5}\left(t + \frac{9}{10}\right).$$

Durch Rücktransformation $t = \ln x$ erhalten wir wieder diese Lösung in Abhängigkeit der Variablen $x > 0$, nämlich

$$\boxed{\begin{aligned} y(x) &= x^2\left(C_1 + \frac{1}{5}\ln x\right) + x\left(C_2 \cos(\ln x^2) + C_3 \sin\left(\ln x^2\right)\right) \\ &\quad - \frac{1}{5}\left(\ln x + \frac{9}{10}\right). \end{aligned}}$$

Beispiel 7.84 *Wir berechnen hier die Lösung der Eulerschen DGl*

$$\boxed{L_3 y := x^3 y''' - 3x^2 y'' + 7xy' - 8y = x, \quad x > 0.}$$

Wir verfahren analog zum vorangegangenen Beispiel:

$$
\begin{array}{rccccc}
DGl\colon L_3 y & := & x^3 y''' & -\ 3x^2 y'' & +\ 7xy' & -\ 8y & = x, \\
& & \downarrow & \downarrow & \downarrow & \downarrow & \\
Transf.\colon x = e^t\colon P_3(D)y & = & \multicolumn{4}{l}{\Big(D(D-1)(D-2) - 3D(D-1) + 7D - 8\Big)y = e^t,} \\
& = & \Big(D^3 & -\ 6D^2 & +\ 12D & -\ 8\Big)y & \\
& & \downarrow & \downarrow & \downarrow & \downarrow & \\
char.\ Polyn.\colon P_3(\lambda) & = & \lambda^3 & -\ 6\lambda^2 & +\ 12\lambda & -\ 8 & = 0.
\end{array}
$$

Man kann die Nullstelle $\lambda_1 = 2$ des charakteristischen Polynoms leicht erraten. Wir spalten den Linearfaktor $(\lambda - 2)$ mithilfe des Horner-Schemas ab:

$$
\begin{array}{c|cccc}
 & 1 & -6 & 12 & -8 \\
\lambda = 2 & * & 2 & -8 & 8 \\
\hline
 & 1 & -4 & 4 & \boxed{0}
\end{array}
$$

Wir erhalten nun die Linearfaktorzerlegung

$$P_3(\lambda) = (\lambda - 2)(\lambda^2 - 4\lambda + 4) = (\lambda - 2)^3,$$

und aus ihr resultiert die allgemeine Lösung der homogenen DGl

$$\boxed{y_h(t) = \left(C_1 + C_2 t + C_3 t^2\right) e^{2t}, \quad t \in \mathbb{R}.}$$

Im nächsten Schritt berechnen wir eine partikuläre Lösung der inhomogenen Differentialgleichung $P_3(D)y = e^t$. Da $\lambda = 1$ keine Nullstelle des charakteristischen Polynoms ist, ist die Inhomogenität e^t resonanzfrei. Der folgende **Direktansatz** *ist erforderlich:*

$$
\begin{array}{rcl|l}
y_p(t) & = & A_0 e^t & \cdot(-8) \\[4pt]
D y_p(t) & = & A_0 e^t & \cdot 12 \\[4pt]
D^2 y_p(t) & = & A_0 e^t & \cdot(-6) \\[4pt]
D^3 y_p(t) & = & A_0 e^t & \cdot 1 \\[4pt]
\hline
e^t & \overset{!}{=} & -A_0 e^t & \Longrightarrow A_0 = -1.
\end{array}
$$

Hieraus resultiert die allgemeine Lösung

$$y(t) = y_h(t) + y_p(t) = e^{2t}\left(C_1 + C_2 t + C_3 t^2\right) - e^t, \quad t \in \mathbb{R}.$$

Durch Rücktransformation $t = \ln x$ erhält man diese Lösung in Abhängigkeit der Variablen $x > 0$, also

$$\boxed{y(x) = x^2 \left(C_1 + C_2 \ln x + C_3 (\ln x)^2\right) - x.}$$

Aufgaben

Aufgabe 7.48. Lösen Sie die gewöhnlichen Differentialgleichungen

a) $y'' - \dfrac{2}{x^2} y' = 0,$

b) $y'' = \dfrac{1}{x}.$

Aufgabe 7.49. Lösen Sie die Eulersche Anfangswertaufgabe

$$x^2 y'' - 7xy' + 15y = x, \quad y(1) = y'(1) = 0.$$

Aufgabe 7.50. Bestimmen Sie die allgemeine Lösung von

$$x^3 y''' + xy' - y = 2x^2.$$

Aufgabe 7.51. Sei $x^2 y'' + 4xy' + (2 - x^2)y = 1$, $x > 0$. Wandeln Sie diese Gleichung mittels der Substitution

$$y(x) := \frac{u(x)}{x^2}$$

in eine Differentialgleichung für u mit konstanten Koeffizienten um und lösen Sie diese.

7.8 Existenz- und Eindeutigkeitsfragen

Sei im Folgenden

$$\mathbf{f} = \left(f_1, \cdots, f_n\right)^T : \mathbb{R} \times \mathbb{K}^n \to \mathbb{K}^n \text{ und } \mathbf{y} = \left(y_1, \cdots, y_n\right)^T : \mathbb{R} \to \mathbb{K}^n.$$

Die Frage nach der korrekten Stellung der Anfangswertaufgabe

$$\boxed{\mathbf{y}' = \mathbf{f}(x, \mathbf{y}), \quad \mathbf{y}(a) = \mathbf{y}_0} \qquad (7.97)$$

kann in sehr speziellen Fällen durch die Angabe einer expliziten Darstellung der Lösungsgesamtheit der DGl mittels Integralen beantwortet werden, aus der dann diejenigen Integralkurven selektiert werden, die durch den Anfangspunkt (a, y_0) verlaufen. Bereits in einfachen Fällen kann die Lösungsgesamtheit jedoch nicht mehr in geschlossener Form analytisch bestimmt werden. Als Beispiel sei die Riccati-DGl $y' = x^2 + y^2$ genannt, wobei hier gemäß (7.26) $p(x) = 0$, $q(x) = -1$ und $r(x) = x^2$ gilt.

Für den Mathematikanwender ist es verführerisch, die Frage nach der Existenz einer Lösung der Mathematik zu überlassen und sich auf numerische Approximationsverfahren (Abschn. 7.10) bzw. auf die Herleitung qualitativer Eigenschaften (Abschn. 7.9) zu verlassen. Wie schnell man so in Treibsand geraten kann, zeigt das Paradoxon von Perron, das eine korrekte Aussage über die (natürlich nicht existente) maximale natürliche Zahl $\bar{n}$ macht, nämlich

$$\bar{n} = 1.$$

Denn wäre $\bar{n} > 1$, dann auch $\bar{n}^2 > \bar{n}$, und $\bar{n}^2$ wäre eine größere natürliche Zahl.

Deshalb ist es von grundlegender Bedeutung, allgemeine Existenzaussagen bereitzustellen, die wenigstens eine theoretische Garantie der Existenz von Lösungen geben. Zur Orientierung betrachten wir

Beispiel 7.85 *Es sei die DGl*

$$y' = \frac{y}{x}, \quad x \neq 0$$

aus Beispiel 7.10 vorgelegt, für die bereits gezeigt wurde, dass die AWA (7.97) stets genau eine Lösung $y(x) = \frac{y_0}{a}x$ hat, sofern $a \neq 0$ vorausgesetzt wird.

Für $a = 0$ und $y_0 \neq 0$ existiert überhaupt keine Lösung der AWA (7.97), da die allgemeine Lösung $y(x) = C^*x$ ist, während für $a = 0$ und $y_0 = 0$ jede Kurve $y(x) = Cx$, $C \in \mathbb{R}$, eine Lösung ist.

In den Unstetigkeitspunkten $(a, y_0) := (0, y_0)$ der rechten Seite $f(x, y) = \frac{y}{x}$ ist also i. Allg. weder Existenz noch Eindeutigkeit der AWA (7.97) gewährleistet.

Als typischen Vertreter einer DGl für die Nichteindeutigkeit einer Lösung betrachten wir noch

Beispiel 7.86 *Es sei die DGl*

$$y' = \sqrt{y}, \quad y \geq 0,$$

gegeben. Lösungen dieser trennbaren DGl sind beispielsweise

$$y(x) \equiv 0$$

und

$$y(x) = \begin{cases} 0 & : x < c, \\ \frac{1}{4}(x - c)^2 & : x \geq c, \end{cases}$$

wobei $c \in \mathbb{R}$. Betrachten wir nun die AWA

$$y' = \sqrt{y}, \quad y(0) = 0,$$

dann erfüllt auch

$$y(x) = \begin{cases} 0 & : x < c, \\ \frac{1}{4}(x - c)^2 & : x \geq c \end{cases}$$

*für alle $c \geq 0$ diese Aufgabenstellung. Es liegen also **beliebig viele** Lösungen für diese AWA vor. Wählen wir dagegen die Anfangsvorgabe*

$$y(0) = 1,$$

*dann ergibt sich für alle $x \geq 0$ die **eindeutig** bestimmte Lösung*

$$y(x) = \frac{1}{4}(x-2)^2.$$

Eine Erklärung für diesen anscheinend so seltsamen Sachverhalt liefern wir Ihnen in Kürze noch in diesem Abschnitt.

Beachten Sie, dass für $x < c$ in der obigen Darstellung der „linke Parabelast" $\tilde{y}(x) = \frac{1}{4}(x-c)^2$ als Lösung nicht möglich ist, da aus der anfänglichen Forderung $y(x) \geq 0$ die Monotonieeigenschaft $y'(x) \geq 0$ folgt und $\tilde{y}$ dies im angegebenen Bereich nie erfüllt.

Die Überlegungen ab (7.52) zeigen auch, dass es reicht, das DGl-System erster Ordnung zu betrachten anstelle eines DGl-Systems höherer Ordnung. Für die Absicherung von lokaler oder globaler Existenz oder Eindeutigkeit werden sich Eigenschaften der rechten Seite, wie Stetigkeit (siehe den nachfolgenden Satz 7.87) bzw. lokale oder globale Lipschitz-Stetigkeit als wesentlich erweisen, die sich von einer DGl(-System) höherer Ordnung auf die Formlierung als System erster Ordnung übertragen. Als Basisvoraussetzung soll im Folgenden die Stetigkeit von $\mathbf{f}$ um $(a, \mathbf{y}_0) \in \mathbb{R} \times \mathbb{R}^n$ vorausgesetzt werden. Dabei kann das Lösungsintervall I als abgeschlossen betrachtet werden, wie z.B.

$$I := [a, a + \alpha] \quad \text{für ein} \quad \alpha > 0. \tag{7.98}$$

Es könnte aber auch analog eine Lösung „nach links" oder „nach links und rechts" betrachtet werden. Sei $D \subset \mathbb{K}^n$ eine offene Menge mit $\mathbf{y}_0 \in D$. Als Grundvoraussetzung nehmen wir an, dass

$$\mathbf{f} \in C(I \times D; \mathbb{K}^n) \tag{7.99}$$

gilt, $\mathbf{f}$ also in beiden Argumenten zumindest stetig ist. Damit ist Beispiel 7.85 ausgeschlossen. Beispiel 7.13 zeigt, dass höchstens *lokale Existenz*, d.h. eine Lösung auf dem evtl. „kürzeren" Intervall $\tilde{I} = [a, a + \tilde{\alpha}] \subset I$ zu erwarten ist. Im erwähnten Beispiel ist $a = 0$ und $\tilde{\alpha} = \pi/2 - \varepsilon$ für ein $0 < \varepsilon < \pi/2$ bzw. das halboffene Intervall $\tilde{I} = [a, a + \tilde{\alpha}) \subset I$, falls $\tilde{\alpha} = \pi/2$ gewählt wird.

Es gilt folgende Existenzaussage, worin die obigen Bezeichnungen verwendet werden:

Satz 7.87 (Existenzsatz von Cauchy-Peano) *Unter der Voraussetzung (7.99) gibt es ein $\tilde{\alpha} > 0$, sodass die AWA (7.97) auf*

$$\tilde{I} := [a, a + \tilde{\alpha}]$$

lokal eine Lösung besitzt. Um $\tilde{\alpha} > 0$ *zu bestimmen, seien* $b > 0$ *und* $M > 0$ *so gewählt, dass*

$$\bar{B}_b(\mathbf{y}_0) := \{\mathbf{y} \in \mathbb{K}^n : \|\mathbf{y} - \mathbf{y}_0\|_\infty \leq b\} \subset D$$

und auf $G_b := I \times \bar{B}_b(\mathbf{y}_0)$

$$\|\mathbf{f}\|_\infty := \max\left\{ \max_{(x,\mathbf{y})\in G_b} |f_1(x,\mathbf{y})|, \cdots, \max_{(x,\mathbf{y})\in G_b} |f_n(x,\mathbf{y})| \right\} \leq M$$

gelten, wobei gemäß (7.98) $I = [a, a+\alpha]$, $\alpha > 0$, *verwendet wurde. Dann ist garantiert, dass*

$$\tilde{\alpha} := \min\left(\alpha, \frac{b}{M}\right). \tag{7.100}$$

Die Aussage gilt auch für $\tilde{I} := [a - \tilde{\alpha}, a + \tilde{\alpha}]$, *wenn wir die Lösung „nach links" ebenfalls in Betracht ziehen.*

In der Tat müssen Lösungen der AWA (7.97) unter der sehr schwachen Voraussetzung der Stetigkeit der Funktion $f(\cdot, \cdot)$ **nicht eindeutig** sein.

Beispiel 7.88 *Die Funktion* $f(x, y) := 2x\sqrt{|y|}$ *erfüllt sicher* $f \in C(\mathbb{R}^2; \mathbb{R})$, *während die Anfangswertaufgabe*

$$y' = f(x, y), \quad y(0) = 0,$$

zwei Lösungen besitzt, nämlich $y_1(x) := x^4/4$ *und* $y_2(x) := 0$.

Beispiel 7.89 *Hat die Anfangswertaufgabe*

$$y' = f(x, y), \quad y(0) = 2$$

mit rechter Seite $f \in C(\mathbb{R}^2; \mathbb{R})$, *gegeben durch* $f(x, y) := (x + \sin y)^2$, *für* $x \in [0, \tilde{\alpha}]$, $\tilde{\alpha} > 0$ *beliebig, eine Lösung?*

Wenn ja, müssen Konstanten $\alpha, b, M \in \mathbb{R}$ *derart existieren, dass*

$$\tilde{\alpha} = \min\left(\alpha, \frac{b}{M}\right) \quad \text{mit } f(x, y) \leq M \tag{7.101}$$

auf $G_b := [0, \alpha] \times [2 - b, 2 + b]$ *gilt.*

Dazu ist $\tilde{\alpha} := \alpha$, *und damit auch* $(x + \sin y)^2 \leq (\alpha + 1)^2 =: M$ *sowie* $b := \alpha(\alpha+1)^2$ *eine korrekte Wahl, denn eingesetzt in (7.101) ergibt richtigerweise* $\alpha = \min(\alpha, \alpha)$. *Die vorgelegte AWA hat damit also eine globale Lösung.*

Die Schranke an $\tilde{\alpha} > 0$ in Satz 7.87 ist zwingend, da sonst D in x-Richtung $(x \notin I)$ oder in y-Richtung $(y \notin \bar{B}_b(\mathbf{y}_0))$ verlassen werden könnte.

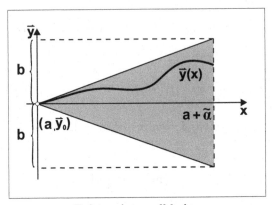

**Existenzintervall beim
Satz von Peano**

Es stellt sich die Frage, was in der Situation

$$\mathbf{f} \in C\big([a,\infty) \times \mathbb{K}^n; K^n\big)$$

gilt, wenn also $\alpha > 0$ und $b > 0$ beliebig groß gewählt werden können. Das nachfolgende Beispiel zeigt, dass auch dann keine globale Existenz vorliegen muss:

Beispiel 7.90 *Wir betrachten die AWA*

$$y' = y^2, \ y(0) = 1.$$

Die Lösung lautet

$$y(x) = \frac{1}{1-x} \ \textit{nur für } x \in [0,1),$$

obwohl die rechte Seite $f(x,y) := y^2$ auf ganz $\mathbb{R}^2$ stetig ist.

Dies und die Fälle globaler Existenz legen nahe, dass $(x, \mathbf{y}(x))$ bei Annäherung an den maximalen Existenzpunkt in x gegen den Rand von D konvergieren muss, im obigen Fall also $\|\mathbf{y}(x)\|_\infty \to \infty$ (eventuell nur lokale Existenz) oder $x \to \infty$ (globale Existenz). Dies lässt sich zeigen, gemäß

Satz 7.91 (Maximales Existenzintervall) *Sei $\mathbf{f}$ zusätzlich zu (7.99) auf $I \times D$ lokal Lipschitz-stetig. Sei $x^+ := x^+(a, \mathbf{y}_0) \in \mathbb{R} \cup \{\infty\}$ die rechte Grenze des maximalen Existenzintervalls, d. h. die Lösung auf $I(a, \mathbf{y}_0) := \big[a, x^+(a, \mathbf{y}_0)\big)$, aber auf keinem (nach rechts) größeren Intervall, dann gilt entweder*

$$x^+ = \sup I$$

oder

$$\lim_{\substack{x \to x^+ \\ x \in I}} \min \left\{ \left(\text{dist}(\mathbf{y}(x), \partial D), \, 1/\|\mathbf{y}(x)\|_\infty \right) \right\} = 0,$$

worin $\text{dist}(\mathbf{y}(x), \emptyset) := \infty$ *gesetzt wird.*

Ist $\mathbf{y} \in C^1(I, \mathbb{K}^n)$ eine Lösung der AWA (7.97), so kann die vektorielle Differentialgleichung $\mathbf{y}'(x) = \mathbf{f}(x, \mathbf{y}(x))$ unter Beachtung der Anfangsbedingung $\mathbf{y}(a) = \mathbf{y}_0$ **komponentenweise** über dem Intervall $I = [a, a+\alpha]$ aufintegriert werden. Zusammengefasst resultiert die vektorielle Gleichung

$$\mathbf{y}(x) = \mathbf{y}_0 + \int_{x_0}^{x} \mathbf{f}(s, \mathbf{y}(s)) \, ds, \quad x \in I. \tag{7.102}$$

Definition 7.92 *Die Gleichung (7.102) heißt* **Integralgleichung** *für die gesuchte Funktion* $\mathbf{y}$. *Die Bestimmung einer vektorwertigen Funktion* $\mathbf{y} \in C(I; \mathbb{R}^n)$, *die die Integralgleichung (7.102) in jedem Punkt* $x \in I$ *erfüllt, heißt* **Integralgleichungsaufgabe**.

Es gilt nun der folgende Äquivalenzsatz:

Satz 7.93 *Unter der Voraussetzung* $\mathbf{f} \in C(G_b; \mathbb{R}^n)$ *sind die Integralgleichungsaufgabe (7.102) und die Anfangswertaufgabe (7.97) miteinander äquivalent.*

Beweis. Wir haben lediglich noch zu zeigen, dass **stetige** Lösungen der Integralgleichung (7.102) auch Lösungen der AWA (7.97) sind. Da $\mathbf{f}$ als stetig vorausgesetzt ist, muss die rechte Seite der Gleichung (7.102) sogar stetig differenzierbar sein. Somit ist wegen der Gleichheit auch die linke Seite stetig differenzierbar. Durch Differentiation beider Gleichungsseiten resultiert

$$\mathbf{y}'(x) = \mathbf{f}(x, \mathbf{y}(x)), \quad x \in I.$$

Man bestätigt ferner direkt den Anfangswert $\mathbf{y}(a) = \mathbf{y}_0$. qed

Etwas kompakter geschrieben sei jetzt

$$(T\mathbf{y})(x) := \mathbf{y}_0 + \int\limits_a^x \mathbf{f}\big(s, \mathbf{y}(s)\big)\,\mathrm{d}s, \quad \mathbf{y} \in M, \ x \in I, \qquad (7.103)$$

wobei als Definitionsbereich M dieses Operators

$$M \subset C(I; \mathbb{K}^n)$$

gewählt werden kann, und dann gilt

$$T[M] \subset C^1(I; \mathbb{K}^n).$$

Eine Lösung der AWA (7.97) ist also gerade ein *Fixpunkt* von T, d. h.

$$\mathbf{y} = T\mathbf{y}. \qquad (7.104)$$

Die Existenz eines solchen Fixpunktes kann auf verschiedene Weise und im Prinzip konstruktiv gezeigt werden.

Die *Konstruktion* von T kann durch lokale Lipschitz-Stetigkeit von $\mathbf{f}$ bezüglich der Variablen $\mathbf{y}$ sichergestellt werden. Es gilt

---

Definition 7.94 *Sei* $I \subset \mathbb{R}$ *ein Intervall,* $D \subset \mathbb{K}^n$*,* $\mathbf{f} : I \times D \to \mathbb{K}^n$ *heißt* gleichmäßig Lipschitz-stetig *bezüglich* $\mathbf{y}$ *mit der Lipschitz-Konstanten* $L > 0$*, wenn*

$$\|\mathbf{f}(x, \mathbf{y}_1) - \mathbf{f}(x, \mathbf{y}_2)\|_\infty \le L\|\mathbf{y}_1 - \mathbf{y}_2\|_\infty \quad \forall x \in I, \ \mathbf{y}_1, \mathbf{y}_2 \in D$$

gilt. Dagegen heißt $\mathbf{f}$ lokal Lipschitz-stetig *bezüglich* $\mathbf{y}$*, wenn zu jedem* $(x, \mathbf{y}) \in I \times D$ *eine offene Umgebung* $U \times V \subset I \times D$ *existiert, sodass* $\mathbf{f}$ *eingeschränkt auf* $U \times V$ *gleichmäßig Lipschitz-stetig ist, es also keine* gemeinsame *Konstante auf ganz* $I \times D$ *gibt.*

Wir präsentieren Ihnen jetzt den berühmten

Satz 7.95 (Existenzsatz von Picard-Lindelöf) *Es gelten die Voraussetzungen von Satz 7.87, und zusätzlich sei* $\mathbf{f}$ *lokal Lipschitz-stetig, dann ist die lokale Lösung der AWA (7.97) auch lokal eindeutig, d. h., es existiert ein* $\hat{\alpha} > 0$*, sodass auf* $\tilde{I} = [a, a + \hat{\alpha}]$ *eine Lösung existiert und beliebige Lösungen dort übereinstimmen.*

Beweis. Sei $L > 0$ die Lipschitz-Konstante von $\mathbf{f}$ auf G_b. Sei

$$M := \{\mathbf{y} \in C(\tilde{I}; \mathbb{K}^n) : \mathbf{y}(x) \in \overline{B}_b(\mathbf{y}_0) \ \forall x \in \tilde{I}\},$$

dann gilt für $\mathbf{z}_1, \mathbf{z}_2 \in M$, dass

$$T(\mathbf{z}_1)(x) - T(\mathbf{z}_2)(x) = \int_a^x \Big(\mathbf{f}\big(s, \mathbf{z}_1(s)\big) - \mathbf{f}\big(s, \mathbf{z}_2(s)\big)\Big)\, ds.$$

Also gilt

$$\|T(\mathbf{z}_1)(x) - T(\mathbf{z}_2)(x)\|_\infty \leq \int_a^x \|\mathbf{f}\left(s, \mathbf{z}_1(s)\right) - \mathbf{f}\left(s, \mathbf{z}_2(s)\right)\|_\infty\, ds$$

$$\leq L \int_a^x \|\mathbf{z}_1(s) - \mathbf{z}_2(s)\|_\infty\, ds \qquad (7.105)$$

$$\leq L(x - a)\|\mathbf{z}_1 - \mathbf{z}_2\|_\infty$$

und daher

$$\|T(\mathbf{z}_1) - T(\mathbf{z}_2)\|_\infty \leq L\tilde{\alpha}\|\mathbf{z}_1 - \mathbf{z}_2\|_\infty.$$

Durch weitere Verkleinerung von $\tilde{\alpha}$ kann $L\tilde{\alpha} < 1$ erreicht werden und damit die Kontraktivität von T, die die Eindeutigkeit eines Fixpunktes erzwingt.

qed

Weiter gilt

Satz 7.96 (Globale und eindeutige Existenz) *Sei* $\mathbf{f}$ *gleichmäßig Lipschitz-stetig auf $I \times \mathbb{K}^n$ bezüglich* $\mathbf{y}$. *Dann existiert eine Lösung der AWA (7.97) eindeutig und global auf I.*

Bevor wir diesen Sachverhalt beweisen, wiederholen wir in etwas geänderter Form zwei Varianten der Ungleichung von Gronwall, siehe Bemerkung 7.26.

Bei Gleichungen vom Typ (D) mit $f(x,y) = -p(x)y + q(x)$ gemäß (7.22) ist $L = \|p\|_\infty$ die Lösung global, aber nicht beschränkt. Die Lösungsdarstellung überträgt sich auch auf die Differentialungleichung

$$y' \leq Ly + q(x), \quad y(a) = y_0, \qquad (7.106)$$

für deren Lösung

$$y(x) \leq e^{L(x-a)}y_0 + \int_a^x e^{L(x-s)}q(s)\, ds$$

gilt. Liegt statt (7.106) eine Integralungleichung der Form

$$z(x) \leq L \int_a^x z(s)\, ds + q(x) \qquad (7.107)$$

vor, dann gilt

$$z(x) \leq q(x) + \int_a^x e^{L(x-s)} Lq(s) \, ds. \tag{7.108}$$

Ein Funktion, die (7.106) oder (7.107) erfüllt, kann also höchstens exponentiell wachsen. Siehe dazu auch den Aufgabenteil zu diesem Abschnitt!

Beweis. Wir setzen

$$z(x) := \|\mathbf{y}(x) - \mathbf{y}_0\|_\infty.$$

Somit erfüllt z unter den Voraussetzungen von Satz 7.96 eine Ungleichung gemäß (7.107), also

$$z(x) \leq \int_a^x \|\mathbf{f}(s, \mathbf{y}(s)) - \mathbf{f}(s, \mathbf{y}_0)\|_\infty \, ds + \int_a^x \|\mathbf{f}(s, \mathbf{y}_0)\|_\infty \, ds$$

$$\leq L \int_a^x z(s) \, ds + q(x),$$

wobei $q(x) := \int_a^x \|\mathbf{f}(s, \mathbf{y}_0)\|_\infty \, ds$ gesetzt wurde. Nach (7.108) gilt also

$$\|\mathbf{y}(x)\|_\infty \leq \|\mathbf{y}_0\|_\infty + q(x) + \int_a^x e^{L(x-s)} Lq(s) \, ds,$$

und damit ist $\tilde{\alpha} < \alpha$ nicht möglich, da sonst nach Satz 7.91 $\|\mathbf{y}(x)\|_\infty \to \infty$ für $x \to a + \tilde{\alpha}$ gelten müsste. qed

Beispiel 7.97 *Wir betrachten ein lineares DGl-System der Form*

$$\mathbf{y}' = \underbrace{-A(x)\mathbf{y} + \mathbf{g}(x)}_{=:\mathbf{f}(x,\mathbf{y})}, \ \mathbf{y}(a) = \mathbf{y}_0,$$

mit $A \in C(I; \mathbb{R}^{(n,n)})$, $\mathbf{g} \in C(I, \mathbb{R}^n)$ und $\mathbf{y}_0 \in \mathbb{R}^n$.

Ist $I = [a, a + \alpha]$, $\alpha > 0$, dann ist $\mathbf{f}$ global Lipschitz-stetig mit $L := \|A\|_\infty$ und die AWA hat auf I eine eindeutige und globale Lösung.

Bemerkung 7.98 *Existieren die partiellen Ableitungen $\partial \mathbf{f}/\partial y_i$, $i = 1, \cdots, n$, der rechten Seite $\mathbf{f}$ und sind diese auf $\mathbb{R} \times \mathbb{K}^n$ beschränkt, dann ist die rechte Seite in $\mathbf{y} \in \mathbb{K}^n$ global Lipschitz-stetig. Dahinter verbirgt sich der Mittelwertsatz der Differentialrechnung.*

Beispiel 7.99 *Wir betrachten die Anfangswertaufgabe*

$$y' = \sqrt{1 + y^2}, \ y(0) = 0,$$

in der also $f(x, y) := \sqrt{1 + y^2}$, $a := 0$ und $y_0 := 0$ zu setzen sind. Da die Funktion f nicht von x abhängt, dürfen wir $\alpha > 0$ beliebig wählen. Aus dem Mittelwertsatz der Differentialrechnung erhalten wir

$$|f(x,y) - f(x,z)| \leq \sup_{\eta \in \mathbb{R}} \left(\frac{|\eta|}{\sqrt{1+\eta^2}} \right) |y - z| = |y - z|, \quad y, z \in \mathbb{R}.$$

Hieraus resultiert die Lipschitz-Konstante $L = 1$. Wir dürfen für jedes $|x| \leq \alpha$ eine eindeutige Lösung y der obigen AWA erwarten. Tatsächlich ist $y(x) = \sinh x$ die gesuchte Lösung, die für alle $x \in \mathbb{R}$ existiert.

Gegenbeispiel 7.100 *Gegeben sei die Anfangswertaufgabe*

$$y' = f(x,y), \quad y(0) = y_0,$$

wobei

$$f(x,y) := \begin{cases} 2x & : \ y > 0, \\ -2x & : \ y \geq 0. \end{cases}$$

*Obwohl die rechte Seite f für $x = 0$ **unstetig**, und damit die Generalvorausetzung (7.99) in den Sätzen 7.87 und 7.95 verletzt ist, hat die Anfangswertaufgabe für jeden Wert $y_0 \in \mathbb{R}$ eine **eindeutige** und **globale** Lösung. Integration ergibt*

$$y(x) = \begin{cases} x^2 + y_0 & : \ y_0 > 0, \\ -x^2 + y_0 & : \ y_0 \geq 0. \end{cases}$$

Bemerkung 7.101 *Der Picardsche Existenzsatz hat einen **konstruktiven** Aspekt. Durch **sukzessive Approximation** – in diesem Zusammenhang als Verfahren von Picard-Lindelöf in der Literatur geführt – kann der Fixpunkt $\mathbf{y}$ der Abbildung T durch die Iterationsvorschrift*

$$\mathbf{y}_{k+1}(x) := (T\mathbf{y}_k)(x) = \mathbf{y}_0 + \int_a^x \mathbf{f}\big(s, \mathbf{y}_k(s)\big)\, ds \ \ mit \ \mathbf{y}_0(x) := \mathbf{y}_0 \quad (7.109)$$

für $k = 0, 1, 2, \cdots$ näherungsweise berechnet werden.

Beispiel 7.102 *Die Lösung der AWA*

$$y' = 2xy, \quad y(0) = 1$$

lautet $y(x) = e^{x^2}$. Obiges Iterationsverfahren (7.109) liefert ebenfalls dieses Resultat. Mit $y_0(x) = 1$ ergeben sich

$$y_1(x) = 1 + 2 \int_0^x s \cdot 1 \, ds = 1 + x^2,$$

$$y_2(x) = 1 + 2 \int_0^x \left(s + s^3\right) ds = 1 + x^2 + \frac{x^4}{2},$$

$$y_3(x) = 1 + 2 \int_0^x \left(s + s^3 + \frac{s^5}{2}\right) ds = 1 + x^2 + \frac{x^4}{4} + \frac{x^6}{6},$$

$$\vdots$$

$$y_n(x) = = 1 + \frac{x^2}{1!} + \frac{x^{2 \cdot 2}}{2!} + \frac{x^{2 \cdot 3}}{3!} + \cdots + \frac{x^{2 \cdot n}}{n!} = \sum_{k=0}^n \frac{\left(x^2\right)^k}{k!},$$

was sich mit vollständiger Induktion leicht bestätigen lässt. Daran erkennen Sie, dass wie erwartet

$$\lim_{n \to \infty} y_n(x) = e^{x^2}$$

als Lösung resultiert.

Aufgaben

Aufgabe 7.52. Lösen Sie die Anfangswertaufgabe für $y = y(x)$, gegeben durch

$$y' = y^3, \quad y(0) = 1.$$

Wie lautet das maximale Existenzintervall der Lösung und begründen Sie Ihre Entscheidung.

Aufgabe 7.53. Lösen Sie für $x \geq 0$ und $y > 0$ die AWA

$$y' = -\frac{x}{y} e^{x^2}, \quad y(0) = 2.$$

Wie lautet das maximale Existenzintervall der Lösung? Begründen Sie Ihre Entscheidung.

Aufgabe 7.54. Bestimmen Sie die Lösungen der Differentialgleichungen

$$y' = xy^\alpha$$

für $\alpha = 2/3, 1, 2$. Sind die AWAn $y(0) = y_0$ für alle $y_0 \in \mathbb{R}$ eindeutig lösbar? Begründen Sie die Antwort.

Aufgabe 7.55. Gegeben sei die Differentialgleichung

$$y' = -4x\sqrt{|y|} \cdot \operatorname{sign} y.$$

a) Wie lauten die Lösungen zu den Anfangswerten $y(0) = \pm\varepsilon^2$?

b) Ist die Lösung zu $y(0) = 0$ eindeutig?

Aufgabe 7.56. Sei $f : [-1/2, 3/2] \times [-1, 1] \to \mathbb{R}$, gegeben durch

$$f(x, y) := y + xy^3.$$

Untersuchen Sie mithilfe des Satzes von Picard-Lindelöf die Lösung der Anfangswertaufgabe

$$y' = f(x, y), \quad y(1/2) = 0$$

auf Existenz und Eindeutigkeit.

Aufgabe 7.57. Sei $f : [-1/2, 1/2] \times [-b, b] \to \mathbb{R}$ gegeben durch

$$f(x, y) := x^2 + y^2.$$

Bestimmen Sie mithilfe des Satzes von Picard-Lindelöf ein $b > 0$, sodass die Anfangswertaufgabe

$$y' = f(x, y), \quad y(0) = 0$$

für alle $|x| \leq 1/2$ eine eindeutige Lösung besitzt.

Aufgabe 7.58. Sei $L > 0$ und $q \in C(I)$, wobei $I := [a, \infty)$. Zeigen Sie:

a) Gilt die Ungleichung

$$y' \leq Ly + q(x), \quad y(a) = y_0,$$

dann erfüllt die Lösung die Ungleichung

$$y(x) \leq e^{L(x-a)}y_0 + \int_a^x e^{L(x-s)}q(s)\, ds.$$

b) Gilt jetzt die Integralungleichung

$$z(x) \leq L \int_a^x z(s)\, ds + q(x), \tag{7.110}$$

dann ist

$$z(x) \leq q(x) + \int_a^x e^{L(x-s)}Lq(s)\, ds.$$

Aufgabe 7.59. Gegeben sei die Anfangswertaufgabe

$$y' = x^2 + xy^2, \quad y(0) = 0.$$

a) Führen Sie mit dem Iterationsverfahren von Picard-Lindelöf die ersten drei Iterationsschritte durch.

b) Begründen Sie, warum die Funktionenfolge $\{y_n\}_{n \in \mathbb{N}}$ auf $\tilde{I} := [-1/2, 1/2]$ gegen die dort existierende Lösung der Anfangswertaufgabe konvergiert.

7.9 Stabilität und qualitatives Verhalten

Bei einer AWA liegen wie bei jedem mathematischen Modell die Daten i. Allg. nicht exakt vor, weil z. B. die Anfangswerte messfehlerbehaftet sind oder die rechte Seite des Modells selbst nicht genau bekannt ist. Daher ist es wichtig, die *Stabilität* in solchen Störungen zu untersuchen, wie beispielsweise die stetige Abhängigkeit der Lösung vom Anfangswert. Solange man nur an einer lokalen Aussage interessiert ist, lässt sich dies weitgehend unter den Voraussetzungen für Existenz und Eindeutigkeit einer Lösung positiv beantworten. Soll die Stabilität aber gleichmäßig auf dem Existenzintervall $I \subset \mathbb{R}$ gelten, ist dies eine wesentlich stärkere Forderung.

Definition 7.103 *Betrachtet werde ein System von DGln erster Ordnung der Form*

$$\mathbf{y}'(x) = \mathbf{f}(x, \mathbf{y}(x)), \quad \mathbf{y}(x_0) = \mathbf{y}_0, \qquad (7.111)$$

wobei $\mathbf{y} : \mathbb{R} \to \mathbb{R}^n$ *und* $\mathbf{f} : \mathbb{R} \times \mathbb{R}^n \to \mathbb{R}^n$.

Es sei $\mathbf{y}$ *eine Lösung von (7.111) auf dem Existenzintervall* $I \subset \mathbb{R}$. *Dann heißt* $\mathbf{y} \in \mathbb{R}^n$ *stabil, wenn zu jedem* $\epsilon > 0$ *ein* $\delta > 0$ *existiert, sodass für* $\tilde{\mathbf{y}}_0 \in \mathbb{K}^n$ *mit* $\|\mathbf{y}_0 - \tilde{\mathbf{y}}_0\|_\infty \leq \delta$ *die Lösung* $\tilde{\mathbf{y}}$ *der AWA (7.111) zum Anfangsvektor* $\tilde{\mathbf{y}}_0$ *auf* I *existiert und*

$$\|\mathbf{y}(x) - \tilde{\mathbf{y}}(x)\| \leq \epsilon \ \forall x \in I$$

gilt. Dabei bezeichnet $\| \cdot \|$ *die euklidische Norm. Ist* $\mathbf{y}$ *nicht stabil, so heißt die Lösung* instabil.

Von Wichtigkeit ist insbesondere die Stabilität von *stationären Lösungen*, d. h. von konstanten Lösungen der Form

$$\mathbf{y}(x) \equiv \mathbf{y}_0 \ \forall x \in I.$$

Diese treten gerade im *autonomen Fall* auf, in dem $\mathbf{f}$ nicht von x abhängt, also bei

$$\mathbf{y}'(x) = \mathbf{f}(\mathbf{y}(x)). \qquad (7.112)$$

Bei einem autonomen System ist mit $\mathbf{y}$ auch $x \mapsto \mathbf{y}(x + z)$ für ein festes z (solange $x + z \in I$ gilt) eine Lösung, der Anfangs(zeit)punkt kann also „hin und her" geschoben werden. Stationäre Lösungen im autonomen Fall sind gerade die Lösungen des nichtlinearen Gleichungssystems

$$\mathbf{y}_0' = \mathbf{f}(\mathbf{y}_0) = 0. \tag{7.113}$$

Definition 7.104 *Die Lösungen* $\mathbf{y}_0 \in \mathbb{K}^n$ *von* (7.113) *heißen stationäre oder* Gleichgewichtslösungen *von* (7.112). *Wir sprechen hierbei auch von* Gleichgewichtspunkten *oder* -lagen.

Bemerkung 7.105 *Im linearen Fall* $\mathbf{f}(\mathbf{y}) = A\mathbf{y} + \mathbf{b}$ *mit konstanter Koeffizientenmatrix* $A \in \mathbb{K}^{n,n}$ *und konstantem Vektor* $\mathbf{b} \in \mathbb{K}^n$ *sind also die Lösungen des LGS*

$$A\mathbf{y} = -\mathbf{b}$$

die stationären Lösungen bzw. im homogenen Fall $\mathbf{b} = 0$ *die von*

$$A\mathbf{y} = 0.$$

Hier ist $\mathbf{y}_0 = \mathbf{0}$ *immer stationäre Lösung. Ist* A *invertierbar, ist es auch die einzige Lösung.*

Im Folgenden betrachten wir AWAn wie üblich „von links nach rechts", d. h., ist der Anfangsvektor an der Stelle x_0 gegeben, so ist das Existenzintervall $I = [x_0, b)$, $b \leq \infty$. Zur Orientierung betrachten wir die einfachste DGl (7.9) aus Beispiel 7.1.

Für $\alpha \neq 0$ ist $y(x) = 0$ die einzige stationäre Lösung, und sowohl für $\alpha < 0$ als auch für $\alpha > 0$ existiert die Lösung der AWA zu $\tilde{y}_0 \neq 0$ global und eindeutig, aber mit unterschiedlichem Stabilitätsverhalten.

Bei $\alpha > 0$ entfernt sich die Lösung beliebig weit vom Gleichgewichtspunkts, unabhängig, wie klein $|\tilde{y}_0 - 0|$ ist. Bei $\alpha < 0$ ist die Gleichgewichtslösung nicht nur stabil nach Definition 7.103, sondern es gilt sogar

$$|\tilde{y}(x) - 0| \to 0 \quad \text{für } x \to +\infty.$$

Bei $\alpha = 0$ sind alle Lösungen konstant $y(x) \equiv y \in \mathbb{K}$ und somit Gleichgewichtslösungen. Es liegt Stabilität vor, aber die Lösungen konvergieren nicht gegeneinander.

Ähnlich verhält es sich bei Beispiel 7.2. Ist $\lambda < 0$, so ergibt sich die allgemeine Lösung (7.5). Diese Lösung ist *stabil*, d. h., sie bleibt in der Nähe der Gleichgewichtslage 0, ohne jedoch in diese Nulllösung zu konvergieren. Für $\lambda > 0$ ist die Nulllösung nicht stabil, ebenso für $\lambda = 0$.

Um dieses Beispiel in die obige Formulierung einzupassen, muss die DGl in
ein System erster Ordnung umgeschrieben werden, also in

$$\mathbf{y}'(x) = A\mathbf{y}(x), \quad A = \begin{pmatrix} 0 & 1 \\ \lambda & 0 \end{pmatrix}.$$

A hat die beiden Eigenwerte $\mu_{1,2} = \pm\sqrt{\lambda}$ bei vorgegebenem $\lambda \in \mathbb{R}$. Für $\lambda > 0$
haben die *reellen* Eigenwerte entgegengesetztes Vorzeichen, also $\mu_1 > 0$ und
$\mu_2 < 0$. Für $\lambda = 0$ haben wir den doppelten Eigenwert $\mu_{1,2} = 0$, und für
$\lambda < 0$ liegen *rein imaginäre* Eigenwerte $\mu_{1,2} = \pm i\sqrt{-\lambda}$ mit $\operatorname{Re}\mu_{1,2} = 0$ vor.

Wir betrachten jetzt die aus $\lambda < 0$ und $\lambda = 0$ resultierenden Fälle und ziehen
daraus allgemeine Schlüsse. Für den doppelten Eigenwert $\mu_{1,2} = 0$ oder auch
als $\operatorname{Re}\mu_{1,2} = 0$ formuliert, ergibt sich folgender Umstand:

Aus $(A - 0 \cdot E) = A = \begin{pmatrix} 0 & 1 \\ 0 & 0 \end{pmatrix}$ resultiert z. B. der einfache Eigenvektor

$\mathbf{v}_1 = (1,0)^T$. Ein Hauptvektor zweiter Stufe ist beispielsweise $\mathbf{v}_2 = (0,1)^T$.
Damit lautet gemäß (7.85) die allgemeine Lösung

$$\mathbf{y}(x) = c_1\mathbf{v}_1 + c_2(\mathbf{v}_2 + \mathbf{v}_1 x) =: c_1 \begin{pmatrix} 1 \\ 1 \end{pmatrix} + c_2 \begin{pmatrix} 1 \\ 0 \end{pmatrix} x, \quad c_1, c_2 \in \mathbb{R}.$$

Diese Lösung nennen wir **instabil**, weil sie für $x \to \infty$ beliebig anwächst
und nicht in der Nähe der stationären Nulllösung bleibt. Der Grund dafür ist
die Tatsache, dass die geometrische Vielfachheit des Eigenwertes kleiner als
dessen algebraische ist und somit durch die Konstruktion eines Hauptvektors
k-ter Stufe der polynomiale und damit wachsende Anteil x^k (hier $k = 1$) in
die Lösung mit aufgenommen wurde.

Wir berechnen jetzt die Lösung zu den rein imaginären Eigenwerten $\mu_{1,2} = \pm i\sqrt{-\lambda}$, also wieder zu $\operatorname{Re}\mu_{1,2} = 0$. Die beiden Eigenvektoren der Matrix
$(A - \mu_{1,2}E)$ lauten

$$\mathbf{v}_1 = \left(1, i\sqrt{-\lambda}\right)^T \quad \text{und} \quad \mathbf{v}_2 = \left(-1, i\sqrt{-\lambda}\right)^T.$$

Die allgemeine komplexe Lösung ist damit

$$\mathbf{y}(x) = k_1\mathbf{v}_1 e^{\mu_1 x} + k_2\mathbf{v}_2 e^{\mu_2 x}, \quad k_1, k_2 \in \mathbb{C},$$

und daraus resultiert nach einer kurzen Rechnung die allgemeine reelle Lösung

$$\mathbf{y}(x) = c_1 \begin{pmatrix} 1 \\ 0 \end{pmatrix} \sin\left(\sqrt{-\lambda}x\right) + c_2 \begin{pmatrix} 0 \\ \sqrt{-\lambda} \end{pmatrix} \cos\left(\sqrt{-\lambda}x\right), \quad c_1, c_2 \in \mathbb{R}.$$

Diese Lösung (und auch die komplexe) ist **stabil**, denn sie bewegt sich spiralenförmig mit einer gewissen Periodizität um die x-Achse, d.h., sie bleibt in der Nähe der stationären Nulllösung, ohne in diese für $x \to \infty$ zu konvergieren.

Wir verallgemeinern die letzten Beobachtungen. Es gilt

Satz 7.106 *Wir betrachten das homogene lineare DGl-System*

$$\mathbf{y}'(x) = A\mathbf{y}(x)$$

*mit der konstanten Matrix $A \in \mathbb{K}^{n,n}$. Seien $\lambda_1, \ldots, \lambda_k \in \mathbb{C}$ die Eigenwerte von A mit den algebraischen Vielfachheiten $k(\lambda_1), \ldots, k(\lambda_k) \in \mathbb{N}$. Die Stabilität der Nulllösung ist **äquivalent** mit folgenden Aussagen:*

1.) $\operatorname{Re}\lambda_i \leq 0$ für alle $i = 1, \ldots, k$.

2.) Ist $\operatorname{Re}\lambda_i = 0$ für ein $i \in \{1, \ldots, k\}$, dann ist algebraische Vielfachheit gleich der geometrischen Vielfachheit, also $k(\lambda_i) = \rho(\lambda_i)$.

Wir fahren fort mit

Definition 7.107 *In der Situation von Definition 7.103 heißt die Gleichgewichtslösung $\mathbf{y}$ **anziehend**, wenn es ein $\delta > 0$ gibt, sodass für $\tilde{\mathbf{y}}_0 \in \mathbb{K}^n$ mit $\|\mathbf{y}_0 - \tilde{\mathbf{y}}_0\|_\infty \leq \delta$ die Lösung $\tilde{\mathbf{y}}$ der AWA (7.111) zum Anfangsvektor $\tilde{\mathbf{y}}_0$ auf $[x_0, \infty)$ existiert und*

$$\|\tilde{\mathbf{y}}(x) - \mathbf{y}(x)\| \to 0 \quad \text{für } x \to \infty$$

gilt.

Eine Gleichgewichtslösung, die stabil und anziehend ist, heißt **asymptotisch stabil**. Es gilt

---

Satz 7.108 *In der Situation von Satz 7.106 ist die Nulllösung asymptotisch stabil genau dann, wenn für alle Eigenwerte $\lambda \in \mathbb{C}$ von A die Beziehung $\operatorname{Re}\lambda < 0$ gilt.*

Bemerkung 7.109 *Es gelten folgende Aussagen:*

1. *Betrachtet man den x-Verlauf auch von rechts nach links, also $I = [b, x_0]$, so geht dies durch die Variablentransformation $\tilde{x} := x_0 + b - x$ in die „normale" Situation über. Für lineare Systeme erster Ordnung bedeutet dies also den Übergang von A zu $-A$ und damit bei den Eigenwerten der Übergang von λ zu $-\lambda$. Die obigen Charakterisierungen zeigen damit, dass diese Richtungsumkehr eine asymptotische stabile Nulllösung instabil macht und eine stabile Lösung nur dann stabil bleibt, wenn für alle Eigenwerte $\lambda \in \mathbb{C}$ die Beziehung*

$$\operatorname{Re} \lambda = 0$$

   gilt. Dies war die Situation in Beispiel 7.2 und ist allgemein typisch für solche Systeme zweiter Ordnung.

   Sei $A \in \mathbb{K}^{n,n}$ symmetrisch, positiv definiert. Es gilt also Folgendes zu unterscheiden:

   a. *Bei der Gleichung vom Typ*

   $$\mathbf{y}'(x) + A\mathbf{y}(x) = 0$$

   ist die Nulllösung asymptotisch stabil und nach x-Umkehr instabil.

   b. *Bei einer Gleichung vom Typ*

   $$\mathbf{y}''(x) + A\mathbf{y}(x) = 0$$

   ist die Nulllösung stabil und auch nach x-Umkehr stabil. Dies kann man einsehen, indem man dieses System zweiter Ordnung in ein System erster Ordnung mit der Matrix

   $$B = \left(\begin{array}{c|c} 0 & E_n \\ \hline -A & 0 \end{array} \right)$$

   umschreibt und nachprüft, dass die Eigenwerte von B gerade $\pm\sqrt{-\lambda} = \pm i\sqrt{\lambda}$ sind, wenn $\lambda > 0$ die Eigenwerte von A bezeichnen.

2. *Im linearen, nicht autonomen Fall (einer von x abhängigen Matrix)*

   $$\mathbf{y}'(x) = A(x)\mathbf{y}(x)$$

   liegt keine explizite Lösungsdarstellung mehr vor. Es gelten folgende Aussagen:

   a. *Die Nulllösung ist stabil genau dann, wenn für jede Fundamentallösung Y ein $C > 0$ exisitiert, sodass*

$$\|Y(x)\| \leq C \;\; \forall\, x \in [x_0, \infty).$$

b. *Die Nulllösung ist anziehend genau dann, wenn für jede Fundamentallösung Y gilt*

$$\|Y(x)\| \to 0 \;\; \text{für}\;\; x \to \infty.$$

Im autonomen Fall $A(x) \equiv A$ kann $Y(x) = \exp(Ax)$ betrachtet werden, woraus sich wieder Satz 7.106 und 7.108 ergeben.

3. *Mit etwas Aufwand lässt sich für den homogenen linearen autonomen Fall unter der Voraussetzung $\mathrm{Re}\,\lambda < \alpha < 0$ für alle Eigenwerte λ nun sogar zeigen, dass es für eine beliebige Matrixnorm $\|\cdot\|$ Konstanten $\alpha, \beta > 0$ gibt, sodass*

$$\left\| e^{A(x-x_0)} \right\| \leq \beta e^{-\alpha(x-x_0)} \;\; \text{für}\; x \geq x_0.$$

Damit ist die Nulllösung sogar exponentiell stabil, *indem ein $\eta \in (0,1)$ existiert, sodass für die Lösung $\mathbf{y}$ zum Anfangswert $\mathbf{y}_0$ die Abschätzung*

$$\|\mathbf{y}(x)\| \leq \beta \eta^{x-x_0} \|\mathbf{y}_0\|$$

für $x \geq x_0$ gültig ist, denn für die euklidische Vektornorm gilt

$$\|\mathbf{y}(x)\| = \left\| e^{A(x-x_0)} \mathbf{y}_0 \right\| \leq \beta e^{-\alpha(x-x_0)} \|y_0\|,$$

also ist $\eta = e^{-\alpha}$ möglich.

Wieder für den autonomen Fall können wir speziell für zwei Gleichungen alle möglichen Fälle angeben. Wir benutzen dazu für $A \in \mathbb{C}^{(2,2)}$ die Notation

$$A = \begin{pmatrix} a_{11} & a_{12} \\ a_{21} & a_{22} \end{pmatrix}, \tag{7.114}$$

also

$$\dot{x} = a_{11}x + a_{12}y,$$
$$\dot{y} = a_{21}x + a_{22}y. \tag{7.115}$$

Zur Bestimmung des Stabilitätscharakters der Gleichgewichtslage $\mathbf{x}_0 = (0,0)$ werden die Eigenwerte, d. h. die Nullstellen $\lambda_1, \lambda_2 \in \mathbb{C}$ des charakteristischen Polynoms

$$\lambda^2 - (a_{11} + a_{22})\lambda + a_{11}a_{22} - a_{12}a_{21} = \lambda^2 - \lambda\,\mathrm{Spur}\,A + \det A = 0$$

benötigt, wobei $\lambda_{1,2} = \frac{1}{2}\left(\text{Spur}\,A \pm \sqrt{\delta}\right)$ gilt mit der Diskriminante

$$\delta := (\text{Spur}\,A)^2 - 4\det A.$$

Die Lösungen werden im **Phasendiagramm** dargestellt. Anschaulich bedeutet dies, dass bei einer zeitabhängigen Lösung – wie sie einige Seiten weiter grafisch zu (7.119) z. B. dargestellt ist – die Zeitachse in den Ursprung „geschoben" wird und daraus ein Phasendiagramm – wie es in (7.116) zu sehen ist – resultiert. Die Darstellung der jetzt zeitunabhängigen Phasenkurven resultiert also aus einer DGl, welche durch Division der beiden Gleichungen (7.115) entsteht, die Zeit sozusagen ausgeblendet wird. Welche Gleichung durch welche dividiert wird, ist dabei unerheblich.

Wie schnell die dadurch aufgezeigten *Trajektorien* durchlaufen werden, ist aus der Darstellung jetzt nicht mehr ersichtlich. Die Richtung, mit der die Lösung für wachsende $t \in \mathbb{R}$ durchlaufen wird, wird durch Pfeile angedeutet und abhängig sein von den Eigenwerten der zugehörigen Matrix (7.114), wie nachfolgende Ausführungen verdeutlichen werden.

Fall 1. λ_1, λ_2 *sind reell, verschieden und haben gleiches Vorzeichen.*

a) λ_1, $\lambda_2 < 0$: Die Gleichgewichtslage ist *asymptotisch stabil.*

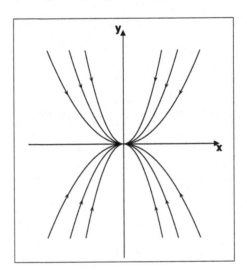

Wir sprechen hier von einem *Knoten*.

Beispiel. $\dot{x} = -x$, $\dot{y} = -2y$, $\lambda_1 = -1$, $\lambda_2 = -2$.

Die *Form der Kurven* im Phasenporträt ermitteln wir aus

$$\frac{dy}{dx} = 2\frac{y}{x} \implies y(x) = cx^2, \ c \in \mathbb{R},$$

mit verschiedenen $c \in \mathbb{R}$.

b) λ_1, $\lambda_2 > 0$: Die Gleichgewichtslage ist *instabil*.

Beispiel. $\dot{x} = x$, $\dot{y} = 2y$, $\lambda_1 = 1$, $\lambda_2 = 2$.

Auch hier ergibt sich

$$\frac{dy}{dx} = 2\frac{y}{x}$$

und damit dieselben Lösungen, die Pfeile im Phasenporträt müssen jedoch umgedreht werden.

In beiden Unterfällen a) und b) nennen wir die Gleichgewichtslage einen **stabilen bzw. instabilen Knoten**.

Der Stabilitätscharakter wird auch ersichtlich bei der Darstellungsform

$$\begin{pmatrix} x(t) \\ y(t) \end{pmatrix} = c_1 \begin{pmatrix} 1 \\ 0 \end{pmatrix} e^{-t} + c_2 \begin{pmatrix} 0 \\ 1 \end{pmatrix} e^{-2t} = \begin{pmatrix} c_1 e^{-t} \\ c_2 e^{-2t} \end{pmatrix}$$

für den stabilen Fall bzw.

$$\begin{pmatrix} x(t) \\ y(t) \end{pmatrix} = \begin{pmatrix} c_1 e^{t} \\ c_2 e^{2t} \end{pmatrix}$$

für den instabilen Fall, wobei c_1, $c_2 \in \mathbb{R}$.

Fall 2. λ_1, λ_2 *sind reell, verschieden und haben entgegengesetztes Vorzeichen.*

Der Gleichgewichtspunkt ist *instabil*.

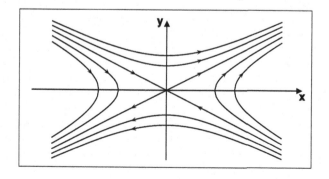

Beispiel. $\dot{x} = y$, $\dot{y} = 4x$, $\lambda_{1,2} = \pm 2$.

Wir nennen dieses Phasenporträt *Sattel*.

Die Form der Kurven im obigen Phasenporträt wird ersichtlich, wenn wir wiederum

$$\frac{dy}{dx} = 4\frac{x}{y}$$

lösen. Wir erhalten die allgemeine Lösung

$$y(x) = \pm 4\sqrt{x^2 + c}, \quad c \in \mathbb{R}.$$

Fall 3. λ_1, λ_2 *sind reell und gleich.*

a) $\lambda := \lambda_1 = \lambda_2 < 0$: Die Gleichgewichtslage ist *asymptotisch stabil*.

Beispiel 1. $\dot{x} = -x$, $\dot{y} = -y$, $\lambda = -1$ mit Phasenporträt

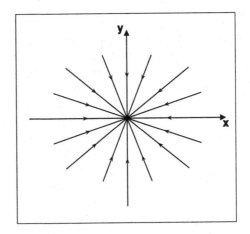

Beispiel 2. $\dot{x} = -x$, $\dot{y} = -x - y$, $\lambda = -1$ mit Phasenporträt

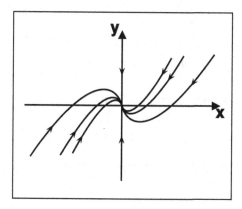

Abgesehen von den Halbachsen berechnen wir

$$x(y) = -y \ln|cy|, \quad y \neq 0, \quad c \neq 0.$$

b) $\lambda := \lambda_1 = \lambda_2 > 0$: Es liegt *Instabilität* vor.

Die beiden letzten Beispiele mit umgedrehten Vorzeichen auf der rechten Seite liefern jeweils $\lambda = 1$, und die Pfeilrichtungen in den Phasenporträts drehen sich ebenfalls um.

Fall 4. λ_1, λ_2 *sind konjugiert komplex, jedoch nicht rein imaginär*, also

$$\lambda_{1,2} = \alpha \pm i\beta, \quad \alpha, \beta \neq 0.$$

a) $\alpha < 0$: Die Gleichgewichtslage ist asymptotisch *stabil*.

Beispiel. $\dot{x} = -x - y$, $\dot{y} = x - y$, $\lambda_{1,2} = -1 \pm i$.

Das Phasenporträt sind Exponentialspiralen der Form

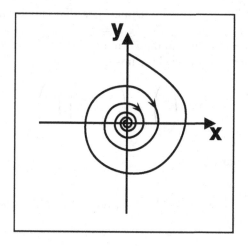

Wir schreiben wieder

$$\frac{dy}{dx} = y' = \frac{x-y}{-x-y} = -\frac{1-\frac{y}{x}}{1+\frac{y}{x}}. \tag{7.116}$$

Hier liegt ein weiterer spezieller Typ vor, nämlich

$$y' = g\left(\frac{y}{x}\right), \quad x \neq 0, \tag{7.117}$$

und g ist eine stetige Funktion. Mit dem Ansatz

$$y(x) =: xu(x), \tag{7.118}$$

also $y' = x \cdot u' + u$, wird diese Gleichung in eine *trennbare* GDG der Form

$$u' = (g(u) - u) \cdot \frac{1}{x}, \quad x \neq 0,$$

transformiert. Diese können wir lösen und Rücktransformation liefert die Lösung für (7.117).

Gleichung (7.116) geht mit der Substitution (7.118) über in

$$u' = -\frac{u^2+1}{u+1} \cdot \frac{1}{x}, \quad x \neq 0.$$

Die Leserinnen und Leser mögen sich im Rahmen einer kleinen Übung überzeugen, dass daraus die *implizit gegebene* Lösung

$$\left(\left(\frac{y(x)}{x}\right)^2 + 1\right) e^{2\arctan\frac{y(x)}{x}} = \frac{c}{x^2}, \quad x \neq 0, \ c \in \mathbb{R},$$

resultiert. Führen wir uns nochmals das Phasenporträt vor Augen, wird klar, dass eine explizite Lösung $y = y(x)$ oder $x = x(y)$ nicht möglich ist. Wie erkennen wir nun die Form des Porträts? Wir erkennen diese am zeitabhängigen Lösungsvektor unseres Systems

$$\begin{pmatrix} x \\ y \end{pmatrix}' = \begin{pmatrix} -1 & -1 \\ 1 & -1 \end{pmatrix} \begin{pmatrix} x \\ y \end{pmatrix}.$$

Die Lösung hat die Form

$$\begin{pmatrix} x(t) \\ y(t) \end{pmatrix} = c_1 \mathbf{v}_1 e^{(-1+i)t} + c_2 \mathbf{v}_2 e^{(-1-i)t}, \quad c_1, c_2 \in \mathbb{R}. \tag{7.119}$$

Hierbei ist $\mathbf{v}_1 \in \mathbb{C}^2$ ein Eigenvektor und $\mathbf{v}_2$ der komponentenweise konjugiert komplexe Vektor. Mit gegebenem Anfangswert $(x(0), y(0)) = (x_0, y_0)$ sieht die zeitabhängige Lösung etwa so aus:

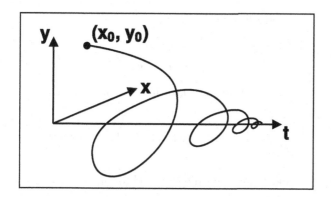

Die Skizze zeigt eine für $t \to \infty$ schrumpfende Spirale um die Gleichgewichtslage $(\bar{x}, \bar{y})^T = (0,0)^T$. Schieben wir die Spirale in die x-y-Ebene, resultiert das Phasenporträt.

b) $\alpha > 0$: Die Gleichgewichtslage ist *instabil*.

Beispiel. $\dot{x} = x - y$, $\dot{y} = x + y$, $\lambda_{1,2} = 1 \pm i$.

Das Phasenporträt besteht wieder aus Exponentialspiralen mit entgegengesetzten Pfeilrichtungen verglichen mit dem vorherigen Porträt. Die Diskussion des Beispiels verläuft analog zum vorherigen.

Fall 5. λ_1, λ_2 *sind rein imaginär*, d. h.

$$\lambda_{1,2} = \pm i\beta, \quad \beta \neq 0.$$

Die Gleichgewichtslage ist *stabil*.

Beispiel. $\dot{x} = 4y$, $\dot{y} = -x$, $\lambda_{1,2} = \pm 2i$, mit dem ellipsenförmigen Phasenporträt der Form

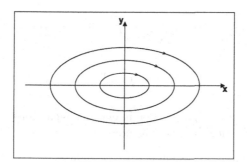

Wir lösen wieder

$$y' = -\frac{x}{4y} \quad \Leftrightarrow \quad \int y\,dy = -\frac{1}{4}\int x\,dx + c, \quad c \in \mathbb{R},$$

und bekommen Ellipsen der Form

$$\frac{y^2}{(2c)^2} + \frac{x^2}{c^2} = 1.$$

Der zeitabhängige Lösungsvektor hat die Darstellung

$$\begin{pmatrix} x(t) \\ y(t) \end{pmatrix} = c_1\mathbf{v}_1\left(\cos 2t + i\sin 2t\right) + c_2\mathbf{v}_2\left(\cos 2t - i\sin 2t\right),$$

$c_1, c_2 \in \mathbb{R}$ und $\mathbf{v}_1, \mathbf{v}_2$ sind die Eigenvektoren.

Wir sprechen hier von einem *Zentrum*. Die Lösungen sind also periodisch. Die fehlenden Fälle mit $\lambda_1 = 0$ haben eine konstante Komponente und sind leicht zu ergänzen.

Die Aussagen über asymptotische Stabilität bleiben auch unter „kleinen" nichtlinearen Störungen

$$\mathbf{g} : \mathbb{R} \times \mathbb{R}^n \to \mathbb{R}^n$$

in der Gleichung erhalten. Wir betrachten also

$$\mathbf{y}'(x) = A\mathbf{y}(x) + \mathbf{g}(x, \mathbf{y}(x)) \tag{7.120}$$

mit

$$\frac{\|\mathbf{g}(x, \mathbf{y})\|}{\|\mathbf{y}\|} \to 0 \quad \text{(gleichmäßig in } x\text{) für } y \to \infty. \tag{7.121}$$

Damit muss $\mathbf{g}(x, \mathbf{0}) = \mathbf{0}$ gelten, und somit hat (7.120) die Nulllösung. Die Lösungsdarstellung für den inhomogenen Fall lautet

$$\mathbf{y}(x) = e^{A(x-x_0)}\left(\mathbf{y}_0 + \int_{x_0}^{x} e^{-A(s-x_0)}\mathbf{g}\big(s, \mathbf{y}(s)\big)\,ds\right)$$

$$= e^{A(x-x_0)}\mathbf{y}_0 + \int_{x_0}^{x} e^{A(x-s)}\mathbf{g}\big(s, \mathbf{y}(s)\big)\,ds.$$

Legen wir Bemerkung 7.109, 3) mit den dortigen Konstanten $\alpha, \beta > 0$ zugrunde, so ergibt sich daraus Folgendes:

Sei $\epsilon \in (0, \alpha)$, dann gibt es ein $\sigma \in (0, \epsilon)$, sodass

$$\|\mathbf{g}(x, \mathbf{y})\| \leq \frac{\epsilon}{\beta} \|\mathbf{y}\| \text{ für } \|\mathbf{y}\| \leq \sigma, \ x \geq x_0$$

und daher für $\mathbf{y}_0 \in \mathbb{K}^n$ mit $\|\mathbf{y}_0\| \leq \sigma/\beta$ für die zugehörige Lösung der AWA von (7.120) auf deren Existenzintervall

$$\|\mathbf{y}(x)\| \leq \beta e^{-\alpha(x-x_0)} \|\mathbf{y}_0\| + \int_{x_0}^{x} \beta e^{-\alpha(x-s)} \frac{\epsilon}{\beta} \|\mathbf{y}(s)\| \, ds.$$

Die Funktion $h(x) := e^{\alpha x} \|\mathbf{y}(x)\|$ erfüllt also

$$h(x) \leq \sigma e^{\alpha x_0} + \epsilon \int_{x_0}^{x} h(s) \, ds.$$

Die Ungleichung von Gronwall liefert gemäß Bemerkung 7.26, 3.) die Abschätzung

$$h(x) \leq \sigma e^{\alpha x_0} e^{\epsilon(x-x_0)}$$

und damit

$$\|\mathbf{y}(x)\| \leq \sigma e^{-(\alpha-\epsilon)(x-x_0)} < \sigma,$$

was zum einen die globale Existenz von $\mathbf{y}$ sichert und zum anderen die Stabilität der Nulllösung, die entsprechend auch anziehend ist.

Die stetige Differenzbarkeit einer nichtlinearen rechten Seite von

$$\mathbf{y}' = \mathbf{f}(\mathbf{y}(x)) \tag{7.122}$$

bedeutet gerade die Möglichkeit, $\mathbf{f}$ durch eine Linearisierung mit Störung wie bei (7.120) mit (7.121) zu ersetzen!

Ist $\mathbf{y}_0$ eine Gleichgewichtslösung von (7.122), dann erfüllt $\mathbf{z}(x) := \mathbf{y}(x) - \mathbf{y}_0$ die Gleichung

$$\mathbf{z}'(x) = \mathbf{y}'(x) = \mathbf{f}(\mathbf{z}(x) + \mathbf{y}_0)$$
$$= A\mathbf{z}(x) + \mathbf{g}(\mathbf{z}(x)),$$

wobei $A := D\mathbf{f}(\mathbf{y}_0)$ die Jacobi-Matrix von $\mathbf{f}$ in $\mathbf{y}_0$ darstellt und der Fehler $\mathbf{g}$ die Bedingung (7.121) erfüllt. Auf diese Weise kann von der asymptotischen Stabilität der Nulllösung für die Linearisierung auf die asymptotische Stabilität von $\mathbf{y}_0$ für (7.122) geschlossen werden. Mit mehr technischem Aufwand ergibt sich der gleiche Zusammenhang bei Instabilität. Es gilt also

---

Satz 7.110 (Prinzip der linearisierten Stabilität) *Sei $D \subset \mathbb{K}^n$ offen und $\mathbf{f} : D \to \mathbb{K}^n$ stetig differenzierbar, sei $\mathbf{y}_0 \in \mathbb{K}^n$, sodass $\mathbf{f}(\mathbf{y}_0) = 0$ und sei $A := D\mathbf{f}(\mathbf{y}_0)$. Dann gelten folgende Aussagen:*

1. *Gilt für die Linearisierung $\operatorname{Re} \lambda < 0$ für alle Eigenwerte von A, dann ist $\mathbf{y}_0$ asymptotisch stabil für (7.122).*

2. *Gilt für die Linearisierung $\operatorname{Re} \lambda > 0$ für einen Eigenwert λ von A, dann ist $\mathbf{y}_0$ instabil für (7.122).*

3. *Gilt für die Linearisierung $\operatorname{Re} \lambda \leq 0$ für alle und $\operatorname{Re} \lambda = 0$ für einen Eigenwert λ von A, dann lassen sich keine Rückschlüsse zu (7.122) machen.*

Als Beispiel dazu formulieren wir das Volterra-Modell, welches die Dynamik von Beute- und Räuberfischen (oder anderer Spezies) beschreibt.

Beispiel 7.111 *Folgender historischer Hintergrund basiert auf den Untersuchungen von Volterra:*

Im italienischen Hafenstädtchen Fiume wurden zwischen 1914 und 1923 genaue Zählungen der Fänge von Haien und den restlichen Fischen durchgeführt. Man fragte den italienischen Mathematiker Vito Volterra (1860-1940) hinsichtlich der schwierig zu interpretierenden Datensätze um Rat. Denn in den Jahren von 1914 bis 1918 wuchs die Haipopulation stark an und der übrige Fischbestand reduzierte sich deutlich, obwohl in Kriegszeiten wegen der U-Boot-Gefahr eine starke Befischung nicht möglich war.

Bezeichnen wir die Anzahl der Beutefische mit $x = x(t)$, die der Haie mit $y = y(t)$, dann resultiert mit den Raten $\alpha, \beta, \gamma, \delta > 0$ das leicht zu interpretierende Modell

$$\dot{x} = \alpha x - \beta xy,$$

$$\dot{y} = -\gamma y + \delta xy,$$

wobei die Annahmen gemacht wurden, dass die Zahl der Beutefische in Abwesenheit der Haie ungebremst anwächst, also $\dot{x} = \alpha x$ gilt. Die Haie sterben dagegen in Abwesenheit der Beutefische aus, hier gilt also $\dot{y} = -\gamma y$. Treffen beide Spezies aufeinander, so werden die einen um die Rate $-\beta xy$ reduziert, die anderen dagegen um die Rate δxy vermehrt.

Die Anfangsbestände seien $x(0) = x_0$, $y(0) = y_0$. Dieses nichtlineare System hat das Gleichgewicht

$$(\bar{x}, \bar{y}) = \left(\frac{\gamma}{\delta}, \frac{\alpha}{\beta} \right).$$

Wir setzen

$$\mathbf{f}(x,y) := \begin{cases} \alpha x - \beta xy, \\ -\gamma y + \delta xy, \end{cases} \qquad (7.123)$$

bilden die Jacobi-Matrix und werten diese im Gleichgewicht aus

$$J\,\mathbf{f}(\bar{x},\bar{y}) = \begin{pmatrix} \alpha - \beta y & -\beta x \\ \alpha y & -\gamma + \delta x \end{pmatrix}\Bigg|_{(\bar{x},\bar{y})}$$

$$= \begin{pmatrix} 0 & -\frac{\beta\gamma}{\delta} \\ \frac{\alpha\delta}{\beta} & 0 \end{pmatrix}.$$

Die Eigenwerte berechnen sich aus

$$\det\left(J\,\mathbf{f}(\bar{x},\bar{y}) - \lambda\mathbf{E}\right) = \lambda^2 + \alpha\gamma \stackrel{!}{=} 0 \,,$$

also

$$\lambda_{1,2} = \pm i\sqrt{\alpha\gamma}\,.$$

Der Realteil ist null, d. h., wir können keine Aussage über das Stabilitätsverhalten in (7.123) machen, wir wissen lediglich, dass die Näherung

$$\begin{pmatrix} x \\ y \end{pmatrix}' = J\,\mathbf{f}(\bar{x},\bar{y})\begin{pmatrix} x \\ y \end{pmatrix}$$

ein Zentrum hat.

Der Vollständigkeit halber lösen wir das System von DGln mit rechter Seite (7.123) und sind auf die Antwort von Vito Volterra gespannt. Wir schreiben wieder

$$y' = \frac{dy}{dx} = \frac{y(-\gamma + \delta x)}{x(\alpha - \beta y)}$$

und erhalten eine trennbare DGl mit der impliziten Lösung

$$\alpha \ln y - \beta y + \gamma \ln x - \delta x = c$$

bzw.

$$\frac{y^\alpha}{e^{\beta y}} \cdot \frac{x^\gamma}{e^{\delta x}} = c, \ c \in \mathbb{R}.$$

Das Phasenporträt besteht aus geschlossenen Kurven um die Gleichgewichtslage $(\bar{x},\bar{y})$, also ist auch das nichtlineare System stabil.

Werden die Lösungen $x = x(t)$, $y = y(t)$ zeitabhängig dargestellt, liegen periodische Lösungen vor, also

$$x(t) = x(t + T), \quad y(t) = y(t + T), \quad T > 0.$$

Das bedeutet, dass bei Zunahme der Beutefische Haie angezogen werden, sind die Beutefische weggefressen, verschwinden die Haie mangels Nahrung wieder. Nun vermehren sich die Beutefische wieder und der Prozess beginnt erneut.

Dies war jedoch nicht die Antwort von Vito Volterra. Um dieser näherzukommen, berechnen wir die Mittelwerte x_M und y_M der Fischbestände. Es gilt

$$x_M = \frac{1}{T} \int_0^T x(t) \, dt \quad und \quad y_M = \frac{1}{T} \int_0^T y(t) \, dt.$$

Die konkreten Mittelwerte resultieren wie folgt:

$$\frac{\dot{x}}{x} = \alpha - \beta y$$

d. h.

$$\frac{1}{T} \int_0^T \frac{\dot{x}(t)}{x(t)} \, dt = \frac{1}{T} \int_0^T \left(\alpha - \beta y(t) \right) dt.$$

Aufgrund der Periodizität T gilt

$$\int_0^T \frac{\dot{x}(t)}{x(t)} \, dt = \ln \left(x(T) \right) - \ln \left(x(0) \right) = 0,$$

also

$$\frac{1}{T} \int_0^T \beta y(t) \, dt = \alpha \implies y_M = \frac{\alpha}{\beta}.$$

Entsprechend erhalten wir

$$x_M = \frac{\gamma}{\delta}.$$

Wir konnten also die Mittelwerte – die zufällig der Gleichgewichtslösung entsprechen – ohne Kenntnis von T, x, y berechnen.

Nun bringen wir die Fischerei und deren Auswirkung mit ins Spiel. Sei $\varepsilon > 0$ eine Fangrate, dann gilt

$$\dot{x} = \alpha x - \beta xy - \varepsilon x = (\alpha - \varepsilon)x - \beta xy,$$

$$\dot{y} = -\gamma y + \delta xy - \varepsilon y = -(\gamma + \varepsilon)y + \delta xy.$$

Dieses System hat die Mittelwerte

$$x_M = \frac{\delta + \varepsilon}{\gamma} \quad und \quad y_M = \frac{\alpha - \varepsilon}{\delta}. \qquad (7.124)$$

Die Antwort von Vito Volterra liegt nun auf der Hand:

Ein angemessener *Fischfang (d. h. $\varepsilon < \alpha$) vermehrt im Durchschnitt die Anzahl der Beute- bzw. Speisefische und reduziert deren natürliche Feinde, die ja unbeabsichtigt stets als Beifang mitgefischt werden. In den Jahren von 1914 bis 1918 kam der Fischfang in der besagten Region nahezu zum Stillstand, weil der Mensch nicht regulierend eingriff, womit nach (7.124) ein Anwachsen der Haipopulation erklärt wurde.*

Dieses sog. Volterra-Prinzip findet in vielen ökologischen Bereichen Anwendung.

Eine eindrucksvolle Anwendung ergibt sich beim Einsatz von Insektenvernichtungsmitteln, die sowohl die Insektenräuber als auch ihre Insektenbeute reduzieren. Das Volterra-Prinzip besagt, dass Vernichtungsmittel das Wachstum solcher Insektenpopulationen fördert, die sonst durch andere räuberische Insekten unter Kontrolle gehalten würden.

Eine Bestätigung dafür lieferte die Wollschildlaus (*Icerya purchasi*), welche im Jahre 1868 die amerikanische Zitrusfruchtindustrie nahezu zum Erliegen brachte. Man importierte seinen natürlichen Feind, ein für die Zitrusfrüchte harmloses Marienkäferchen (*Novius cardinalis*) und konnte die Schädlinge so auf ein niedriges Level reduzieren.

Mit der Erfindung des DDT als Insektenbekämpfungsmittel hofften die Obstbauern auch noch den kläglichen Rest der Wollschildlaus auszurotten. Doch überall, wo sie es anwendeten, gediehen diese munter vor sich hin – in völliger Übereinstimmung mit dem Volterra-Prinzip.

Aufgaben

Aufgabe 7.60. Charakterisieren Sie für $x = x(t)$ und $y = y(t)$ die Gleichgewichtslagen der Systeme

a) $\dot{x} = 2y, \ \dot{y} = 8x$,

b) $\dot{x} = -x, \ \dot{y} = -2y$.

Berechnen Sie auch die allgemeinen Lösungen.

Aufgabe 7.61. Untersuchen Sie die Differentialgleichung $\dot{x} = ax + bx^3$ an der Gleichgewichtslage $\bar{x} = 0$ auf Stabilität. Wenn kein Kriterium bekannt ist, berechnen Sie die exakte Lösung und entscheiden Sie dann.

Aufgabe 7.62. Gegeben sei das nichtlineare System für $x = x(t)$ und $y = y(t)$ durch

$$\dot{x} = -y + \alpha x (x^2 + y^2),$$
$$\dot{y} = \quad x + \alpha y (x^2 + y^2),$$

mit $\alpha \in \mathbb{R}$. Bestimmen Sie dessen Gleichgewichtslagen und untersuchen Sie dazu die Linearisierung des Systems auf Stabilität.

Aufgabe 7.63. Gegeben sei das dynamische System für $x = x(t)$ und $y = y(t)$ durch

$$\dot{x} = x(e^y - 1),$$
$$\dot{y} = (x - 1)(y + 1).$$

Bestimmen Sie die Gleichgewichtspunkte des Systems und untersuchen Sie sie auf asymptotische Stabilität oder bloße Stabilität.

Aufgabe 7.64. Gegeben sei das dynamische System für $x = x(t)$ und $y = y(t)$ durch

$$\dot{x} = -x(x - 2y)^2 + xy^2 + y^2,$$
$$\dot{y} = -xy(x + 1).$$

Bestimmen Sie die Gleichgewichtspunkte des Systems und untersuchen Sie dessen Stabilitätsverhalten.

Aufgabe 7.65. Gegeben sei das nichtlineare System für $x = x(t)$ und $y = y(t)$ durch

$$\dot{x} = 4 - 4x^2 - y^2,$$
$$\dot{y} = 3xy.$$

Bestimmen Sie die Gleichgewichtslagen und untersuchen Sie dazu die Linearisierung des Systems auf Stabilität.

Aufgabe 7.66. Gegeben sei das nichtlineare System für $x = x(t)$ und $y = y(t)$ durch

$$\dot{x} = 1 - x + \frac{y^2}{x},$$
$$\dot{y} = \quad -2y + ax,$$

wobei $a \in \mathbb{R}$. Berechnen Sie die stationären Lösungen und untersuchen Sie deren Stabilitätsverhalten.

Aufgabe 7.67. Die mathematische Theorie des Unterschleifs besteht in der Wechselwirkung zwischen der Unterschleifquote U der teilnehmenden Prüflinge, dem Schärfegrad S der Aufsicht und dem Notendurchschnitt N der Ergebnisse einer Prüfung. Dies lässt sich mittels eines Differentialgleichungssystems der Form

$$\dot{U} = U(N - S), \quad \dot{N} = N(S - U), \quad \dot{S} = S(U - N)$$

beschreiben, wobei $0 \le U, N, S \le 1$ und $U + N + S \le 1$ gelten soll

($N = 0$: Notendurchschnitt $1, 0$, $N = 1$: Notendurchschnitt $5, 0$; $S = 0$: gutmütige Aufsicht, $S = 1$: strenge Aufsicht; $U = 0$: jeder arbeitet selbst, $U = 1$: alle spicken).

a) Untersuchen Sie die Grenzfälle $S = 0$ (student's dream), $U = 0$ (student's nightmare) und $N = 0$ (teacher's dream).

b) Bestimmen Sie die stationären Punkte im interessanten Bereich.

c) Zeigen Sie, dass die Summe $\Sigma = N + S + U$ und das Produkt $\Pi = N \cdot S \cdot U$ längs jeder Lösung konstant sind.

   Folgern Sie, dass die Lösungsbahn in der Schnittmenge der Niveaumengen von Σ und Π liegen.

   Skizzieren Sie einige Lösungskurven und stellen Sie fest: Der Laden rotiert!

7.10 Numerische Verfahren für Anfangswertaufgaben

Ein flüchtiger Blick auf alle vorangegangenen Abschnitte dieses Kapitels könnte den Eindruck erwecken, für viele oder zumindest für die „wichtigsten" DGLn lassen sich die allgemeinen Lösungen bzw. die Lösung einer AWA angeben. Selbst bei skalaren Gleichungen ist zu beachten, dass die Darstellungen oft implizit sind und/oder die Auswertung von Elementarfunktionen erfordert, die auch nur approximativ berechnet werden können. Bei Systemen von DGLn ist i. Allg. auch nur der lineare Fall geschlossen lösbar, erfordert aber die aufwendige Bestimmung von Eigenwerten und Hauptvektoren. Im Folgenden soll eine kurze Einführung in Differenzenverfahren lediglich für skalare AWAn

$$y(x) = f\big(x, y(x)\big), \quad y(a) = y_0 \tag{7.125}$$

gegeben werden, weil eine Verallgemeinerung auf Systeme offensichtlich ist.

7.10.1 Numerische Integration (Quadratur)

Die einfachste AWA für eine nichtlineare DGL liegt im Fall $f(x, y) = f(x)$ vor, d. h. die Berechnung einer Stammfunktion bzw. die Auswertung eines bestimmten Integrals

$$y(x) = \int_a^x f(s)\,ds \ \text{ bzw. } \ y(b) = \int_a^b f(s)\,ds$$

für $I = [a, b]$. Auch hier sind schon i. Allg. Approximationsverfahren nötig. Ein naheliegender Ansatz besteht darin, f durch eine Funktion g zu ersetzen, die die beiden Forderungen

1. g approximiert f,

2. $\int_a^b g(x)\,dx$ ist exakt berechenbar

erfüllt.

Der zweite Punkt trifft z. B. auf Funktionen zu, die stückweise aus Polynomen zusammengesetzt sind. Insofern kann bei der Vorgabe von Stützstellen

$$a = x_0 < x_1 < \cdots < x_m = b \tag{7.126}$$

genau ein Polynom P mit Grad $P \le m$ (kurz $P \in \Pi_m$) gefunden werden, das die *Interpolationsaufgabe*

$$P(x_i) = f(x_i) \ \forall i = 0, \cdots, m$$

mit den Stützwerten $f(x_i) \in \mathbb{R}$ löst (Merz und Knabner 2013, Satz 2.46). Die Formel zur Approximation von

$$I(f) := \int_a^b f(x)\,dx$$

ist also bei $m + 1$ gegebenen Stützstellen und -werten (kurz Knotenpunkte) die *Quadraturformel*

$$I_m(f) := \int_a^b P(x)\,dx.$$

Die Konstruktion konkreter Quadraturformeln besteht nun darin, die Funktion f in den *Knotenpunkten* $(x_i, f(x_i))$, $i = 0, \cdots, m$, durch eine einfache Funktion zu interpolieren und danach die Interpolierende *exakt* zu integrieren.

Wir werden uns hier ausschließlich mit den Newton-Côtes-Quadraturformeln befassen. Diese Formeln basieren auf der Verwendung des Lagrange-Interpolationspolynoms P_m in den Knotenpunkten (Merz und Knabner 2013, S. 125 ff.). Dieses Polynom ist eindeutig bestimmt und kann in der folgenden Form dargestellt werden:

$$P_m(x) = \sum_{i=0}^{m} f(x_i) L_i(x) \text{ mit } L_i(x) := \prod_{\substack{j=0 \\ j \neq i}}^{m} \frac{(x - x_j)}{(x_i - x_j)} \quad \forall i = 0, 1, 2, \ldots, m.$$

Durch Integration von P_m erhält man jetzt die Quadraturformel

$$I_m(f) := \int_a^b P_m(x)\,dx = \sum_{i=0}^{m} f(x_i) \int_a^b L_i(x)\,dx$$

$$=: (b - a) \sum_{i=0}^{m} b_i f(x_i). \tag{7.127}$$

Wir präzisieren

Definition 7.112 *Die nur von den Stützstellen $x_0, x_1, \ldots, x_n$ und von der Differenz $h = b - a$ abhängigen Größen*

$$b_i := \frac{1}{b - a} \int_a^b L_i(x)\,dx \quad \forall i = 0, 1, \ldots, m, \tag{7.128}$$

heißen Integrationsgewichte der Quadraturformel (7.127).

Bemerkung 7.113 *Ist f ein Polynom mit Grad $f \leq m$, so ist es klar, dass die Quadraturformel (7.127) nach Konstruktion den exakten Wert $I(f)$ liefert. Im Allgemeinen erhält man durch $I_m(f)$ eine Näherung des Integralwertes mit dem Fehler*

$$R_m(f) := I(f) - I_m(f) = \int_a^b f(x)\,dx - (b - a) \sum_{i=0}^{m} b_i f(x_i). \tag{7.129}$$

Wir betrachten jetzt **äquidistante** Stützstellen, d. h.

$$h := \frac{b - a}{m} \text{ und } x_i := a + ih \quad \forall i = 0, 1, \ldots, m.$$

Es ist in diesem Falle zweckmäßig, die Quadraturformel (7.127) – unter Beibehaltung der Bezeichnung b_i für die Gewichte – in der folgenden Form zu schreiben:

$$I_m(f) = h \sum_{i=0}^{m} b_i f(x_i) \text{ mit } b_i := \int_0^m \prod_{\substack{j=0 \\ j \neq i}}^{m} \frac{t - j}{i - j}\,dt \quad \forall i = 0, 1, \ldots, m. \tag{7.130}$$

Diese Darstellung der Gewichte ergibt sich aus (7.128) durch die Substitution $x = a + ht$ und zeigt ihre Unabhängigkeit von $[a, b]$.

Bemerkung 7.114 *Da das Polynom $P_0(x) \equiv 1$ von jeder Quadraturformel $I_m(f)$ exakt integriert wird, gilt stets*

$$m = \sum_{i=0}^{m} b_i. \tag{7.131}$$

Beispiel 7.115 *Die **Trapez-Regel** resultiert aus der Darstellung (7.130) im Sonderfall $m = 1$. Die Interpolierende P_1 ist eine Gerade durch die Knotenpunkte $\{a, f(a)), (b, f(b)\}$. Wir erhalten mit einfacher Rechnung*

$$\boxed{\begin{aligned} I_1(f) &= \frac{b-a}{2}\left(f(a) + f(b)\right) \\ &= \frac{h}{2}\left(f(a) + f(b)\right). \end{aligned}} \tag{7.132}$$

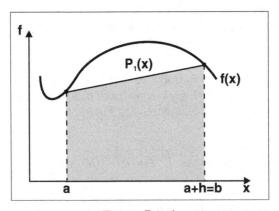

Trapez-Regel

Ohne Beweis geben wir noch den Quadraturfehler an; er lautet

$$\boxed{R_1(f) = -h^3 \cdot \frac{1}{12}\, f^{(2)}(\xi) \ \text{ für ein } a < \xi < b.}$$

Beispiel 7.116 *Die Simpson-Regel (oder Keplersche Fassregel) erhält man aus (7.130) im Sonderfall $m = 2$. Die Interpolierende P_2 ist eine Parabel durch die Knotenpunkte*

$$\left\{(a, f(a)), \left(\frac{a+b}{2}, f\left(\frac{a+b}{2}\right)\right), (b, f(b))\right\}.$$

In diesem Fall ergibt sich

$$
\begin{aligned}
I_2(f) &= \frac{b-a}{6}\left(f(a) + 4f\left(\frac{a+b}{2}\right) + f(b)\right) \\
&= \frac{h}{3}\left(f(a) + 4f\left(\frac{a+b}{2}\right) + f(b)\right).
\end{aligned}
$$

(7.133)

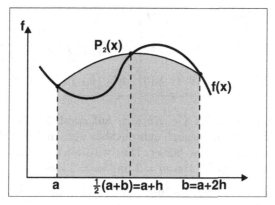

Simpson-Regel

Ohne Beweis geben wir auch hier den Quadraturfehler an; er lautet

$$
R_2(f) = -h^5 \cdot \frac{1}{90}\, f^{(4)}(\xi) \quad \text{für ein } a < \xi < b.
$$

Wir stellen die Newton-Côtes-Quadraturformeln bis zur Ordnung $m = 6$ in der nachfolgenden Tabelle zusammen. Dabei wählen wir die Zahl $s \in \mathbb{N}$ so, dass

$$
\sigma_i := s \cdot b_i, \quad i = 0, \ldots, m,
$$

und damit in der nachstehenden Tabelle zur besseren Lesbarkeit keine Brüche auftauchen, sondern nur **ganzzahlige** Einträge vorkommen. Weiter sei daran erinnert, dass $h = (b-a)/m$ gesetzt wurde. Wir haben

m	σ_i						s	$R_m(f)$	Name
1	1	1					2	$-h^3 \cdot \frac{1}{12} f^{(2)}(\xi)$	Trapez-Regel
2	1	4	1				6	$-h^5 \cdot \frac{1}{90} f^{(4)}(\xi)$	Simpson-Regel
3	1	3	3	1			8	$-h^5 \cdot \frac{3}{80} f^{(4)}(\xi)$	$\frac{3}{8}$-Regel
4	7	32	12	32	7		90	$-h^7 \cdot \frac{8}{945} f^{(6)}(\xi)$	Milne-Regel
5	19	75	50	50	75	19	288	$-h^7 \cdot \frac{275}{12096} f^{(6)}(\xi)$	6-Punkt-Regel
6	41	216	27	272	27	216 41	840	$-h^9 \cdot \frac{9}{1400} f^{(8)}(\xi)$	Weddle-Regel

Für $n \geq 8$ treten negative Gewichte σ_i auf, weshalb die entsprechenden Newton-Côtes-Formeln numerisch unbrauchbar werden. Die Näherungen werden also für größere m nicht besser. Dies wird auch von den Fehlerspalten bestätigt, was ein Vergleich von $m = 2$ und $m = 3$ zeigt.

Daher ist es empfehlenswert, das Intervall $[a, b]$ in Teilintervalle mit der Länge $h = (b - a)/n$ zu zerlegen, d. h., jetzt wird h klein für große n und auf jedem dieser Teilintervalle ist eine Newton-Côtes-Formel (Schreibweise $I_{n,m}$) mit festem m anzuwenden, da ja

$$\int_a^b f(x)dx = \sum_{j=0}^{n-1} \int_{a+jh}^{a+(j+1)h} f(x)\,dx.$$

So entsteht beispielsweise für $m = 1$ die *zusammengesetzte* Trapezregel

$$I_{n,1}(f) = h \left(\frac{1}{2}f(a) + \sum_{i=1}^{n-1} f(x_i) + \frac{1}{2}f(b) \right), \quad x_i := a + ih.$$

Aus der obigen Fehlerdarstelllung für die Trapezregel ergibt sich jetzt die Fehlerschranke

$$|I(f) - I_{n,1}(f)| \leq \frac{h^2}{12}(b - a) \max_{x \in [a,b]} |f''(x)|,$$

woraus für $h \to 0$ Konvergenz folgt. Für größere m gelten entsprechende Darstellungen.

Man kann die Exaktheit der Newton-Côtes-Formeln von Π_m auf Π_{2m+1} steigern, wenn man die Stützpunkte x_i nicht a priori festlegt. Es stellt sich heraus, dass es genau einen Satz solcher Stützstellen gibt, nämlich die Nullstellen spezieller Polynome, die Legendre-Polynome. Die so entstehenden Quadraturformeln heißen Gauss-Quadraturen. Durch

$$\hat{x}_i := \frac{x_i - a}{b - a}, \quad i = 0, \ldots, m,$$

kann man sich stets auf das Referenzintervall $[0, 1]$ beschränken. Wieder mit $\sigma_i := s \cdot b_i, \; i = 0, \ldots, m$, gilt gemäß nachstehender Tabelle

m	σ_i	s	$\hat{x}_i$		
0	1	1	$\frac{1}{2}$		
1	1 1	2	$\frac{1}{2}\left(1 - \sqrt{\frac{1}{3}}\right)$	$\frac{1}{2}\left(1 + \sqrt{\frac{1}{3}}\right)$	
2	5 8 5	18	$\frac{1}{2}\left(1 - \sqrt{\frac{3}{5}}\right)$	$\frac{1}{2}$	$\frac{1}{2}\left(1 + \sqrt{\frac{3}{5}}\right)$

7.10.2 Beispiele von Differenzenverfahren

Wir kehren zurück zur AWA und möchten für das Existenzintervall $I = [a, b]$ entweder eine Näherung der Lösung in $x = b$ oder in möglichst vielen Punkten $x_i \in I$ bestimmen, um daraus dann z.B. durch Interpolation eine Funktion auf I zur Annäherung an die Lösung y zu verschaffen. Dazu legen wir die Stützstellen

$$a = x_0 < x_1 < \cdots < x_N = b$$

fest, und $h_i := x_{i+1} - x_i$ seien die *Schrittweiten*. Im Sonderfall einer äquidistanten Zerlegung ist $h := (b - a)/N$ gesetzt, es gilt also

$$x_i = a + ih, \quad i = 0, \cdots, N.$$

Auf jedem Teilintervall gilt

$$y(x_{i+1}) - y(x_i) = \int_{x_i}^{x_{i+1}} f\big(s, y(s)\big)\, ds \;\; \forall i = 0, \cdots, N - 1. \tag{7.134}$$

Um aus (7.134) Näherungsgleichungen zu erhalten, kann etwa das Integral durch eine Quadraturformel ersetzt werden. Mit y_i werden die durch das Verfahren enstehenden **Näherungswerte** für $y(x_i)$ bezeichnet. Es ist also

$$y_0 = y(x_0) \text{ und sonst } y_i \approx y(x_i) \;\; \forall i = 1, \cdots, N.$$

Entsteht so für $i = 0$ eine Gleichung für einen Näherungswert y_1, dann kann fortführend im i-ten Schritt eine Gleichung für den Näherungswert y_{i+1} erstellt werden. Man spricht daher auch von einem Zeitschritt-Verfahren, mit der allgemeineren Darstellung

$$y_{i+1} - y_i = I_i(f, \mathbf{y}_h) \ \forall i = 0, \cdots, N - 1, \qquad (7.135)$$

wobei die rechte Seite die Quadraturformel auf $[x_i, x_{i+1}]$ bezeichnet, abhängig von f und einem noch zu bestimmenden Vektor $\mathbf{y}_h$ aus Näherungswerten. Beachten Sie, dass dies nur dann eine Bestimmungsgleichung für y_{i+1} ist, wenn $I_i(f, \mathbf{y}_h)$ nur von y_i abhängt (*explizites Einschritt-Verfahren*) oder wenigstens nur von $y_i, y_{i-1}, \ldots, y_{i-s+1}$ (*explizites s-Schritt-Verfahren*. Hängt $I_i(f, \mathbf{y}_h)$ dagegen auch noch vom bis dato unbekannten Wert y_{i+1} ab, so ist eine implizite Gleichung zu lösen (*implizites s-Schritt-Verfahren*).

Das einfachste Beispiel entsteht durch die Anwendung der Rechtecksregel, worin gemäß letzter Tabelle $m = 0$ gesetzt ist. Es resultiert

$$y_{i+1} - y_i = (x_{i+1} - x_i)f(x_i, y_i), \qquad (7.136)$$

wobei also $y_h := y_i$ in (7.135) lediglich als Skalar gesetzt wurde. Dies ist das *explizite* Euler-Verfahren oder auch Polygonzug-Verfahren. Das Verfahren ist explizit, da bei Kenntnis von y_i die Näherung y_{i+1} nur durch Auswerten von f und Elementaroperationen bestimmt werden kann.

Setzen wir dagegen $y_h := y_{i+1}$ in (7.135), so erhalten wir

$$y_{i+1} - y_i = (x_{i+1} - x_i)f(x_i, y_{i+1}), \qquad (7.137)$$

Dies ist das *implizite* Euler-Verfahren. Verwenden wir hingegen die in der obigen Tabelle formulierte Trapezregel für $m = 1$, ergibt sich

$$y_{i+1} - y_i = \frac{h_i}{2}\big(f(x_i, y_i) + f(x_{i+1}, y_{i+1})\big), \qquad (7.138)$$

ein ebenfalls implizites Verfahren, das *implizite Trapez-Verfahren*, wobei hier also in (7.135) die Näherungen $\mathbf{y}_h := (y_i, y_{i+1})^T$ gesetzt wurden. Die beiden letzten Verfahren sind implizit, da nur y_i bekannt ist und somit eine (nichtlineare) Gleichung zur Bestimmung von y_{i+1} gelöst werden muss. Dies kann mithilfe von Fixpunktiterationen angewendet auf die Fixpunktgleichung

$$F(\eta) = y_i + \frac{h_i}{2}\big(f(x_i, y_i) + f(x_{i+1}, \eta)\big)$$

geschehen oder mithilfe des Newton-Verfahrens zur Bestimmung der Nullstellen von

$$F(\eta) = \eta - y_i - \frac{h_i}{2}\big(f(x_i, y_i) + f(x_{i+1}, \eta)\big),$$

um durch η eine Approximation für die Näherung y_{i+1} zu erhalten. Iterationen erfordern einen Startwert, und als solcher kann in beiden Fällen $\eta^{(0)} = y_i$ genommen werden. Da ein implizites Verfahren i. Allg. aufwendiger ist als ein explizites, sollten sich hier „bessere" Eigenschaften einstellen. Beide Beispiele bisher sind *Einschritt-Verfahren*, d. h., zur Bestimmung von y_{i+1} muss nur auf den Näherungswert „davor" zurückgegriffen werden.

Will man solche Verfahren durch Quadraturformeln mit mehr Stützstellen zwischen $[x_i, x_{i+1}]$ gewinnen, müssen also zusätzliche Stützstellen

$$z_j := x_i + h_i c_j, \quad j = 1, \cdots, s$$

verwendet werden mit noch zu bestimmenden Stützwerten $c_j \in [0, 1]$, für die i. Allg.

$$z_j \neq x_i \text{ und } z_j \neq x_{i+1}$$

gilt, für die also keine y-Näherungswerte vorliegen, wie sie in den Quadraturformeln gebraucht werden, die dann gemäß (7.127) die Form

$$\int_{x_i}^{x_{i+1}} f(\tau, y(\tau)) \, d\tau \approx h_i \sum_{j=1}^{s} b_j f(x_i + h_i c_j, y(x_i + h_i c_j)) \tag{7.139}$$

haben. Eine Näherung für die darin auftretenden y-Zwischenwerte ist erhältlich aus

$$y(x_i + h_i c_j) = y(x_i) + \int_{x_i}^{x_i + h_i c_j} f(\tau, y(\tau)) \, d\tau$$

bzw. nach Substitution von $\tau := x_i + t h_i$ aus der Darstellung

$$y(x_i + h_i c_j) = y(x_i) + h_i \int_{0}^{c_j} \hat{f}(t) \, dt \tag{7.140}$$

mit der Abkürzung $\hat{f}(t) := f(x_i + t h_i, y(x_i + t h_i))$.

Wenden wir jetzt die gleiche Quadraturregel zu den Stützstellen $c_j \in [0, 1]$, $j = 1, \cdots, s$, an, dann ergibt sich

$$y_{i+1} - y_i = h_i \sum_{j=1}^{s} b_j k_j, \tag{7.141}$$

und der Vektor $\mathbf{k} = (k_1, \ldots, k_s)^T$ erfüllt das (nichtlineare) Gleichungssystem

$$k_j = f\left(x_i + h_i c_j, y_i + h_i \sum_{l=1}^{s} a_{jl} k_l\right). \tag{7.142}$$

Dabei sind die a_{jl}, $j,l = 1, \cdots, s$, die bei der Integralapproximation in (7.140) entstehenden Quadraturgewichte.

Die das Verfahren definierenden Parameter c_j, b_j, a_{jl}, $j,l = 1, \cdots, s$, lassen sich kompakt im sogenannten Butcher-Schema

$$
\begin{array}{c|ccc}
c_1 & a_{11} & \cdots & a_{1s} \\
\vdots & \vdots & & \vdots \\
c_s & a_{s1} & \cdots & a_{ss} \\
\hline
 & b_1 & \cdots & b_s
\end{array}
$$

bzw. kurz in Matrix-Vektor-Schreibweise

$$
\begin{array}{c|c}
\mathbf{c} & A \\
\hline
 & \mathbf{b}^T
\end{array}
$$

zusammenfassen und definieren ein allgemeines (implizites) Runge-Kutta-Verfahren der Stufe s. Unabhängig von der obigen Begründung lässt sich durch ein Butcher-Schema ein Runge-Kutta-Verfahren (RK-Verfahren) definieren und dann untersuchen, welche Beziehungen die Vektoren $\mathbf{b}, \mathbf{c}$ und die Matrix A erfüllen sollten.

Das Runge-Kutta-Verfahren wird explizit, wenn $a_{jl} = 0$ für $j = 1, \ldots, s$ $l = j, \ldots, s$ gilt. Dann können die k_j direkt sukzessiv aus (7.142) bestimmt werden. Im allgemeinen Fall ist wie oben eine Fixpunktiteration oder das Newton-Verfahren anzuwenden. Die Gauss-Quadraturformel für $m = 0$ ergibt

$$
\begin{array}{c|c}
\frac{1}{2} & \frac{1}{2} \\
\hline
 & 1
\end{array},
$$

für das also gilt

$$
k_1 = f\left(x_i + \tfrac{1}{2}h_i, y_i + \tfrac{1}{2}h_i k_1\right),
$$

$$
y_{i+1} = y_i + h_i \cdot 1 \cdot k_1
$$

und damit $\frac{1}{2}(y_i + y_{i+1}) = y_i + \frac{1}{2}h_i k_1$, also

$$
y_{i+1} = y_i + h_i f\left(x_i + \frac{1}{2}h_i, \frac{1}{2}\left(y_i + y_{i+1}\right)\right). \tag{7.143}
$$

Dieses Verfahren heißt Crank-Nicolson-Verfahren. Nachstehende Schemata repräsentieren Beispiele für explizite Runge-Kutta-Verfahren:

a) das klassische RK-Verfahren

$$
\begin{array}{c|cccc}
0 & 0 & 0 & 0 & 0 \\
\frac{1}{2} & \frac{1}{2} & 0 & 0 & 0 \\
\frac{1}{2} & 0 & \frac{1}{2} & 0 & 0 \\
1 & 0 & 0 & 1 & 0 \\
\hline
 & \frac{1}{6} & \frac{1}{3} & \frac{1}{3} & \frac{1}{6}
\end{array}
$$

b) die $\frac{3}{8}$ – Regel

$$
\begin{array}{c|cccc}
0 & 0 & 0 & 0 & 0 \\
\frac{1}{3} & \frac{1}{3} & 0 & 0 & 0 \\
\frac{2}{3} & -\frac{1}{3} & 1 & 0 & 0 \\
1 & 1 & -1 & 1 & 0 \\
\hline
 & \frac{1}{8} & \frac{3}{8} & \frac{3}{8} & \frac{1}{8}
\end{array}
$$

c) das RK-Verfahren von ENGLAND

$$
\begin{array}{c|cccc}
0 & 0 & 0 & 0 & 0 \\
\frac{1}{2} & \frac{1}{2} & 0 & 0 & 0 \\
\frac{1}{2} & \frac{1}{4} & \frac{1}{4} & 0 & 0 \\
1 & 0 & -1 & 2 & 0 \\
\hline
 & \frac{1}{6} & 0 & \frac{2}{3} & \frac{1}{6}
\end{array}
$$

d) die optimale Formel von Kuntzmann

$$
\begin{array}{c|cccc}
0 & 0 & 0 & 0 & 0 \\
\frac{2}{5} & \frac{2}{5} & 0 & 0 & 0 \\
\frac{3}{5} & -\frac{3}{20} & \frac{3}{4} & 0 & 0 \\
1 & \frac{19}{44} & -\frac{15}{44} & \frac{40}{44} & 0 \\
\hline
 & \frac{11}{72} & \frac{25}{72} & \frac{25}{72} & \frac{11}{72}
\end{array}
$$

Beachten Sie die Zusammenhänge

$$\sum_{i=1}^{s} b_i = 1, \quad \sum_{j=1}^{s} a_{ij} = c_i \quad \forall i = 1, \cdots, s$$

in den obigen Beispielen.

Ein anderer Weg zur Erlangung „besserer" Verfahren besteht darin, keine Zwischenpunkte in $[x_i, x_{i+1}]$ einzuführen, aber beim Interpolationspolynom für die Quadraturformel auf Stützstellen und damit y-Näherungen aus den Mengen

$$M_{s,0} := \{x_{i-s+1}, \ldots, x_i\} \quad \text{bzw.} \quad M_{s,1} := \{x_{i-s+1}, \ldots, x_i, x_{i+1}\}$$

für explizite bzw. implizite Verfahren zurückzugreifen. Nimmt man beispielsweise $s = 2$ und als Stützstellen

$$M_{2,0} = \{x_{i-1}, x_i\},$$

so ergibt sich

$$y_{i+1} = y_i + h_i \left(\left(1 + \frac{h_i}{2h_{i-1}}\right) f(x_i, y_i) - \frac{h_i}{2h_{i-1}} f(x_{i-1}, y_{i-1}) \right).$$

Dieses Adams-Bashforth-Verfahren zweiter Stufe ist ein Zwei-Schritt-Verfahren, da auf zwei „alte" Werte y_i und y_{i-1} zurückgegriffen wird, der erste Schritt muss also als *Anlaufrechnung* mit einem Einschritt-Verfahren gemacht werden. Das Verfahren ist explizit, da der Knotenpunkt (x_{i+1}, y_{i+1}) nicht benutzt wird.

Allgemein entstehen so die expliziten Adams-Bashforth-Verfahren der Stufe s, die *s-Schritt-Verfahren*, allgemein *Mehrschritt-Verfahren*, sind. Nimmt man x_{i+1} noch hinzu zu den Stützstellen, ergeben sich allgemein die impliziten Adams-Moulton-Verfahren der Stufe s, also s-Schritt-Verfahren. Für $s = 1$ findet sich die implizite Trapezregel wieder.

Alle bisherigen linearen Mehrschritt-Verfahren verwenden auf $[x_i, x_{i+1}]$ zur Approximation von y' den Differenzenquotienten $(y_{i+1} - y_i)/h_i$, d.h. die Ableitung der linearen Interpolierenden und verschiedene Approximationen für die rechte Seite f.

Ein alternativer Zugang vertauscht diese Rollen, indem die rechte Seite einfach durch $f(x_{i+1}, y_{i+1})$ approximiert wird, die linke aber durch die Ableitung einer Interpolierenden durch die Stützstellen $x_{i-s+1}, \ldots, x_{i+1}$. So entstehen als implizite Mehrschritt-Verfahren die *Backward-Differentiation-Formula*, kurz BDF-Verfahren genannt. Bei äquidistanten Schrittweiten ergeben sich die Beispiele

$$\text{BDF 1: } y_{i+1} = y_i + hf(x_{i+1}, y_{i+1}),$$

$$\text{BDF 2: } y_{i+2} - \frac{4}{3}y_{i+1} + \frac{1}{3}y_i = \frac{2}{3}hf(x_{i+2}, y_{i+2}).$$

BDF 1 ist wieder das implizite Euler-Verfahren (7.137).

Beispiel 7.117 *Wendet man die obigen impliziten Verfahren auf ein lineares DGL-System der Form*

$$\mathbf{y}'(x) = A(x)\mathbf{y}(x) + \mathbf{b}(x), \ \mathbf{y}(x_0) = \mathbf{y}_0$$

an, so sind in jedem Schritt zur Bestimmung von $\mathbf{y}_{i+1}$ lineare Gleichungssysteme zu lösen. Speziell lautet das implizite Euler-Verfahren

$$(E_n - h_i A(x_{i+1}))\,\mathbf{y}_{i+1} = \mathbf{y}_i + h_i \mathbf{b}(x_{i+1}), \ E_n \in \mathbb{R}^{n,n},$$

und das Crank-Nicolson-Verfahren

$$\left(E_n - \frac{h_i}{2}A(x_{i+1})\right)\mathbf{y}_{i+1} = \left(E_n + \frac{h_i}{2}A(x_i)\right)\mathbf{y}_i + \frac{h_i}{2}(\mathbf{b}(x_i) + \mathbf{b}(x_{i+1})).$$

Im Vergleich sei dazu das explizite Euler-Verfahren

$$\mathbf{y}_{i+1} = (E_n + h_i A(x_i))\mathbf{y}_i + h_i \mathbf{b}(x_i)$$

formuliert, wobei in allen Verfahren $i = 0, \cdots, N-1$.

7.10.3 Genauigkeit von Differenzenverfahren

Seien die Stützstellen

$$a = x_0 < x_1 < \cdots < x_N = b$$

gegeben mit den Schrittweiten $h_i := x_{i+1} - x_i$. Um sicherzustellen, dass ein Verfahren überhaupt eine Näherung liefert, die genau genug ist, wenn genügend viel Aufwand betrieben wird, d. h. wenn die maximale Schrittweite

$$h := \max_{i=1,\cdots,N-1} h_i$$

klein genug ist, muss *Konvergenz* des Verfahrens für $h \to 0$ sichergestellt werden. Bisher hatten wir die Näherungen der exakten Werte $y(x_i)$ mit y_i, $i = 0, \cdots, N$, bezeichnet. Wir setzen

Definition 7.118 *Um an die Abhängigkeit der Näherungslösungen $y_i \approx$ $y(x_i)$, $i = 0, \cdots, N$, von $h > 0$ zu erinnern, schreiben wir fortan*

$$y_{h,i} := y_i \ \forall i = 0, \dots, N. \tag{7.144}$$

Als Fehler wird nun der Vektor $\mathbf{e}_h \in \mathbb{R}^{N+1}$, gegeben durch dessen Komponenten

$$e_{h,i} := y(x_i) - y_{h,i} \ \forall i = 0, \dots, N,$$

definiert und davon die Maximumsnorm betrachtet, also

Definition 7.119 *Ein Differenzenverfahren zur Lösung der AWA (7.125) heißt* konvergent, *wenn*

$$\|\mathbf{e}_h\|_h = \max_{i=0,\cdots,N} |e_{h,i}| \to 0 \ \textit{für } h \to 0.$$

Beachten Sie, dass für die Vektordimension $N \to \infty$ für $h \to 0$ gilt, d.h., für kleine h erwarten wir eine Annäherung an die Maximumsnorm für stetige Funktionen, wenn aus $y_{h,i}$ (z. B. durch einen Polygonzug) eine solche gemacht wird. Um den Effekt beispielsweise einer Halbierung von h abschätzen zu können, sollte eine Konvergenzordnung bekannt sein:

Definition 7.120 *Das Verfahren hat mindestens die Konvergenzordnung p, wenn Konstanten $C > 0$, $H > 0$ existieren, sodass für $h < H$ die Abschätzung*

$$\|\mathbf{e}_h\|_h \leq Ch^p, \ p > 0, \tag{7.145}$$

gilt.

So darf beispielsweise bei $p = 2$, also bei Halbierung von h, die Viertelung des Fehlers erwartet werden. Der Fehler $e_{h,i}$ insbesondere für große i (d.h. insbesondere bei kleinem h) entsteht durch den Fehler, der in einem Schritt des Verfahrens gemacht wird (aufgrund der hier gemachten Quadratur-Approximation), aber auch durch die Fortpflanzung der bis zu dieser Stelle gemachten Fehler. Zur Vereinfachung betrachten wir ein Einschritt-Verfahren und schreiben dies in der Form

$$\frac{1}{h_i}(y_{h,i+1} - y_{h,i}) = f_h(x_i, y_{h,i})$$

(f_h berücksichtigt den bei einem impliziten Verfahren nötigen Auflösungs-prozess). Es reicht also nicht, dass der *lokale Abbruchfehler*

$$\tau_{h,i} := \frac{1}{h_i}\big(y(x_{i+1}) - y(x_i)\big) - f_h\big(x_i, y(x_i)\big)$$

konvergiert bzw. der Vektor τ_h eine Konvergenzordnung erfüllt:

$$\|\tau_h\|_h \le Ch^p .$$

Liegt dies vor, spricht man von *Konsistenz* bzw. *Konsistenzordnung p*. Der Abbruchfehler entsteht also dadurch, dass die exakte Lösung in das Verfahren (in einer mit $1/h_i$ multiplizierten Form) eingesetzt wird. Es ist also der Fehler, der entsteht, wenn nur ein Schritt des Verfahrens gemacht wird von x_i zu x_{i+1}, beginnend mit der exakten Lösung als Startwert. Konsistenz stellt sich als notwendig für Konvergenz heraus, braucht aber noch eine *Stabilität* (*asymptotische Stabilität* bei Einschritt-Verfahren, *Nullstabilität* bei Mehrschritt-Verfahren), um eine unbeschränkte Verstärkung des lokalen Fehlerterms zu verhindern. Daher gilt wie bei vielen anderen Approximationsverfahren

> Konsistenz(ordnung) + Stabilität $\Rightarrow$ Konvergenz(ordnung).

Die oben angegebenen Einschritt-Verfahren erweisen sich alle als (asymptotisch) stabil. Die Konsistenzordnung ist recht einfach durch Taylor-Entwicklung zu erhalten. Es ergibt sich

p	Verfahren
1	explizites Euler, implizites Euler
2	implizites Trapez, Crank-Nicolson
4	obige RK-Verfahren der Stufe 4

Zusammenfassung. Bei expliziten RK-Verfahren ist ab $s = 5$ nicht mehr $p = s$ zu erreichen, für ein Verfahren mit $p = 10$ braucht man schon $s = 17$, bei impliziten RK-Verfahren der Stufe s ist maximal $p = 2s$ erreichbar.

Alle besprochenen Mehrschritt-Verfahren haben bei äquidistanter Schrittweite die Gestalt eines linearen Mehrschritt-Verfahrens:

$$\frac{1}{h}\sum_{k=0}^{s} a_k y_{h,i+k} = \sum_{k=0}^{s} b_k f(x_{i+k}, y_{h,i+k}).$$

Es stellt sich heraus, dass hier Konsistenzordnung p äquivalent ist zur Konvergenzordnung der Anlaufrechnung zusammen mit

$$\sum_{k=0}^{s} a_k = 0,$$

$$\sum_{k=1}^{s} k^i a_k = \sum_{k=0}^{s} i k^{i-1} b_k \quad \forall i = 1, \cdots, p.$$

Daraus ergibt sich

p	Verfahren
s	Adams-Bashforth Stufe s
$s+1$	Adams-Moulton Stufe s
s	BDF Stufe s

7.10.4 Qualitatives Verhalten von Näherungslösungen

Betrachtet man nur das asymptotische Konvergenzverhalten, legt dies die Wahl eines expliziten Verfahrens nahe. Klassen von AWAn haben aber Lösungseigenschaften, die sich in der Näherungslösung auch für moderate Schrittweiten widerspiegeln sollten. Zwei wesentliche Klassen werden durch ungedämpfte bzw. gedämpfte Schwingungen (für beides siehe Beispiel 7.66) repräsentiert. Während im ersten Fall eine Größe (kinetische Energie) erhalten bleibt, wird sie im zweiten dissipiert. Wir konzentrieren uns auf den zweiten Fall und für ein lineares Problem wie in Beispiel 7.117, worin die Matrix A diagonalisierbar sei und nur Eigenwerte mit negativen Realteilen habe. Alle Lösungskomponenten im homogenen Fall sind damit monoton fallend, und auch die Näherungslösung soll diese Eigenschaft haben. Da nach Übergang zur Eigenvektorbasis alle Komponenten entkoppeln, reicht es, die skalare Modellgleichung

$$y' := \lambda y, \quad y(x_0) = y_0 \tag{7.146}$$

zu betrachten. Der Parameter $\lambda \in \mathbb{C}$ steht hier für die Eigenwerte von A, und es gilt daher $\operatorname{Re} \lambda \leq 0$. Bei äquidistanter Schrittweite erhalten wir aus (7.136), (7.137) und (7.138) für (7.146) die Berechnungsformeln für die i-ten Näherungen explizites Euler-Verfahren : $y_{hi} = (1 + h\lambda)^i y_0,$

implizites Euler-Verfahren : $y_{hi} = (1 - h\lambda)^{-i} y_0,$

Crank-Nicolson-Verfahren : $y_{hi} = \left(\dfrac{1 + \frac{h}{2}\lambda}{1 - \frac{h}{2}\lambda} \right)^i y_0.$

Alle Verfahren haben also die Gestalt

$$y_{hi} = g(h\lambda)^i y_0 \qquad (7.147)$$

mit einer Abbildung $g : \mathbb{R} \to \mathbb{R}$, wobei in den letzten beiden Fällen zusätzlich

$$|g(h\lambda)| \leq 1 \ \forall h > 0, \ \operatorname{Re}\lambda < 0,$$

gilt, sodass die Lösungen im Betrag monoton fallend sind. Beim expliziten Euler-Verfahren gilt dies aber nur, falls

$$h \leq -\frac{2}{\operatorname{Re}\lambda}.$$

Es ist also eine (für große $|\operatorname{Re}\lambda|$ erhebliche) *Schrittweitenbeschränkung* nötig, damit unabhängig von den Erfordernissen der Genauigkeit das explizite Euler-Verfahren Lösungen mit richtigem Verhalten hat. Bezeichnet man mit

$$H_A(0) := \{ z \in \mathbb{C} : |g(z)| < 1 \}$$

den *Bereich der absoluten Stabilität*, so heißt ein Verfahren vom Typ (7.147) *absolut stabil* (kurz A-Stabilität), falls für $z \in \mathbb{C}$ mit $\operatorname{Re} z < 0$ die Implikation $z \in H_A(0)$ gilt.

Dies ist bei den beiden impliziten Verfahren der Fall, nicht beim expliziten Euler-Verfahren. Ist das hier betrachtete Verhalten (man spricht von *steifen Differentialgleichungen*) von Bedeutung, wird man zu impliziten Verfahren greifen müssen. Mit expliziten RK-Verfahren höherer Stufe kann man nur eine Vergrößerung von $H_A(0)$ erreichen. Die Begriffe lassen sich auf Mehrschritt-Verfahren übertragen. Es gilt allerdings, dass ein lineares, absolut stabiles Mehrschritt-Verfahren implizit ist und höchstens die Ordnung 2 hat. Hierzu gehören BDF 2 und das implizite Trapezverfahren.

Aufgaben

Aufgabe 7.68. Berechnen Sie für $f : [a, b] \to \mathbb{R}$ die Gewichte der einfachen Newton-Côtes-Formeln zum Interpolationsgrad $m = 3$ (3/8-Regel von

Newton) und $m = 4$ (Milne-Regel). Geben Sie für äquidistante Schrittweiten auch die Quadraturvorschriften an.

Aufgabe 7.69. Berechnen Sie Näherungen und Fehlerschranken für das bestimmte Integral

$$I(f) = \int_{1/2}^{1} \frac{dx}{x^2}$$

mit der Trapez-, der Simpson- und der 3/8-Newton-Regel.

Aufgabe 7.70. Das bestimmte Integral

$$I(f) = \int_{0}^{1/2} 3e^{-x^2} dx$$

werde näherungsweise mithilfe der zusammengesetzten Trapezregel $I_{n,1}(f)$ mit den Stützstellen $x_i = ih$, $i = 0, \cdots, n$, $h = 1/(2n)$ berechnet. Wie viele Stützstellen müssen dabei gewählt werden, dass

$$\left| I_{n,1}(f) - I(f) \right| \leq 10^{-4}$$

gilt?

Aufgabe 7.71. Das bestimmte Integral

$$I(f) = \int_{1}^{1.4} e^{-x^2} dx$$

werde näherungsweise mithilfe der zusammengesetzten Trapezregel $I_{n,1}(f)$ mit der Schrittweite

$$h = \frac{4}{10 \cdot 2^k}$$

berechnet. Wie muss $k \in \mathbb{N}$ (und damit $n \in \mathbb{N}$) gewählt werden, dass

$$\left| I_{n,1}(f) - I(f) \right| \leq 10^{-6}$$

gilt?

Aufgabe 7.72. Gegeben sei die Anfangswertaufgabe

$$y'(t) = \sqrt{y(t)}, \ t \geq 0, \ y(0) = 0.$$

a) Welche weiteren Lösungen besitzt das Problem neben der trivialen Lösung?

b) Zeigen Sie, dass das explizite Euler-Verfahren die triviale Lösung liefert.

c) Verschaffen Sie sich durch Taylor-Entwicklung und die zusätzliche Annahme $y''(0) = \frac{1}{2}$ eine Näherung y_1 für $y(h)$ mit konstanter Schrittweite h. Zeigen Sie durch Induktion, dass das Zwei-Schritt-Verfahren

$$y_{j+1} = y_{j-1} + 2hf(t_j, y_j)$$

hingegen die nicht-triviale Lösung liefert.

d) Warum tritt in c) kein Fehler auf?

Aufgabe 7.73. Betrachten Sie eine allgemeine AWA

$$y'(t) = f(t, y(t)), \quad y(t_0) = y_0,$$

wobei $f : \mathbb{R} \times \mathbb{R}^n \to \mathbb{R}^n$ stetig sei und Lipschitz-stetig bezüglich y mit der Lipschitz-Konstanten $L > 0$. Zeigen Sie, falls $Lh < 1$ gilt, dann hat die Verfahrensvorschrift des impliziten Euler-Verfahrens, also

$$y_{j+1} = y_j + hf(t_{j+1}, y_{j+1}),$$

eine eindeutig bestimmte Lösung.

Aufgabe 7.74. Betrachten Sie das implizite Runge-Kutta-Verfahren mit der Vorschrift

$$y_{j+1} = y_j + hk_1, \quad k_1 = f\left(t_j + \frac{h}{2}, y_j + \frac{h}{2}k_1\right).$$

a) Stellen Sie das Koeffizientenschema zu diesem Verfahren auf.

b) Bestimmen Sie die Stabilitätsfunktion und untersuchen Sie das Verfahren auf A-Stabilität.

c) Zeigen oder widerlegen Sie: Es gibt ein zweistufiges konsistentes Runge-Kutta-Verfahren, das dieselbe Stabilitätsfunktion wie das oben definierte (einstufige) Verfahren besitzt.

Aufgabe 7.75. Gegeben sei die AWA

$$y''(t) + y \cdot \cosh t = 0, \quad y(0) = 0, \quad y'(0) = 1.$$

a) Transformieren Sie die AWA in ein äquivalentes System erster Ordnung.

b) Führen Sie zur Schrittweite $h = 0,5$ zwei Schritte mit dem klassischen Runge-Kutta-Verfahren aus, um damit Näherungen für den Funktionswert und die ersten beiden Ableitungen an den Stellen $t_1 = 0,5$ und $t_2 = 1$ zu berechnen.

Literaturverzeichnis

Braun, M.: *Differential Equations and Their Applications. An Introduction to Applied Mathematics.* 3. Aufl., Berlin Heidelberg New York: Springer, 1982.

Dahmen, W., Reusken, A.: *Numerik für Ingenieure und Naturwissenschaftler.* 2. Aufl. Berlin Heidelberg: Springer, 2008.

Eck, Chr., Garcke H., Knabner P.: *Mathematische Modellierung.* 3. Aufl., Berlin Heidelberg: Springer, 2017.

Forster, O.: *Analysis 2, Differentialrechnung im $\mathbb{R}^n$, Gewöhnliche Differentialgleichungen.* 10. Aufl., Wiesbaden: Vieweg-Teubner, 2011.

Heuser, H.: *Gewöhnliche Differentialgleichungen, Einführung in Lehre und Gebrauch.* 4. Aufl., Wiesbaden: Teubner 2004.

Merz, W., Knabner, P.: *Mathematik für Ingenieure und Naturwissenschaftler, Lineare Algebra und Analysis in $\mathbb{R}$.* 1. Aufl., Berlin Heidelberg: Springer, 2013.

Merz, W., Knabner, P.: *Endlich gelöst! Aufgaben zur Mathematik für Ingenieure und Naturwissenschaftler, Lineare Algebra und Analysis in $\mathbb{R}$.* 1. Aufl., Berlin Heidelberg: Springer, 2014.

Meyberg, K., Vachenauer, P.: *Höhere Mathematik 1, Differential- und Integralrechnung, Vektor- und Matrizenrechnung.* 6. Aufl., Berlin Heidelberg: Springer, 2001.

Meyberg, K., Vachenauer, P.: *Höhere Mathematik 2, Differentialgleichungen, Funktionentheorie, Fourier-Analysis, Variationsrechnung.* 6. Aufl., Berlin Heidelberg: Springer, 2001.

Wenzel, H., Heinrich, G.: *Übungsaufgaben zur Analysis.* 1. Aufl., Wiesbaden: Teubner, 2005.

Sachverzeichnis

Willkommen zu den Springer Alerts

- Unser Neuerscheinungs-Service für Sie:
  aktuell *** kostenlos *** passgenau *** flexibel

Springer veröffentlicht mehr als 5.500 wissenschaftliche Bücher jährlich in gedruckter Form. Mehr als 2.200 englischsprachige Zeitschriften und mehr als 120.000 eBooks und Referenzwerke sind auf unserer Online Plattform SpringerLink verfügbar. Seit seiner Gründung 1842 arbeitet Springer weltweit mit den hervorragendsten und anerkanntesten Wissenschaftlern zusammen, eine Partnerschaft, die auf Offenheit und gegenseitigem Vertrauen beruht.

Die SpringerAlerts sind der beste Weg, um über Neuentwicklungen im eigenen Fachgebiet auf dem Laufenden zu sein. Sie sind der/die Erste, der/die über neu erschienene Bücher informiert ist oder das Inhaltsverzeichnis des neuesten Zeitschriftenheftes erhält. Unser Service ist kostenlos, schnell und vor allem flexibel. Passen Sie die SpringerAlerts genau an Ihre Interessen und Ihren Bedarf an, um nur diejenigen Information zu erhalten, die Sie wirklich benötigen.

Mehr Infos unter: springer.com/alert

Printed in the United States
By Bookmasters